高等职业教育通识类课程教材

计算机应用技术基础案例教程

主　编　周丽娟　王　璐

副主编　王春影　张慧爽

主　审　孙　志

中国水利水电出版社
www.waterpub.com.cn
·北京·

内 容 提 要

编者根据自身多年的实践和教学经验,在学以致用思想的指导下,从实际应用出发,以平时生活中所能使用到的文档编辑、电子表格、演示文稿为基础,精心挑选 17 个常见办公案例编写成本书。

全书共 17 章,分为 4 篇:基础知识、文本编辑、电子表格、演示文稿,从实例简介、实例制作、WPS 实例制作区分、本章小结、思考练习五个方面描述实例,且在实例制作部分详细介绍制作过程来指导读者进行上机操作。本书还兼顾了在 Office 和 WPS 中实例制作的区别,从而引导读者在两种不同的操作软件上完成实例的制作。每一个案例都由一个具体的实例引入,所有实例均是日常工作或生活中遇到的实际问题,从而激发读者的学习热情和学习兴趣。

本书适合作为高等职业教育计算机基础课程教材,也可供普通高等院校非计算机专业的低年级学生使用。

本书提供配套课件和素材文件,读者可以从中国水利水电出版社网站(www.waterpub.com.cn)或万水书苑网站(www.wsbookshow.com)免费下载。

图书在版编目(CIP)数据

计算机应用技术基础案例教程 / 周丽娟, 王璐主编. -- 北京:中国水利水电出版社, 2021.9
高等职业教育通识类课程教材
ISBN 978-7-5170-9942-0

Ⅰ. ①计… Ⅱ. ①周… ②王… Ⅲ. ①计算机应用—高等职业教育—教材 Ⅳ. ①TP3

中国版本图书馆CIP数据核字(2021)第187042号

策划编辑:崔新勃 责任编辑:陈红华 加工编辑:黄卓群 封面设计:梁 燕

书 名	高等职业教育通识类课程教材 计算机应用技术基础案例教程 JISUANJI YINGYONG JISHU JICHU ANLI JIAOCHENG
作 者	主 编 周丽娟 王 璐 副主编 王春影 张慧爽 主 审 孙 志
出版发行	中国水利水电出版社 (北京市海淀区玉渊潭南路 1 号 D 座 100038) 网址:www.waterpub.com.cn E-mail:mchannel@263.net(万水) 　　　　sales@waterpub.com.cn 电话:(010)68367658(营销中心)、82562819(万水)
经 售	全国各地新华书店和相关出版物销售网点
排 版	北京万水电子信息有限公司
印 刷	三河市德贤弘印务有限公司
规 格	184mm×260mm 16 开本 19.5 印张 487 千字
版 次	2021 年 9 月第 1 版 2021 年 9 月第 1 次印刷
印 数	0001—3000 册
定 价	59.00 元

凡购买我社图书,如有缺页、倒页、脱页的,本社营销中心负责调换
版权所有·侵权必究

前 言

随着国家人才强国计划的不断推进,许多智能行业以及计算机应用行业不断涌现,信息技术也处于不断发展完善的进程中。"大学计算机基础"课程是各专业学生的必修课,是学习其他计算机相关课程的基础。因此,本书根据学生计算机基础的素质培养以及办公软件的工作能力需求,坚持引用实际工作生活中所能接触到的案例进行介绍,从而加强高校学生的办公软件使用能力,构建支持学生终生学习的基础,调整学生的学习方式及知识结构,体现当前高等教育改革发展的新形势、新目标和新要求。

编者基于多年的教学实践经验及与其他高等院校的交流,并参考教育部非计算机专业计算机基础课程教学指导委员会提出的《关于进一步加强高校计算机基础教学的意见》中有关"大学计算机基础"课程的教学要求编写了本书。

全书共17章,分为4篇:基础知识、文本编辑、电子表格、演示文稿。基础知识篇包含计算机基础知识和Windows 10操作系统的相关介绍及应用;文本编辑篇涵盖第3章至第9章,主要介绍公文制作、样式与排版、长文档排版、工作证批量制作、流程图制作、宣传小报制作、常用办公表格制作等知识;电子表格篇涵盖第10章至第14章,主要介绍学生信息表制作、人口普查数据统计分析、销售表数据处理、公司差旅报销表格制作、学生成绩统计等知识;演示文稿篇涵盖第15章至第17章,主要介绍会议演示文稿制作、美食文化演示文稿制作、相册演示文稿制作等知识。

本书的主要特色包括:第一,内容精心组织,逻辑性强,满足学生在课上学习、课下巩固的需求,在一定程度上完成了读者可自学的目标;第二,注重知识的基础性,并融入到每个案例中,增强了本书的实用性;第三,书中案例类型丰富、内容充实,案例操作步骤讲解详细;第四,本书采用的大量实用案例可以锻炼学生的动手能力,满足社会对学生的用工需求。

本书由周丽娟、王璐任主编,王春影、张慧爽任副主编,孙志任主审。另外参与部分编写工作的还有王梓旭、张守伟等。

教育改革在不断发展,新的教育教学体系和思想也在探索之中。由于编者水平有限,加之时间仓促,书中难免有疏漏和不妥之处,恳请读者批评指正,以便再版时修正。

编 者
2021年7月

目　　录

前言

第一篇　基础知识

第1章　计算机基础知识 ··· 1
- 1.1　计算机发展概述 ··· 1
  - 1.1.1　计算机发展简史 ··· 1
  - 1.1.2　现代计算机的分类 ··· 5
  - 1.1.3　21世纪的计算机 ··· 6
- 1.2　计算机中数据的表示方法 ··· 9
  - 1.2.1　数值信息在计算机中的表示 ··· 9
  - 1.2.2　字符数据在计算机中的表示 ··· 14
- 1.3　计算机的基本工作原理及结构 ··· 15
  - 1.3.1　计算机的基本工作原理 ··· 15
  - 1.3.2　非·诺依曼计算机结构 ··· 18
- 1.4　微型计算机硬件系统的组成 ··· 19
  - 1.4.1　主板 ··· 19
  - 1.4.2　CPU ··· 20
  - 1.4.3　内存 ··· 21
  - 1.4.4　硬盘 ··· 21
  - 1.4.5　光盘 ··· 21
  - 1.4.6　U盘存储器 ··· 22
  - 1.4.7　外围设备 ··· 22
  - 1.4.8　总线和接口 ··· 25
  - 1.4.9　计算机的主要技术指标 ··· 26
- 1.5　计算机软件系统 ··· 27
  - 1.5.1　系统软件 ··· 27
  - 1.5.2　应用软件 ··· 28
- 1.6　本章小结 ··· 29
- 1.7　思考练习 ··· 29

第2章　Windows 10操作系统 ··· 37
- 2.1　Windows操作系统概述 ··· 37
  - 2.1.1　操作系统的概念 ··· 37
  - 2.1.2　了解Windows操作系统 ··· 37
  - 2.1.3　Windows 10的启动和关闭 ··· 38
- 2.2　Windows 10的基本操作 ··· 40
  - 2.2.1　鼠标的操作 ··· 40
  - 2.2.2　桌面的组成及操作 ··· 43
  - 2.2.3　窗口的组成及操作 ··· 61
  - 2.2.4　菜单的使用 ··· 73
  - 2.2.5　对话框的组成及操作 ··· 74
- 2.3　Windows 10的资源管理 ··· 75
  - 2.3.1　磁盘、文件、文件夹 ··· 75
  - 2.3.2　查看文件与文件夹 ··· 77
  - 2.3.3　文件与文件夹的管理 ··· 79
  - 2.3.4　回收站操作 ··· 86
  - 2.3.5　文件和文件夹的搜索 ··· 88
  - 2.3.6　磁盘管理与维护 ··· 89
- 2.4　本章小结 ··· 91
- 2.5　思考练习 ··· 91

第二篇　文本编辑

第3章　公文制作 ··· 93
- 3.1　实例简介 ··· 93
- 3.2　实例制作 ··· 94
  - 3.2.1　创建公文文档 ··· 95
  - 3.2.2　页面设置 ··· 95
  - 3.2.3　文字录入 ··· 95
  - 3.2.4　制作发文机关标志 ··· 97
  - 3.2.5　文档字体和段落格式设置 ··· 98
  - 3.2.6　绘制公文反线 ··· 99
  - 3.2.7　插入页码 ··· 100
- 3.3　WPS实例制作区分 ··· 102
- 3.4　本章小结 ··· 104
- 3.5　思考练习 ··· 104

第4章　样式与排版 ··· 106
- 4.1　实例简介 ··· 106
- 4.2　实例制作 ··· 107
  - 4.2.1　标题格式设置 ··· 107
  - 4.2.2　表格排版 ··· 108
  - 4.2.3　段落样式应用 ··· 110
  - 4.2.4　段落制表位 ··· 113

	4.2.5	符号、图片窗格和页面边框	114
	4.2.6	大纲排序	115
4.3	WPS 实例制作区分		115
4.4	本章小结		119
4.5	思考练习		119

第 5 章　长文档排版 121
- 5.1 实例简介 121
- 5.2 实例制作 122
  - 5.2.1 设置页面格式 122
  - 5.2.2 设置和应用样式 122
  - 5.2.3 图片和表格的自动编号 124
  - 5.2.4 插入封面 125
  - 5.2.5 创建文档目录 126
  - 5.2.6 创建图表目录 127
  - 5.2.7 插入分节符 128
  - 5.2.8 设置页眉页脚 129
- 5.3 WPS 实例制作区分 131
- 5.4 本章小结 135
- 5.5 思考练习 136

第 6 章　工作证批量制作 137
- 6.1 实例简介 137
- 6.2 实例制作 138
  - 6.2.1 主文档背景 138
  - 6.2.2 插入形状 139
  - 6.2.3 插入文本框 140
  - 6.2.4 准备数据源 141
  - 6.2.5 把数据源合并到主文档 141
  - 6.2.6 嵌套域的使用 147
- 6.3 WPS 实例制作区分 148
- 6.4 本章小结 150
- 6.5 思考练习 150

第 7 章　流程图制作 153
- 7.1 实例简介 153
- 7.2 实例制作 153
  - 7.2.1 流程图页面设置 153
  - 7.2.2 绘制流程图主题框架 155
  - 7.2.3 添加连接符 157
  - 7.2.4 美化流程图 160
  - 7.2.5 组合图形 160
- 7.3 WPS 实例制作区分 161
- 7.4 本章小结 163
- 7.5 思考练习 164

第 8 章　宣传小报制作 165
- 8.1 实例简介 165
- 8.2 实例制作 166
  - 8.2.1 版面设置 166
  - 8.2.2 版面布局 167
  - 8.2.3 利用艺术字制作小报报头 168
  - 8.2.4 项目符号 170
  - 8.2.5 图文混排 172
  - 8.2.6 内容分栏 173
  - 8.2.7 使用格式刷 174
  - 8.2.8 绘制文本框 175
  - 8.2.9 文本框链接 175
  - 8.2.10 设置文本框格式 177
- 8.3 WPS 实例制作区分 178
- 8.4 本章小结 182
- 8.5 思考练习 183

第 9 章　常用办公表格制作 185
- 9.1 实例简介 185
- 9.2 实例制作 186
  - 9.2.1 创建表格 186
  - 9.2.2 绘制斜线表头 187
  - 9.2.3 表格标题跨页显示设置 188
  - 9.2.4 利用公式或函数进行计算和排序 189
  - 9.2.5 复杂表格的制作 190
- 9.3 WPS 实例制作区分 192
- 9.4 本章小结 194
- 9.5 思考练习 194

第三篇　电子表格

第 10 章　学生信息表制作 196
- 10.1 实例简介 196
- 10.2 实例制作 197
  - 10.2.1 建立工作簿 197
  - 10.2.2 数据录入 198
  - 10.2.3 数据验证设置 200
  - 10.2.4 图片插入 202
  - 10.2.5 表格美化 203
  - 10.2.6 冻结窗格 206
  - 10.2.7 打印设置 207
- 10.3 WPS 实例制作区分 208
- 10.4 本章小结 211
- 10.5 思考练习 212

第 11 章　人口普查数据统计分析 ········ 213
- 11.1　实例简介 ········ 213
- 11.2　实例制作 ········ 213
  - 11.2.1　利用"数据导入"功能插入外部数据 ········ 213
  - 11.2.2　美化表格 ········ 216
  - 11.2.3　合并计算 ········ 219
  - 11.2.4　利用函数统计数据 ········ 220
  - 11.2.5　创建数据透视表 ········ 224
- 11.3　WPS 实例制作区分 ········ 227
- 11.4　本章小结 ········ 229
- 11.5　思考练习 ········ 229

第 12 章　销售表数据处理 ········ 230
- 12.1　实例简介 ········ 230
- 12.2　实例制作 ········ 231
  - 12.2.1　表格数据初始化 ········ 231
  - 12.2.2　设置单元格条件格式 ········ 231
  - 12.2.3　取位函数 LEFT、MID、RIGHT 的使用 ········ 232
  - 12.2.4　LOOKUP 函数的使用 ········ 236
  - 12.2.5　数据分类汇总 ········ 237
  - 12.2.6　创建图表 ········ 238
- 12.3　WPS 实例制作区分 ········ 241
- 12.4　本章小结 ········ 244
- 12.5　思考练习 ········ 244

第 13 章　公司差旅报销表格制作 ········ 246
- 13.1　实例简介 ········ 246
- 13.2　实例制作 ········ 246
  - 13.2.1　建立差旅表 ········ 246
  - 13.2.2　WEEKDAY 函数的使用 ········ 247
  - 13.2.3　取位函数的使用 ········ 248
  - 13.2.4　VLOOKUP 函数的使用 ········ 249
  - 13.2.5　SUMIFS 函数的使用 ········ 250
- 13.3　WPS 实例制作区分 ········ 254
- 13.4　本章小结 ········ 254
- 13.5　思考练习 ········ 256

第 14 章　学生成绩统计 ········ 257
- 14.1　实例简介 ········ 257
- 14.2　实例制作 ········ 257
  - 14.2.1　IF 函数的使用 ········ 257
  - 14.2.2　COUNTIFS 函数的使用 ········ 258
  - 14.2.3　RANK 函数的使用 ········ 261
  - 14.2.4　数组公式运算的应用 ········ 262
  - 14.2.5　AVERAGEIFS 函数的使用 ········ 266
  - 14.2.6　转置表格与条件格式应用 ········ 268
- 14.3　WPS 实例制作区分 ········ 270
- 14.4　本章小结 ········ 271
- 14.5　思考练习 ········ 272

第四篇　演示文稿

第 15 章　会议演示文稿制作 ········ 273
- 15.1　实例简介 ········ 273
- 15.2　实例制作 ········ 273
  - 15.2.1　新增幻灯片 ········ 273
  - 15.2.2　幻灯片版式和模板的使用 ········ 274
  - 15.2.3　设置幻灯片的页面格式 ········ 274
  - 15.2.4　编辑幻灯片的内容 ········ 275
  - 15.2.5　创建超链接 ········ 278
  - 15.2.6　插入并设置背景音乐 ········ 279
  - 15.2.7　插入视频 ········ 280
- 15.3　WPS 实例制作区分 ········ 281
- 15.4　本章小结 ········ 285
- 15.5　思考练习 ········ 285

第 16 章　美食文化演示文稿制作 ········ 286
- 16.1　实例简介 ········ 286
- 16.2　实例制作 ········ 286
  - 16.2.1　幻灯片应用主题 ········ 286
  - 16.2.2　合并编辑演示文稿 ········ 287
  - 16.2.3　页面设置 ········ 288
  - 16.2.4　放映设置 ········ 291
- 16.3　WPS 实例制作区分 ········ 292
- 16.4　本章小结 ········ 295
- 16.5　思考练习 ········ 295

第 17 章　相册演示文稿制作 ········ 296
- 17.1　实例简介 ········ 296
- 17.2　实例制作 ········ 296
  - 17.2.1　幻灯片内容编辑 ········ 296
  - 17.2.2　插入图片并裁剪、删除背景 ········ 297
  - 17.2.3　幻灯片母版的应用 ········ 298
  - 17.2.4　相册演示文稿的创建 ········ 299
  - 17.2.5　幻灯片分节 ········ 300
  - 17.2.6　设置放映方式 ········ 301
  - 17.2.7　将演示文稿转换为视频文件 ········ 301
- 17.3　WPS 实例制作区分 ········ 303
- 17.4　本章小结 ········ 305
- 17.5　思考练习 ········ 305

第一篇　基础知识

第1章　计算机基础知识

- 了解计算机的发展历史和数据的表示方法。
- 了解计算机的基本工作原理和结构。
- 掌握计算机硬件的组成。
- 掌握计算机的软件系统。

1946年世界上第一台电子计算机诞生至今已有半个多世纪，计算机及其应用已渗透到社会生活的各个领域，有力地推动了整个信息社会的发展。在21世纪，掌握以计算机为核心的信息技术基础知识和应用能力是现代大学生的必备基本素质。

1.1　计算机发展概述

人类最早的计算工具可以追溯到中国唐代的算盘，算盘是世界上第一种手动式计数器，迄今仍在使用。从算盘到计算机的诞生及其今天的发展，人类走过了一段漫长的路程。

1.1.1　计算机发展简史

1. 计算工具发展简述

计算是人类向自然做斗争的一项重要活动，我们的祖先在史前就知道用石子和贝壳计数。随着生产力的发展，人类创造了简单的计算工具。两千多年前的春秋战国时代，中国人发明的算筹是有实物作证的人类最早的计算工具。唐宋时期人们开始使用算盘，算盘本身并不能进行加减乘除，而需要人按口诀拨动它，因此算盘实际上是一种计数工具。

在欧洲，巴斯卡（Blaise Pascal）于1642年创造了第一台能做加减运算的机械式计算机，如图1-1所示。该机器用来计算法国的税收，取得了很大的成功。1673年德国数学家莱布尼兹（Gottfried Wilhelm Leibniz）改进了巴斯卡的设计，增加了乘除运算功能。这两台机器发明较早，但由于当时的生产水平还不能提供廉价的精密小齿轮和其他精密零部件，一直到19世纪，机械式计算机才成为商品在市场上出售。

这时期计算机的每一步运算都需要人工干预，即每一步计算都要靠操作者提供操作数，机器不能进行自动计算。

19世纪20年代，英国数学家巴贝奇（Charles Babbage）提出了自动计算机的基本概念，尝试设计用于航海和天文计算的差分机，这是最早采用寄存器来存储数据的计算机，如图1-2所示。巴贝奇在研制差分机和通用自动计算机方面做了许多重要工作，他提出了"条件转移"概念，这是现代计算机程序设计必不可少的一项重要设计思想。他还提出了用卡片来存储指令和数据，1884年美国人霍勒瑞斯（Hollerith）利用这一原理制成了卡片机。他采用电气控制技术取代纯机械装置，将不同的数据用卡片上不同的穿孔表示，通过专门的读卡设备将数据输入计算装置。这是计算机发展史上的第一次质变，用穿孔卡片记录数据的思想正是现代软件技术的萌芽。1896年，霍勒瑞斯创办了当时著名的制表机公司，1911年又组建了一家计算机制表记录公司，该公司于1924年改名为"国际商用机器公司"，这就是举世闻名的IBM公司。

图1-1　机械式计算机　　　　　　　　图1-2　差分机

到20世纪初，雄厚的商业资本进入了计算机的研制和生产领域，在国际商用机器公司（IBM）和贝尔（Bell）公司的资助下，许多大型多功能继电器式的计算机相继研制成功，计算技术的研究取得了长足进展。

2．电子计算机发展的初期

20世纪40年代，无线电技术和无线电工业的发展为现代电子计算机的研究奠定了物质基础，1943—1946年，美国宾夕法尼亚大学研制的ENIAC（Electronic Numerical Integrator and Computer）是电子数值积分和计算机的缩写，它是世界上第一台电子计算机，如图1-3所示。当时，第二次世界大战正在进行，为了完成新武器在弹道中许多复杂的计算，在美国陆军部的资助下，由艾克特（Eckert）和毛彻莱（Mauchley）主持了这项研究工作。ENIAC计算机于1945年底完成，1946年2月正式交付使用。ENIAC是最早问世的电子数字计算机，人们认为它是现代计算机的始祖。

ENIAC共用了18800个电子管和1500个继电器，重达30吨，占地170m^2，耗电150kW，每秒能进行5000次加法运算，它是一个划时代的产品。该计算机存在两

图1-3　世界上第一台计算机ENIAC

个主要缺点：一是存储容量太小，二是依靠人工连线编排程序，操作不方便，准备的时间大大超过实际的计算时间。尽管ENIAC存在这些缺点，但它使人们看到了使用电子计算机进行高速运算的曙光，它的诞生是人类文明的一次飞跃。

在 ENIAC 研制的同时，冯·诺依曼（Von Neumann）也正在研制一台被认为是现代计算机原型的通用电子数字计算机 EDVAC。这台机器于 1941 年开始设计，50 年代初制成，它确定了计算机硬件的五个基本部件：运算器、控制器、存储器、输入设备和输出设备，采用二进制编码把程序和数据存储在存储器中。

在 EDVAC 还未研制成之前，冯·诺依曼的设计思想启发了另外两台机器的设计。一台是在英国剑桥大学威尔克斯（Wilkes）指导下制造的 EDSAC，它于 1949 年制成，用了 3000 个电子管，能存储 512 个 34 位二进制数。另一台是在图灵（Turing）指导下于 1950 年制成的 ACE，字长为 32 位二进制数，存储容量也是 512 个单元，加减运算速度达 32 微秒，乘法运算达 1 毫秒。

与现代计算机相比，50 多年前的这些机器显得很粗糙、很原始，但重要的是它们所开创的道路。这一历史先河最终形成了今日的洪流，为计算机事业作出杰出贡献的图灵、冯·诺依曼等科学家将永远铭记于人们心中。

3. 电子计算机发展的四个阶段

电子计算机的发展与半导体工业是互相促进的，电子器件的发展是推动计算机不断发展的核心因素。根据电子计算机所采用的电子逻辑器件的发展，一般将现代电子计算机 50 多年的发展历史划分为四个阶段，即现代计算机的发展经历了四次更新换代。每一代的变革在技术上都是一次新的突破，在性能上都是一次质的飞跃。

（1）第一代计算机：电子管时代（1946—1958 年）。这一时期的计算机采用电子真空管和继电器作为基本逻辑器件，构成处理器和存储器。程序设计采用 0 和 1 组成的二进制码表示的机器语言，只用于科学计算和军事目的。电子管时代的计算机体积大、速度慢、消耗大、造价昂贵，其代表机型除 ENIAC 外，还有 EDVAC 和 1951 年批量生产的 UNIVAC 等。

（2）第二代计算机：晶体管时代（1958—1964 年）。在这一阶段，计算机的基础电子器件是晶体管，内存储器普遍使用磁芯存储器（磁芯存储器由美籍华人王安发明）。第二代计算机运算速度一般为每秒 10 万次，高者达几十万次。同时计算机软件也有了较大的发展，采用了监控程序，出现了诸如 Cobol、Fortran 等高级语言。计算机应用不再限于计算和军事方面，还用于数据处理、工程设计、气象分析、过程控制以及其他科学研究。

第二代计算机的标志是采用晶体管代替电子管。点触型晶体管于 1947 年由贝尔实验室的布拉顿和巴丁发明，面结型晶体管于 1950 年由肖克利发明。第一台晶体管计算机于 1955 年由美国贝尔实验室研制成功。与第一代计算机相比，第二代晶体管计算机具有体积小、成本低、功能强、耗电少、可靠性高等优点。第二代晶体管计算机除了处理器的速度较第一代计算机有大幅度提高，它还采用了快速磁芯存储器，主存储器的容量达到 10 万字节以上。

（3）第三代计算机：集成电路时代（1964—1970 年）。随着电子制造业的发展，计算机的基础电子器件改为中小规模的集成电路。集成电路由美国物理学家基尔比和诺伊斯同时发明，在几平方毫米的单晶体硅片上可以集成几十个甚至几百个晶体管逻辑电路。内存储器使用性能更好的半导体存储器，存储容量有了大幅度提高，运算速度高达每秒几十万次到几百万次。软件技术也进一步成熟，出现了操作系统和编译系统，并出现了多种程序设计语言，如人机对话式 BASIC 语言等。与第二代晶体管计算机相比，第三代集成电路计算机体积更小、速度更快、稳定性更强、应用范围更广，其代表产品是美国 IBM 公司研制出的 IBM S/360 系列计算机，包括大、中、小等 6 个型号。

（4）第四代计算机：大规模、超大规模集成电路时代（1970 年至今）。随着半导体技术的发展，集成度越来越高。第四代计算机采用大规模、超大规模集成电路。作为其主要功能部件，内存储器使用集成度更高的半导体存储器，计算速度可达每秒几百万次至数亿次。这一时期的计算机无论是在体系结构方面还是在软件技术方面都有了较大提高，并行处理、多机系统、计算机网络均得到发展，软件更加丰富，出现了数据库系统、分布式操作系统和各种实用软件，应用范围急剧扩展，广泛应用于数据处理、工业控制、辅助设计、图像识别、语言识别等方面，渗透到人类社会的各个领域，并且进入了家庭。

20 世纪 80 年代初，科学家开始研制新一代的智能计算机。其核心思想是把程序设计变为逻辑设计，突破冯·诺依曼式计算机的体系结构，不仅要求计算机提高运算速度，更要求计算机更多地替代人脑的功能，在极短的时间内做出更多的逻辑判断，使计算机能像人一样具有听、说、看、思考等功能。它研究的应用领域包括模式识别、自然语言的理解和生成、自动定理证明、联想与思维机理、数据智能检索、专家系统、自动程序设计等。

目前计算机的体系结构仍然属于冯·诺依曼体系结构的范畴。而今后计算机的发展将进一步提高计算机的智能水平，突破冯·诺依曼体系结构、研制出非冯·诺依曼体系的计算机是完全可能的。

科学家们在研制智能计算机的同时也开始探索更新一代的计算机：光电子计算机和生物电子计算机。它们不再采用传统的电子元件，光电子计算机采用光技术和光电子器件，生物电子计算机采用生物芯片，以生物工程技术产生的蛋白分子为主要材料。目前使用的计算机仍是冯·诺依曼式计算机，非冯·诺依曼的新一代计算机还不成熟，但相信不久以后将成为现实。

4. 我国计算机发展的简单历程

美国于 20 世纪 40 年代初开始研究计算技术，并于 1946 年成功地研制了 ENIAC 计算机。日本 1954 年开始计算技术的研究，我国计算技术的研究始于 1956 年，至今有超过 50 年的发展历程，与国际计算机的发展过程相似。

我国成功地研制出了银河、曙光、神威等系列的计算机产品，"银河"计算机如图 1-4 和图 1-5 所示。我国第一台小型通用数字电子计算机代号为 103 机，大型系统为 104 机，第一台国产晶体管计算机为 109 乙机，这些机器的主要任务都是进行科学计算。国家智能计算机研发中心研制成功的曙光系列计算机代表了我国高性能计算机的水平。

图 1-4 "银河"亿次巨型机

图 1-5 "银河Ⅱ"巨型机

国内高性能的计算机还有银河系列和神威系列产品。代表国产发展水平的微型计算机有 IBM PC 兼容机长城产品，还有浪潮、联想、方正等。2001 年，中国科学院计算技术研究所成功研制CPU——"龙芯"芯片。2002年,曙光公司推出了完全自主知识产权的"龙腾"服务器。

国产软件的研究也取得了长足的进展,如中文版Linux操作系统、集成办公软件、东大阿尔派的国产数据库管理系统等,这些令人欣喜的成绩代表我国技术水平已与世界发展水平同步或接近。

1.1.2 现代计算机的分类

随着计算机技术的发展和应用的推动,尤其是微处理器的发展,计算机类型越来越多样化。根据其用途及使用范围,计算机可以分为通用机和专用机。通用机的特点是通用性强,具有很强的综合处理能力,能够解决各种类型的问题。专用机则功能单一,配有解决特定问题的软硬件,但能够高速、可靠地解决特定的问题。按计算机的规模和处理能力分,通用计算机又分为巨型机、大型机、小型机、微型机、工作站和服务器六类。从计算机运算速度等性能指标来看,计算机主要有高性能计算机、微型机、工作站、服务器、嵌入式计算机等。分类标准不是固定的,只能针对某一维度。

1. 高性能计算机

高性能计算机是指目前速度最快、处理能力最强的计算机,过去称为巨型或大型机。截止2021年运算速度最高的是中国的"天河二号"超级计算机,它实测运算速度可达每秒33.9万亿次浮点运算,峰值运算速度可达每秒54.9万亿次浮点运算。高性能计算机数量不多,但却有重要和特殊的用途,在军事方面,可用于战略防御系统、大型预警系统、航天测控系统等;在民用方面,可用于大区域中长期天气预报、大面积物探信息处理系统、大型科学计算和模拟系统等。

中国巨型机之父是2004年国家最高科学技术奖获得者金怡濂院士,他在20世纪90年代初提出了一个我国超大规模巨型计算机研制的全新跨越式方案,这一方案把巨型机的峰值运算速度从每秒10亿次提升到每秒3000亿次以上,跨越了两个数量级,闯出了一条中国巨型机赶超世界先进水平的发展道路。

近年来,我国巨型机的研发也取得了很大的成绩,推出了"曙光""联想"等代表国内最高水平的巨型机系统,并在国民经济的关键领域得到了应用。联想的深腾6800实际运算速度为每秒4.183万亿次,峰值运算速度为每秒5.324万亿次;即将在上海超级计算中心落户的曙光4000A采用2000多颗64位AMD Opteron处理器,运算速度将达到每秒10万亿次。

2. 微型计算机(个人计算机)

微型计算机又称个人计算机(Personal Computer,PC)。1971年Intel公司的工程师马西安•霍夫(M.E.Hoff)成功地在一个芯片上实现了中央处理器(Central Processing Unit,CPU)的功能,制成了世界上第一片4位微处理器Intel 4004,组成了世界上第一台4位微型计算机MCS-4,从此揭开了世界微型计算机大发展的帷幕。随后,许多公司(如Motorola、Zilog等)也争相研制微处理器,推出了8位、16位、32位、64位的微处理器。每18个月微处理器的集成度和处理速度就提高一倍,价格却下降一半。目前市场上的CPU主要有Intel的Pentium 4、Celeron和AMD的Athlon 64等。

自IBM公司于1981年采用Intel微处理器推出IBM PC以来,微型计算机因其小、巧、轻、使用方便、价格便宜等优点在过去20年中得到迅速发展,成为计算机的主流。今天微型计算机的应用已经遍及社会的各个领域,从工厂的生产控制到政府的办公自动化,从商店的数据处理到家庭的信息管理,几乎无处不在。

微型计算机的种类很多,主要分为三类:台式机(Desktop Computer)、笔记本电脑(Notebook)和个人数字助理 PDA。

3. 工作站

工作站是一种介于微型计算机与小型机之间的高档微机系统。自 1980 年美国 Appolo 公司推出世界上第一个工作站 DN-100 以来,工作站迅速发展,成为专长处理某类特殊事务的、独立的计算机类型。工作站通常配有高分辨率的大屏幕显示器和大容量的内外存储器,具有较强的数据处理能力与高性能的图形功能。

早期的工作站大都采用 Motorola 公司的 680X0 芯片,配置 UNIX 操作系统。现在的工作站多数采用 Pentium 4,配置 Windows 2000/XP 或 Linux 操作系统。与传统的工作站相比,Windows/Pentium 工作站价格便宜。这类工作站被称为个人工作站,而传统的、具有高图像性能的工作站称为技术工作站。

4. 服务器

服务器是一种在网络环境中为多个用户提供服务的计算机系统。从硬件上来说,一台普通的微型机也可以充当服务器,关键是要安装网络操作系统、网络协议和各种服务软件。服务器的管理和服务包括文件、数据库、图形、图像以及打印、通信、安全、保密、系统管理、网络管理等。根据提供的服务,服务器可以分为文件服务器、数据库服务器、应用服务器和通信服务器等。

5. 嵌入式计算机

嵌入式计算机是指作为一个信息处理部件嵌入到应用系统之中的计算机。嵌入式计算机与通用型计算机最大的区别在于嵌入式计算机运行固化的软件,用户很难或无法改变。嵌入式计算机的应用最广泛,其数量超过微型计算机,目前广泛应用在各种家用电器中,如电冰箱、自动洗衣机、数字电视机、数码照相机等。

1.1.3 21 世纪的计算机

20 世纪中期,人们虽然预见到了工业机器人的大量应用和太空飞行的出现,但却很少有人深刻地预见到计算机技术对人类巨大的潜在影响。然而计算机技术的发展却大大出乎人们的预料,PC 机的诞生和网络的迅速发展使许多有先见之明的人迅速暴富,一批崭新的高新技术公司如 Microsoft、Intel 等迅速崛起,美国也借助信息技术的迅速发展而获得了二战后最辉煌的经济繁荣。因此,科学地预测 21 世纪计算机技术的发展趋势将是一件极为令人兴奋和有意义的事情。

21 世纪是人类走向信息社会的世纪,是网络时代,是超高速信息公路建设取得实质性进展并进入应用的时代。那么在 21 世纪的今天,计算机技术的发展将会有什么新的变化呢?

1. 芯片技术

自 1971 年微处理器问世后,计算机经历了 4 位机、8 位机和 16 位机时代,20 世纪 90 年代初出现了 32 位结构的微处理器计算系统,并将进入 64 位计算时代。自从 1991 年 MIPS 公司的 64 位机 R4000 问世之后,陆续有 DEC 公司的 Alpha 21064、21066、21164 和 21264,HP 公司的 PA8000,IBM/Motorola/Alpha 的 Power PC620,SUN 公司的 Ultra-SPARC 以及 Intel 公司的 Merced 等 64 位机出现。

2. 并行处理技术

并行处理是实现高性能、高可用计算机系统的主要途径。并行处理技术包括并行结构、并行算法、并行操作系统、并行语言及其编译系统等。并行处理方式有多处理机体系结构、大规模并行处理系统、工作站群（包括工作站集群系统、网络工作站）等。

3. 网格技术

网格是继传统 Internet、Web 之后的第三次 Internet 浪潮，可以称之为第三代 Internet 应用。传统 Internet 实现了计算机硬件的连通，Web 实现了网页的连通，网格则试图实现 Internet 上所有资源的全面连通。当然也可以构造地区性网络，如中关村科技园区网格、企事业内部网格、局域网网格甚至家庭网格，它把整个互联网整合成一台巨大的超级计算机，可以实现计算资源、存储资源、信息资源、知识资源、专家资源的全面共享。

网格计算是专用解决复杂科学计算的新型计算模式，这种计算模式利用 Internet 把分散在不同地理位置的计算机组成一个"虚拟的超级计算机"，其中每台参与计算的计算机就是一个"结点"，而整个计算是由成千上万个"结点"组成的"一张网格"，所以这种计算方式称为网格计算。组织起来的"虚拟的超级计算机"有两个优势：数据处理能力超强、能充分利用网上的闲置处理能力。这种构想是通过在个人、组织和资源之间实现安全、协调的资源共享来创建虚拟的、动态的组织。网格计算是分布式运算的一种方法，不仅包括位置，还涵盖组织、硬件和软件，可提供无限的能力，使连接到网格的每个人都可以互相合作和互访信息。

网格是一种新技术，具有两个特征：第一，不同的群体用不同的名词表示网格；第二，网格的精确含义和内容还没有确定，还在不断地变化。目前对网格还没有精确的定义，美国阿贡国家实验室（Argonne Natioanal Laboratory，ANL）的资深科学家、美国网格计算项目的领导者伊安·福斯特（Ian Foster）对网格有如下描述："网格是构筑在互联网上的一组新兴技术，它将高速互联网、高性能计算机、大型数据库、传感器、远程设备等融为一体，为科技人员和普通老百姓提供更多的资源、功能和交互性。互联网主要为人们提供电子邮件、网页浏览等通信功能，而网格功能则更多、更强，能让人们透明地使用计算、存储其他资源。"简而言之，网格技术的目标就是人们可以通过互联网共享各种资源，包括计算资源、存储资源、通信资源、软件资源、信息资源、知识资源等，而不必知道资源的出处。网格技术是因处理海量数据的需要而提出并发展起来的，由于它可以实现全世界所有资源的连通共享，因此它被认为是继 WWW 实现世界各地页面连通之后的第三代网络技术。

网格技术研究的方向之一是信息网格，其目标是研制一体化的智能信息处理平台，消除信息孤岛，使用户能方便地发布、处理和获取信息，在用户之间实现信息互动。信息网格与基于 Web 服务的三层结构模式的主要不同点在于"一体化"，它将世界各地的计算机、数据、信息、软件等组成一个逻辑整体，统一接口，并根据权限实现资源的共享与交互，因此网格不仅可以共享信息资源，还可以共享软件。对于远端的软件用户，本机不安装就可实现网格结构模式下的共享，这就使得原有的各种单机、C/S 模式、B/S 模式以及三层结构模式的 MIS 软件可以继续使用并能共享。

4. 蓝牙技术

随着无线互联、无线上网的日益发展，蓝牙（Bluetooth）技术应运而生。蓝牙技术是一种用于替代便携或固定电子设备上使用的电缆或连线的短距离无线连接技术，即在办公室、家庭或旅途中，使用时无需在任何电子设备间布设专用线缆和连接器。通过蓝牙摇控装置可以形成一点到多点的连接,即在该装置周围组成一个"微网",网内任何蓝牙收发器都可与该装置互通信号,而且这种连接无需复杂的软件支持。蓝牙收发器的有效通信范围为 10m,强的可以达到 100m。正如爱立信蓝牙组负责人所说,设计蓝牙的最初想法是"结束线缆噩梦"。

1998 年 5 月,瑞典爱立信、芬兰诺基亚、日本东芝、美国 IBM 和英特尔公司 5 家著名厂商在联合拓展短程无线通信技术标准化活动时提出了蓝牙技术。1999 年下半年,业界巨头微软、摩托罗拉、3COM、朗讯与蓝牙特别小组 5 家公司共同发起成立了蓝牙技术推广组织,从而在全球范围内掀起了一股蓝牙潮。

利用蓝牙技术能够有效地简化掌上电脑、笔记本电脑和手机等移动通信终端设备之间的通信,也能够成功地简化这些设备与 Internet 的通信,从而使现代通信设备与 Internet 之间的数据传输变得更加迅速、高效,为无线通信拓宽道路。通俗来说,蓝牙技术使得现代一些轻易携带的移动通信设备和计算机设备不必借助电缆就能联网,并且能够实现无线上网。其实际应用范围还可以拓展到各种家电产品、消费电子产品和汽车等,组成一个巨大的无线通信网络。

从专业角度看,蓝牙是一种无线接入技术;从技术角度看,蓝牙是一项创新技术,它带来的产业是一个富有生机的产业,因此蓝牙也是一个产业,它已被业界看成是整个移动通信领域的重要组成部分。蓝牙不仅仅是一个芯片,更是一个网络,在不远的将来由蓝牙构成的无线个人网将无处不在。

5. 嵌入技术

嵌入技术是指将操作系统和功能软件集成于计算机硬件系统中的一种技术,也就是系统的应用软件与硬件一体化(即将软件固化集成到硬件系统中),类似于主板上 BIOS 的工作方式。嵌入式系统具有软件代码少、高度自动化和响应速度快等特点,特别适合于要求实时和多任务的系统。嵌入式计算机系统是指计算机集成到特定的系统中,该计算机作为系统的一部分完成专门的功能,如家用电视、照相机、自动洗衣机等电器中的单片机。严格意义上讲,嵌入式计算机不一定都是单片机,这是一种应用方式上的定义,虽然它可能也涉及一些特定的结构,但它本身并不是结构上的定义。

嵌入式系统主要使用三类处理器:微控制器(Micro Control Unit,MCU)、数字信号处理器(Digital Signal Processing,DSP)、嵌入式微处理器(Micro Processing Unit,MPU)。在很多场合 DSP 有取代传统 MCU 的趋势,但还不能完全取代。

嵌入式系统的结构比一般的计算机系统灵活多变,可能只是一片小小的 MCU 完成所有功能,也可能是包括磁盘、显示器、键盘等部件在内的一个完整计算机系统的嵌入式应用。

6. 中间件技术

中间件(Middleware)是基础软件的一类,属于可复用软件范畴。顾名思义,中间件处于操作系统软件与用户应用软件的中间,它在操作系统、网络和数据库的上层,在应用软件的下层,其作用是为处于上层的应用软件提供运行与开发环境,帮助用户灵活、高效地开发和集成复杂的应用软件。

在众多关于中间件的定义中,被普遍接受的是 IDC 的表述:中间件是一种独立的系统软件或服务程序,分布式应用软件借助这种软件在不同技术之间共享资源,而中间件位于客户机/服务器操作系统之上,管理计算资源和网络通信。

IDC 对中间件的定义表明，中间件是一类软件而非一种软件；中间件不仅要实现互联，还要实现应用之间的互操作；中间件是基于分布式处理的软件，最突出的特点是其网络通信功能。

最早具有中间件技术思想及功能的软件是 IBM 的 CICS，但由于 CICS 不是分布式环境的产物，因此人们一般把 Tuxedo 作为第一个严格意义上的中间件产品。Tuxedo 是 1984 年在当时属于 AT&T 的贝尔实验室开发完成的，但由于分布式处理当时并没有在商业应用上获得像今天一样的成功，Tuxedo 在很长一段时间里只是实验室产品。后来 Tuxedo 被 Novell 公司收购，在经过 Novell 并不成功的商业推广之后，1995 年被现在的 BEA 公司收购。尽管中间件的概念很早就已经产生，但中间件技术的广泛运用却是在最近 10 年：1995 年 BEA 公司成立后收购 Tuxedo 成为一个真正的中间件厂商，IBM 的中间件 MQSeries 也是 20 世纪 90 年代的产品，其他中间件产品也都是最近几年才成熟起来的。国内中间件领域的起步阶段正是中间件的初创时期，东方通科技早在 1992 年就开始中间件的研究与开发，1993 年推出第一个产品 TongLINK/Q。可以说，在中间件领域，国内研究开发的起步时间并不比国外晚多少。

1.2 计算机中数据的表示方法

电子数字计算机是物理设备，在对信息数据进行处理的过程中，输入、传输和存储过程都需要利用电子数字设备的电磁物理稳定特性，对信息数据数字化加工才能完成，所以需要规划统一的信息数据表示或编码。

1.2.1 数值信息在计算机中的表示

要使计算机能够进行运算，必须要对信息数据进行可行的编码表示。运算必然要使用进位记数制。进位记数制在人们日常生活中的使用非常广泛，如算数中的逢 10 进 1、时钟计时中的逢 60 进 1、年历中的逢 12 进 1 等。那么计算机为什么要采用二进制记数制呢？

在自然界中两个稳定的物理状态比较容易实现，如电压电平的高与低、开关的接通与断开、晶体管的导通和截止等。两种状态只需用 0 和 1 两个数码表示，如果使用十进制数，则需要有保持 10 种稳定状态的电子器件来表示 0～9 数码的 10 个状态，这在技术上几乎是不可能的，而使用二进制数则在技术上很容易实现。

除了使用只有两个状态的二进制记数制，用数字表示信息的传输和处理方式可靠性高，二进制数的运算法则也比较简单，使得运算器的结构、控制也简单得多。二进制数的加法、乘法法则分别如下：

加法法则：
0+0=0　　　　　　0+1=1
1+0=1　　　　　　1+1=10

乘法法则：
0×0=0　　　　　　0×1=0
1×0=0　　　　　　1×1=1

另外二进制数只有 0 和 1 两个数码，可以代表逻辑代数中的"假"和"真"，所以电子数字计算机中都使用二进制数。但人们习惯使用十进制，因此用户通常还是用十进制、八进制或十六进制与计算机打交道,再由计算机自动实现数制间的转换。

1. 进位记数制

(1) 十进制。人们最熟悉的记数制就是十进制,它有以下特点:
- 基本计数符号有 10 个,即 0~9。
- 逢 10 进位,10 是进位基数。

例如,一个十进制数 1458.34,它的实际值与基数的关系表示如下:

$1458.34 = 1\times10^3 + 4\times10^2 + 5\times10^1 + 8\times10^0 + 3\times10^{-1} + 4\times10^{-2}$

所以一个任意的十进制数 D,可表示成:

$(D)_{10} = R_{k-1}10^{k-1} + R_{k-2}10^{k-2} + \cdots + R_0 10^0 + R_{-1}10^{-1} + \cdots + R_{-n}10^{-n}$

其中 R_j 为第 j 位的计数符号,10^j 为第 j 位的位权,k 为整数部分位数,n 为小数部分位数。

(2) 二进制。二进制是计算机使用的进位记数制,其特点如下:
- 基本计数符号有 2 个,即 0 和 1。
- 逢 2 进位,2 是进位基数。

例如,一个二进制数 1101.01,它的实际值与基数的关系表示如下:

$(1101.01)_2 = 1\times2^3 + 1\times2^2 + 0\times2^1 + 1\times2^0 + 0\times2^{-1} + 1\times2^{-2} = 13.25$

所以一个任意的二进制数 B,可表示成:

$(B)_2 = R_{k-1}2^{k-1} + R_{k-2}2^{k-2} + \cdots + R_0 2^0 + R_{-1}2^{-1} + \cdots + R_{-n}2^{-n}$

其中 R_j 为第 j 位的计数符号,2^j 为第 j 位的位权,k 为整数部分位数,n 为小数部分位数。但二进制难写难记,书写时人们常常采用八进制或十六进制。

(3) 八进制。八进制是为了方便使用而引入的一种进制,它的特点如下:
- 基本计数符号有 8 个,即 0~7。
- 逢 8 进位,8 是进位基数。

例如,一个八进制数 145.25,它的实际值与基数的关系表示如下:

$145.25 = 1\times8^2 + 4\times8^1 + 5\times8^0 + 2\times8^0 + 5\times8^1 = 101.875$

所以一个任意的八进制数 O,可表示成:

$(O)_8 = R_{k-1}8^{k-1} + R_{k-2}8^{k-2} + \cdots + R_0 8^0 + R_{-1}10^{-1} + \cdots + R_{-n}8^{-n}$

其中 R_j 为第 j 位的计数符号,8^j 为第 j 位的位权,k 为整数部分位数,n 为小数部分位数。

(4) 十六进制。十六进制的特点如下:
- 基本计数符号有 16 个,即 0~9,A,B,C,D,E,F。其中 A~F 对应十进制的 10~15。
- 逢 16 进位,16 是进位基数。

例如,一个十六进制数 1AF.3B,它的实际值与基数的关系表示如下:

$1AF.3B = 1\times16^2 + 10\times16^1 + 15\times16^0 + 3\times16^{-1} + 11\times16^{-2}$
$\qquad = 431.23046875$

所以一个任意的十六进制数 H,可表示成:

$(H)_{16} = R_{k-1}16^{k-1} + R_{k-2}16^{k-2} + \cdots + R_0 16^0 + R_{-1}16^{-1} + \cdots + R_{-n}16^{-n}$

其中 R_j 为第 j 位的计数符号;16^j 为第 j 位的位权;k 为整数部分位数;n 为小数部分位数。

2. 几种记数数制之间的转换

(1) 十进制数转换为二进制数。

- 将十进制整数转换成二进制数。

只需将十进制整数除以 2，取其余数即可。

例如：求 $(19)_{10}$ 的二进制形式。

```
  2 | 19  …1    ↑ 低位
  2 |  9  …1
  2 |  4  …0
  2 |  2  …0
  2 |  1  …1    ↓ 高位
       0
```

最后一个余数为 a_0，从下往上依次为 a_0，a_1，…，a_n。因此，$(19)_{10}=(10011)_2$。

- 将十进制小数转换为二进制数。

将十进制小数转换为二进制小数则用乘 2 取整法，并将每次所得的整数从上往下列出即可。

例如：求 0.825 的二进制形式。

```
       0.825
     ×   2
    1 ← ——.650   …1    ↑ 高位
     ×   2
    1 ← ——.300   …1
     ×   2
    0 ← ——.6     …0    ↓ 低位
```

即得 $(0.825)_{10}=(0.110)_2$。

转换时乘 2 并不一定能保证准确转换，只要达到某一精度即可。

（2）二进制数转换为十进制数。

根据前面的公式，任何进制的数都可以展开成为一个多项式，其中每项是各位位权与系数的乘积，这个多项式的结果便是所对应的十进制数。例如：

$(1101.01)_2 = 1 \times 2^3 + 1 \times 2^2 + 0 \times 2^1 + 1 \times 2^0 + 0 \times 2^{-1} + 1 \times 2^{-2} = 13.25$

（3）二进制与八进制、十六进制之间的转换。

因为 $2^3=8$，$2^4=16$，所以 3 位二进制数对应 1 位八进制数，4 位二进制数对应 1 位十六进制数。

- 二进制数转换为八进制数时，整数部分只需从右向左划分（从低位到高位），小数部分则从小数点开始从左往右划分，每 3 位为一组，然后分别将该组二进制化成八进制数即可。如：

将 $(1001110101)_2$ 分组 001,001,110,101
　　　　　　　　　　　　　 ↓　↓　↓　↓
　　　　　　　　　　　　　 1 　1 　6 　5

即得 $(1001110101)_2=(1165)_8$。

将 $(0.110110)_2$ 分组 0.110,110

       ↓ ↓

       6 6

即得 $(0.11011)_2=(0.66)_8$。

如果分组后，二进制数整数部分左边不够 3 位，则在左边添零；对小数部分，则在最后一组右边添零。

将八进制数转换为二进制数是上述方法的逆过程，即将每一位八进制数分别转换为 3 位二进制数。例如：

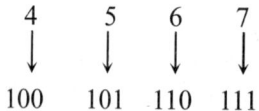

即得 $(4567)_8=(100101110111)_2$。

- 二进制数转换为十六进制数，只需将二进制整数从右到左，小数部分从左到右，每 4 位为一组，不足 4 位用 0 补齐，再将每组二进制数换成对应的十六进制数。

例如：

   101 0110. 1101 1001

    ↓   ↓   ↓   ↓

    5   6   D   9

即得 $(101011011011001)_2=(56D9)_{16}$。

反过来，将十六进制数转换为二进制数是上述过程的逆过程。

例如：

   6   A   0 . 7

   ↓   ↓   ↓   ↓

  0110 1010 0000 . 0111

即得 $(6A0.7)_{16}=(11010100000.0111)_2$。

几种进位记数制之间的转换见表 1-1。

表 1-1 几种进制之间的转换对照表

十进制	二进制	八进制	十六进制	十进制	二进制	八进制	十六进制
0	0	0	0	9	1001	11	9
1	1	1	1	10	1010	12	A
2	10	2	2	11	1011	13	B
3	11	3	3	12	1100	14	C
4	100	4	4	13	1101	15	D
5	101	5	5	14	1110	16	E
6	110	6	6	15	1111	17	F
7	111	7	7	16	10000	20	10
8	1000	10	8				

3. 负数在计算机中的表示

在计算机中只能用数字化信息来表示数的正负，人们规定用"0"表示正号，用"1"表示负号。例如，在机器中用 8 位二进制表示一个正数+90，其格式为：

  0 1 0 1 1 0 1 0
  ↓
  符号位，表示正

而用 8 位二进制表示一个负数-90，其格式为：

  1 1 0 1 1 0 0 1
  ↓
  符号位，表示负

在计算机内部，数字和符号都用二进制代码表示，两者合在一起构成数的机内表示形式，称为机器数，而它真正表示的数值称为这个机器数的真值，如例中的两个数十进制真值是+90 和-90，二进制真值是+1011010 和-1011001。在机器数中，数值和符号全部数字化，但在计算时，若将符号位和数值一起计算将会产生错误的结果。

例如：-3+2 的结果应为-1，但-3 和 2 的机器数的运算结果是-5。

   1 0 0 0 0 0 1 1
  + 0 0 0 0 0 0 1 0
  ―――――――――――
   1 0 0 0 0 1 0 1

若要考虑符号位的处理，运算将变得复杂。为解决此类问题，在机器数中负数有原码、反码和补码 3 种形式，其中最常用的是后两种。为简单起见，这里只以整数为例。

（1）原码。用最高位表示数值的符号，其后各位表示该数值的绝对值的表示法称为原码表示法，其中符号位为 0 表示该数值为正，符号位为 1 表示该数值为负。

例如：二进制数+1000110 的原码表示为 01000110；二进制数-1000110 的原码表示为 11000110。

（2）反码。对于正数，反码与原码相同；对于负数，反码保持原码的符号位不变，其他各位取反。

例如：二进制数+1000110 的反码表示为 01000110；二进制数-1000110 的反码表示为 10111001。

由于正数的反码表示形式与正数的原码表示形式相同，因此，反码的表示实质上是对负数而言的。

例 1.1 求-114 的反码。

解：-114 的原码为 11110010，符号位的 1 不变，其他位取反，则-114 的反码为 10001101。

由负数反码求真值的方法是：反码→原码→真值。

（3）补码。对于正数，补码与原码相同；对于负数，补码保持原码的符号位不变，其他各位取反，然后在最低位加上 1。

例如：二进制数+1000110 的补码表示为 01000110；二进制数-1000110 的补码表示为 10111010。

例 1.2 求-114 的补码。

解：-114 的反码为 10111010，在反码加 1 得补码 10111011。

计算机中采用补码的最大优点是可以将算术运算的减法转化为加法来实现,即不论加法还是减法,计算机中一律只做加法。

例 1.3　求 16+4=?

解: 16+4→[16]$_{补}$+[4]$_{补}$=00010000+00000100=00010100→真值为 20

例 1.4　求 32-48=?

解: 32-48→[32]$_{补}$+[-48]$_{补}$=00100000+11010000=11110000(补码)
　　　　→10010000(原码)→真值为-16

由负数的补码求得负数的原码有两种方法:一是将负数的补码除符号位外,其余各位取反再加 1;二是将负数的补码先减 1,除符号外,其余各位再取反。求真值只能由原码计算出,不能由补码和反码直接按数位计算负数的真值。

由此可见,利用补码可以方便地实现正、负数的加法运算,运算规则简单,在数的有效存放范围内,符号位和数值一样参加运算,也允许产生最高位的进位(被丢去),因此应用广泛。

1.2.2　字符数据在计算机中的表示

在计算机中,字符数据占有很大比重。字符数据包括西文字符(字母、数字、各种符号)和汉字字符,它们都是非数值型数据,和数值型数据一样需用二进制数进行编码才能存储在计算机中并进行处理。对于西文字符与汉字字符,由于形式的不同,使用的编码方式也不同,下面主要介绍西文字符和汉字字符的编码方法。

1. 西文字符

西文字符采用了美国国家标准协会(American National Standard Institute,ANSI)制定的美国标准信息交换码(American Standard Code for Information Interchange,ASCII)来进行编码,它最初是美国国家标准,供不同计算机在相互通信时用作共同遵守的西文字符编码标准,后被 ISO 及 CCITT 等国际组织采用。

ASCII 编码表具有如下特点:

(1)每个字符的二进制编码为 7 位($b_6b_5b_4b_3b_2b_1b_0$),故共含 2^7=128 种不同的字符编码。通常一个 ASCII 码占用一个字节(即 8 个 bit),其最高位为 0。例如,"Hello."的 ASCII 编码如图 1-6 所示。

01001000 01100101 01101100 01101100 01011111 00101110
　　H　　　e　　　l　　　l　　　o　　　.

图 1-6　"Hello."的 ASCII 编码形式

(2)表内有 33 种控制码,95 个字符为图形字符。有些特殊的字符编码需要记住,例如:
- a 字符的编码为 1100001,对应的十进制是 97;则 b 的编码值是 98。
- A 字符的编码为 1000001,对应的十进制是 65;则 B 的编码值是 66。
- 0 数字字符的编码为 0110000,对应的十进制是 48;则 1 的编码值是 49。
- SP 空格字符的编码为 0100000,对应的十进制是 32。

2. 汉字字符

英文为拼音文字,所有的字均由 52 个英文大小写字母拼组而成,加上数字及其他标点符号,常用的字符仅 95 种,故 7 位二进制编码已经够用了。而汉字就不同了,汉字是象形文字,每个汉字字符都有自己的形状。所以，每个汉字在计算机中都有一个二进制代码，而 1 个字节不足常用汉字的编码数量，所以在计算机中每个汉字的二进制代码为 2 个字节，称为机内码。除此之外，为了利用计算机系统中现有的西文键盘输入汉字，还要对每个汉字编一个西文键盘输入码，又称外码。目前在众多的汉字输入码中，被广大用户接受的只有十几种，如五笔字型、标准拼音等。

1.3 计算机的基本工作原理及结构

计算机是一个复杂的系统，详细地分析一台计算机的系统结构和工作原理是一件十分困难的事情。但如果按照层次结构来分析，将会稍微简单清晰一些。

1.3.1 计算机的基本工作原理

现代计算机的基本工作原理由美籍匈牙利科学家冯·诺依曼于1946年首先提出。冯·诺依曼提出的"存储程序控制原理"被称为冯·诺依曼体系结构，主要思想可概括为以下3点：
- 采用二进制数的形式表示数据和指令。
- 将指令和数据存放在存储器中。
- 计算机硬件由控制器、运算器、存储器、输入设备和输出设备5大部分组成。

冯·诺依曼结构计算机主要包括输入设备、输出设备、控制器、运算器、存储器 5 大部分，它们之间的关系如图1-7所示。

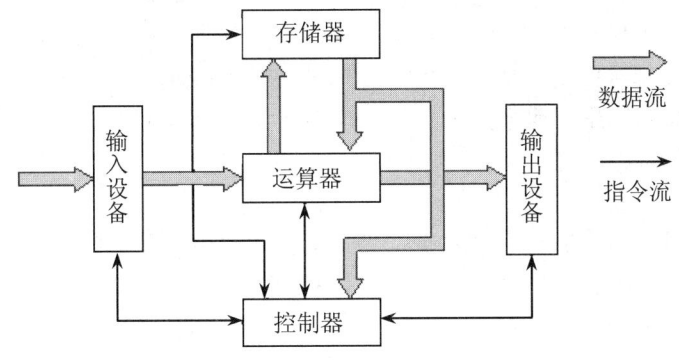

图1-7 计算机硬件的基本组成

计算机各部件之间的联系是通过两股信息流动来实现的，宽的一股代表数据流，窄的一般代表控制流。数据由输入设备输入至运算器，再存于存储器中，在运算处理过程中，数据从存储器被读入运算器进行运算，运算的中间结果将被存入存储器或由运算器经输出设备输出。指令也以数据形式存于存储器中，运算时指令由存储器送入控制器，由控制器产生控制流控制数据流的流向并控制各部件的工作，对数据流进行加工处理。

1. 运算器

运算器的主要功能是算术运算和逻辑运算。运算器由累加器（用符号 A 表示）、通用寄存器（用符号 B 表示）和算术逻辑单元（用符号 ALU 表示）组成，其结构如图1-8所示，其核心是算术逻辑单元。

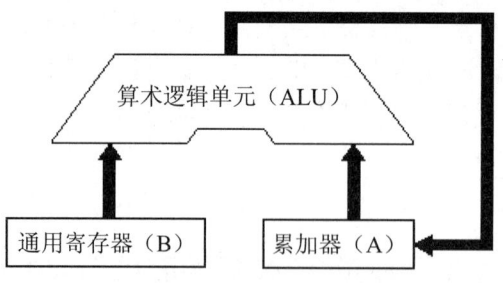

图1-8 运算器结构示意图

通用寄存器用于暂存参加运算的一个操作数,此操作数来自总线。现代计算机的运算器有多个寄存器,称之为通用寄存器组。

累加器是特殊的寄存器,它既能接受来自总线的二进制信息作为参加运算的一个操作数,并向算术逻辑单元输送,又能存储由算术逻辑单元运算的中间结果和最后结果。算术逻辑单元由加法器及控制门等逻辑电路组成,以完成累加器和通用寄存器中的数据的各种算术与逻辑运算。

运算器一次运算二进制数的位数,称为字长,它是计算机的重要性能指标。常用的计算机字长有8位、16位、32位及64位。寄存器、累加器的长度应与ALU的字长相等。

2. 控制器

控制器是全机的指挥中心,它控制各部件动作,使整个机器连续、有条不紊地运行。控制器工作的实质就是解释程序。控制器每次从存储器读取一条指令,经过分析译码,产生一串操作命令,发向各个部件使其进行相应的操作。接着从存储器取出下一条指令,再执行这条指令,依此类推。通常把取指令的一段时间叫作取指周期,而把执行指令的一段时间叫作执行周期。因此,控制器反复交替地处在取指周期与执行周期之中,直至程序执行完毕。

在早期的计算机术语中,通常把运算器和控制器合在一起称为中央处理器,简称CPU,而将CPU和存储器等设备合在一起称为主机。

3. 存储器

存储器的主要功能是存放程序和数据。使用时,可以从存储器中取出信息,不破坏原有的内容,这种操作称为存储器的读操作。也可以把信息写入存储器,原来的内容被抹掉,这种操作称为存储器的写操作。

存储器通常分为内存储器和外存储器。

(1)在计算机内部,一切数据都是用二进制数(由"0"和"1"组成)的编码来表示的。下面先介绍几个重要的概念。

- 存储单元:存储器一般被划分成许多单元,即存储单元。用存储单元地址来区分各单元,一个存储单元可存放8个二进制的位,即1个字节。
- 存储单元地址:每个存储单元都有一个唯一的编号(用二进制表示),称为存储单元地址。单元地址编码号是唯一且固定不变的,而存储在该单元中的内容是可以变的。
- 位(bit):一个二进制位为1 bit(比特),简写为b,它是二进制所表示的数据的最小单位。
- 字节(Byte):八个二进制位组成一个字节,简写为B,它是计算机中的最小存储单元。经常使用的单位还有KB(千字节)、MB(兆字节)和GB(千兆字节)。

- 各个存储数据单位之间的转换:

  1B=8b

  1KB=1024B=2^{10}B

  1MB=1024KB=2^{10}KB=2^{20}B

  1GB=1024MB=2^{10}MB=2^{20}KB=2^{30}B

  注意:通常,一个 ASCII 码用 1 个字节表示,一个汉字的国标码用 2 个字节表示。
- 存储容量:存储器所能容纳的信息量称为存储容量,其单位是"字节"。
- 访问存储器:向存储单元中存入(写)或从存储单元中取出(读)信息。

(2) 内存储器。内存储器简称内存(又称主存),是计算机中信息交流的中心。用户通过输入设备输入的程序和数据先被送入内存,控制器执行的指令和运算器处理的数据取自内存,运算的中间结果和最终结果保存在内存中,输出设备输出的信息来自内存,内存中的信息如要长期保存,应送到外存储器中。总之,内存要与计算机的各个部件打交道,进行数据交换。因此,内存的存取速度直接影响计算机的运算速度。

当今绝大多数计算机的内存都是半导体存储器,由于价格和技术方面的原因,内存的存储容量受到限制,而且大部分内存是不能长期保存信息的随机存储器(RAM,断电后信息丢失),所以还需要能长时间保存大量信息的外存储器。

(3) 外存储器。外存储器设置在主机外部,简称外存(又称辅存),主要用来长期存放暂时不用的程序和数据。通常外存不和计算机的其他部件直接交换数据,只和内存交换数据,且不是按单个数据进行存取,而是成批地进行数据交换。常用的外存有磁盘、磁带、光盘等。外存与内存有许多不同之处:一是外存不像内存那样怕停电,如磁盘上的信息可以保持几年甚至几十年,CD-ROM 可以永久保存;二是外存的容量不像内存那样受到限制,可以大得多,如当今硬盘的容量有 180GB、200GB 等;三是外存速度慢,内存速度快。

4. 输入/输出设备

输入设备是变换输入信息形式的部件,它将人类的信息形式转换成计算机能接收并识别的信息形式。目前常用的输入设备是键盘、鼠标、数字扫描仪和模数转换器等。

输出设备是变换计算机输出信息形式的部件,它将计算机运算结果的二进制信息转换成人类或其他设备能接收和识别的形式,如字符、文字、图形、图像、声音等。目前广为使用的输出设备有激光印字机、绘图仪、CRT 显示器等。

计算机的输入/输出设备通常为外围设备,这些外围设备种类繁多、速度各异,因而它们不能直接同高速工作的主机相连接,而是通过适配器部件与主机联系。适配器的作用相当于转换器,它可以保证外围设备按计算机系统所要求的形式发送或接收信息,使主机和外围设备并行协调地工作。

外存储器也是计算机中重要的外围设备,它既可以作为输入设备,也可以作为输出设备。此外,它还有存储信息的功能,常常作为辅助存储器使用。

5. 总线

计算机硬件之间的连接线路分为网状结构与总线结构。绝大多数计算机都采用总线(BUS)结构。系统总线是构成计算机系统的骨架,是多个系统部件之间进行数据传送的公共通路。借助系统总线,计算机在各系统部件之间实现传送地址、数据和控制信息的操作。系统总线从功能上可分为地址总线、数据总线和控制总线。

（1）地址总线。CPU 通过地址总线把地址信息送到其他部件，因而地址总线是单向的。地址总线的位数决定了 CPU 的寻址能力，也决定了微型机的最大内存容量。例如，16 位地址总线的寻址能力是 $2^{16}=64KB$，而 32 位地址总线的寻址能力是 4GB。

（2）数据总线。数据总线用于传输数据。数据总线的传输方向是双向的，是 CPU 与存储器、CPU 与 I/O 接口之间的双向传输通道。数据总线的位数和微处理器的位数是一致的，是衡量微型计算机运算能力的重要指标。

（3）控制总线。控制总线是由 CPU 对外围芯片和 I/O 接口的控制以及这些接口芯片对 CPU 的应答、请求等信号组成的总线。控制总线是最复杂、最灵活、功能最强的一类总线，其方向也因控制信号不同而有差别。例如，读写信号和中断响应信号由 CPU 传给存储器和 I/O 接口，中断请求和准备就绪信号由其他部件传输给 CPU。

1.3.2 非冯·诺依曼计算机结构

非冯·诺依曼结构是一种由数据而不是由指令来驱动程序执行的体系结构。

具有冯·诺依曼体系结构的计算机，在 CPU 和主存之间只有一条每次只能交换一个字的数据通路，它称为冯·诺依曼瓶颈，即不论 CPU 和主存的吞吐率有多高，不论主存容量有多大，只能顺序处理和交换数据。另外，随着软件系统复杂性和开发成本不断提高，软件的可靠性、可维护性和整个系统的性能都会明显下降。大量的系统资源消耗在必不可少的软件开销上，"软件危机"出现了，其问题根源在于冯·诺依曼体系结构的不适应性。随着计算机应用领域的扩大，这种矛盾愈来愈突出，迫使人们不断对这种体系结构进行改进，例如出现了流水处理机、并行处理机、相联处理机、多处理机和分布处理机等。但这些结构的计算机本质上仍是存储程序型的顺序操作概念，还没有突破冯·诺依曼体系结构两个最主要的特征，一是计算机内部的信息流动是由指令驱动的，而指令执行的顺序由指令计数器决定；二是计算机的应用主要是面向数值计算和数据处理。为了使计算机具有更强的计算能力，让计算机能模拟人类在自然语言理解、图像与声音的识别和处理、学习和探索、思维和推理等方面的功能，并具有良好的环境自适应能力，出现了对非冯·诺依曼体系结构的研究。

非冯·诺依曼体系结构的计算机主要有数据流计算机、归约计算机、基于面向对象程序设计语言的计算机、面向智能信息处理的智能计算机等。

数据流计算机彻底改变了冯·诺依曼体系结构的指令流驱动的机制，而采用了数据流驱动的机制。

归约计算机也是基于数据流的计算机模型，但执行的操作序列取决于对数据的需求，即由需求驱动。

基于面向对象程序设计语言的计算机，这种计算机体系结构具有高效能、面向对象的动态存储管理、存储保护和快速匹配、检索对象的机制，同时还提供实现对象之间高效通信的机制。面向对象程序设计语言具备固有的并行性，因此，基于面向对象程序设计语言的计算机还应当是一个多处理机系统，以便让多个对象组成的模块分别在各自分配到的处理机上执行，提高计算机并行处理的能力。

智能计算机从功能上看，它的体系结构具备以下特点：具有高效的推理机制和极强的符号处理能力；能有效地支持非确定性计算，同时也能有效地支持确定性计算；具有高度并行处理、多重处理或分布处理能力；具有能适应不同应用特点和需求的动态可变的开放式的拓扑结构；有大容量存储器，数据不是以线性存储，而是以分布存储，存储访问具有不可预测性；具有知识库管理功能；有良好的人机交互界面，具有自然语言、声音、文字、图像等智能接口功能；具有支持智能程序设计语言功能。

非冯·诺依曼体系结构计算机的主要优点是：支持高度的并行操作；与超大规模集成电路技术相适应；有利于提高软件生产能力。

1.4 微型计算机硬件系统的组成

计算机是一种不需要人工直接干预，能够对各种信息进行高速处理和存储的电子设备。一个完整的计算机系统包括硬件系统和软件系统两大部分，如图1-9所示。

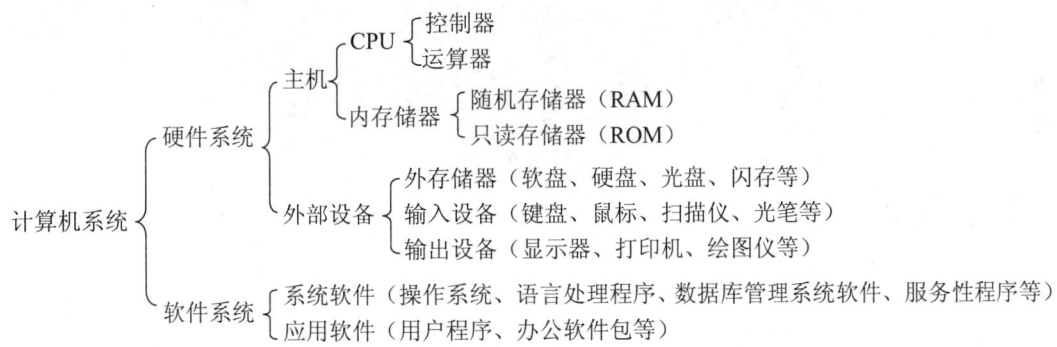

图 1-9　计算机系统的组成

计算机硬件系统是指构成计算机的所有实体部件的集合，通常这些部件由电子器件、机械装置等物理部件组成。硬件通常是指一切看得见、摸得到的设备实体，是计算机进行工作的物质基础，是计算机软件运行的场所。

计算机软件系统是指在硬件设备上运行的各种程序以及有关文档。程序是用户用于指挥计算机执行各种功能以完成指定任务的指令系统的集合，文档是为了便于阅读、修改、交流程序而作的说明。

通常人们把不装备任何软件的计算机称为硬件计算机或裸机。裸机由于不装备任何软件，所以只能运行机器语言程序，它的功能显然不会得到发挥。普通用户面对的一般不是裸机，而是在裸机之上配置若干软件之后所构成的计算机系统。正是由于有了丰富多彩的软件，计算机才能完成各种不同的任务。在计算机技术的发展过程中，软件随硬件技术的发展而发展，软件的不断发展与完善又促进了硬件的发展，二者相辅相成，缺一不可。微型计算机的硬件系统包括主板、CPU、内存、外存、外围设备等。在这些硬件设备中，CPU 是最重要的，它决定了一台计算机的基本规格与配置。

1.4.1　主板

主板（Motherboards），又称系统板或母板，如图1-10所示。主板是计算机系统中最大的一块印刷电路板，它是由印刷电路板、控制芯片、CPU 插座、键盘插座、CMOS 只读存储器、Cache、各种扩展插槽、各种连接插座、各种开关及跳线组成的。计算机中的各种设备只有与主板相互合作，才能发挥完整的功能，因此可以说主板是计算机的协调中心。在主板上可以看到密密麻麻的印刷线路，这些线路就是计算机内部的数据传输信道，此外，在主板上还有各式各样的插槽用来连接其他设备。简而言之，主板是计算机中枢与外界沟通的桥梁。不同档次的 CPU 需用不同档次的主板，主板的质量直接影响计算机的性能和价格，主板和主存储器一般都装在一个机箱里，称为主机。主流的主机板生产厂家有华硕、技嘉等。

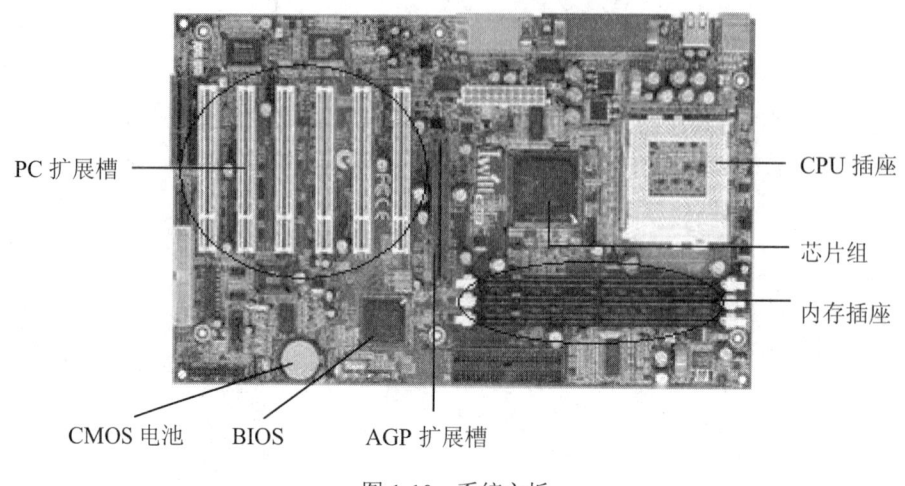

图 1-10 系统主板

1.4.2 CPU

中央处理器（Central Processing Unit，CPU）是计算机的核心部件，决定计算机的性能和档次，如图 1-11 所示。计算机进行的全部活动都受 CPU 的控制，CPU 主要的功能是按照指令的要求控制数据的加工处理并使计算机各部件自动协调地工作。计算机工作时由 CPU 控制，将数据由输入设备传送到存储器存储，再将要参与运算的数据从存储器中取出送往 CPU 处理，最后将计算机处理的信息传至输出设备输出。

（a）AMD 公司生产　　　　　　　　　　（b）Intel 公司生产

图 1-11 CPU

自从 1971 年美国 Intel 公司研制出第一块微处理器芯片（即 CPU）Intel 4004 以来，其发展速度十分迅速。用微处理器装配的计算机称为微型计算机，简称微机。微处理器的发展代表了微机的发展，其发展大致经历了五代。

第一代：4 位或准 8 位微处理器（1971—1973 年），CPU 的代表是 Intel4004、Intel8008。
第二代：8 位微处理器（1974—1977 年），CPU 的代表是 Intel8080、M6800、Z80。
第三代：16 位微处理器（1978—1980 年），CPU 的代表是 Intel8086、Intel80286。

第四代：32 位微处理器（1981—1992 年），CPU 的代表是 Intel80386、Intel80486。

第五代：64 位微处理器（1993 年至今），CPU 的代表是 Pentium 系列、PowerPc、Alpha。

芯片位数越多，其处理能力就越强。

微型计算机使用的第一块 CPU 是由美国 Intel 公司制造的，目前 Intel 公司仍然是世界上最大 CPU 生产商，其产品的不断更新推动了微型计算机的不断发展。世界上生产 CPU 的厂家还有 AMD、摩托罗拉和 IBM 等。

1.4.3 内存

微型机的程序和数据都是以二进制代码的形式存放在存储器中的，在执行程序和使用数据时必须先放在主存储器的 RAM 芯片中。RAM 也就是大家熟知的内存条，如图 1-12 所示。微型计算机使用的内存条的主要类型有 SDRAM、RDRAM、DDR 三种。

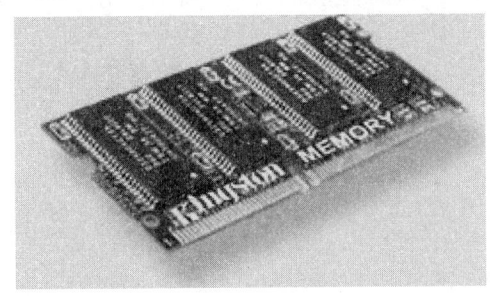

图 1-12　内存条

1.4.4 硬盘

硬盘如图 1-13 所示。硬盘的盘体由多个盘片组成，盘片是将磁粉附着在铝合金（新材料也有用玻璃）圆盘片的表面上构成的。这些盘片重叠在一起放在一个密封的盒中，在主轴电机的带动下以很高的速度旋转。硬盘的每个存储面也划分为若干磁道，每个磁道划分为若干个扇区。硬盘往往有多张盘片，也有多个磁头，每个存储面的同一道形成一个圆柱面。计算硬盘的存储容量的公式为：磁头数×柱面数×扇区数×每个扇区的字节数。

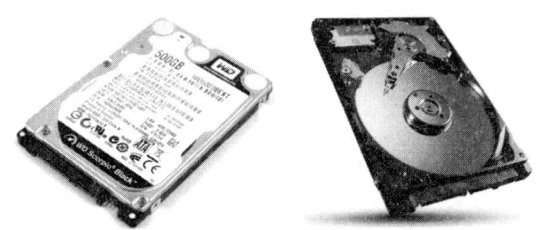

图 1-13　硬盘

1.4.5 光盘

光存储器常称为光驱，如图 1-14 所示，它利用光学方式读写数据。在光盘表面镀有光学介质，使用聚焦的氢离子激光束处理记录介质的方法存储和再生信息，用以表示存储二进制数据。

第 1 章　计算机基础知识

 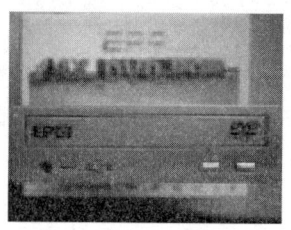

（a）CD-ROM 光驱　　　　　　　　　（b）DVD 光驱

图 1-14　光驱

这里主要介绍两种光驱类型。

（1）CD-ROM 光驱。CD-ROM 是只读光盘，它在厂家生产时写入程序或数据，用户使用时只能读取已有信息，不能修改和写入新信息。

（2）DVD 光驱。DVD 光盘是新一代的 CD 产品，现在已被广泛使用，其盘片尺寸与 CD 光盘相同，但是 DVD 的存储容量更大，读取速度更快。

光盘具有存储容量大（一张普通 CD-ROM 盘片容量达 650MB，一张 DVD-ROM 盘片容量可达 10GB 以上）、读取速度快（单倍速的光驱读取速率为 150KB/s）、可靠性高、价格低、携带方便等特点。

1.4.6　U 盘存储器

U 盘是一种可以直接插在通用串行总线 USB 端口上进行读写的新一代外存储器，它的容量不是很大，但是其因体积小、保存信息可靠、易携带等优点得到广泛应用。U 盘如图 1-15 所示。

图 1-15　U 盘

1.4.7　外围设备

外围设备包括键盘、鼠标、扫描仪、显示器、打印机、音箱等。键盘、鼠标和扫描仪是基本输入设备，显示器、打印机、音箱是基本输出设备。

下面介绍几种常见的外围设备。

1. 键盘（Keyboard）

键盘是计算机不可缺少的输入设备，它是通过键盘连线插入主板上的键盘接口与主机连接的。用户通过键盘向计算机输入各种命令和数据，它在人和计算机之间起着桥梁和纽带的作用。键盘的种类很多，按工作原理可分为两类：机械式键盘和电子式键盘。按键位的多少又可分为 83 键、101 键、104/105 键以及适用于 ATX 电源的 107/108 键键盘。由于 Windows 的广泛应用，104 键键盘已经被广泛使用，而 107/108 键键盘则在较新型的高档微机上使用。如图 1-16 所示为 104 键键盘。

图 1-16 104 键键盘

（1）键盘的分区配置。标准键盘一般分为 4 个操作区，分别是主键盘区、功能键区、编辑键区和小键盘区。

- 主键盘区（Typewriter，又称打字键区）：主要包括字母键、数字键和符号键，是键盘的主要使用区。
- 功能键区（Function Keys）：包括 12 个功能键 F1～F12，其功能随使用软件的不同而发生变化。
- 编辑键区：在主键盘区右方中间三列，共有 13 个键。
- 小键盘区（Numberic Keys，又称数字键区）：在键盘右下部，包括数字键和编辑键。该区的键具有数字键和光标键的双重功能。当按下 NumLock 键时，其上部相应的指示灯会发亮，此时小键盘处于数字输入状态；再次按下 NumLock 键时，其上部相应的指示灯会熄灭，此时小键盘上的键就会起到光标控制/编辑键的作用。

（2）常用键位的功能。

- Tab 键：又称制表定位键，按下该键一次光标向右移动 8 个字符位置。
- CapsLock 键：又称大写字母锁定键。按下这个键可以使 CapsLock 指示灯亮起，此时输入的英文字母都是大写的，再按一下该键，CapsLock 指示灯熄灭，此时输入的英文字母都处于小写状态。
- Backspace 键：又称退格键。每按一次，删除光标左边的一个字符或文字。
- Enter 键：又称回车键。通常在输入一个命令后，按下该键表示输入完毕，开始执行命令；在字处理软件中，按下该键表示一行或一段的结束。
- Shift 键：又称换档键。按住这个键可以输入与当前大小写状态相反的英文字母或键盘上位字符。
- Ctrl 键和 Alt 键：又称控制键，在不同的软件中起不同的作用，一般都与其他键位组合使用。
- Space 键：又称空格键。每按一次，在当前的位置上输入一个空格。
- PrintScreen 键：又称屏幕打印键。按下该键，可将当前屏幕上的内容拷贝到剪贴板；若按下组合键 Alt+PrintScreen，可将当前活动窗口的内容拷贝到剪贴板。
- PauseBreak 键：又称暂停键。按下该键，暂停计算机工作的执行；再按一次，恢复执行。

- Insert 键：又称插入键。按下该键，处于插入状态，可以在两个文字或字符中间插入其他内容；再按一次，处于改写状态，此时输入字符或文字，会覆盖其后的内容。
- Delete 键：又称删除键。按下该键，删除当前光标右边的文字。
- PageUp 键和 PageDown 键：又称翻页键。按下该键，可以显示上一屏或下一屏的内容。
- Home 键和 End 键：按下该键，可将光标移到行头或行尾。

2. 鼠标（Mouse）

鼠标如图 1-17 所示，用来控制屏幕光标移动和选定对象。鼠标的种类很多，按其工作原理可分为机械式、光学式和光学机械式三种；根据按钮数目可分为双键、三键和多键鼠标；按与主机接口的连接方式可分为串口鼠标、PS/2 接口鼠标、USB 接口鼠标。另一方面，鼠标又可分为有线和无线两大类。

3. 显示器

常见的输出设备有显示器、打印机、绘图仪、声音输出设备、投影仪等。

显示器是人机交互的重要工具，是最基本的输出工具之一，如图 1-18 所示。用户通过显示器能及时了解到计算机工作的状态，看到信息处理的过程和结果，及时纠正错误，从而使计算机能够正常工作。微型计算机的显示系统由监视器（Monitor）和显示适配器（Adapter，简称显卡）构成。

图 1-17　鼠标

图 1-18　显示器

（1）监视器。通常所说的显示器是指监视器，显示器的种类很多，按工作原理可分为阴极射线显示器（CRT）、液晶显示器（LCD）、发光二极管显示器（LED）、等离子体显示器（PDP）、电致发光显示器（EL）、真空荧光显示器（VFD）；按显示的内容可以分为字符显示器、图形显示器和图像显示器；按显示的颜色又可以分为单色显示器和彩色显示器。台式计算机原多使用以阴极射线管（CRT）为核心的显示器，目前逐步采用液晶（LCD）显示器；笔记本电脑主要采用液晶（LCD）显示器。

显示器的主要技术指标有屏幕尺寸、像素、点距、分辨率、灰度、颜色深度及刷新频率。

像素：显示器屏幕通常被分为若干个小点，通过它们的点阵来构成图像，这些小点即称为像素。

点距：屏幕上相邻两个像素之间的距离（毫米），点距越小，图像越清晰。常见的点距有 0.18、0.21、0.22、0.25、0.27、0.28、0.29 等。

分辨率：指屏幕上能显示像素的数目。例如，显示器的分辨率是 640×350，则共有 640×350=224000 个像素。

分辨率越高，图像越清晰。显示器的分辨率受点距和屏幕尺寸的限制，也和显卡有关。显示器的分辨率分为高、中、低三种规格，其大致范围是：低分辨率：300×200 左右；中分辨率：600×350 左右；高分辨率：640×380、1024×768、1280×1024、1280×960、1400×1050、1600×1200、1920×1440 等。

（2）显示适配器。显示适配器又称显卡（Adapter），如图 1-19 所示。它是显示器与计算机主机之间连接需要的接口设备，一般被插在主板的扩展槽内，通过总线与 CPU 相连，显示器通过信号线与显卡相连。不同类型的显示器需要配置不同的显卡，常用的显卡有彩色图形适配器 CGA、增强图形适配器 EGA、视频图形数组 VGA 和 SVGA 等，它们都支持彩色字符和图形显示，而且功能越来越强，分辨率越来越高，颜色也越来越丰富。

注意：开、关机的顺序是开机时先打开显示器等外部设备，再打开主机电源；关机时先关闭主机电源，再关闭外部设备。

4. 打印机（Printer）

打印机是一种利用色带、墨水或炭粉，将计算机中的数据直接在打印纸上输出的设备，它方便人们的阅读，同时也便于携带。打印机的种类很多，按印字方式可分为击打式和非击打式两大类，击打式打印机的打印分辨率低、速度慢，其代表是针式打印机；非击打式打印机的打印分辨率高、速度快，其代表是喷墨打印机和激光打印机。打印机如图 1-20 所示。

图 1-19　显示适配器（显卡）

图 1-20　打印机

针式打印机，又称点阵打印机，它利用机械钢针击打色带和纸而打印出字符和图形。针式打印机价格便宜、能连续打印，但噪声大、字迹质量不高、打印针头易损坏、打印速度慢。针式打印机按钢针数量分为 9 针、16 针和 24 针，一般说来，打印针越多，打印的质量越高。

喷墨打印机是利用墨水通过精细的喷头喷到纸面上而产生字符和图像。它的特点是体积小、重量轻、噪声小、打印质量高，但对打印纸要求高、墨水的消耗量大，适于办公室、家庭使用。其性能与价格均介于点阵打印机和激光打印机之间。

激光打印机是激光扫描技术与电子照相技术相结合的产物，由激光扫描系统、电子照相系统和控制系统三大部分组成。激光扫描系统利用激光束的扫描形成静电潜像，电子照相系统将静电潜像转变成可见图像输出。其特点是速度快、精度高、噪声低；但价格高、对打印纸的要求高。

1.4.8　总线和接口

（1）总线接口：主板上的扩展槽。目前常见的扩展槽有工业标准结构总线（Industry Standard

Architecture，ISA 总线）扩展槽、外围设备互联总线标准（Peripheral Component Interconnect，PCI 总线）扩展槽、图形加速接口 AGP 总线扩展槽，它们用来连接显卡、声卡、网卡等。

（2）串行口：COM1、COM2，按位进行信息传输，常用来连接鼠标、调制解调器等。

（3）并行口：LPT1、LPT2，按字节进行信息传输，常用来连接打印机。

（4）USB（Universal Serial Bus）总线接口。通用串行总线可以让所有的低速设备都连接到统一的 USB 接口上，目前有 USB1.0 和 USB2.0 两种标准，后者的传输速度是前者的 40 倍左右。USB 接口支持功能传递，用户只需要准备一个 USB 接口就可以将外设相互连接成串，而其通信功能不会受到丝毫影响。其次，USB 接口本身就可以提供电力来源，因此外设可以没有外接电源线。此外，该接口支持即插即用功能，支持热插拔，用户可以完全摆脱添加或去除外设时总要重新开机的麻烦。

1.4.9 计算机的主要技术指标

计算机的主要技术指标有性能、功能、可靠性、兼容性等技术参数，技术指标的好坏由硬件和软件两方面因素决定。

1. 性能指标

计算机的性能主要是指计算机的速度与容量。计算机运行速度越快，在单位时间内处理的数据就越多，计算机的性能也就越好。存储器容量也是衡量计算机性能的一个重要指标。一方面由于海量数据的需要，另一方面为了保证计算机的处理速度，大容量存储器需要对数据进行预取存，这都加大了存储容量的要求。计算机的性能往往可以通过专用的基准测试软件进行测试。例如，计算机播放 DVD 影片这项功能的问题，其画面效果如何就是性能的问题，为了得到好的画面质量，就必须使用高频率的 CPU 和大内存容量，因为 DVD 影片数据量巨大，低速系统将导致严重的动画效果和马赛克效果。计算机主要有以下性能指标：

（1）CPU 字长。CPU 字长是指 CPU 能够同时处理二进制数据的位数，它直接关系到计算机的运算速度、精度和性能。CPU 字长有 8 位、16 位、32 位、64 位之分，当前主流产品为 64 位。

（2）时钟频率。时钟频率是指在单位时间内发出的脉冲数，通常以兆赫兹（MHz）为单位。计算机中的时钟频率主要有 CPU 时钟频率和总线时钟频率，如 Pentium4@3.4GHz 的 CPU，其 CPU 主频为 3.4GHz。主频越高，计算机的运算速度越快。

（3）内存容量。计算机中内存容量越大，运行速度也越快。一些操作系统和大型应用软件常对内存容量有要求，如 Windows 98 最低内存配置为 32MB，建议内存配置 84MB；Windows 2003 最低内存配置为 256MB，建议内存配置为 1GB。

（4）外部设备配置。计算机外部设备的性能对系统也有直接影响，如硬盘的配置、硬盘接口的类型与容量、显示器的分辨率、打印机的型号与速度等。

2. 功能指标

计算机的功能指它提供服务的类型。随着计算机的发展，3D 图形功能、多媒体功能、网络功能、无线通信功能等都已经在计算机中实现，语音识别、笔操作等功能也在不断探索解决之中，计算机的功能越来越多。计算机硬件提供了实现这些功能的基本硬件环境，而功能的多少、实现的方法主要由软件决定。例如，网卡提供了信号传输的硬件基础，而浏览网页、收发邮件、下载文件等功能则由软件实现。

3. 可靠性指标

可靠性指计算机在规定工作环境下和恶劣工作环境下稳定运行的能力。例如，计算机经常性死机或重新启动，就说明计算机可靠性不好。可靠性是一个很难测试的指标，往往只能通过产品的工艺质量、产品的材料质量、厂商的市场信誉来衡量。例如，不同厂商的主板由于采用同一芯片组，它们的性能相差不大，但由于采用不同的工艺流程、不同的电子元件材料、不同的质量管理方法，它们产品的可靠性将有很大差异。

4. 兼容性指标

"兼容"这个词在计算机行业中可以说是流行语了，但是真正要对"兼容"下一个准确定义却并非易事。"硬件兼容性"是指不同硬件在同一操作系统下运行性能的好坏。例如 A 声卡在 Windows XP 中工作正常，B 声卡在 Windows XP 下可能不发声，因此 B 声卡的兼容性不好。"软件兼容性"指软件在某一个操作系统下运行时性能的好坏。例如，某一 DOS 软件可以运行在 Windows 98 下，说明 Windows 98 与 DOS 软件兼容。因此可认为，产品符合某一技术规范的特定要求的情况下，两个不同厂商的产品如果能够在同一环境下应用，那么它们通常是兼容的。硬件产品的不兼容性，一般可以通过驱动程序或补丁程序解决；软件产品的不兼容，一般通过软件修正包或产品升级解决。

1.5 计算机软件系统

假如计算机只有硬件，则它只是个"裸机"，任何工作都不能完成。怎样才能使计算机高速自动地完成各种运算呢？这就依靠计算程序。因为它是无形的东西，所以也被称为软件或软设备。利用电子计算机进行计算、控制或做其他工作时，需要有各种用途的程序。所谓软件是指为运行、维护、管理和应用计算机所编制的所有程序及文档的总和。计算机软件一般分为系统软件和应用软件两大类。

1.5.1 系统软件

系统软件用于实现计算机系统的管理、调度、监视和服务等功能，其目的是方便用户，提高计算机的使用效率，扩充系统的功能。系统软件包括以下四类：

（1）操作系统。操作系统是管理计算机资源（如处理器、内存、外部设备和各种编译、应用程序）和自动调度用户的作业程序，是使多个用户能有效地共用一套计算机系统的软件。操作系统的出现使计算机的使用效率成倍提高，并且为用户提供了方便的使用手段和令人满意的服务质量。概括起来，操作系统具有三大功能：管理计算机硬软件资源，使之有效应用；组织协调计算机的运行，以增强系统的处理能力；提供人机接口，为用户提供方便。

根据不同使用环境的要求，操作系统目前大致分为批处理操作系统、分时操作系统、网络操作系统、实时操作系统等多种。

1）批处理操作系统：所有待处理的作业按批连续进入系统，程序一旦进入计算机，用户就不能再接触它，除非运行完毕。这有利于提高效率，但不便于程序的调度和人机对话。目前大部分计算中心都是采用这种系统。

2）分时操作系统：允许系统同时为许多用户服务，一般采用时间片轮转的方式向用户轮流分配机时，而用户则感觉不到有几个用户在同时使用一台计算机。

3）网络操作系统：计算机网络将分布在不同地理位置的计算机连接起来，网络操作系统用于对多台计算机及其设备之间的通信进行有效的监护管理。因此，网络操作系统除具有一般操作系统的功能外，还有专门用于网络的网络管理模块。

4）实时操作系统：实时系统中用户分优先级别，对不同级别的用户有不同的响应方式。实时系统要求响应时间快、性能好，常用于计算机控制过程中。

常用的操作系统有 DOS、Windows 98/2000/XP、OS/2、Linux、UNIX 等，网络操作系统有 NetWare、Windows NT、Windows 2000 Server、Linux、UNIX 等。

（2）数据库管理系统。数据库就是实现有组织地、动态地存储大量相关数据，方便多用户访问的计算机软硬件资源组成的系统。数据库和数据管理软件一起组成了数据库管理系统，目前有 3 种类型的数据库管理系统，分别为层次数据库、网状数据库和关系数据库，其中关系数据库使用最为方便，故得到了广泛的应用。

（3）语言处理程序。常用的语言处理程序有汇编程序、编译程序和解释程序等。

在早期的计算机中，人们是直接用机器语言（即机器指令代码）来编写程序的，这种用机器语言书写的程序，计算机完全可以"识别"并能直接执行，所以又叫作目标程序。机器语言是由二进制代码组成的，难懂难记，而且它依赖于计算机的硬件结构，不同类型的计算机的机器语言不同，这些情况大大限制了计算机的使用。

为了方便编写程序并提高机器的使用效率，人们用一些约定的文字、符号和数字按规定的格式来表示各种不同的指令，然后再用这些特殊符号表示的指令来编写程序。这就是所谓的汇编语言。对人来讲，符号语言简单直观、便于记忆，比二进制数表示的机器语言方便了许多。但计算机不认识这些文字、数字、符号，为此人们创造了汇编程序软件，它是一种将符号语言表示的程序（称为汇编源程序）翻译成用机器语言表示的目标程序的软件。用算法语言编写的程序称为源程序。但是，这种源程序如同汇编源程序一样，是不能由机器直接识别和执行的，必须翻译为机器语言。通常采用编译执行和解释执行这两种方法。编译程序可把源程序翻译成目标程序，然后机器执行目标程序，得出计算结果。目标程序一般不能独立运行，还需要一种叫作运行系统的辅助程序来帮助。通常把编译程序和运行系统合称为编译系统。解释程序可逐条解释并立即执行源程序的语句，它不是将源程序的全部指令一起翻译，编出目的程序后再执行，而是直接逐一解释语句并得出计算结果。

（4）服务性程序。服务性程序提供各种运行所需的服务，是一种辅助计算机工作的程序。例如，用于程序的装入、连接、编辑及调试用的装入程序、连接程序、编辑程序及调试程序。又如诊断故障程序、纠错程序、监督程序等。此外，还有二至十进制转换程序等为系统提供更多实用功能的服务性程序。

1.5.2 应用软件

应用软件是用户利用计算机来解决某些问题所编制的程序，如工程设计程序、数据处理程序、自动控制程序、企业管理程序、情报检索程序、科学计算程序等。随着计算机的广泛应用，这类程序的种类越来越多。常用的应用软件有下列几种：

（1）字处理软件。字处理软件的主要功能是对各类文档进行编辑、排版、存储、传送、打印等。字处理软件被称为电子秘书，能方便地处理文件、通知、信函、表格等，在办公室自动化方面起到了很重要的作用。

（2）表处理软件。表处理软件能对文字和数据的表格进行编辑、计算、存储、打印等，并具有数据分析、统计、制图等功能。

（3）计算机辅助设计软件。计算机辅助设计软件有很多，包括常用的CAD（计算机辅助设计软件）、CAT（计算机辅助测试）、CAM（计算机辅助制造）等。这些软件可以让计算机进行各种各样精确的制图、计算等。

1.6 本章小结

本章通过对计算机发展历史的学习，带领读者简要地了解了计算机发展的历程，计算机从第一代一直到第四代不断发展，逐步达到了现在的水平。同时本章也对计算机的数据表示方法进行了介绍，计算机的数据主要为二进制，书中详细地解释了十进制与二进制的转化方式，并举例了简单的数字转换。另外在计算机的硬件方面，本章分别对主板、CPU、内存、硬盘、光盘、U盘、外设、总线与接口进行了介绍和实际中的应用说明。读者可以通过此章内容的学习对计算机的基础知识进行了解及掌握，因此此章也是计算机的入门内容。

1.7 思考练习

单项选择题

1. 第三代计算机采用（　　）的电子逻辑元件。
   A．晶体管　　　　B．真空管　　　　C．集成电路　　　　D．超大规模集成电路
2. 世界上第一台电子计算机是在（　　）年诞生的。
   A．1927　　　　B．1946　　　　C．1936　　　　D．1952
3. （　　）不属于逻辑运算。
   A．非运算　　　　B．与运算　　　　C．除法运算　　　　D．或运算
4. 世界上第一台电子计算机的电子逻辑元件是（　　）。
   A．继电器　　　　B．晶体管　　　　C．电子管　　　　D．集成电路
5. -52在计算机中补码表示为（　　）。
   A．11000011　　B．01011011　　C．11001100　　D．10110101
6. 按使用器件划分计算机发展史，当前使用的微型计算机，是（　　）计算机。
   A．集成电路　　　　B．晶体管　　　　C．电子管　　　　D．超大规模集成电路
7. 下列各叙述中，正确的是（　　）。
   A．正数二进制原码和补码相同
   B．所有的十进制小数都能准确地转换为有限的二进制小数
   C．汉字的计算机机内码就是国际码
   D．存储器具有记忆能力，其中的信息任何时候都不会丢失
8. 在ASCII码字符中，（　　）的字符无法显示或打印出来。
   A．字符$、%、#　　　　　　　　　　B．运算符号+、-、√
   C．空格　　　　　　　　　　　　　　D．控制符号（ASCII码编号在0~31之间）

9. 能直接让计算机识别的语言是（　　）。
   A．C   B．Basic   C．汇编语言   D．机器语言
10. （　　）不是计算机高级语言。
    A．BASIC   B．FORTRAN   C．C   D．机器语言
11. 十六进制数 5C 对应的十进制数为（　　）。
    A．92   B．93   C．75   D．90
12. 原码 01010111 的反码是（　　）。
    A．00000001   B．10000001   C．10000000   D．01010111
13. 通常计算机系统是指（　　）。
    A．硬件和软件   B．系统软件和应用软件
    C．硬件系统和软件系统   D．软件系统
14. 原码 11010110 的反码是（　　）。
    A．10101000   B．10101001   C．10000000   D．00000010
15. CAI 是（　　）的英文缩写。
    A．计算机辅助教学   B．计算机辅助设计
    C．计算机辅助制造   D．计算机辅助管理
16. （　　）不是高级语言的特征。
    A．源程序占用内存少   B．通用性好
    C．独立于微机   D．易读、易懂
17. 将十进制数 178 转换为八进制数是（　　）。
    A．259   B．268   C．269   D．262
18. 微机系统中存取容量最大的部件是（　　）。
    A．硬盘   B．主存储器   C．高速缓存   D．软盘
19. 二进制的十进制编码是（　　）码。
    A．BCD   B．ASCII   C．机内   D．二进制
20. 微型计算机中的 80586 指的是（　　）。
    A．存储容量   B．运算速度   C．显示器型号   D．CPU 的类型
21. ASCII 码是一种字符编码，常用（　　）位码。
    A．7   B．16   C．10   D．32
22. 十六进制数 365 对应的八进制数为（　　）。
    A．3022   B．1702   C．1545   D．3072
23. 一个字节由 8 位二进制数组成，其最大容纳的十进制整数为（　　）。
    A．255   B．233   C．245   D．47
24. 二进制数真值+1110111 的补码是（　　）。
    A．11000111   B．01110111   C．11010111   D．00101010
25. 二进制数真值-1010111 的补码是（　　）。
    A．00101001   B．11000010   C．11100101   D．10101001
26. 在微机中 VGA 的含义是（　　）。
    A．微型机型号   B．键盘型号   C．显示标准   D．显示器型号

27. 对于 R 进制数，每一位上的数字可以有（　　）种。
    A．R　　　　　B．R-1　　　　　C．R/2　　　　　D．R+1
28. 字符的 ASCII 编码在机器中的表示方法，准确地描述应是使用（　　）。
    A．8 位二进制代码，最右 1 位为 1　　　B．8 位二进制代码，最左 1 位为 0
    C．8 位二进制代码，最右 1 位为 0　　　D．8 位二进制代码，最左 1 位为 1
29. （　　）不是微机显示系统使用的显示标准。
    A．API　　　　B．CGA　　　　C．EGA　　　　D．VGA
30. （　　）不属于微机总线。
    A．地址总线　　B．通信总线　　C．数据总线　　D．控制总线
31. 计算机硬件系统主要由（　　）、存储器、输入设备和输出设备等部件构成。
    A．硬盘　　　　B．软盘　　　　C．键盘　　　　D．CPU
32. 二进制数 10101100 转换为八进制数是（　　）。
    A．254　　　　B．167　　　　C．167　　　　D．264
33. CPU 的中文含义是（　　）。
    A．主机　　　　B．中央处理单元　　C．运算器　　　D．控制器
34. 中央处理器（简称 CPU）不包含（　　）部分。
    A．控制单元　　B．寄存器　　　C．运算逻辑单元　　D．输出单元
35. （　　）是内存储器中的一部分，CPU 对它们只能读取不能存储内容。
    A．RAM　　　　B．随机存储器　　C．ROM　　　　D．键盘
36. 计算机的指令主要存放在（　　）中。
    A．CPU　　　　B．寄存器　　　C．存储器　　　D．键盘
37. 电子计算机的算术/逻辑单元、控制单元合称为（　　）。
    A．CPU　　　　B．外设　　　　C．主机　　　　D．辅助存储器
38. 将二进制数 1101101.0100111 转换成八进制数是（　　）。
    A．151.234　　B．155.234　　C．152.234　　D．151.237
39. 将十六进制数 1AD.2D 转换成二进制数是（　　）。
    A．111010101　　B．10101010　　C．110101101　　D．00101101
40. 二进制数 1101+1101 等于（　　）。
    A．100101　　B．11010　　　C．101000　　　D．10011
41. 微型计算机的字长取决于（　　）。
    A．地址总线　　B．控制总线　　C．通信总线　　D．数据总线
42. （　　）不属于微机 CPU。
    A．累加器　　　B．运算器　　　C．控制器　　　D．内存
43. 运算器的主要功能是进行（　　）运算。
    A．逻辑　　　　B．算术与逻辑　　C．算术　　　　D．数值
44. 在微机系统中，对输入输出设备进行管理的基本程序是放在（　　）中。
    A．RAM　　　　B．ROM　　　　C．硬盘　　　　D．寄存器
45. 计算机向使用者传递计算处理结果的设备称为（　　）。
    A．输入设备　　B．输出设备　　C．存储器　　　D．微处理器

46. 打印机的联机键主要用来控制打印机与主机间的（　　）。
    A. 走行　　　　B. 走页　　　　C. 联机　　　　D. 检测
47. 窄行打印机（针式）一般指打印出（　　）列纸的打印机。
    A. 80　　　　B. 132　　　　C. 255　　　　D. 256
48. （　　）是大写字母锁定键，主要用于连续输入若干个大写字母。
    A. Tab　　　　B. Ctrl　　　　C. Alt　　　　D. CapsLock
49. 将二进制数 0.0100111 转换成八进制小数是（　　）。
    A. 0.235　　　　B. 0.234　　　　C. 0.37　　　　D. 0.236
50. （　　）设备分别属于输入设备、输出设备和存储设备。
    A. CRT、CPU、ROM　　　　　　B. 磁盘、鼠标、键盘
    C. 鼠标器、绘图仪、光盘　　　　D. 磁带、打印机、激光打印机
51. 在以下所列设备中，属于计算机输入设备的是（　　）。
    A. 键盘　　　　B. 打印机　　　　C. 显示器　　　　D. 绘图仪
52. 按（　　）键之后，可删除光标位置前的一个字符。
    A. Insert　　　　B. Esc　　　　C. Backspace　　　　D. Delete
53. 键盘上的（　　）键无需与其他按键组合就起作用。
    A. Alt　　　　B. Ctrl　　　　C. Shift　　　　D. Enter
54. 十六进制数 2B9 可表示成（　　）。
    A. 2B9O　　　　B. 2B9E　　　　C. 2B9F　　　　D. 2B9H
55. 每分钟打印出页数简称为（　　）。
    A. DPI　　　　B. PPM　　　　C. MIPS　　　　D. RET
56. 600DPI 是（　　）。
    A. 每分钟打印页数　　　　　　B. 每英寸上的点数
    C. 每分钟行数　　　　　　　　D. 每分钟传输速度
57. 下列显示方式中，（　　）分辨率最高。
    A. CGA　　　　B. EGA　　　　C. VGA　　　　D. MDA
58. 在表示存储器的容量时，MB 的准确含义是（　　）。
    A. 1 米　　　　B. 1024KB　　　　C. 1024 字节　　　　D. 1024
59. 从软盘上把数据传送到计算机，称为（　　）。
    A. 打印　　　　B. 读盘　　　　C. 写盘　　　　D. 输出
60. 十六进制数 1021 转换成十进制数是（　　）。
    A. 4096　　　　B. 1024　　　　C. 4129　　　　D. 8192
61. （　　）是不合法的十六进制数。
    A. H1023　　　　B. 10111　　　　C. A120　　　　D. 777
62. 可从（　　）中随意读出或写入数据。
    A. PROM　　　　B. ROM　　　　C. RAM　　　　D. EPROM
63. 内存中每个基本单位都被赋予唯一的序号，称为（　　）。
    A. 地址　　　　B. 字节　　　　C. 编号　　　　D. 容量

64. 当表示存储器的容量时，KB 的准确含义是（　　）字节。
    A. 1000MB　　　B. 1024MB　　　C. 1000bit　　　D. 1024bit
65. 高速缓存的英文为（　　）。
    A. Cache　　　B. VRAM　　　C. ROM　　　D. RAM
66. 计算机存储器容量的基本单位是（　　）。
    A. 字节　　　B. 整数　　　C. 数字　　　D. 符号
67. 输入输出装置和外接的辅助存储器称为（　　）。
    A. CPU　　　B. 存储器　　　C. 操作系统　　　D. 外围设备
68. 十进制数 234 对应的八进制数是（　　）。
    A. 270　　　B. 462　　　C. 352　　　D. 264
69. 十进制数 127 对应的八进制数是（　　）。
    A. 117　　　B. 771　　　C. 87　　　D. 177
70. 将十六进制数 163.5B 转换成二进制数是（　　）。
    A. 1101010101.1111001
    B. 110101010.11001011
    C. 1110101011.1101011
    D. 101100011.01011011
71. 将十进制数 42 转换成二进制数是（　　）。
    A. 101010　　　B. 100111　　　C. 111001　　　D. 110001
72. 将二进制数 11010.1001 转换成十进制数是（　　）。
    A. 25.5625　　　B. 26.5625　　　C. 25.6　　　D. 26.6
73. 将二进制数 101101010.111101 转换成十六进制数是（　　）。
    A. 16A.F4　　　B. 16D.F4　　　C. 16E.F2　　　D. 16B.F2
74. 在计算机领域中，不常用到的数制是（　　）。
    A. 二进制数　　　B. 四进制数　　　C. 八进制数　　　D. 十六进制数
75. 信息高速公路传送的是（　　）。
    A. 二进制数据　　　B. 系统软件　　　C. 应用软件　　　D. 多媒体信息
76. 计算机发展的方向是巨型化、微型化、网络化、智能化，其中"巨型化"是指（　　）。
    A. 体积大
    B. 重量重
    C. 功能更强、运算速度更快、存储容量更大
    D. 外部设备更多
77. UNIX 是（　　）。
    A. 单用户任务操作系统　　　B. 单用户多任务操作系统
    C. 多用户单任务操作系统　　　D. 多用户多任务操作系统
78. 在计算机界，MIS 是指（　　）。
    A. 材料交换系统　　　B. 数学教学系统
    C. 多指令系统　　　D. 管理信息系统
79. 所谓"裸机"是指（　　）。
    A. 单片机　　　B. 单板机
    C. 不装备任何软件的计算机　　　D. 只装备操作系统的计算机

80. MIPS 衡量的计算机性能指标是（　　）。
    A．处理能力　　　B．运算速度　　　C．存储容量　　　D．可靠性
81. 世界上第一台电子数字计算机取名为（　　）。
    A．UNIVAC　　　B．EDSAC　　　C．ENIAC　　　D．EDVAC
82. 从第一台计算机诞生到现在的几十年中，按计算机采用的电子器件来划分，计算机的发展经历了（　　）个阶段。
    A．4　　　B．6　　　C．7　　　D．3
83. 计算机的不同发展阶段通常是用计算机所采用的（　　）来划分的。
    A．内存容量　　　　　　　　　B．电子器件
    C．程序设计语言　　　　　　　D．操作系统
84. 现代计算机之所以能自动地连续进行数据处理，主要是因为（　　）。
    A．采用了开关电路　　　　　　B．采用了半导体器件
    C．具有存储程序的功能　　　　D．采用了二进制
85. 个人计算机简称 PC 机，这种计算机属于（　　）。
    A．微型计算机　　B．小型计算机　　C．超级计算机　　D．巨型计算机
86. 一个完整的计算机系统通常应包括（　　）。
    A．系统软件和应用软件　　　　B．计算机及其外部设备
    C．硬件系统和软件系统　　　　D．系统硬件和系统软件
87. 从第一代计算机到第四代计算机的体系结构都是相同的，都是由运算器、控制器、存储器以及输入输出设备组成的。这种体系结构称为（　　）。
    A．艾伦·图灵　　　　　　　　B．罗伯特·诺依斯
    C．比尔·盖茨　　　　　　　　D．冯·诺伊曼
88. 一个计算机系统的硬件一般是由（　　）几部分构成的。
    A．CPU、键盘、鼠标和显示器
    B．运算器、控制器、存储器、输入设备和输出设备
    C．主机、显示器、打印机和电源
    D．主机、显示器和键盘
89. CPU 是计算机硬件系统的核心，它是由（　　）组成的。
    A．运算器和存储器　　　　　　B．控制器和存储器
    C．运算器和控制器　　　　　　D．加法器和乘法器
90. CPU 中运算器的主要功能是（　　）。
    A．负责读取并分析指令　　　　B．算术运算和逻辑运算
    C．指挥计算机的运行　　　　　D．控制计算机的运行
91. 计算机的存储系统通常包括（　　）。
    A．内存储器和外存储器　　　　B．软盘和硬盘
    C．ROM 和 RAM　　　　　　　D．内存和硬盘
92. 计算机的内存储器简称内存，它是由（　　）构成的。
    A．随机存储器和软盘　　　　　B．随机存储器和只读存储器
    C．只读存储器和控制器　　　　D．软盘和硬盘

93. 计算机的内存容量通常是指（　　）。
    A．RAM 的容量　　　　　　　　　　B．RAM 与 ROM 的容量总合
    C．软盘与硬盘的容量总合　　　　　D．RAM、ROM、软盘和硬盘的容量总和
94. 在下列存储器中，存取速度最快的是（　　）。
    A．软盘　　　　B．光盘　　　　C．硬盘　　　　D．内存
95. 计算机的软件系统一般分为（　　）两大部分。
    A．系统软件和应用软件　　　　　　B．操作系统和计算机语言
    C．程序和数据　　　　　　　　　　D．DOS 和 Windows
96. 下列叙述中，正确的说法是（　　）。
    A．编译程序、解释程序和汇编程序不是系统软件
    B．故障诊断程序、排错程序、人事管理系统属于应用软件
    C．操作系统、财务管理程序、系统服务程序都不是应用软件
    D．操作系统和各种程序设计语言的处理程序都是系统软件
97. 操作系统的作用是（　　）。
    A．将源程序编译成目标程序
    B．负责诊断机器的故障
    C．控制和管理计算机系统的各种硬件和软件资源的使用
    D．负责外设与主机之间的信息交换
98. 在计算机内部，计算机能够直接执行的程序语言是（　　）。
    A．汇编语言　　B．C++语言　　C．机器语言　　D．高级语言
99. 用汇编语言编写的程序需经过（　　）翻译成机器语言后，才能在计算机中执行。
    A．编译程序　　B．解释程序　　C．操作系统　　D．汇编程序
100. 通常我们所说的 32 位机，指的是这种计算机的 CPU（　　）。
    A．由 32 个运算器组成　　　　　　B．能够同时处理 32 位二进制数据
    C．包含 32 个寄存器　　　　　　　D．一共有 32 个运算器和控制器
101. 下列叙述中，正确的说法是（　　）。
    A．键盘、鼠标、光笔、数字化仪和扫描仪都是输入设备
    B．打印机、显示器、数字化仪都是输入设备
    C．显示器、扫描仪、打印机都不是输入设备
    D．键盘、鼠标和绘图仪都不是输出设备
102. 8 倍速 CD-ROM 驱动器的数据传输速率为（　　）。
    A．300Kb/s　　B．600Kb/s　　C．900Kb/s　　D．1.2Mb/s
103. 如果将 3.5 英寸软盘上的写保护口（一个方形孔）敞开，该软盘处于（　　）状态。
    A．读保护　　　B．写保护　　　C．读写保护　　D．盘片不能转动
104. 根据打印机的原理及印字技术，打印机可分为（　　）两类。
    A．击打式打印机和非击打式打印机　B．针式打印机和喷墨打印机
    C．静电打印机和喷墨打印机　　　　D．电阵式打印机和行式打印机
105. 指令的解释是电子计算机的（　　）部分来执行。
    A．控制　　　　B．存储　　　　C．输入输出　　D．算术和逻辑

106. 一张软磁盘的存储容量为360KB，如果是用来存储汉字所写的文件，大约可以存汉字的数量为（　　）。

　　　A．360KB　　　B．180KB　　　C．720KB　　　D．90KB

107. 计算机中传送信息的基本单位是（　　）。

　　　A．字　　　　　B．字节　　　　C．位　　　　　D．字块

108. 下列4个不同进制的数中，其值最大的是（　　）。

　　　A．$(11011001)_2$　B．$(75)_{10}$　　C．$(37)_8$　　D．$(A7)_{16}$

109. 下列一组数中，最小的数是（　　）。

　　　A．$(2B)_{16}$　　B．$(44)_{10}$　　C．$(52)_8$　　D．$(101001)_2$

110. 在微型计算机中，应用最普遍的字符编码是（　　）。

　　　A．BCD码　　　B．补码　　　　C．ASCII码　　　D．汉字编码

111. 在存储一个汉字内码的两个字节中，每个字节的最高位分别是（　　）。

　　　A．0和1　　　　B．1和1　　　　C．0和0　　　　D．1和0

112. 下列叙述中，正确的是（　　）。

　　　A．汉字的计算机内码就是国标码

　　　B．存储器具有记忆能力，其中的信息任何时候都不能丢失

　　　C．所有十进制小数都能准确地转换为有限位二进制小数

　　　D．正数二进制原码的补码是原码本身

第 2 章　Windows 10 操作系统

- 了解 Windows 10 操作系统。
- 掌握 Window 10 系统的基本操作。
- 掌握 Window 10 的资源管理。

2.1　Windows 操作系统概述

操作系统（Operating System，OS）为用户提供工作的界面，为应用软件提供运行的平台。有操作系统的支持，整个计算机系统才能正常运行。

2.1.1　操作系统的概念

操作系统是计算机系统中重要的系统软件，用于控制和管理计算机的软硬件资源，合理组织计算机的工作流程，从而方便用户对计算机的操作。

在计算机系统的层次结构中，操作系统介于硬件和用户之间，是整个计算机系统的控制管理中心。

操作系统直接运行于硬件之上，对硬件资源直接控制和管理，将裸机改造成一台功能强、服务质量好、安全可靠的虚拟机；操作系统还负责控制和管理计算机的软件资源，保障各种软件在操作系统的支持下正常运行；操作系统是人与计算机之间的桥梁，为用户提供清晰、简洁、友好、易用的工作界面，用户通过操作系统提供的命令和交互功能实现对计算机的操作。

2.1.2　了解 Windows 操作系统

1985 年 11 月 Microsoft 公司发布了窗口式多任务操作系统——Windows，它使计算机开始进入了所谓的图形化用户界面时代。在这种界面中，每一种软件都用一个图标表示，用户只需把鼠标指针移动到某个图标上并双击，即可启动该软件并打开相应的窗口。这种界面方式为操作系统的多任务处理提供了可视化模式，给用户带来了很大的方便，使计算机的使用提高到一个崭新的阶段。

Windows 的发展经历了多种版本，如 Windows 95、Windows 98、Windows NT、Windows 2000、Windows XP、Windows 7、Windows 8、Windows 8.1、Windows 10 等。Windows 10 是一个不同于以往的操作系统，它不是一个渐进式的改变，而是效率更高地集成了以前多种操作系统的优势、在台式电脑、笔记本电脑、平板电脑、智能手机等都可以应用的操作系统。

2.1.3　Windows 10 的启动和关闭

启动和关闭计算机是最基本的操作之一，虽说简单，但如果操作不当，可能会造成硬盘数据丢失，甚至硬盘损坏的后果。

1. Windows 启动原理

在接通计算机电源时，固化在主板上的启动程序先对机器进行自检，然后调用硬盘主引导扇区中的引导程序，把存储于硬盘的 Windows 操作系统程序载入内存，并开始运行，从此计算机与 Windows 操作系统程序产生关联，Windows 开始控制和管理计算机资源。当出现 Windows 提供的工作界面——Windows 桌面时，表示启动完毕。

2. Windows 10 的启动

安装好 Windows 10 的计算机系统，只需打开电源开关，计算机即自动启动并出现 Windows 10 登录界面，如图 2-1 所示。输入登录密码并按 Enter 键登录（若未设置密码则直接按 Enter 键登录即可），出现如图 2-2 所示的桌面，完成启动 Windows 10。

图 2-1　Windows 10 登录界面

图 2-2　Windows 10 系统桌面

3. 重新启动 Windows 10

重新启动 Windows 10 就是将正在运行的 Windows 10 系统重新启动一遍，这样有助于将一些运行时产生的错误恢复到正确状态并提高运行效率。有的时候对系统进行更改设置后也会要求重新启动计算机。

重新启动 Windows 简称"重启"，可以通过两种方法来实现：一是从系统菜单中单击"重启"命令，即单击桌面左下角的"开始"菜单图标，打开"开始"菜单，再单击"电源"选项，弹出如图 2-3 所示的子菜单，选择"重启"命令；二是按下计算机主机上的重启按钮。

从系统中重启时，在重启之前系统会将当前运行的程序关闭，并将一些重要的数据保存起来。而使用机箱上的重启按钮重启则立即重启，这有可能会导致正在运行的程序损坏和一些数据丢失。机箱重启按钮设置的目的是由于有时候无法在系统中完成重启或系统已经死机，这时就可以使用机箱按钮重启功能了。

图 2-3　"电源"菜单列表

4. 睡眠模式

在睡眠模式中，系统会将内存中的数据全部存储到硬盘上的休眠文件中，然后关闭除了内存外的所有设备的供电，只保持内存的供电。当恢复使用计算机时，如果在睡眠过程中供电没有发生过异常，就可以直接从内存中恢复数据，计算机很快进入到工作状态。如果在睡眠过程中供电异常，内存中的数据将丢失，恢复使用计算机时需要从硬盘上恢复数据，速度较慢。

开启睡眠模式，需单击如图 2-3 所示菜单中的"睡眠"命令，计算机就会在自动保存完内存数据后进入睡眠状态。

当用户按一下主机上的电源按钮、晃动鼠标或按键盘上的任意键时，都可以将计算机从睡眠状态中唤醒，使其进入工作状态。

5. 注销计算机

Windows 10 是多用户操作系统，当出现程序执行混乱等小故障时，可以注销当前用户重新登录，也可以在登录界面以其他用户身份登录计算机。

注销计算机的正确操作方法，是单击桌面左下角的"开始"菜单图标，打开"开始"菜单，再单击"账户"菜单图标，在其子菜单中选择"注销"命令，如图 2-4 所示。Windows 10 会关闭当前用户界面的所有程序，并出现登录界面让用户重新登录。如果计算机中存在多个用户，还可以在用户图标下拉列表框中选择相应的用户进行登录。

6. 锁定计算机

当用户临时离开计算机时，可以将计算机锁定，再次使用计算机时必须输入密码，达到保护用户信息的目的。

锁定计算机的操作方法，是单击如图 2-4 所示菜单中"锁定"命令。锁定后的屏幕界面如图 2-5 所示，单击屏幕后会出现用户登录界面，必须输入正确的密码才能正常操作计算机。

图 2-4 "账户"菜单列表

图 2-5 锁定后屏幕界面

7. 关闭 Windows 10

关闭 Windows 10 的正确操作方法，是单击如图 2-3 所示菜单中"关机"命令，这时系统会自动关闭当前运行的程序并保存一些重要的数据，之后关闭计算机。

当系统无法关机或系统已经死机，这时按住电源按钮 5 秒即可关机。但这种方法有时会导致正在运行的程序损坏和一些数据丢失，所以尽量不要采用这种关机方法。

2.2　Windows 10 的基本操作

计算机已经成为人们工作和生活不可或缺的工具。作为信息社会的一员，我们有必要了解和掌握计算机的相关知识和基本操作，进而熟练地操作计算机。

2.2.1　鼠标的操作

对于 Windows 系统来说，鼠标和键盘都是重要的输入设备，是人机交互必不可少的工具，熟练操作鼠标和键盘非常重要，可以大大提高计算机的使用效率。这里我们介绍鼠标的有关操作。

1．鼠标的基本操作

Windows 中的大部分操作都可以用鼠标来完成，鼠标的基本操作方法和功能见表 2-1。

表 2-1　鼠标的基本操作

名称	操作方法	功能
指向	移动鼠标指针到所要操作的对象上	找到操作目标，为后续的操作做好准备
单击	轻击鼠标左键并快速松开	用于选择一个对象或执行一条命令
双击	在鼠标左键上快速连续地单击两下	用于打开一个文件夹、文件或程序
右击	轻击鼠标右键并快速松开	弹出快捷菜单
拖动	指向操作对象，按住鼠标左键移动至目标位置后释放	选择、移动、复制对象或者拖动滚动条

2．鼠标指针形状及含义

认识鼠标指针的各种形状和含义，可及时对系统的当前工作状况作出判断。鼠标指针的基本形状是一个小箭头 ▲，但是并非固定不变，在不同的位置和状态下，鼠标指针的形状和含义可能会不同，具体见表 2-2。

表 2-2　鼠标指针形状及含义

鼠标形状	含义
▲	正常选择状态，是鼠标指针的基本形状，表示准备接受用户的命令
↔↕↖↘	调整状态，出现在窗口或对象的周边，此时拖动鼠标可以改变窗口或对象的大小
✥	移动状态，在移动窗口或对象时出现，此时拖动鼠标可以移动窗口或对象的位置
I	文本选择状态，此时单击鼠标，可以定位文本的输入位置
✋	链接选择状态，此时鼠标指向的位置是一个超链接，单击鼠标可以打开相关的超链接
▲⏳	后台运行状态，表示系统正在执行某操作，要求用户等待
⏳	系统忙状态，系统正在处理较大的任务，处于忙碌状态，此时不能执行其他操作
⊘	不可用状态，表示当前鼠标所在的按钮或某些功能不能使用
▲?	帮助选择状态，在按下联机帮助键或帮助菜单时出现的光标
+	精确选择状态，在某些应用程序中系统准备绘制一个新的对象
✎	手写状态，此处可以手写输入

3. 设置鼠标属性

设置鼠标的属性，包括鼠标按键方式、鼠标指针方案和鼠标移动方式。

（1）设置鼠标按键方式。对于习惯用左手使用鼠标的用户，需要将鼠标左键和右键的功能互换。设置的方法如下：

1）在桌面空白处右击，在弹出的快捷菜单中单击"个性化"命令，打开"个性化"设置窗口，如图 2-6 所示。

图 2-6　"个性化"设置窗口

2）在"个性化"设置窗口中，选择"主题"选项，在右侧的主窗格中选择"鼠标光标"选项，打开"鼠标 属性"对话框，如图 2-7 所示。

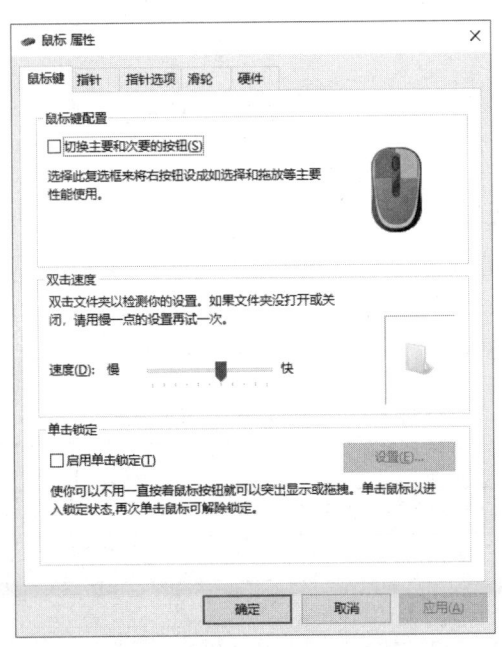

图 2-7　"鼠标 属性"对话框

3）在"鼠标 属性"对话框中选择"鼠标键"选项卡，勾选"切换主要和次要的按钮"复选框。此时，鼠标左键和右键的功能已经互换。若要取消选中"切换主要和次要的按钮"复选框，需右击实现，再单击确定按钮。

（2）设置鼠标指针方案。设置鼠标指针方案可以改变 Windows 10 的鼠标指针过于单调，或者指针显示不明显的情况。在"鼠标 属性"对话框中，选择"指针"选项卡，单击"方案"下拉菜单，选择新的鼠标指针方案，如图 2-8 所示。也可以在"自定义"列表框中，选择每个功能的指针样式，然后单击"确定"按钮。

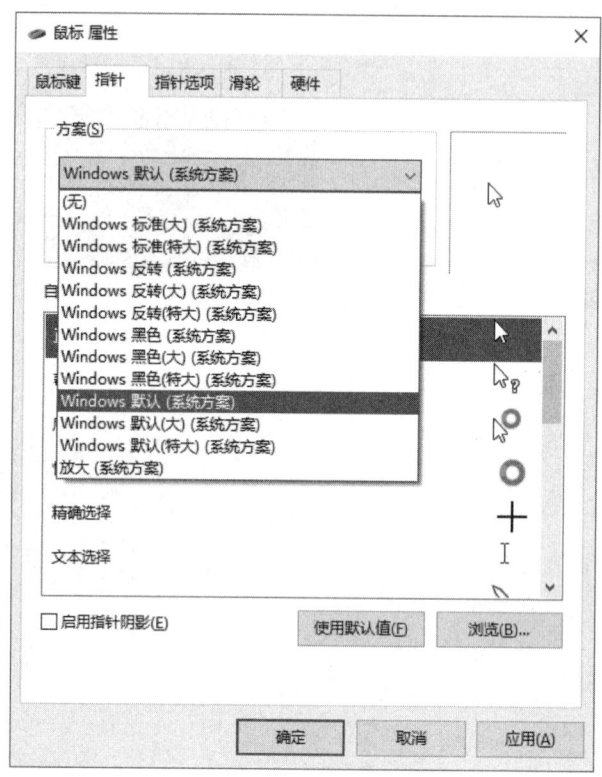

图 2-8　设置鼠标指针方案

4. Windows 10 常用快捷键

在 Windows 10 环境下，有时可以利用键盘代替鼠标快速地完成程序的启动、窗口的切换等操作，所以有快捷键的说法。快捷键多为几个键组合使用，其使用方法是先按住前面的一个键或两个键，再按下后面的键，然后全部松开。Windows 10 中常用的快捷键见表 2-3。

表 2-3　Windows 10 常用快捷键

快捷键	功能
Ctrl+Shift+Esc	快速启动"任务管理器"
Esc	取消当前任务
Alt+F4	关闭当前窗口
Alt+Tab	切换窗口

续表

快捷键	功能
Win+空格	各种输入法之间循环切换
Alt+Shift	中英文输入法之间切换
Ctrl+.	中文输入法状态下中文/西文标点符号切换
PrintScreen	捕获整个屏幕的图像,并复制到剪贴板中
Alt+PrintScreen	捕获活动窗口或对话框图像到剪贴板
Ctrl+C	复制选中项目到剪贴板
Ctrl+X	剪切选中项目到剪贴板
Ctrl+V	粘贴剪贴板中的项目

2.2.2 桌面的组成及操作

"桌面"是 Windows 10 完成启动后呈现在用户面前的整个计算机屏幕界面,它是用户和计算机进行交流的窗口,如图 2-2 所示。在图 2-2 中,可以清楚地看到,桌面分为上下两部分。上部分是一幅风景画及其上面的图标,下部分是一条黑色的窄框。在使用计算机的过程中,"桌面"通常指的是上部分。

上部分的风景画在计算机术语中叫作"桌面背景",它可以是一幅画、一张照片,甚至可以是一个纯色的背景;上面的图标叫作"桌面图标",可以通过桌面图标打开相应的应用程序或功能窗口。

黑色的窄框在计算机术语中叫作"任务栏",它隐藏着丰富的信息和功能,计算机大部分工作都可以从这里开始。下面简单介绍"任务栏"的各部分,各部分标注如图 2-9 所示。

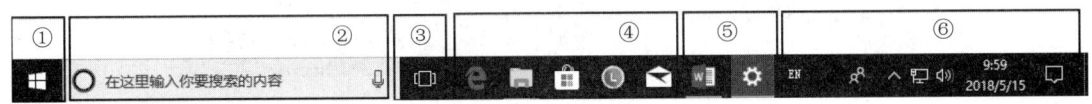

图 2-9 任务栏

①"开始"按钮:"开始"按钮是任务栏最左边第一个图标按钮,单击后弹出的菜单中有计算机程序、设置、应用、功能按钮等选项,几乎包含使用本台计算机的所有功能。

②搜索栏:可以直接从计算机或互联网中搜索用户需要的信息。

③任务视图:是 Windows 10 特有功能,用户可以在不同视图中开展不同的工作,完全不会彼此影响。

④快速启动区:用户可以将常用的应用程序或位置窗口固定在任务栏的快速启动区中,启动时只需单击对应的图标即可。

⑤程序按钮区:显示正在运行的程序的按钮。每打开一个程序或文件夹窗口,代表它的按钮就会出现在该区域,关闭窗口后,该按钮随即消失。

⑥通知区:显示计算机的一些信息,其中固定显示"输入法""音量控制""日期和时间""通知"等。

1. "开始"菜单

"开始"菜单是 Windows10 操作系统中的重要元素，几乎所有的操作都可以通过"开始"菜单实现。按下键盘上的 Windows 徽标键⊞，或单击 Windows 10 桌面左下角的"开始"按钮⊞，即可打开如图 2-10 所示的"开始"菜单。下面一一介绍"开始"菜单的各部分，各部分标注如图 2-10 所示。

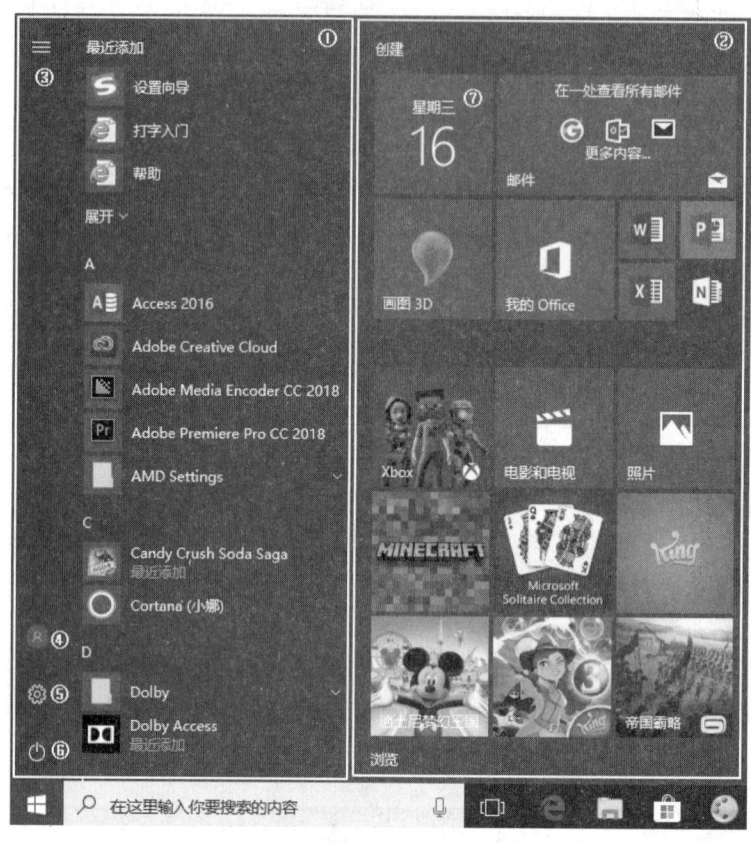

图 2-10　Windows 10 "开始"菜单

①开始菜单区：这里有设置、电源开关和所有应用等重要的控制选项。

②开始屏幕区：这里是"开始"屏幕，有各种应用的磁贴，方便用户查看和打开。

③所有应用按钮：单击该选项可以在显示或隐藏系统中安装的所有应用列表间切换。

图 2-10 所示菜单是处于显示状态。在该界面中，可以看到所有应用按照数字、英文字母、拼音的顺序排列，上面显示程序列表，下面显示文件夹列表。单击列表中某文件夹图标，可以展开或收起此文件夹下的程序列表。如果计算机中安装的应用过多，在"开始"菜单中寻找需要应用的程序会比较麻烦，这时用户可以单击列表中的任意一个字母，列表会改变为首字母的索引列表，如图 2-11 所示。此时用户只需要单击需要应用的首字母，就可以找到该应用的位置。

例如查找应用程序 Word，在图 2-11 所示的索引表中，单击英文字母 W，"开始"菜单将定位列出该计算机中安装的、以字母 W 开始的所有程序，单击其中的 Word 即可，如图 2-12 所示。

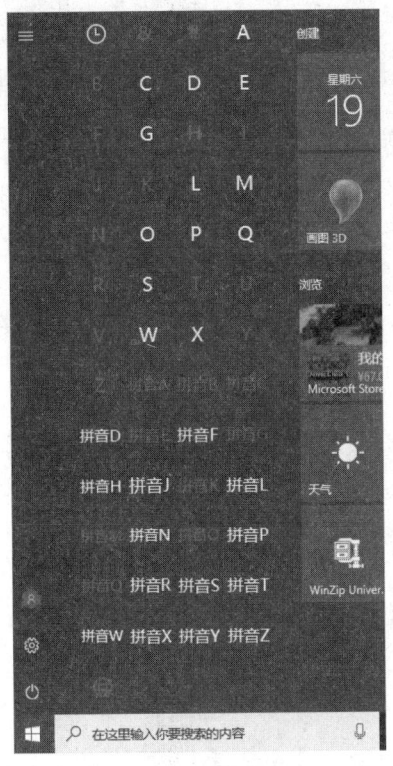
图 2-11　索引列表

图 2-12　查找应用程序 Word

④用户账户：显示当前用户账户。单击按钮还可以注销和设置账户，如图 2-4 所示。

⑤设置：单击可以打开计算机的"设置"窗口，如图 2-13 所示。

图 2-13　"设置"窗口

"设置"是控制计算机的工具,无论是开关还是显示方式,都易于操作,适合触屏设备。Windows 10 还有另外一个控制计算机的工具——"控制面板",其功能更加全面和细致,更适合在计算机中操作。

⑥电源:该选项是计算机的电源开关,如图 2-3 所示,可以重启或关闭计算机等。具体操作方法已在本书 2.1.3 节详细介绍。

⑦磁贴:可以动态显示应用的部分内容,比如日历、资讯等,如果关闭了磁贴的动态效果,可以把它当做应用的图标。

Windows 10 的"开始"菜单可以通过鼠标在菜单边缘拖动的方式来改变大小。加宽的"开始"菜单可以显示更多的磁贴,操作起来更方便,如图 2-14 所示。

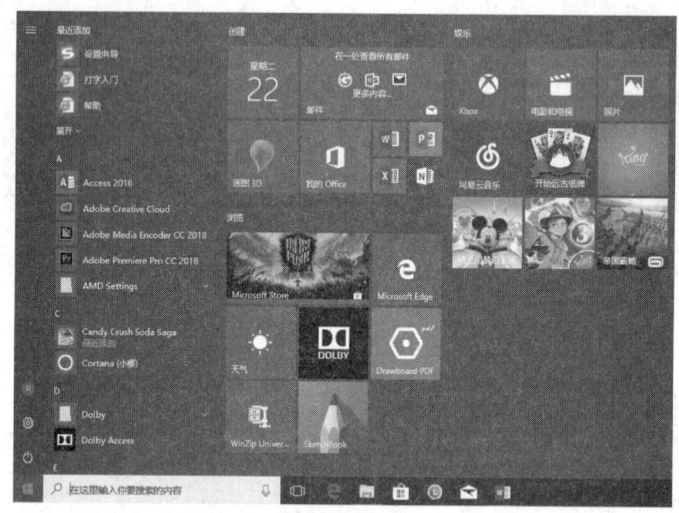

图 2-14　加宽的"开始"菜单

从图 2-14 可以看到,磁贴有三个部分,每个部分有一个名称。若更改名称,需单击该名称,在名称文本框中修改名称,如图 2-15 所示。

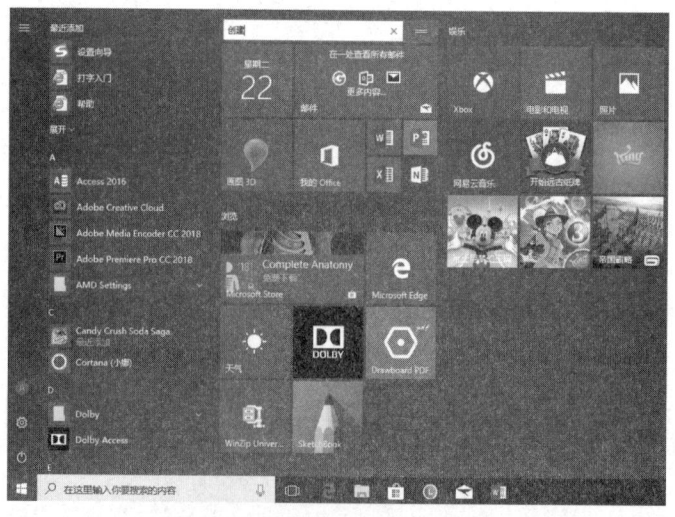

图 2-15　更改磁贴组名称

若想要某应用磁贴不再显示在"开始"菜单屏幕,只需在"开始"菜单中右击该磁贴,在快捷菜单中单击"从'开始'屏幕取消固定"即可,如图 2-16 所示。

在磁贴快捷菜单中,通过"调整大小"菜单提供的"小""中""宽""大"选项可以改变磁贴在"开始"菜单屏幕中显示的模式。"更多"菜单提供的"关闭动态磁贴"命令可以关闭该磁贴的动态显示,"固定到任务栏"命令可以使该磁贴显示在任务栏快速启动区,如图 2-17 所示。

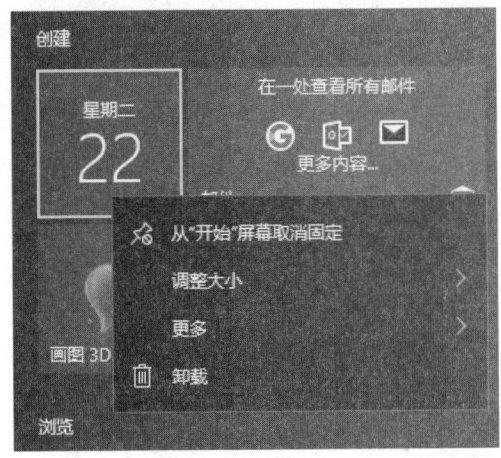

图 2-16 磁贴快捷菜单

图 2-17 磁贴快捷菜单之"更多"菜单

向"开始"菜单屏幕中添加磁贴时,只需在"所有应用"中找到需要添加的应用并右击,在快捷菜单中选择"固定到'开始'屏幕"即可,如图 2-18 所示。

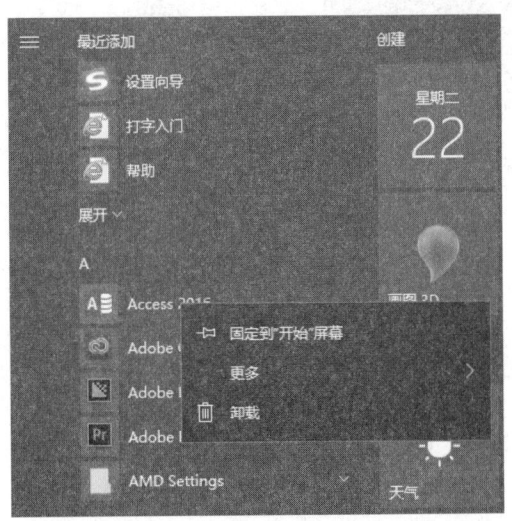

图 2-18 添加应用到"开始"菜单屏幕

2. 搜索栏

搜索栏是任务栏中的一个文本输入框,可在其中输入待搜索的关键字,如图 2-9 所示。在 Windows 10 中,它不仅可以搜索 Windows 系统中的文件,还可以直接搜索 Web 上的信息。

单击搜索栏,不需要输入任何文字,就可以打开搜索窗口,如图 2-19 所示。

①主页：单击搜索栏后将显示出搜索窗口主体和搜索栏。Cortana（中文名：微软"小娜"）是微软在人工智能领域的尝试，它能够通过学习了解用户的喜好和习惯，帮助用户进行日程安排，还能回答用户一些简单的问题，⑦是 Cortana 的默认标记。窗口⑤用来显示用户关注的相关信息。"搜索"栏⑥提供 3 个按钮，分别是"应用""文档""网页"，用来选择搜索对象的类别，缩小搜索范围。文本框⑧用来输入需要查找的文件名称、网页，在输入过程中就显示搜索结果列表，随着输入内容的增多，列表将一直筛选，直至筛选出最后结果。例如在网上查找"傅雷家书"，单击任务栏上的搜索栏，在文本框⑧中输入文本"傅雷家书"，按 Enter 键即可，如图 2-20 所示。

图 2-19　搜索主页

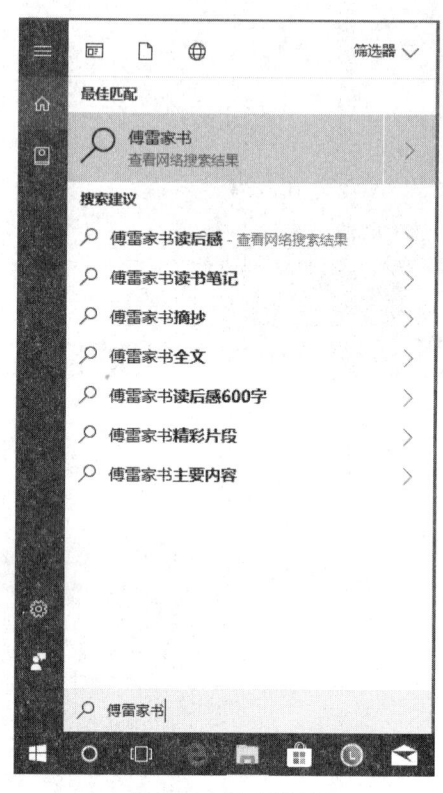

图 2-20　搜索举例

②笔记本：可以在其中设置"日历和提醒""天气"等用户关注的内容。例如在"笔记本"中设置开会提醒后，提醒时间系统会在任务栏的通知区显示提示信息，如图 2-21 所示。

③设置：在这里可以进行 Cortana 搜索栏的相关设置，如图 2-22 所示。

④反馈：发送消息给微软，可以提出建议、喜欢或不喜欢哪方面的设置等信息，如图 2-23 所示。

搜索框还可以以按钮的形式显示在任务栏，也可以在任务栏隐藏。设置的方法是：在任务栏空白处右击，在弹出的快捷菜单中，鼠标指向 Cortana 命令，弹出二级菜单，列出显示搜索框的 3 种模式，如图 2-24 所示。其中，"显示搜索框"是如图 2-9 所示显示一个大的搜索框，"隐藏"将在任务栏完全不显示搜索框，"显示 Cortana 图标"将用图标代替搜索框显示在任务栏。

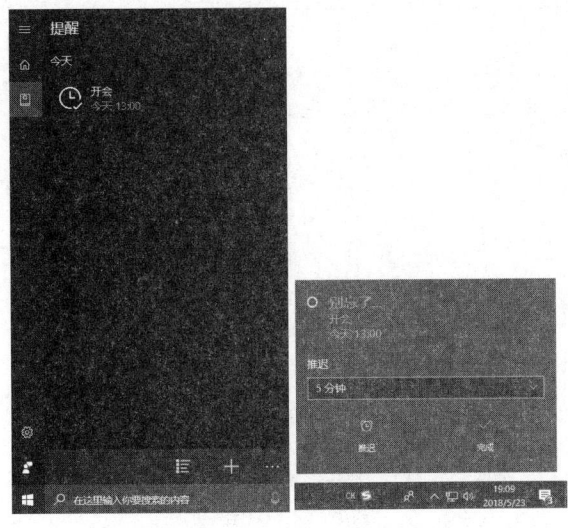

图 2-21 "笔记本"设置举例

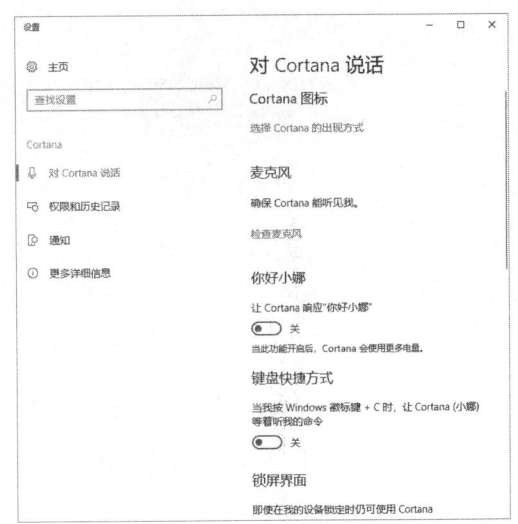

图 2-22 搜索栏的设置

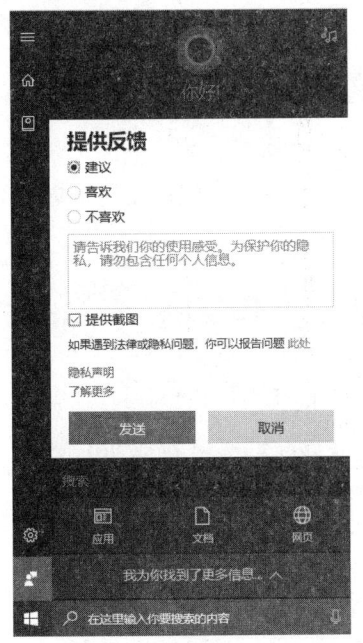

图 2-23 提供反馈

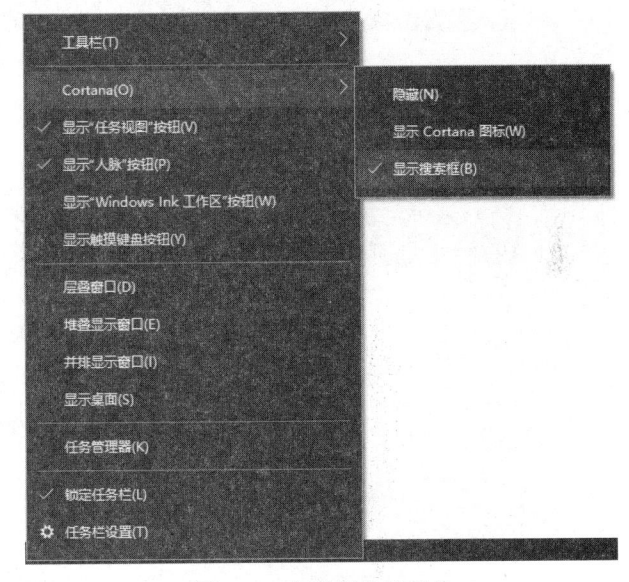

图 2-24 任务栏快捷菜单

3. 任务视图

任务视图按钮 是多任务和多桌面的入口。

多任务是 Windows 10 的一个新功能,将最多 4 个开启的任务窗口排列在桌面上,用户可以同时关注 4 个任务窗口。Windows 10 官方称多任务为"虚拟桌面",可以将不同的任务分别安排在不同的桌面上,利用快捷键轻松地在桌面间切换。

(1)多任务视窗贴靠。在 Windows 10 桌面上分布有 7 个任务视窗贴靠点,如图 2-25 所示。将任务视窗贴靠到不同的贴靠点时,视窗占用的屏幕空间会有不同的变化。下面以打开 4 个任务窗口为例。

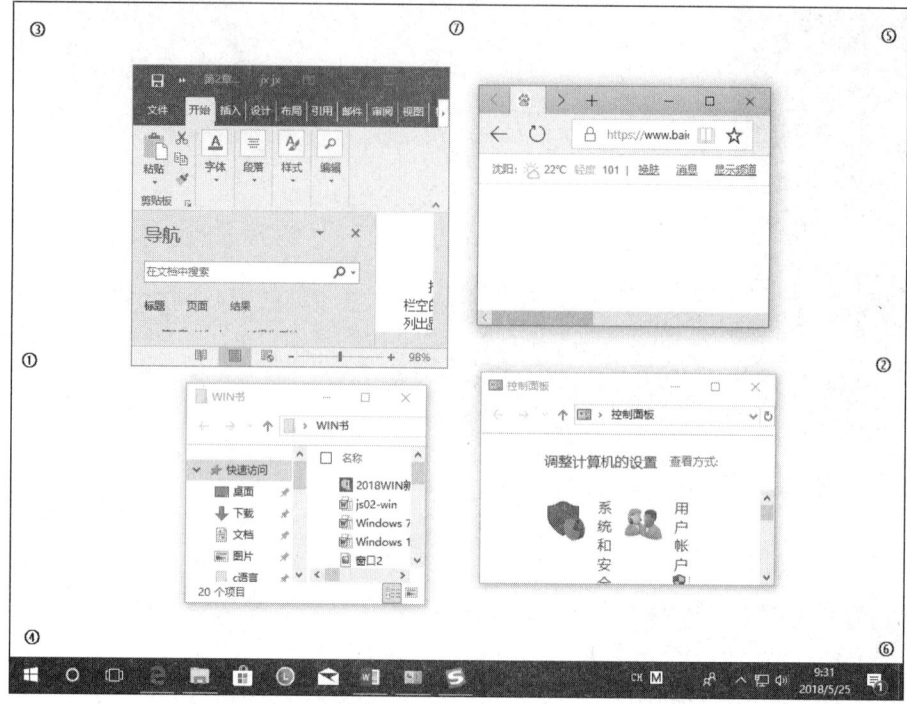

图 2-25　桌面上的贴靠点

①左侧贴靠点：拖动一个窗口到左侧贴靠点，该窗口将在屏幕左半区固定，同时其他任务窗口被排挤到右侧。如图 2-26 所示。

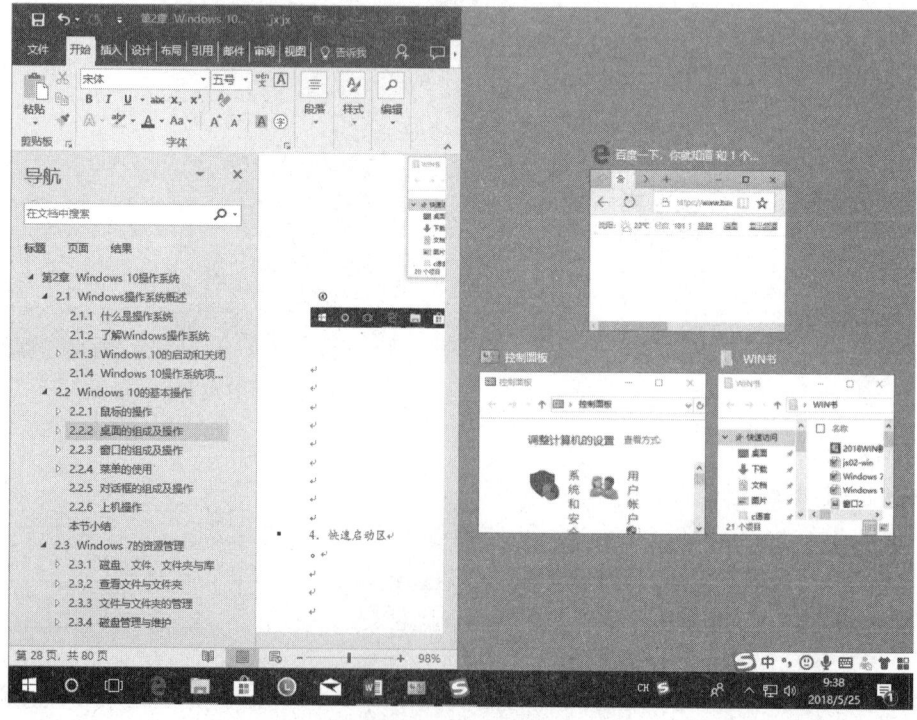

图 2-26　左侧贴靠

②右侧贴靠点：拖动一个窗口到右侧贴靠点，如图 2-27 所示。

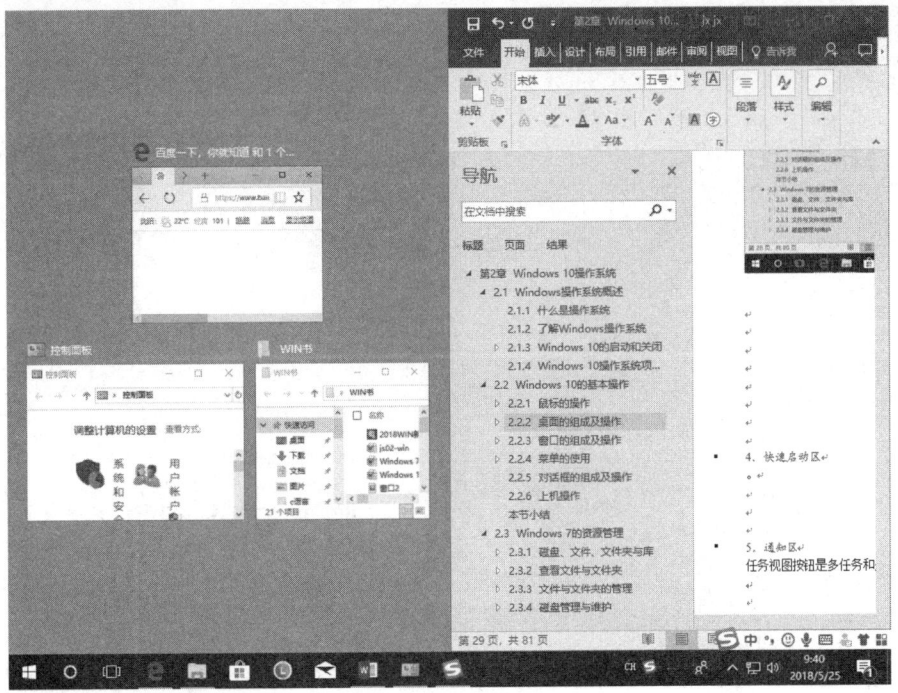

图 2-27　右侧贴靠

③左上贴靠点：拖动一个窗口到左上贴靠点，如图 2-28 所示。

图 2-28　左上贴靠

④左下贴靠点：拖动一个窗口到左下贴靠点，如图2-29所示。

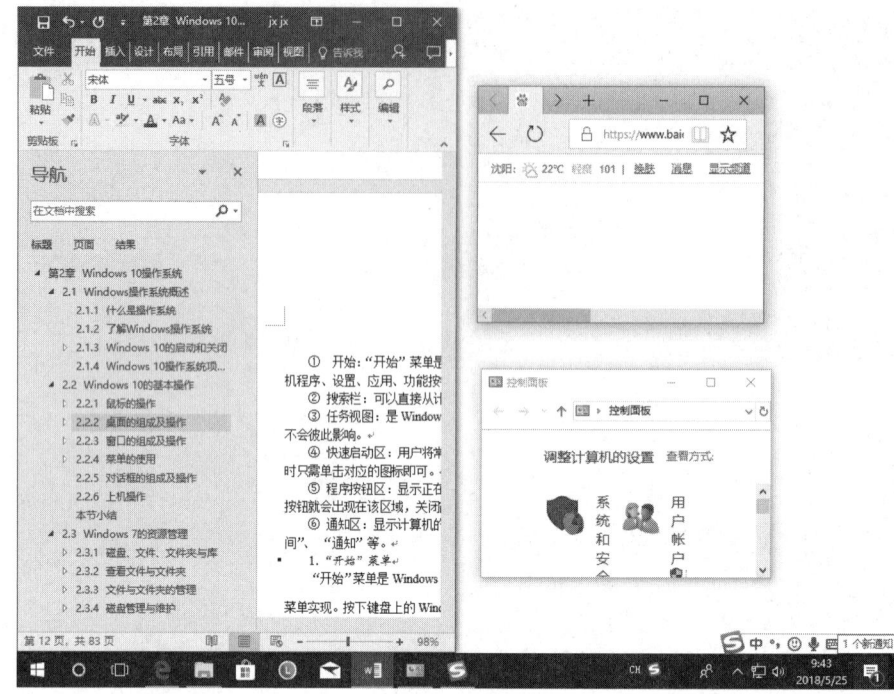

图 2-29　左下贴靠

⑤右上贴靠点：拖动一个窗口到右上贴靠点，如图2-30所示。

图 2-30　右上贴靠

⑥右下贴靠点：拖动一个窗口到右下贴靠点，如图 2-31 所示。

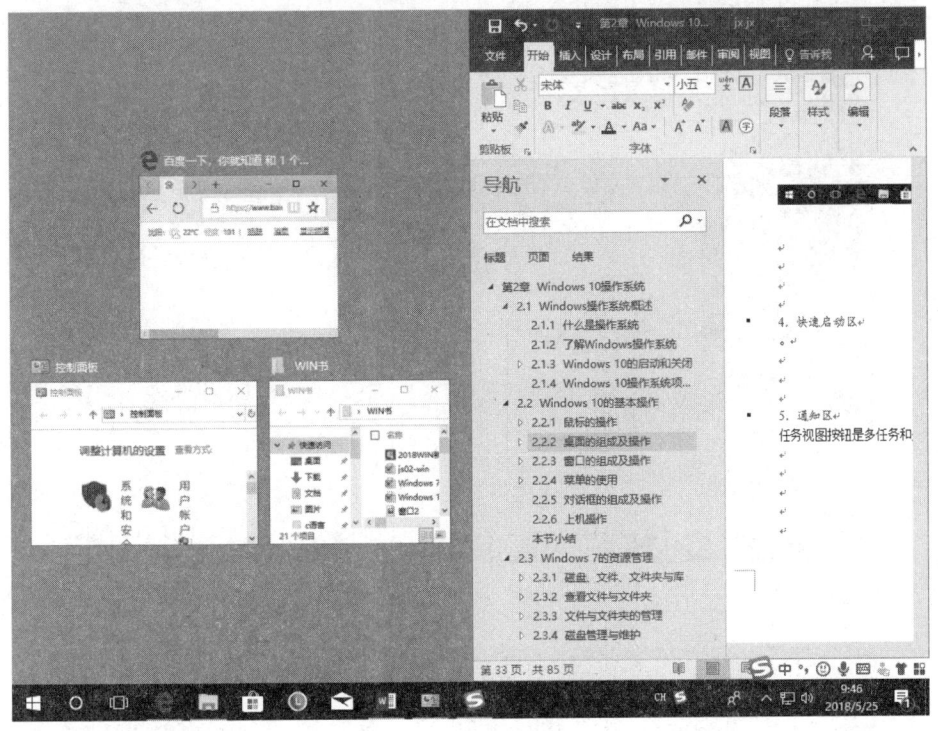

图 2-31　右下贴靠

⑦上贴靠点：拖动一个窗口到上贴靠点，该窗口自动最大化。拖离贴靠点后，窗口自动恢复原来大小。

（2）多任务切换。在 Windows 10 中，Alt+Tab 组合键的窗口切换方式与低版本略有不同，不是直接切换到下一个任务，而是列出了当前所有打开窗口的预览缩略图，重复按下 Tab 键逐一浏览各个窗口，直至找到需要的窗口，释放 Alt 键则显示所选的窗口。如图 2-32 所示。

图 2-32　切换任务视图

（3）虚拟桌面。Windows 10 允许建立多个虚拟桌面，将任务窗口分散在不同桌面进行操作。

1）首先创建一个虚拟桌面。单击任务栏中"任务视图"按钮，打开新建桌面界面，如图 2-33 所示。

2）单击屏幕通知区上方的"新建桌面"按钮，添加一个"桌面 2"，如图 2-34 所示。将鼠标移动到两个桌面图标上，可以分别查看该桌面上打开的任务窗口。

3）新建桌面以后，若需要将原来桌面上的任务窗口移动到新建桌面上，只要在查看时，在任务窗口上右击，在弹出的快捷菜单中选择"移至"→"桌面 2"命令即可实现移动，如图 2-35 所示。

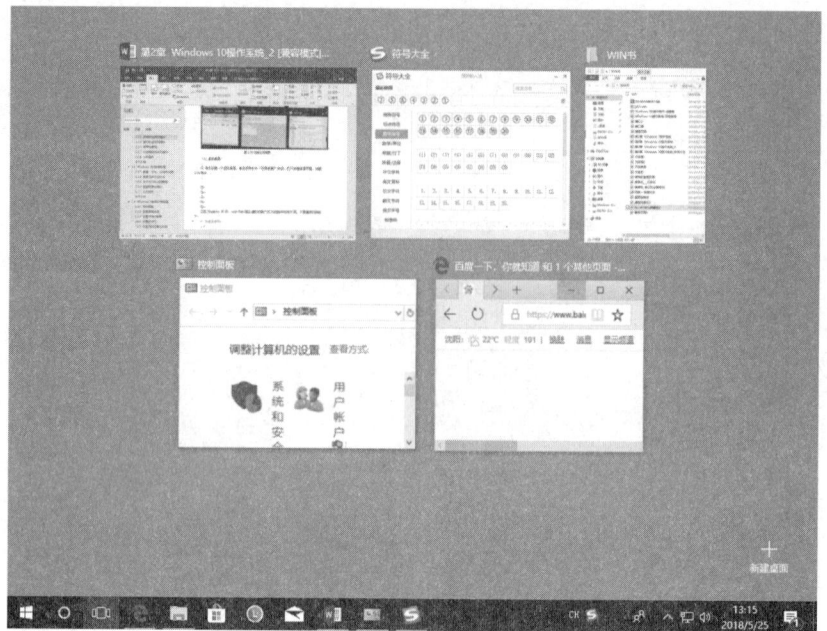

图 2-33　新建桌面界面

图 2-34　新建"桌面 2"

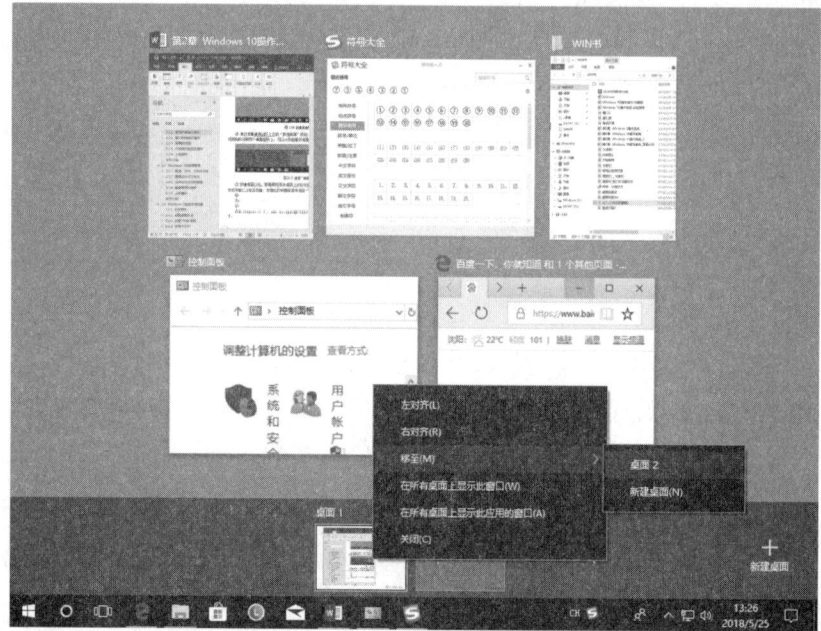

图 2-35　移动任务窗口

Windows 10 同时建立多个虚拟桌面，并将任务窗口分散在不同桌面后，可以通过 Ctrl+⊞+→ 或 Ctrl+⊞+← 组合键在不同桌面间切换。

4. 快速启动区

单击快速启动区中的快速启动按钮是启动应用程序最方便的方式，启动时只需单击按钮即可，而启动桌面图标需要双击图标。如单击图标❀即可启动 QQ 应用程序。

如图 2-9 所示，快速启动区中的快速启动按钮，默认情况下只有"浏览器""文件资源管理器""应用商店"。若要将其他应用图标放在这里，只需在应用的右键菜单中选择"固定到任务栏"命令即可，如图 2-36 所示。

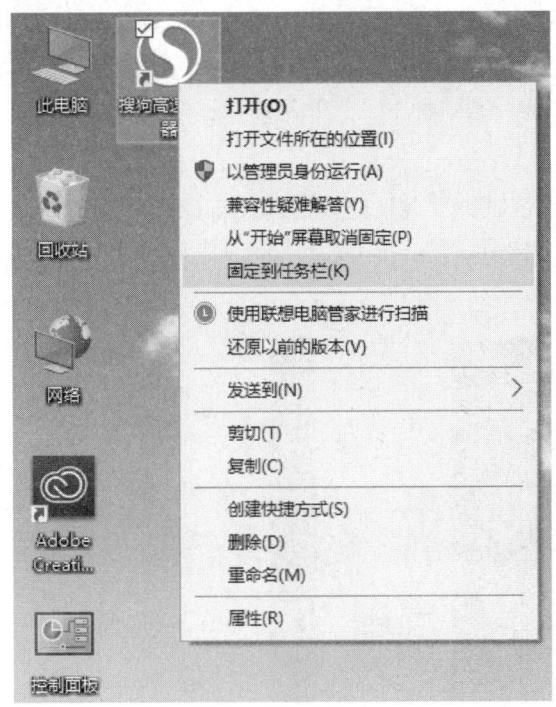

图 2-36　添加应用到快速启动区

虽然快速启动按钮使用方便，但任务栏空间有限，无法容纳太多的应用。如果需要将某些应用从快速启动区移除，只需在任务栏中右击该应用按钮，从弹出的快捷菜单中选择"从任务栏取消固定"命令即可，如图 2-37 所示。

5. 程序按钮区

程序按钮区会显示正在运行程序的按钮。每打开一个程序或文件夹窗口，代表它的按钮就会出现在该区域，关闭窗口后，该按钮随即消失。

Windows 10 任务栏中的程序按钮默认为"合并"状态，即来自同一程序的多个窗口汇聚在任务栏的同一程序按钮里。当鼠标指向程序按钮时，其上方即会显示该程序所打开的多个窗口的预览缩略图，如图 2-38 所示。当鼠标移动到某一预览窗口上方时该窗口呈现还原显示预览状态，单击某个预览缩略图，该窗口即还原显示并成为活动窗口，如此可实现窗口间的切换。

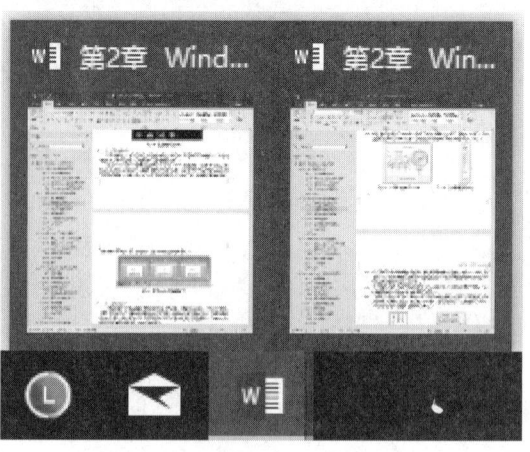

图 2-37　将应用从快速启动删除　　　　图 2-38　程序按钮的预览缩略图示例

6. 通知区
- 单击通知区内的"系统时钟",可以显示当前日期和时间等详细信息,如图 2-39 所示。通过面板上的添加事件按钮➕可以在指定日期添加提醒事件,如在 6 月 6 日设置提醒是否开会,如图 2-40 所示。

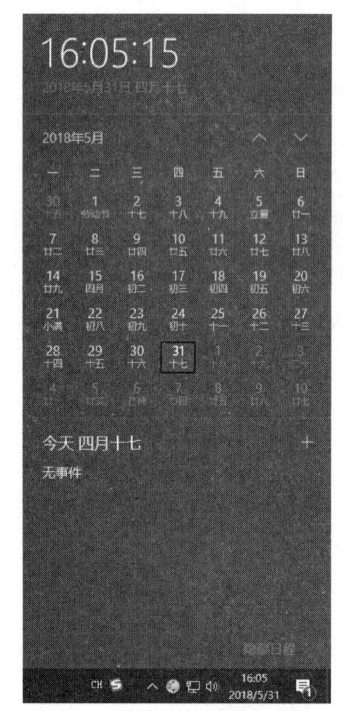

图 2-39　"系统日期和时间"面板　　　　图 2-40　在"系统日期和时间"面板设置提醒事件

- 单击通知区内的"扬声器"图标🔊,弹出扬声器音量调节面板,如图 2-41 所示,拖动滑块可以调节扬声器的音量,或单击按钮🔊静音,静音后按钮变为🔇状的静音。
- 单击通知区内的"自定义通知区按钮"▲,弹出如图 2-42 所示的通知区面板,可以查看到当前正在后台运行的程序图标。

- "语言栏"是输入文字的工具栏，一般出现在桌面上或最小化到任务栏的通知区，单击语言栏上的输入法图标，弹出输入法列表，如图 2-43 所示。用户根据个人习惯，可以选择其中的一种输入法进行文字录入。

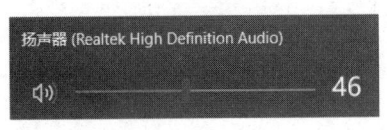

图 2-41　扬声器音量调节面板

图 2-42　通知区面板

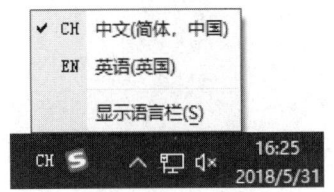

图 2-43　输入法列表示例

7. 桌面图标

"桌面图标"是指在桌面上排列的小图像，包含图形、说明文字两部分，如图 2-2 所示。小图形是标识符，文字用来说明图标的名称或功能，双击图标即打开相应的窗口。如果把鼠标指针放在图标上停留片刻，会出现对该图标内容的说明，或者是文件存放路径。Windows 10 的桌面图标有系统提供的，也有用户添加的。

（1）桌面图标的分类。桌面图标通常分为系统图标、快捷方式图标、文件夹图标和文件图标。

1）系统图标。Windows 10 在初始状态下，桌面上只有"回收站"一个系统图标，可以通过以下操作步骤显示其他系统图标。

- 在 Windows 10 桌面的空白处右击，在弹出的快捷菜单中选择"个性化"命令，打开"个性化"设置窗口，如图 2-6 所示。
- 在"个性化"设置窗口中，单击"主题"选项，在右侧的主窗格中向下滚动鼠标滑轮，选择"桌面图标设置"选项，打开"桌面图标设置"对话框，勾选需要在桌面上显示的系统图标的复选框，单击"应用"或"确定"按钮完成设置，如图 2-44 所示。

图 2-44　"桌面图标设置"对话框

如果对系统默认的图标外观不满意,可以单击"更改图标"按钮进行更改。单击"还原默认值"按钮可以将图标还原为系统的默认设置。常用的系统图标如图 2-45 所示。

(a)"此电脑"图标　　(b)"回收站"图标　　(c)"网络"图标　　(d)"控制面板"图标

图 2-45　Windows 10 常用的系统图标

- "此电脑"图标代表正在使用的计算机,是浏览和使用计算机资源的快捷途径。双击该图标即可打开"此电脑"窗口,在该窗口中可以查看到计算机系统中的磁盘分区、移动存储设备、文件夹和文件等信息,如图 2-46 所示。

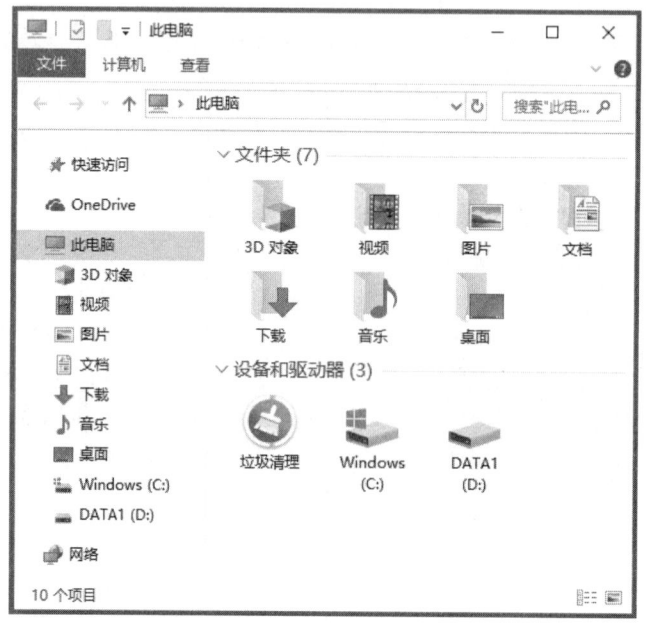

图 2-46　"此电脑"窗口

- "回收站"是系统在硬盘中开辟的一个区域,用于暂时存放用户从硬盘上删除的文件或文件夹等内容(关于回收站的介绍详见 2.3.4 节)。
- "控制面板"为用户提供了查看和调整系统设置的环境,通过"控制面板",用户可以更改桌面外观、控制用户账户、添加或删除软硬件等。
- "网络"主要用来查看网络中的其他计算机,访问网络中的共享资源,进行网络设置。

2)快捷方式图标。桌面上,左下角带有箭头标志的图标称为快捷方式图标,又称快捷方式,如图 2-47 所示。快捷方式其实是一个链接指针,可以链接到某个程序、文件或文件夹。当用户双击快捷方式图标时,Windows 就根据快捷方式里记录的信息找到相关的对象并打开它。

图 2-47　快捷方式图标示例

用户可以根据需要随时创建或删除快捷方式，删除快捷方式后，原来所链接的对象并不受影响。针对某一对象，在桌面上创建快捷方式有以下几种方法：

- 右击图标后弹出快捷菜单，选择"发送到"→"桌面快捷方式"命令，如图 2-48 所示。

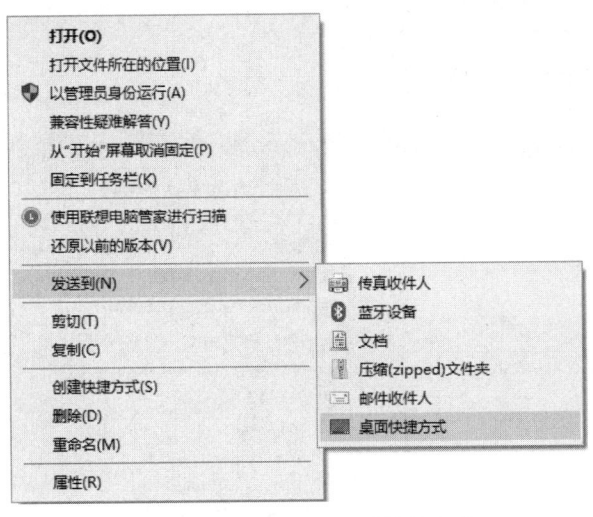

图 2-48　创建图标的桌面快捷方式

- 右击图标，在弹出的快捷菜单中选择"创建快捷方式"命令，如图 2-48 所示，然后将新创建的快捷方式图标移动至桌面。
- 在对象所在的窗口中，选定图标后单击功能区中的"主页"功能区选项卡，在弹出的功能选项中，选择"新建"子功能区中"新建项目"按钮，在其下级菜单中选择"快捷方式"命令，如图 2-49 所示（有关功能区的介绍详见 2.2.3 节）。

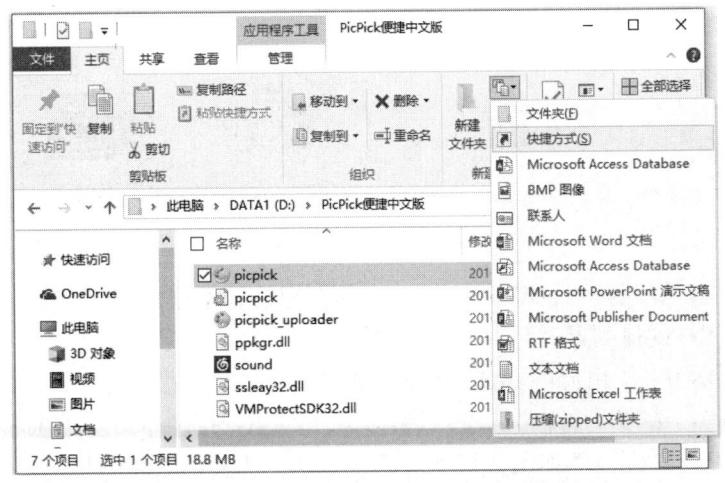

图 2-49　在对象所在窗口创建快捷方式

- 右击桌面空白处，弹出桌面快捷菜单，如图 2-50 所示，选择"新建"→"快捷方式"命令，在弹出的"创建快捷方式"对话框中进行设置。

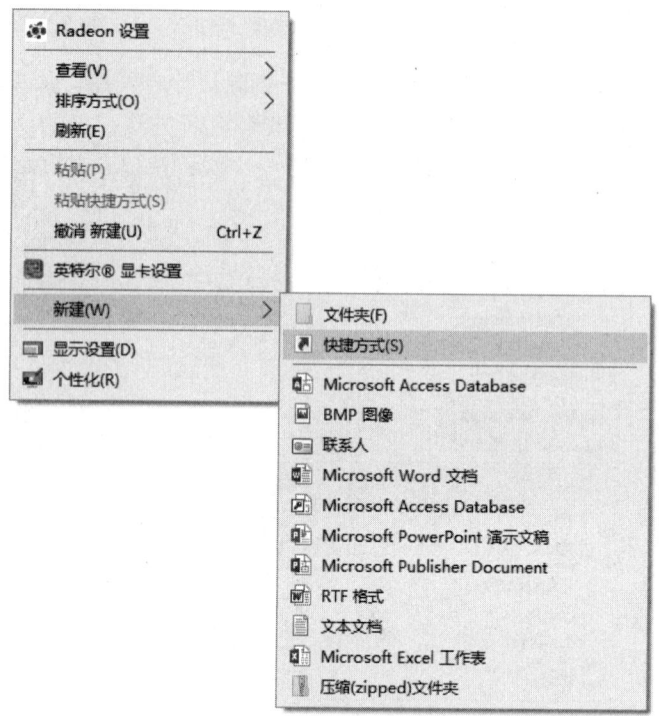

图 2-50　桌面快捷菜单和"新建"菜单列表

3）文件夹图标。Windows 10 系统把所有文件夹统一用图标 表示，用于组织和管理文件。双击文件夹图标即可打开文件夹窗口，可见其中的文件列表和子文件夹。

4）文件图标。文件图标是由系统中相应的应用程序关联建立的，表示该应用程序所支持的文件。双击文件图标即可打开相应的应用程序及此文件，删除文件图标也就删除了该文件。不同的应用程序支持不同类型的文件，其图标也有所不同，如图 2-51 所示为几种常见的文件图标。

文本文件　　　　Word 文件　　　　Excel 文件　　　　压缩文件

图 2-51　常见文件图标示例

（2）桌面图标的操作。对 Windows 10 桌面图标的基本操作有：图标的显示方式、图标的显示或隐藏、图标的排列方式、图标的删除等。

1）图标的显示方式。用户可以设置桌面图标的显示大小，设置方法是：右击桌面空白处，弹出桌面快捷菜单，选择"查看"命令，选择其下级菜单列表中的"大图标""中等图标"和"小图标"中的某一项即可（如图 2-52 所示）。

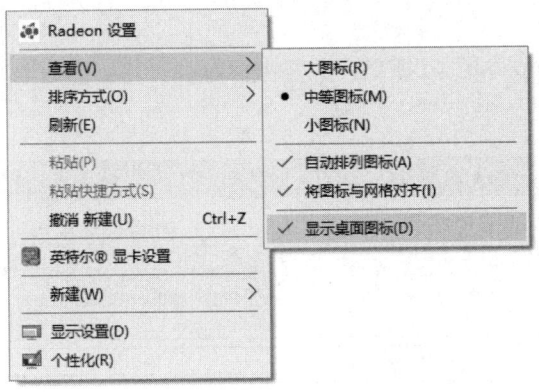

图 2-52　桌面快捷菜单及"查看"菜单列表

2）图标的显示和隐藏。右击桌面空白处,弹出桌面快捷菜单,如图 2-52 所示,选择其中的"查看"命令,其下级菜单列表中的"显示桌面图标"项前若有√标记,表明该功能已选中,当前桌面上所有的图标正常显示,否则桌面图标被隐藏。对"显示桌面图标"项单击即可打上或去掉√标记。

3）图标的排列方式。右击桌面空白处,弹出桌面快捷菜单,选择"排序方式"命令,其下级菜单列表中分别有按"名称""大小""项目类型"和"修改日期"4 种排列图标的方式供选择,如图 2-53 所示。

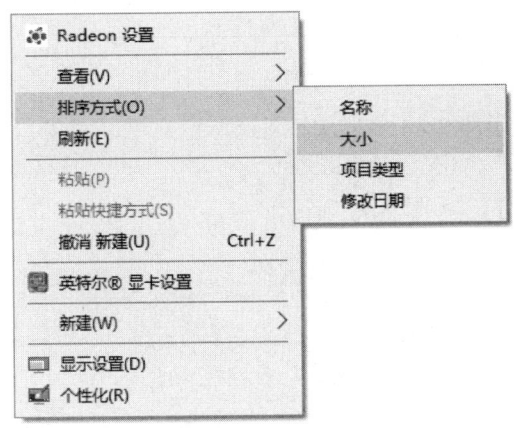

图 2-53　桌面快捷菜单及"排列方式"菜单列表

4）图标的删除。选定待删除的图标,按 Delete 键即可删除;或者右击待删除的图标→"删除"命令（如图 2-48 所示）;也可以直接拖动待删除的图标至桌面上的回收站图标中。删除后的图标被放到回收站中。

2.2.3　窗口的组成及操作

每当打开一个文件夹、文件或运行一个程序时,系统就会创建并显示一个称为"窗口"的人机交互界面。在窗口中,用户可以对文件、文件夹或程序进行操作。

Windows 10 可同时打开多个任务窗口,但在所有打开的窗口中只有一个是当前正在操作的窗口,称为活动窗口。活动窗口的标题栏呈深色,非活动窗口的标题栏呈浅色。

1. 窗口的组成

图 2-54 为典型的 Windows 10 窗口，主要由标题栏、功能区、地址栏、导航窗格、文件列表栏、预览窗格、搜索框、状态栏等组成。

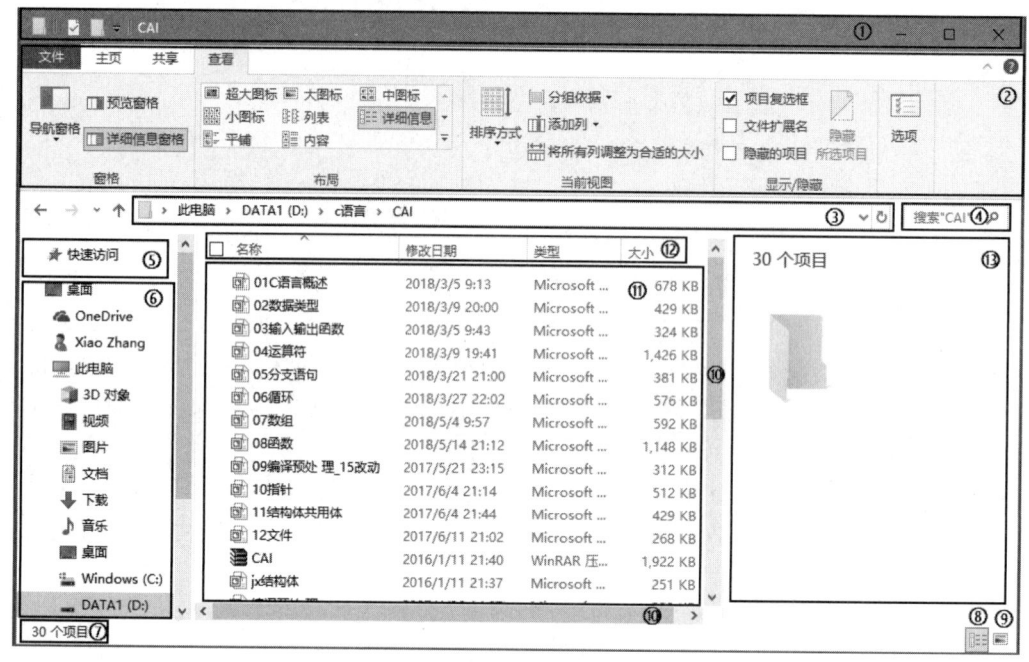

图 2-54　Windows 10 窗口示例

①标题栏：标题栏位于窗口的最上方，通过标题栏可以对窗口进行移动、关闭、改变大小等操作。

标题栏各部分说明如下，如图 2-55 所示。

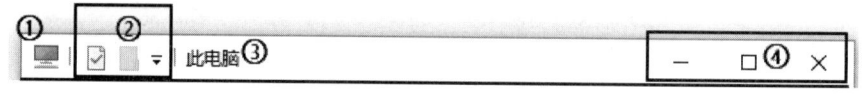

图 2-55　标题栏示例

- ①窗口控制菜单图标：如图 2-56 所示，包括还原（从最大化状态变回原来的大小）、移动（单击，鼠标变成✥时，可以用键盘上的上、下、左、右方向键移动窗口位置）、大小（单击，可以用键盘上的上、下、左、右方向键来改变窗口大小）、最小化（隐藏到任务栏）、最大化（窗口充满整个屏幕）、关闭窗口。
- ②快速访问工具栏：可以通过这里的选项直接启动窗口内的功能，默认包含"属性"和"新建文件夹"两个选项。快速访问工具栏旁边向下的小箭头是"自定义快速访问工具栏"菜单按钮。可以将一些常用的功能添加到快速访问工具栏内，如图 2-57 所示。
- ③名称：每一个窗口都有一个名称，以区别于其他窗口。
- ④标准按钮："最小化"按钮 ▭ 、"最大化"按钮 ▭ 或"还原"按钮 ▭ 、"关闭"按钮 ✕ 是所有窗口都有的标准配置。

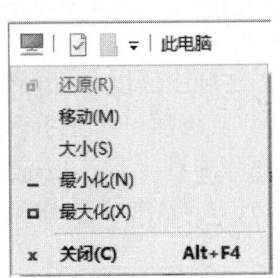

图 2-56 控制图标下拉菜单

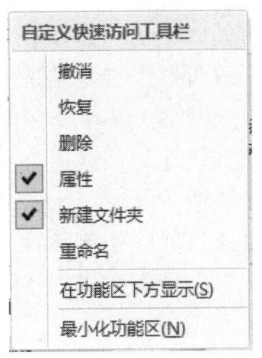

图 2-57 自定义快速访问工具栏

②动态功能区：采用 Office 2010 的 Ribbon 风格的功能区。动态功能区中集合了针对窗口及窗口中各对象的操作命令，并以多个功能选项卡的方式分类显示，如"文件""主页""查看""共享"等。单击某个功能选项卡，即打开对应的功能选项，选择其中的某个命令项，即执行相应命令。

在文件列表栏⑪或导航窗格⑥中选择不同的文件或文件夹时，功能区的功能选项卡将出现动态的改变。

③地址栏：这里显示当前窗口的位置，其右侧的小箭头有与"最近浏览位置"按钮相同的功能。在地址栏中每一级文件夹的后面都有一个小箭头，单击可以打开该级文件夹下的所有文件夹和文件列表，实现快速定位，而无需关闭当前窗口。也可以单击地址栏左侧的按钮（如图 2-58 所示），实现快速切换定位。

- ①"前进/返回"按钮：在操作过程中，若需要返回前一个操作窗口，需单击"返回"按钮；若再到下一个操作窗口，需单击"前进"按钮。
- ②"最近浏览位置"按钮：单击可以打开最近浏览的位置列表，如图 2-59 所示。

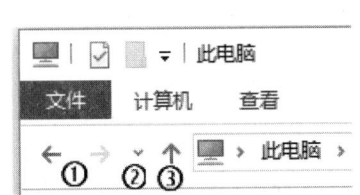

图 2-58 地址栏按钮

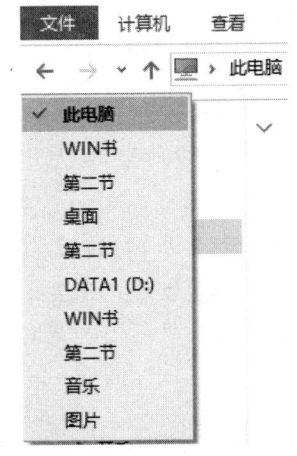

图 2-59 最近浏览的位置

- ③"上移"按钮：单击可以返回当前位置的上一层文件夹。

④搜索框：在搜索框中键入字词或字词的一部分，即在当前文件夹或库及其子文件夹中进行筛选，并将匹配的结果以文件列表的形式显示在文件列表栏。

⑤快速访问区：用户可以在快速访问区中将一些自己常用位置的链接固定在这里，方便以后访问，不仅可以添加本地驱动器和文件夹，还可以添加网络上的共享资源。对于频繁访问某个文件夹或网络上共享资源的用户来说，可以节省操作时间。

- 添加到快速访问区：在需要添加的文件夹上右击，在弹出的快捷菜单中选择"固定到'快速访问'"命令，如图 2-60 所示，就能将文件夹添加到快速访问区。
- 从快速访问区中删除项目：若需从快速访问区中删除项目，只需在快速访问区的项目上右击，在弹出的快捷菜单中选择"从'快速访问'取消固定"命令即可，如图 2-61 所示。

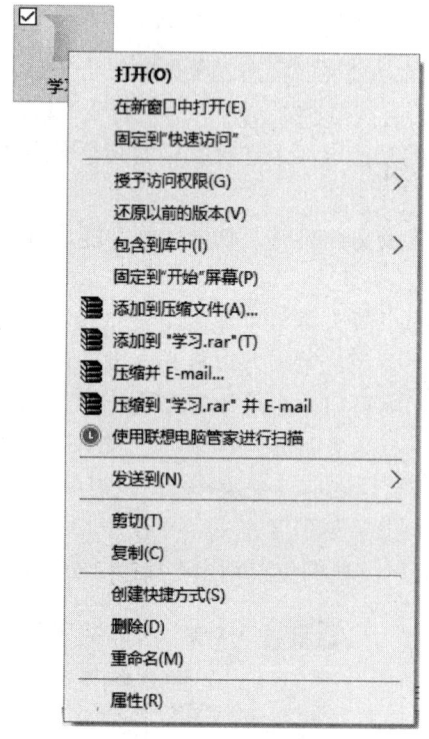

图 2-60　添加到快速访问区

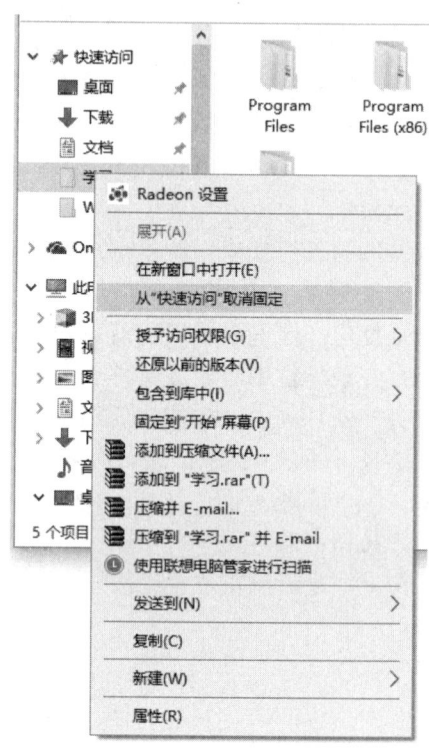

图 2-61　从快速访问区删除项目

⑥导航窗格：主要用于定位文件位置。在该区列出了当前计算机中的所有资源，由"此电脑""库""网络"等树形目录结构组成。使用"库"可以分类访问计算机中的文件；展开"此电脑"可以浏览硬盘、光盘、U 盘上的文件夹和子文件夹。

在导航窗格空白处右击，弹出快捷菜单，如图 2-62 所示，如果选择"显示所有文件夹"，在导航窗格将出现"控制面板"和"回收站"项目。

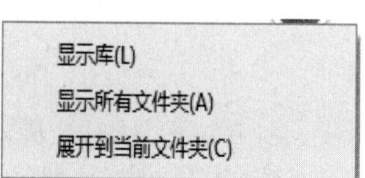

图 2-62　导航窗格快捷菜单

OneDrive 是微软提供的云存储服务，它的前身叫作 SkyDrive，与"百度云"等其他云存储服务相同。用户可以通过网络将文件存储在微软云服务器中，然后使用不同的终端访问云服务器，获得文件。使用 Microsoft 账户登录 OneDrive，用户可以获得 7GB 大小的免费空间。如果需要更大的空间，可以另行购买。

登录 OneDrive 方法为：

（1）单击导航窗格的 OneDrive 选项，打开"设置 OneDrive"窗口，输入微软账户预留邮箱，单击"登录"按钮，输入密码后再单击"登录"按钮，如图 2-63 所示。

 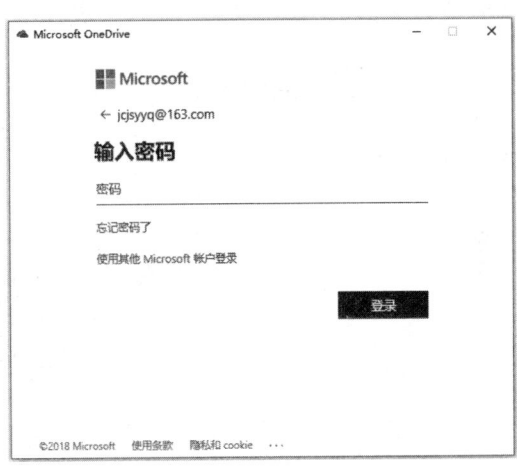

图 2-63　登录 OneDrive

（2）设置需要同步的文件夹，如图 2-64 所示。完成 OneDrive 登录，如图 2-65 所示。

图 2-64　设置 OneDrive 同步文件夹

（3）登录以后，用户可以在"此电脑"窗口中打开 OneDrive 文件夹，如图 2-66 所示。在此文件夹中的文件将会同步存储在微软云服务器中。

（4）若不需要同步 OneDrive 文件，可以右击任务栏上通知区内的 OneDrive 图标打开其快捷菜单来设置或退出 OneDrive，如图 2-67 所示。

图 2-65　OneDrive 登录完成

图 2-66　"此电脑"中的 OneDrive

图 2-67　OneDrive 快捷菜单

⑦状态栏：是对窗口中选定项目的简单说明，比如"10 个项目"等。

⑧快速设置显示"详细信息"：这个选项可以将文件列表栏内的项目显示方式快速设置为显示每一项的"详细信息"。

⑨快速设置显示"大图标"：这个选项可以将文件列表栏内的项目显示方式快速设置为"大图标"。

⑩滚动条：分为垂直滚动条和水平滚动条两种，当窗口中的内容没有显示完全时，滚动条就会出现，拖动滚动条可以查看到超出窗口高度和宽度范围的其他内容。

⑪ 文件列表栏：文件列表栏是窗口的重要显示区，用于显示当前文件夹或库的内容。当向搜索框键入文字准备查找时，此区域显示出匹配的搜索结果。

⑫ 列标题：当文件列表以"详细信息"方式显示时，窗口中将会出现"列标题"，使用列标题可以更改文件列表中文件的整理方式。

⑬ 预览窗格：使用预览窗格可以查看选定文件的内容。如果窗口中未见预览窗格，可以单击功能选项卡"查看"，选择"窗格"选项组中"预览窗格"按钮。

2. 窗口的基本操作

熟练地对窗口进行操作，有助于提高用户操作计算机的工作效率。

（1）窗口的打开。打开窗口有多种方法，常用的有以下几种：

- 双击要打开的程序、文件或文件夹图标。
- 选定图标后按下 Enter 键。
- 右击图标→"打开"命令。

（2）窗口的最大化、最小化和还原。每个窗口都可以有 3 种显示方式，即缩小到任务栏的最小化、铺满整个屏幕的最大化、允许窗口移动并可以改变其大小的还原状态。实现这些状态之间的切换有以下几种常用方法：

- 利用标题栏右侧的 ▭、▭ 和 ▭ 按钮。
- 按下快捷键 Alt+空格或右击标题栏，或单击窗口控制菜单图标，打开窗口控制菜单，如图 2-56 所示，单击选择。
- 双击标题栏，可以实现窗口的最大化与还原状态之间的切换。
- 拖动标题栏到屏幕顶部可最大化窗口，将标题栏从屏幕顶部拖开则可还原窗口。

注意：窗口的最小化并没有关闭窗口，仅是把窗口缩小到最小程度，以程序按钮的形式保留到任务栏。

（3）窗口的缩放。仅当窗口为还原状态时，方可调整窗口的尺寸。当鼠标指向窗口的任意一个边角或边框时，鼠标指针变为 ↖、↗ 或 ↕、↔ 形状，此时按住鼠标左键拖动，可调整窗口的尺寸。

（4）窗口的移动。仅当窗口为还原状态时，方可移动窗口的位置。移动窗口只需拖动窗口的标题栏，到目标位置后释放即可。

（5）窗口的切换。Windows 是多任务操作系统，可以同时打开多个应用程序，显示多个窗口。若想使某个窗口成为活动窗口，则要做窗口之间的切换操作，以下是几种切换方法：

- 鼠标指针指向任务栏中的某个程序按钮时，其上方显示多个预览缩略图（如图 2-38 所示），单击其中某个预览缩略图即可切换至相应的窗口。
- 按住 Alt 键，再按下 Tab 键，在屏幕中间显示切换面板，如图 2-32 所示，重复按下 Tab 键，直至找到需要的窗口，释放 Alt 键则显示所选的窗口。

（6）窗口的关闭。关闭窗口的方法很多，下列任意一种方法皆可关闭窗口。

- 单击标题栏右侧的"关闭"按钮 ▭。
- 选择功能区的"文件"→"关闭"命令。
- 按下快捷键 Alt + F4。
- 按下快捷键 Alt+空格，或右击标题栏，或单击窗口控制菜单图标，从弹出的窗口控制菜单中选择"关闭"命令。

- 鼠标指向任务栏上的程序按钮，其上方显示多窗口预览缩略图，鼠标指向其中的一个缩略图→"关闭"命令。
- 鼠标指向任务栏上的某个程序按钮→"关闭窗口"命令。

（7）多窗口的排列。在打开多个窗口之后，为了便于操作和管理，可以将这些窗口进行不同样式的排列。其方法是：右击任务栏的空白区，弹出如图2-68所示的任务栏快捷菜单，选择其中的"层叠窗口""堆叠显示窗口"或"并排显示窗口"，即可将窗口排列成所需的样式。

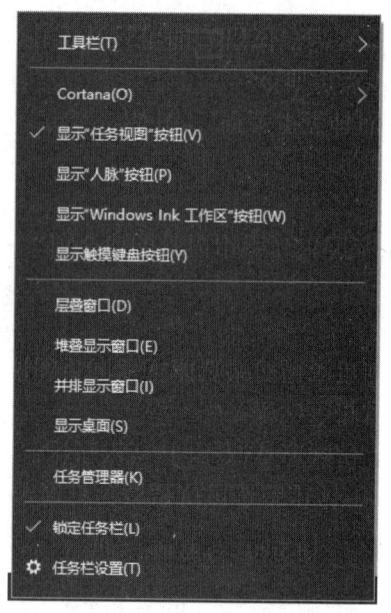

图2-68　任务栏快捷菜单

3. 以"此电脑"窗口为例，介绍窗口功能区的基本操作

如图2-54所示，单击功能选项卡，或者按F10键或Alt键可以激活功能选项卡。

（1）展开、收起和帮助。在功能区的右上角有 ∧ 和 ❷ 两个按钮。其中的小箭头是展开和收起功能区的按钮，箭头向上表示可以收起功能区，箭头向下表示可以展开功能区。蓝色的问号用于打开Windows帮助和关于Windows的说明。

（2）文件。"文件"选项卡中的功能都是针对此窗口进行操作的，如图2-69所示。

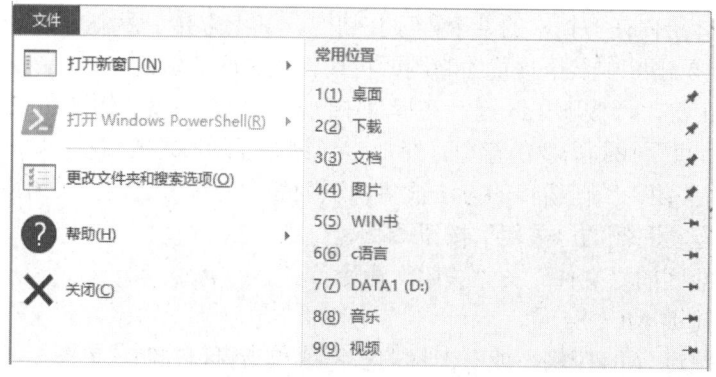

图2-69　"文件"选项卡

- 打开新窗口：如果需要保留当前窗口，并在相同位置上再打开一个窗口，可以选择这个选项。
- 打开 Windows PowerShell：PowerShell 是微软公司开发的一款利用脚本语言进行编程的、提供丰富自动化管理能力的管理工具。
- 文件选项：可以对文件夹和搜索进行进一步的设置，如图 2-70 所示。

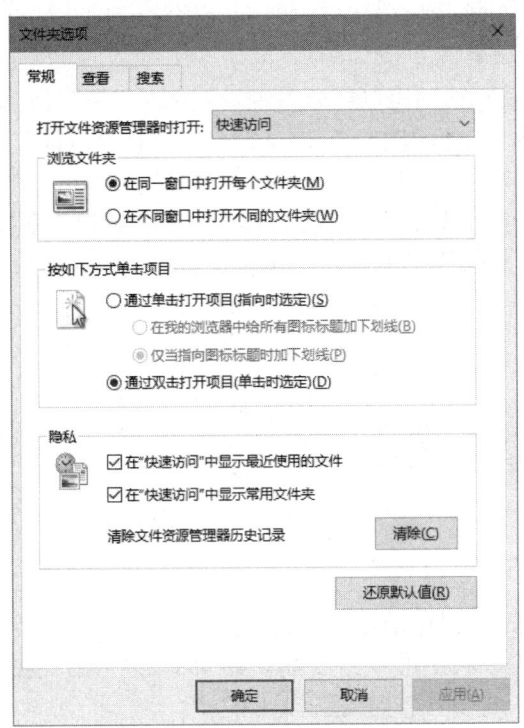

图 2-70　文件夹选项

- 帮助：该选项和功能区右上角的蓝色问号一样，能够打开 Windows 帮助和关于 Windows 的说明。
- 关闭：用于关闭当前窗口。
- 常用位置：这里可以设置需要经常打开的位置，位置选项后面的标志 表示固定选项， 表示该选项是历史记录。单击标志，可以使其在固定选项和历史记录间转换。历史记录可以通过如图 2-70 所示的"清除"按钮来清除。

（3）计算机。"计算机"选项卡中的功能都是针对计算机和设备驱动器的选项，如图 2-71 所示。

图 2-71　"计算机"选项卡

- 位置:"属性"选项用来查看计算机的基本信息;使用"打开"和"重命名"选项都必须选中某个项目,比如选中图 2-54 中"Windows (C:)"后,可以用"打开"和"重命名"选项来操作。
- 网络:设置访问网络资源的工具选项。"访问媒体"用于访问本地局域网中的媒体资源;"映射网络驱动器"选项将经常访问的服务器映射为驱动器,可以使访问更加方便快捷;"添加一个网络位置"选项为某个网站或 FTP 站点添加快捷方式,下次访问就像打开文件夹一样简单。
- 系统:"打开设置"选项可以更改系统设置并对计算机的功能进行自定义。"卸载或更改程序"选项可以将指定的程序从计算机中删除,也可以对某些已安装的程序进行修复或更改。"系统属性"选项可以查看系统基本信息。"管理"选项可以监控系统状况,查看系统日志,管理存储、事件、任务计划和服务等。

(4)查看。"查看"选项卡的选项多是为窗口主体中的文件和文件夹进行排列、组合而特殊设置的,如图 2-72 所示。

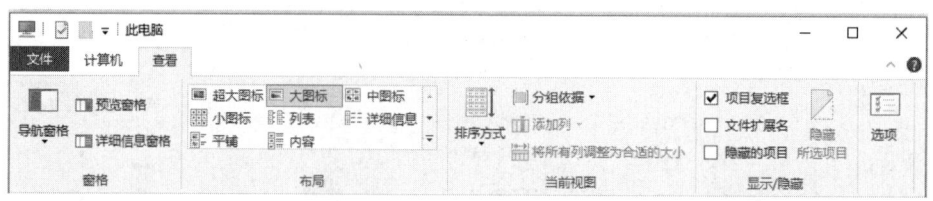

图 2-72 "查看"选项卡

- 窗格:"导航窗格"选项控制导航窗格项目的展开与收起。单击"预览窗格/详细信息窗格"选项后如图 2-73 所示,在窗口主体的右侧留出一块信息区,用来显示文件预览信息或详细信息,但这两种模式只能选其一。

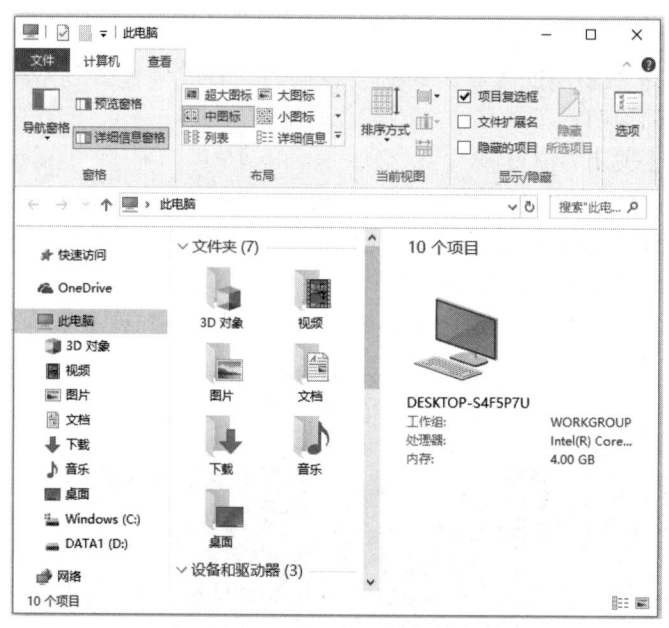

图 2-73 窗口主体上的详细信息窗格

- 布局/当前视图：用来选择窗口主体中项目的显示和排列方式，主要在文件较多时用于改变文件的显示、排列、分组的方式，或是直接在窗口主体上显示文件的详细信息。
- 显示/隐藏：设置文件和文件夹是否隐藏，及文件扩展名是否隐藏。
- 选项：单击后将打开如图 2-70 所示的"文件夹选项"对话框，对文件和文件夹进行进一步的设置。

（5）主页。"主页"选项卡中的功能主要针对的对象是文件和文件夹，如图 2-74 所示。

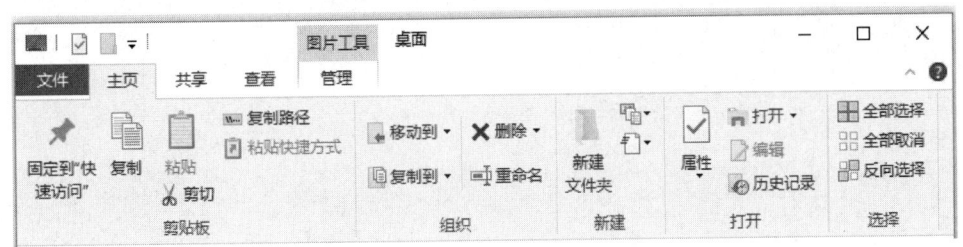

图 2-74　"主页"选项卡

"主页"选项卡中的选项，对操作文件和文件夹有很大的作用，而文件和文件夹是 Windows 系统的主体，此部分应用将在 2.3 节详细介绍。

（6）共享。"共享"选项卡中的选项主要针对文件夹，将文件夹共享到局域网或 Internet 上，如图 2-75 所示。

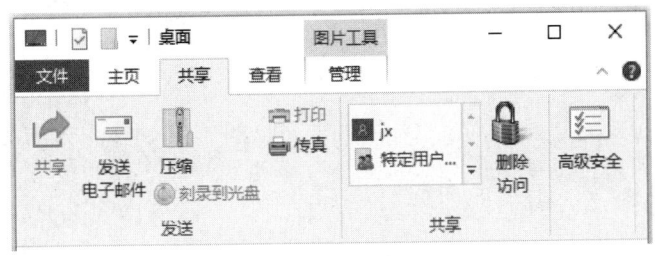

图 2-75　"共享"选项卡

- 发送："共享"选项可将选中的文件发送到共享应用程序上。"发送电子邮件"选项可通过电子邮件发送所选项目。如果发送的是文件，将以附件形式发送；如果发送的是文件夹，则以链接的形式发送。"压缩"选项可将选中项目压缩成压缩包。"刻录到光盘/打印/传真"选项可将选中的项目发送到刻录光盘、打印机、或者传真机，此功能必须配合相关的设备使用。
- 共享："当前登录账户/特定用户"选项可以查看和编辑家庭组并为特定用户设置权限。"删除访问"选项可以关闭文件夹共享的功能。
- 高级安全：这是共享文件的高级设置，如图 2-76 所示。

（7）搜索。"搜索"选项卡中有针对搜索的更多高级功能。单击"搜索"文本框，在功能区中将显示"搜索"功能选项卡，如图 2-77 所示。

- 位置："此电脑"选项表示搜索范围为全部硬盘。"当前文件夹"选项表示搜索范围为当前文件夹。"所有子文件夹"选项表示搜索范围为当前文件夹和文件夹中的所有子文件夹。"在以下位置再次搜索"选项表示在指定位置搜索。

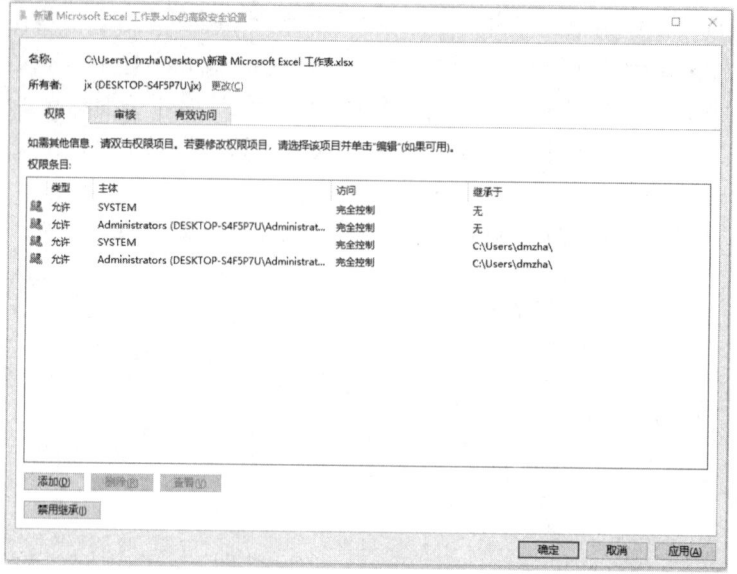

图 2-76　文件夹高级安全选项

图 2-77　"搜索"功能区

- 优化：通过本选项组的选项为搜索添加附加条件，可以设置修改时间、文件类型、文件大小和其他属性，图 2-78 所示为"其他属性"中的选项。
- 选项："最近的搜索内容"选项用来查看最近搜索过的内容。"高级选项"用来进一步设置搜索的选项，如图 2-79 所示。"保存搜索"选项将搜索条件保存为一个"已保存的搜索"选项，添加到"优化"选项组的"类型"中。"打开文件位置"选项用于在搜索结束后打开某个搜索结果。
- 关闭搜索：用于关闭搜索结果窗口和"搜索"选项卡。

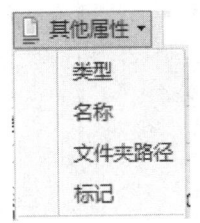　　　　　　　　　　　　　　　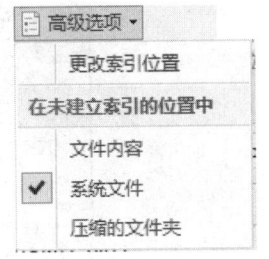

图 2-78　"优化"中的"其他属性"　　　　图 2-79　"搜索"中的"高级选项"

（8）管理。"管理"选项卡针对不同的对象有不同的选项。如图 2-80 所示是针对设备驱动器的"管理"选项卡。

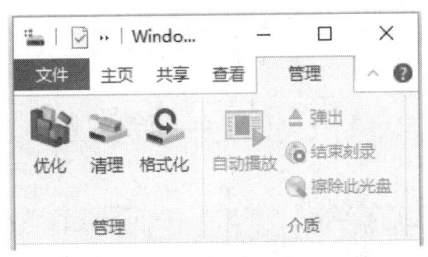

图 2-80　"管理"功能区

- 管理："优化"选项用于优化磁盘可以提高运行效率。"清理"选项用于清理选中磁盘中的一些无用文件，以释放存储空间。"格式化"选项用于格式化选中的磁盘，格式化后该磁盘内的信息将全部丢失。
- 介质：该功能区的选项可实现对光盘驱动器的自动播放和弹出等功能。

2.2.4　菜单的使用

Windows 10 菜单系统以列表的形式给出所有的命令项，用户通过鼠标或键盘选中某个命令项就可以执行对应的命令。

1. 菜单类型

Windows 10 操作系统提供四种菜单类型："开始"菜单、下拉式菜单、弹出式快捷菜单、窗口控制菜单。菜单中包括多个菜单命令。

（1）"开始"菜单：单击"开始"按钮 即可打开"开始"菜单，关于"开始"菜单的组成及功能详见 2.2.2 节，这里不再赘述。

（2）下拉式菜单：在 Windows 10 窗口中，某些选项带有黑三角标志，单击将打开下拉式菜单。菜单项中包含若干条菜单命令，并且这些菜单命令按功能分组，组与组之间用一条浅色横线分隔。图 2-81 所示为"排序方式"选项的下拉菜单。

（3）弹出式快捷菜单：将鼠标指向桌面、窗口的任意位置或某个对象，右击后即可弹出一个快捷菜单。快捷菜单中列出了与当前操作对象密切相关的命令，操作对象不同，快捷菜单的内容也会不同。

（4）窗口控制菜单：位于标题栏的最左侧，不同窗口的控制菜单完全相同，通常双击控制菜单来关闭应用程序窗口。

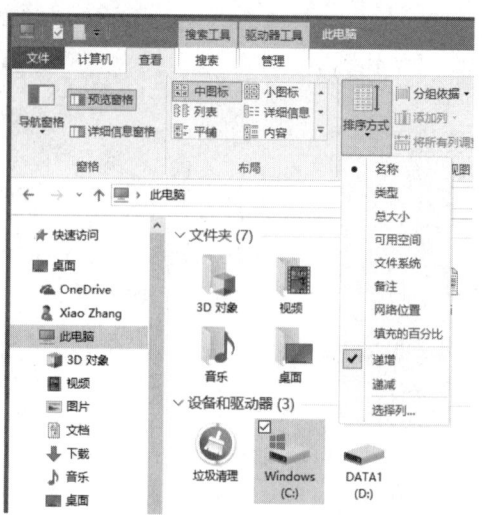

图 2-81 "排序方式"的下拉菜单

2. 菜单命令的选择

打开"开始"菜单的方法是：单击"开始"按钮⊞或按下键盘上的 Windows 徽标键⊞；激活下拉菜单的方法是：用鼠标单击带有黑三角标志▼的选项；右击操作对象即可弹出快捷菜单。

菜单被激活后，移动鼠标指针至某一菜单命令，单击鼠标左键即可执行此命令，也可以利用键盘上的方向键←、→、↑、↓和 Enter 键选择执行。

3. 菜单中的功能约定

在各种菜单列表中，有的菜单命令呈黑色，表示是正常可用的命令；有的呈浅色，表示当前不可用。菜单中还常出现一些特殊的符号，其具体的功能约定见表 2-4。

表 2-4 菜单中常见的功能约定

功能	说明
浅色的命令	不可选用，当前命令项的使用条件不具备
命令后有"…"	弹出对话框，需要用户设置或输入某些信息
命令前有"√"	命令有效，若再次选择该命令，则√标记消失，命令无效
命令前有"●"	被选中的命令
命令后有"〉"	鼠标指向该命令时，会弹出下一级子菜单
热键	按下 Alt 键，当前窗口的每个功能区选项卡旁都会显示一个字母热键，按下某字母键即打开对应的功能选项卡。或者直接按 Alt+热键也可打开该功能选项卡
快捷键	该选项提示信息中的组合键，勿需通过菜单，直接按下快捷键即可执行相应命令

2.2.5 对话框的组成及操作

对话框是 Windows 为用户提供信息或要求用户提供信息而出现的一种交互界面。用户可在对话框中对一些选项进行选择，或对某些参数做出调整。

对话框的组成与窗口相似，但比窗口更简洁、直观，不同的对话框的组成不同。下面以"打印"对话框为例予以说明，各部分标注如图 2-82 所示。

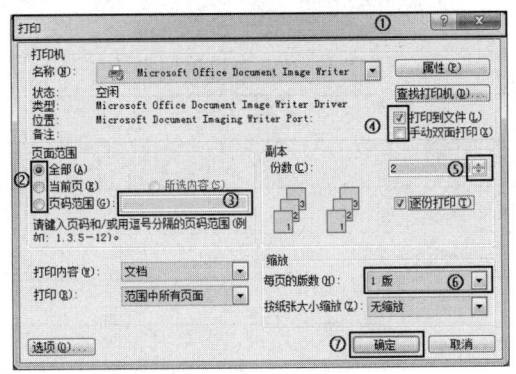

图 2-82 "打印"对话框

①标题栏：每个对话框都有标题栏，位于对话框的最上方，左侧标明对话框的名称，右侧有关闭按钮。

②选项按钮：一个后面附有文字说明的小圆圈，当被单击选中后，在小圆圈内出现蓝色圆点。通常多个选项按钮构成一个选项组，当选中其中一项后，其他选项自动失效。选项按钮又称单选按钮。

③文本框：一种用于输入文本信息的矩形区域。

④复选框：一个后面附有文字说明的小方框，当被单击选中后，在小方框内出现复选标记√。

⑤微调按钮：单击微调按钮的向上或向下箭头可以改变文本框内的数值，也可在文本框中直接输入数值。

⑥下拉列表框：单击下拉列表框中的下拉按钮而弹出的一种列出多个选项的小窗口，用户可以从中选择一项。

⑦命令按钮：带有文字的矩形按钮，直接单击可快速执行相应的命令，常见的有"确定"和"取消"按钮。

一些对话框内选项较多，这时会以多个选项卡来分类显示，每个选项卡内都包含一组选项。

2.3 Windows 10 的资源管理

计算机系统的各种软件资源，如文字、图片、音乐、视频及各种程序，都以文件的形式存储在磁盘中，为了更好地管理和使用软件资源，需要掌握文件及文件夹的基本操作。

2.3.1 磁盘、文件、文件夹

1．文件

文件是一组相关数据的集合，通常由用户赋予一定的名称并存储在外存储器上。它可以是一个应用程序，也可以是用户创建的文本文档、图片、声音视频等。通常把文件按用途、使用方法等划分成不同的类型，并用不同的图标或文件扩展名表示。根据文件图标或扩展名就可以知道文件的类型和打开方式。

对文件的操作是通过文件名来实现的，文件名通常由主文件名和扩展名两部分组成，中间用"."分隔开。一般情况下，主文件名用来标识文件，扩展名用来表示文件的类型，扩展名可以选择显示或不显示。一些常见的文件类型见表2-5。

表 2-5 文件类型对照表

类型	含义
docx	Word 文档
xlsx	Excel 文档
pptx	PowerPoint 文档
bmp、jpg、jpeg	图像文件
mp3、wav	声音文件
wmv、avi	媒体文件、多媒体应用程序
exe	可执行文件或应用程序
rar、zip	压缩文件
txt	文本文件

保存在磁盘中的文件不仅有文件名、扩展名，还有文件图标及描述信息，如图2-83所示。

图 2-83 文件信息

2. 磁盘、文件夹与路径

（1）磁盘。磁盘通常是指计算机硬盘上划分的分区，用盘符来表示，如 C:简称为 C 盘。盘符通常由磁盘图标、磁盘名称和磁盘使用信息组成。双击桌面上的"此电脑"图标，打开"此电脑"窗口（如图2-84所示），在文件列表栏中可见各个磁盘的使用信息。

（2）文件夹。当磁盘上的文件较多时，通常用文件夹对这些文件进行管理，把文件按用途或类型分别放到不同的文件夹中，以便将来使用。文件夹可以根据需要在磁盘或文件夹中任意创建，数量不限。文件夹中可以包含下一级文件夹，通常称为子文件夹。文件夹的命名规则与文件的命名规则相同，但文件夹通常不带扩展名。在同一文件夹下不能有同名的子文件夹，不能有同名的文件。

Windows 10 中常见的文件夹图标如图2-84所示。

（3）路径。文件总是存放在某个磁盘的某个文件夹之中，通常用文件路径来表示文件的存储位置。文件路径的表示形式有两种，传统的表现形式是使用反斜杠来分隔路径中的磁盘或文件夹，例如"C:\Users\Public\Documents\教案.docx"表示文件"教案.docx"保存在 C 盘的 Users 文件夹下的子文件夹 Public 下的 Documents 中。在 Windows 10 中有时还使用下面的形式表示文件的路径：此电脑>本地磁盘（C:）>用户>公用，反斜杠"\"或级联符号">"称为分隔符。反斜杠主要用于路径的输入，而级联符号"＞"主要用于路径的显示。

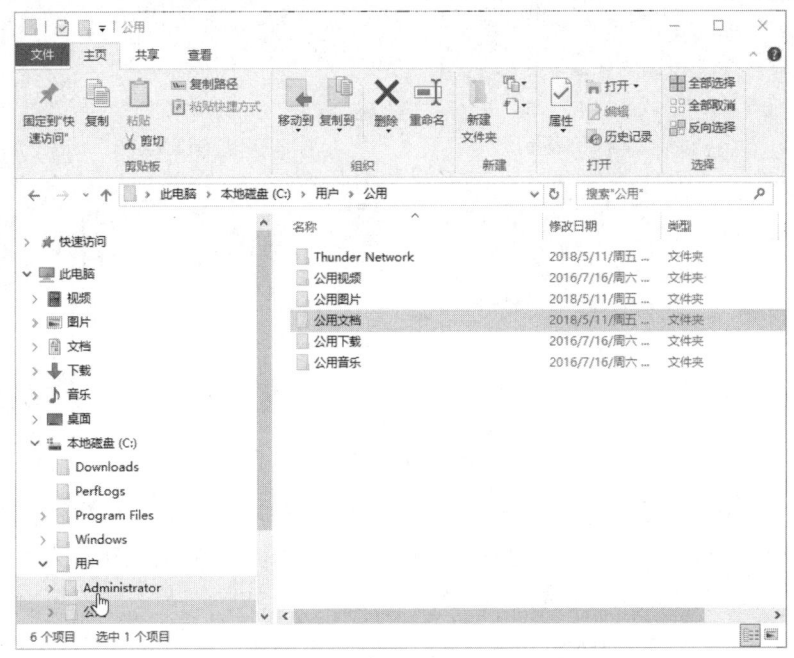

图 2-84　文件夹窗口示例

3. 库

Windows 的"库"其实是一个特殊的文件夹，不过系统并不是将所有的的文件保存到"库"这个文件夹中，而是将分布在硬盘上不同位置的同类型文件进行索引，将文件信息保存到"库"中，简单来说，库里面保存的只是一些文件夹或文件的快捷方式，这并没有改变文件的原始路径，这样可以在不改动文件存放位置的情况下集中管理文件，提高了用户工作的效率。

Windows 的"库"通常包括音乐、视频、图片、文档等等。

2.3.2　查看文件与文件夹

文件与文件夹的管理是计算机资源管理的重要组成部分，每一个文件和文件夹在计算机中都有存储位置，Windows 10 为用户提供了文件管理的窗口——Windows 资源管理器。

1. 文件与文件夹的查看

在 Windows 10 中，Windows 资源管理器以"此电脑"窗口、或普通文件夹窗口的形式呈现，通过窗口中的导航窗格、地址栏、文件列表栏可以查看指定位置的文件和文件夹信息。

"Windows 资源管理器"按钮 常常出现在任务栏的程序按钮区，通过此按钮可快速打开文件夹窗口。

（1）在文件列表栏中查看。在资源管理器窗口的文件列表栏中，可以查看当前计算机的磁盘信息，显示当前文件夹下的文件和子文件夹信息，如图 2-85 所示。

双击文件列表栏中某个文件夹图标，可打开此文件夹，文件夹内容在文件列表栏中出现。

（2）在导航窗格中查看。在每个 Windows 窗口中，导航窗格都提供了"快速访问""此电脑""库"和"网络"的树形目录结构，分层次地显示出计算机内所有的磁盘和文件夹。

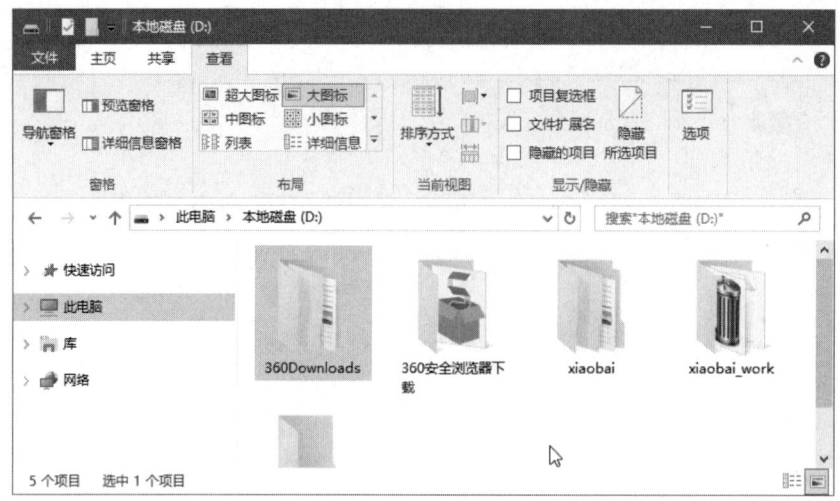

图 2-85 资源管理器窗口

在导航窗格的树形目录结构中，双击某个文件夹图标，可以将该文件夹展开/折叠，使其下一级子文件夹在导航窗格中出现/隐藏，同时此文件夹图标左侧的按钮变为">"或"∨"；单击">"或"∨"按钮，也可以展开/折叠文件夹。

（3）通过地址栏查看。Windows 10 窗口的地址栏，以一系列箭头>分隔文本的形式表示出当前窗口的层次位置。如图 2-85 所示的地址栏表明当前窗口为"此电脑中的 D 盘"。

地址栏中的">"或"∨"和文本都以"链接按钮"的形式呈现，单击某个链接就可以轻松地跳转、快速地切换位置；也可以单击地址栏左侧"←"或"→"按钮切换位置。

2. 文件与文件夹的显示方式

为了便于操作，可以改变窗口中文件列表栏的显示方式（也称视图）。Windows 10 资源管理器窗口中的文件列表有"超大图标""大图标""中等图标""小图标""列表""详细信息""平铺"和"内容" 8 种显示方式。单击"查看"选项卡中的"中图标"，则所有文件和文件夹均以中图标显示，如图 2-86 所示，也可以利用快捷菜单改变显示方式。

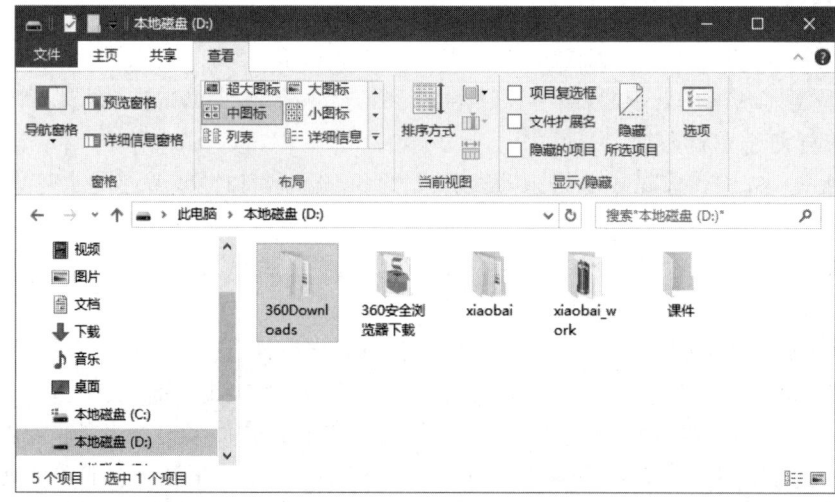

图 2-86 查看选项卡

3. 文件与文件夹的排序方式

为了便于浏览，可以按名称、修改日期、类型或大小方式来调整文件列表的排列顺序，还可以选择递增、递减或更多的方式进行排序。选择文件列表的排序方式可以单击"查看"选项卡的"排序方式"，选择按照名称递增排序，如图 2-87 所示。也可以使用快捷菜单法。

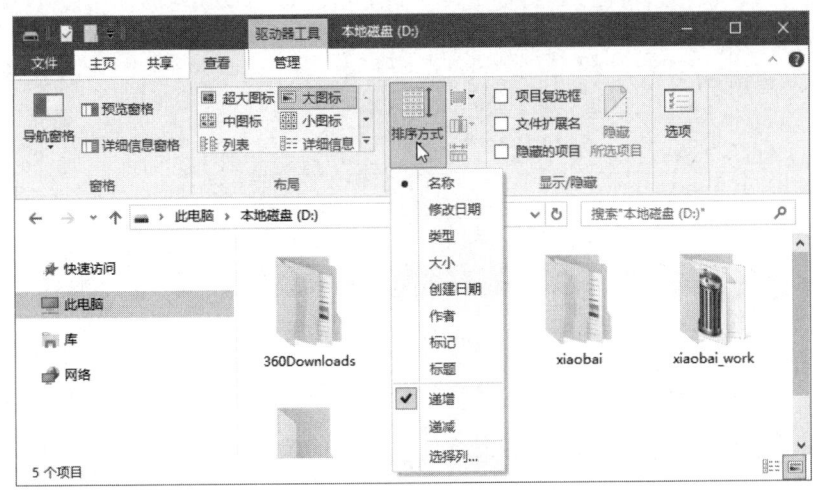

图 2-87　文件夹排序

2.3.3　文件与文件夹的管理

Windows 可以根据用户的需求，对系统中的文件和文件夹进行移动、复制、创建、删除、更名、更改属性等操作。

1. 文件与文件夹的选定

在 Windows 中，一般先选定要操作的对象，然后对其进行操作。被选定的文件及文件夹，其图标名称呈反向显示状态，选定操作可以在导航窗格或文件列表栏中进行。

（1）在导航窗格中只能选定单个文件夹，单击待选定的文件夹图标即可，同时在文件列表栏中显示出该文件夹下的文件及子文件夹。

（2）在文件列表栏中选定文件或文件夹几种常用的方法如下：

1）单个文件或文件夹的选定：用鼠标单击文件或文件夹即可选中该对象。

2）多个相邻文件或文件夹的选定：

- 按下 Shift 键并保持，再用鼠标单击首尾两个文件或文件夹。
- 单击要选定的第一个对象旁边的空白处，按住左键不放，拖动至最后一个对象。

3）多个不相邻文件或文件夹的选定：

- 按下 Ctrl 键并保持，再用鼠标逐个单击各个文件或文件夹。
- 首先选择"查看"选项卡，如图 2-88 所示。选中"项目复选框"，用鼠标移动到需要选择的文件，单击文件左上角的复选框就可选中。

4）反向选定：若只有少数文件或文件夹不想选择，可以先选定这几个文件或文件夹，然后单击选择"主页"选项卡中的"反向选择"命令，如图 2-89 所示，这样可以反转当前选择。

5）全部选定：单击如图 2-89 所示"主页"选项卡中的"全部选择"命令或按 Ctrl+A 键。

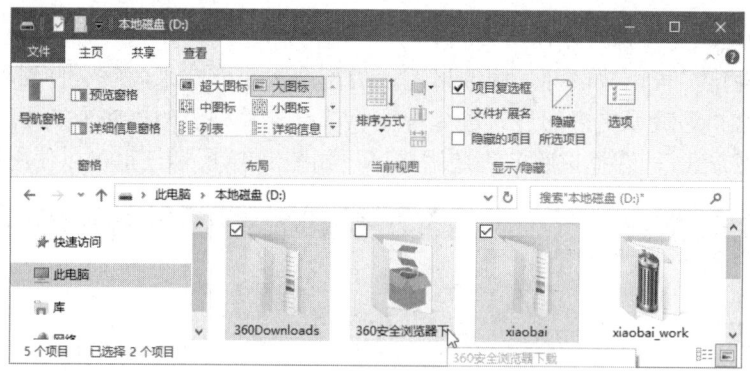

图 2-88　使用项目复选框

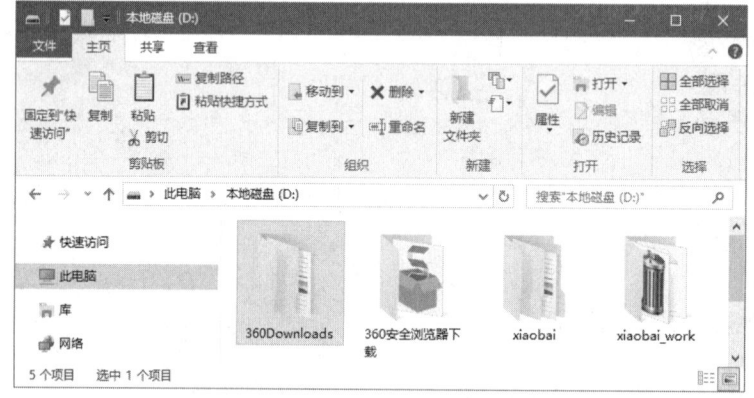

图 2-89　"主页"选项卡

2．文件、文件夹、库的创建

（1）创建新的文件、文件夹、库。在 Windows 10 资源管理器中，打开要创建文件或文件夹的位置，然后采用如下方法即可新建一个新的文件或文件夹；在"库"窗口下可以创建新库。

1）创建文件。

- 选择"主页"选项卡，单击"新建项目"→选择所需的文件类型，如图 2-90 所示。

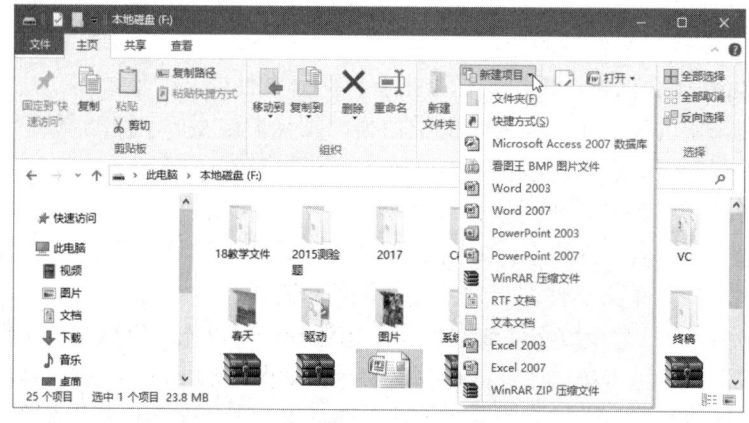

图 2-90　创建文件、文件夹

- 右击文件列表栏的空白处，在弹出的快捷菜单中选择"新建"→选择所需的文件类型，如图2-91所示。

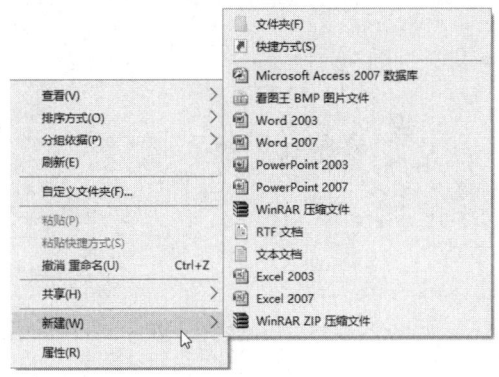

图2-91　快捷菜单创建文件、文件夹

2）创建文件夹。
- 选择"主页"选项卡，单击"新建文件夹"，如图2-90所示。
- 右击文件列表栏的空白处→"新建"→"文件夹"命令，如图2-91所示。

3）创建库。
- 在导航窗格单击"库"，选择"主页"选项卡，单击"新建项目"，选择"库"，如图2-92所示。

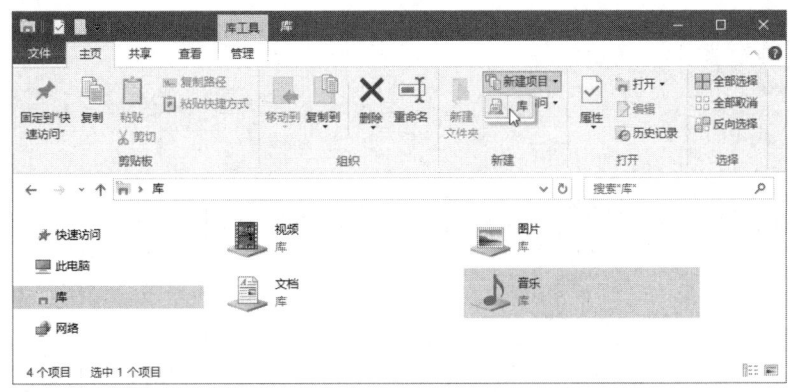

图2-92　使用选项卡创建库

- 在导航窗格单击"库"，右击文件列表栏的空白处，在弹出快捷菜单中选择"新建"→"库"命令，如图2-93所示。

（2）库内文件夹位置的添加、删除。库可以收集不同位置的文件并将其显示为一个集合，而无需从其存储位置移动这些文件。

新创建的库是空库，在使用库管理文件夹之前，需要将文件夹的位置添加到相应库中。添加的方法有多种，可以在文件夹所在的位置向库中添加，也可以从库窗口中添加。

在文件夹所在的窗口中，向库中添加的方法如下：

右击文件夹→"包含到库中"命令，如图2-94所示，在其下一级菜单中选择"视频""图片""文档"或"音乐"等类，即可将该文件夹位置添加到相应类的库中。

图 2-93　快捷菜单创建库

从库内将已添加的文件夹位置移除，可用以下方法：
- 在图 2-95 所示"图片 属性"对话框中，选中"库位置"列表中要移除的文件夹，单击"删除"按钮。
- 在"库"窗口的导航窗格中，右击要移除的文件夹，在弹出的快捷菜单中选择删除命令。

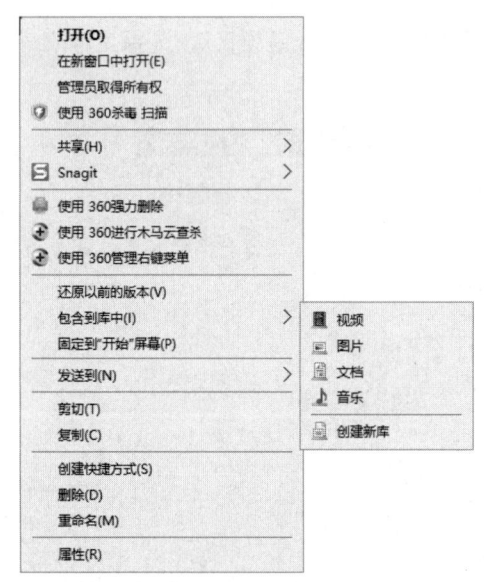

图 2-94　将文件夹包含到库中

图 2-95　图片 属性

3. 文件与文件夹的重命名

在 Windows 10 中，更改文件、文件夹的名称是很方便的，操作步骤如下：

（1）选定要重命名的文件或文件夹。

（2）执行"重命名"操作。具体有以下几种方法：
- 右击重命名文件，在弹出的快捷菜单中选择"重命名"命令，如图 2-96 所示。
- 在图 2-89 中选择"主页"选项卡，单击重命名。

执行"重命名"命令之后，选定的对象名称变为编辑状态。

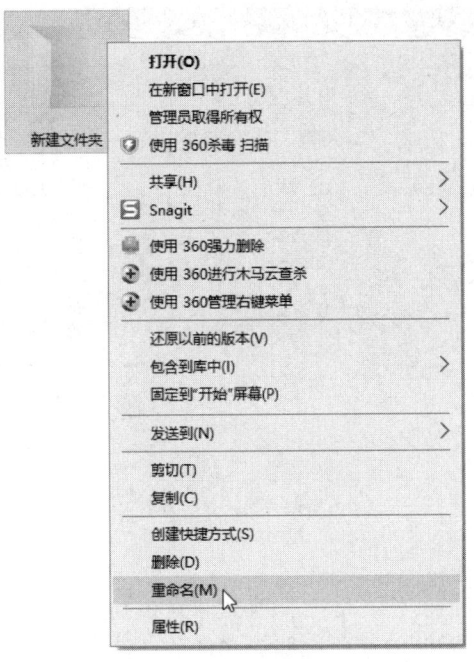

图 2-96　文件夹快捷菜单

（3）输入新的文件名、文件夹名，按 Enter 键或鼠标单击其他位置，完成重命名。

注意：文件的扩展名具有一定的意义，所以重命名文件时一定要谨慎！

4. 文件与文件夹的复制

文件或文件夹的复制，是指将选定的文件或文件夹及其包含的文件和子文件夹产生副本，放到新的位置上，原来位置的文件或文件夹仍然保留。可以使用菜单或鼠标进行文件和文件夹的复制，复制操作的方法如下：

（1）使用快捷菜单。

1）选定要复制的文件或文件夹。

2）右击选定的文件或文件夹，在弹出的快捷菜单中选择"复制"命令，如图 2-96 所示。

3）选择目标文件夹，在文件列表区空白处右击，在弹出的快捷菜单中选择"粘贴"命令，完成复制操作。

（2）使用主页选项卡。

1）选定要复制的文件或文件夹。

2）单击"主页"选项卡"复制"命令，如图 2-97 所示。

3）选择目标文件夹，单击"主页"选项卡"粘贴"命令，完成复制操作。

或者使用如图 2-97 所示单击"复制到"命令也可以实现复制。

（3）使用鼠标拖动。

1）选定文件和文件夹，按下 Ctrl 键并保持，再用鼠标拖动到目标文件夹，完成文件和文件夹的复制。

2）选定文件和文件夹，在不同磁盘之间用鼠标拖动该对象到目标文件夹，同样可实现文件和文件夹的复制。

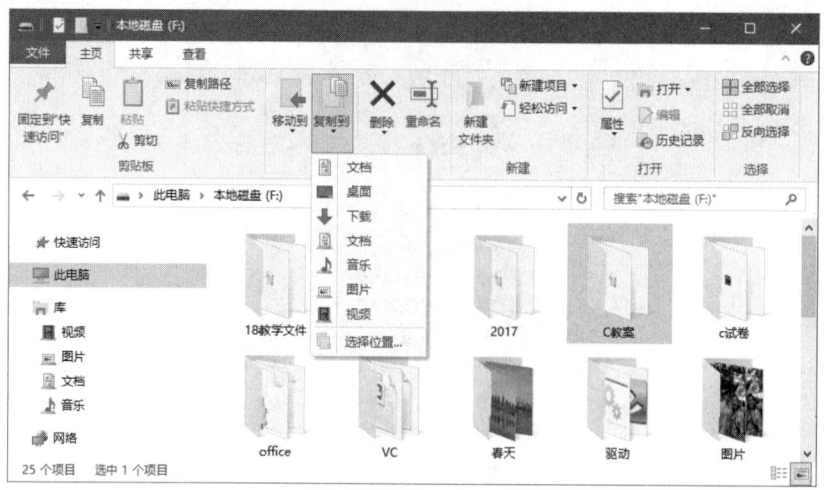

图 2-97 "主页"选项卡

5. 文件和文件夹的移动

移动文件或文件夹是将当前位置的文件或文件夹移到其他位置,移动后原来位置的文件或文件夹自动删除。可以使用菜单或鼠标移动文件和文件夹。

（1）使用快捷菜单。

1）选定要移动的文件或文件夹。

2）右击选定的文件或文件夹,在弹出的快捷菜单中选择"剪切"命令,如图 2-96 所示。

3）选择目标文件夹,在文件列表区中空白处右击,在弹出的快捷菜单中选择"粘贴"命令,完成移动操作。

（2）使用主页选项卡。

1）选定要移动的文件或文件夹。

2）单击"主页"选项卡"剪切"命令,如图 2-97 所示。

3）选择目标文件夹,单击"主页"选项卡"粘贴"命令,完成移动操作。

或者在图 2-97 所示单击"移动到"命令也可以实现移动。

（3）使用鼠标拖动。

1）选定文件和文件夹,按下 Shift 键并保持,再用鼠标拖动该对象到目标文件夹,实现移动操作。

2）选定文件和文件夹,在同一磁盘的不同文件夹之间用鼠标拖动该对象到目标文件夹,完成移动操作。

6. 文件和文件夹的删除

删除文件或文件夹是将计算机中不再需要的文件和文件夹删除。删除后的文件和文件夹被放入"回收站"中,以后可将其还原到原来位置,也可以彻底删除。删除文件和文件夹的具体操作如下:

（1）使用快捷菜单。

1）在"资源管理器"中选定要删除的文件和文件夹。

2）右击选定的文件和文件夹,在弹出的快捷菜单中选择"删除"命令。

3）弹出文件和文件夹删除对话框,如图 2-98 所示。

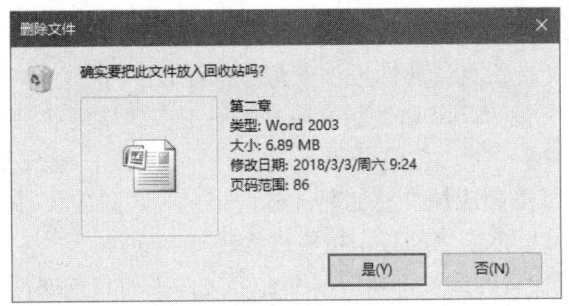

图 2-98　文件或文件夹删除

4）单击"是"按钮,将被删除文件和文件夹放入"回收站"中;单击"否"按钮,取消删除操作。

（2）使用主页选项卡中"删除"命令,如图 2-97 所示。

（3）使用鼠标拖动到"回收站"中。

删除文件或文件夹时有一些例外,文件或文件夹直接删除,操作时需要特别注意：

- 从网络位置、可移动媒体（U 盘、可移动硬盘等）删除文件和文件夹或者被删除文件和文件夹的大小超过"回收站"空间的大小时,被删除对象将不被放入"回收站"中,而是直接被永久删除,不能还原。
- 如果在删除文件和文件夹同时按下 Shift 键,系统将弹出永久删除对话框,如单击"是"按钮,将永久删除该文件和文件夹。
- 单击图 2-97 中"删除"下拉箭头,在弹出菜单中选择"永久删除",将永久删除该文件和文件夹,如图 2-99 所示。

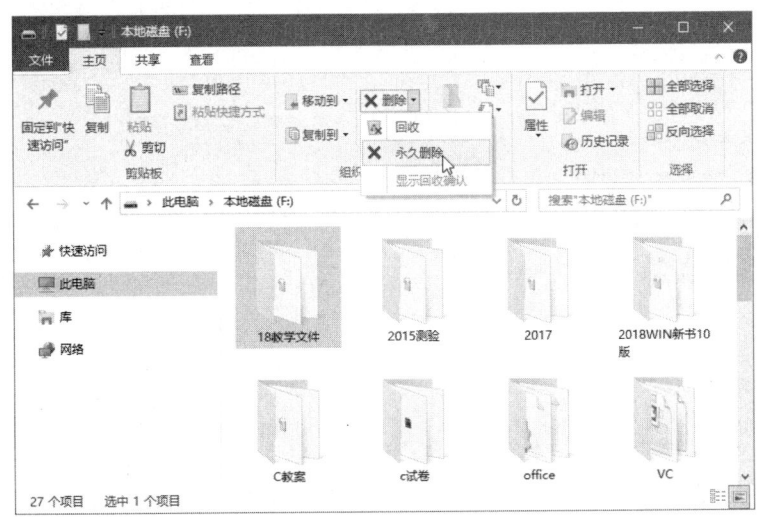

图 2-99　文件或文件夹删除

7. 文件和文件夹的属性设置

要设置文件或文件夹的属性,需右击该文件或文件夹,在弹出的快捷菜单中选择"属性"命令,打开文件或文件夹属性对话框。如图 2-100 所示是文件属性对话框,在这里可以看到文件的名称、存储位置、大小及创建时间等一些基本信息。另外还可以设置只读和隐藏两种属性。

(1) 设置文件或文件夹的属性。

只读：文件或文件夹设置只读属性后，只允许查看文件内容，不允许对文件进行修改。

隐藏：文件或文件夹设置隐藏属性后，通常状态下在"资源管理器"窗口中不显示该文件或文件夹，只有在选中了"查看"选项卡"隐藏的项目"后，隐藏文件才显示出来。

设置属性时只需要单击相应属性前的复选框，再单击"确定"按钮即可。如果需要设置压缩、加密等其他属性，可单击"高级"按钮进行进一步操作。

(2) 取消文件或文件夹的属性。要取消文件或文件夹的只读属性，只需将文件或文件夹属性对话框中只读属性前面复选框的☑取消，然后单击"确定"按钮。

(3) 设置文件夹的共享属性。有时候需要共享文件夹。文件夹设置共享后，其中所有文件和文件夹均可以共享。共享的文件夹可以使用 Windows 10 提供的"网络"进行访问。设置方法如下：

1) 右击文件夹，在弹出快捷菜单中选择"共享"命令；或者选择"属性"命令，在属性对话框中选择"共享"选项卡，均可以打开图 2-101 所示对话框，进行属性设置。

2) 选中文件夹，单击"主页"选项卡中的属性命令，也可以进行属性设置。

图 2-100　文件属性对话框示例

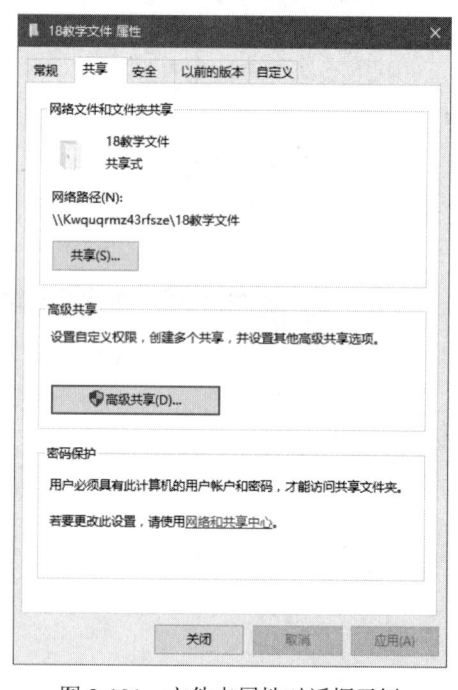

图 2-101　文件夹属性对话框示例

2.3.4　回收站操作

1. 回收站设置

回收站是 Windows 系统用来存储删除文件的场所。用户可以根据需要设置回收站所占用磁盘空间的大小和属性。

在桌面上右击回收站图标，在弹出的快捷菜单中选择"属性"命令，打开回收站属性对话框，如图 2-102 所示。

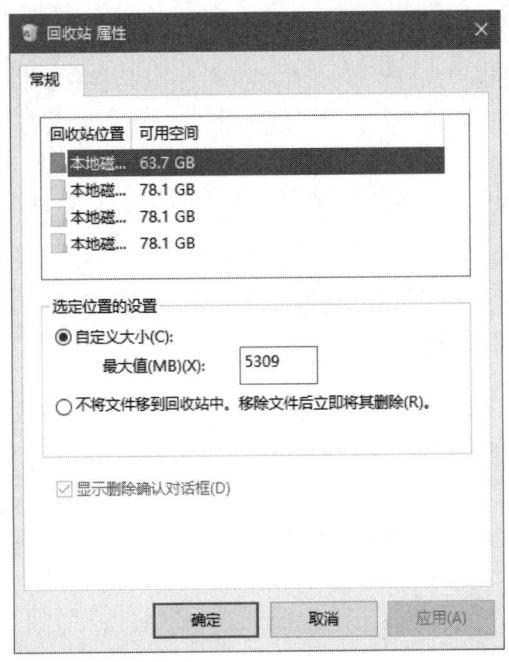

图 2-102　回收站属性

在回收站属性对话框中，可以设置回收站空间的大小，也可以设置"不将文件移到回收站中。移除文件后立即将其删除"，这样可以将文件直接删除。另外，也可以设置在删除文件过程中，删除确认对话框是否显示。

2. 还原被删除的文件和文件夹

对文件或文件夹进行了删除操作后，并没有真正删除，只是被转移到回收站中，用户可以根据需要在回收站中进行相应操作，图 2-103 是回收站窗口。

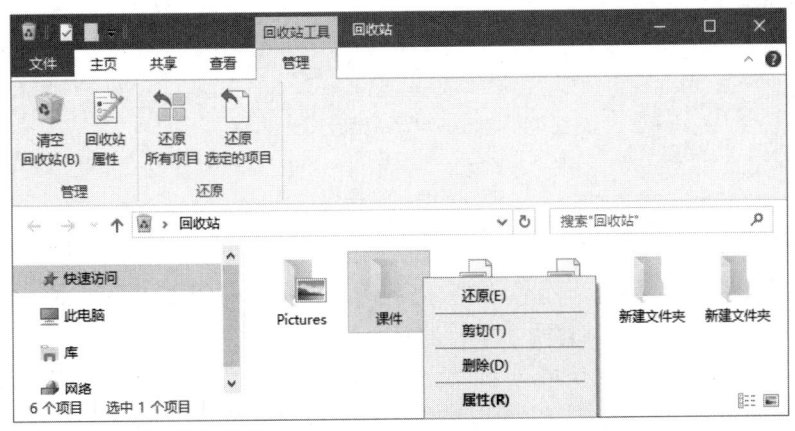

图 2-103　回收站窗口

若要还原所有文件和文件夹，在"回收站"窗口中单击工具栏上的"还原所有项目"按钮。若要还原某一文件或文件夹，先单击选定该文件或文件夹，然后单击"还原选定的项目"，文件和文件夹将被还原到计算机中的原始位置。也可以使用快捷菜单中的"还原"命令将文件还原。

第 2 章　Windows 10 操作系统

3. 文件和文件夹的彻底删除

执行文件和文件夹的删除操作后，文件和文件夹只是被移到回收站中，并没有真正从硬盘中删除。要彻底删除文件和文件夹，还需要在回收站中删除文件和文件夹。

若要删除回收站中所有文件，则在图 2-103 中单击"清空回收站"；若要删除某个文件或文件夹，右击想要删除的文件或文件夹，在弹出的快捷菜单中选择"删除"命令，文件即被删除。

回收站中的内容一旦被删除将不能被恢复。

2.3.5　文件和文件夹的搜索

计算机中文件种类繁多，数量巨大，如果用户不知道文件或文件夹保存的位置，可以使用 Windows 的搜索功能查找文件或文件夹。Windows 在"开始"菜单和"此电脑"窗口中都提供了搜索功能。

（1）即时搜索。Windows 10 提供了即时搜索功能，一旦键入立即开始搜索，例如在搜索框中输入"教学"，立即开始搜索名称含有"教学"的文件及文件夹，如图 2-104 所示。这种搜索方法简单，前提必须知道文件所在位置，只在当前磁盘及文件夹中搜索。图 2-104 是在 F 盘中搜索结果。

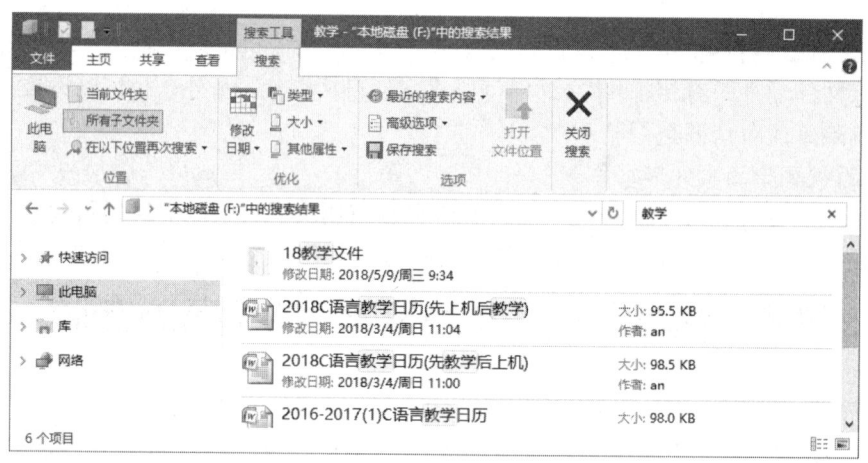

图 2-104　文件搜索

搜索时如果不知道准确文件名，可以使用通配符。通配符包括星号"*"和问号"？"两种。问号"？"代替一个字符，星号"*"代替任意个字符，例如"*.docx"表示所有 Word 文档，"??.docx"表示文件名只有两个字符的 Word 文档。

（2）更改搜索位置。在默认情况下，搜索位置是当前文件夹及子文件夹。如果需要修改，可以在图 2-104 的"搜索"选项卡位置区域中进行更改。

（3）设置搜索类型。如果想要加快搜索速度，可以在图 2-104 的"搜索"选项卡优化区域中设置更具体的搜索信息，如修改时间、类型、大小、其他属性等等。

（4）设置索引选项。Windows 10 中，使用"索引"可以快速找到特定的文件及文件夹。默认情况下，大多数常见类型都会被索引，索引位置包括库中的所有文件夹、电子邮件、脱机文件，程序文件和系统文件默认不索引。

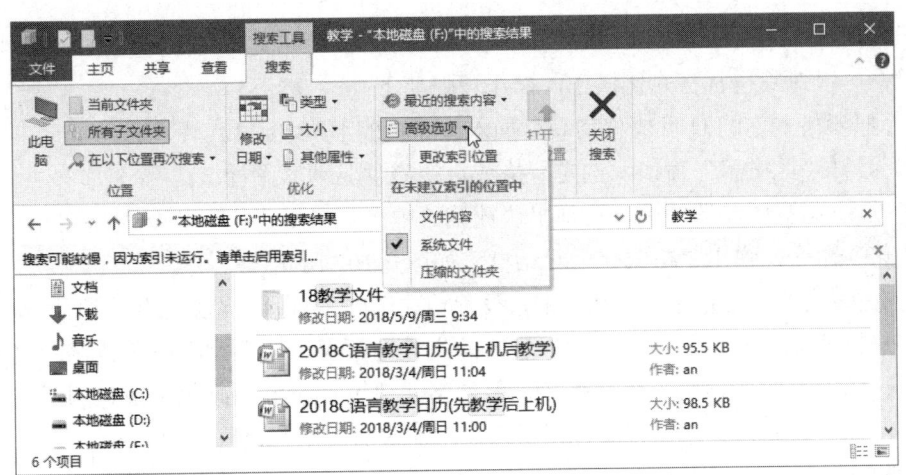

图 2-105　索引选项设置

单击图 2-105 中的"高级选项",在弹出菜单中选择"更改索引位置"命令,对索引位置进行添加修改。添加索引位置完成后,计算机会自动为新添加索引位置编制索引。这样以后搜索时,则会连同新添加位置一起搜索,为以后搜索带来方便。

(5) 保存搜索结果。可以保存搜索结果,方便日后快速查找。单击图 2-104 中的"保存搜索"命令,选择保存位置,输入保存的文件名,即可以对搜索结果进行保存。日后使用时不需要进行搜索,只需要打开保存的搜索即可。

2.3.6　磁盘管理与维护

Windows 10 具有强大的磁盘管理功能,包括磁盘的格式化、磁盘的清理、磁盘碎片整理等,如图 2-106 所示。

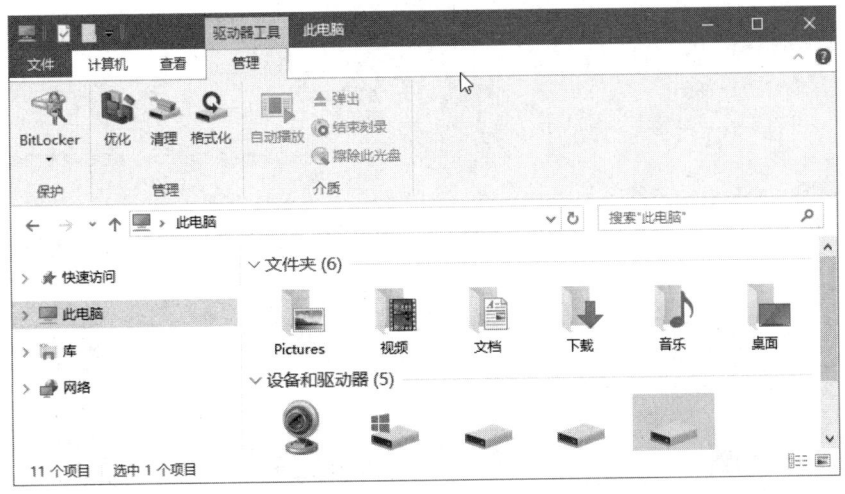

图 2-106　磁盘工具

1. 格式化磁盘

对磁盘格式化操作时,系统会删除磁盘上的所有数据,并检查磁盘上是否有坏的扇区,将坏扇区标出,以便于以后存储数据时绕过这些坏扇区。

在日常工作中，为了删除 U 盘或移动硬盘上的所有文件夹及文件，或者彻底清除其感染的病毒时，可以对其进行格式化操作，操作步骤如下：

（1）把要格式化的 U 盘或移动硬盘插入计算机的 USB 接口。

（2）打开"此电脑"窗口，选定待格式化的磁盘驱动器图标。

（3）右击磁盘驱动器图标，在弹出快捷菜单中选择"格式化"命令或者单击图 2-106 中的"格式化"命令，弹出"格式化"对话框，如图 2-107 所示。

（4）在弹出的"格式化"对话框中，设置相关选项后，单击"开始"按钮，开始格式化。

"快速格式化"方式是在磁盘上创建新的文件分配表，但不完全覆盖或擦除磁盘数据。快速格式化的速度比普通格式化快得多，普通格式化要完全擦除磁盘上现存的所有数据，所以速度会慢一些。如果磁盘中可能含有病毒，切记请勿使用快速格式化。

2. 磁盘清理

在使用 Windows 10 的过程中，如果使用时间过长就会产生大量的垃圾文件，如已下载的程序文件、Internet 临时文件、回收站里的文件及其他临时文件等，这些垃圾文件不仅占用磁盘空间，还影响系统的运行速度。用户可以通过系统提供的"磁盘清理"功能删除它们。单击图 2-106 中的"清理"命令进行磁盘清理，如图 2-108 所示。

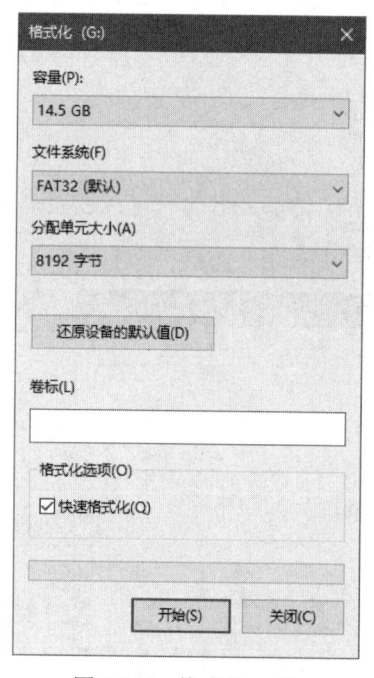

图 2-107　格式化 U 盘

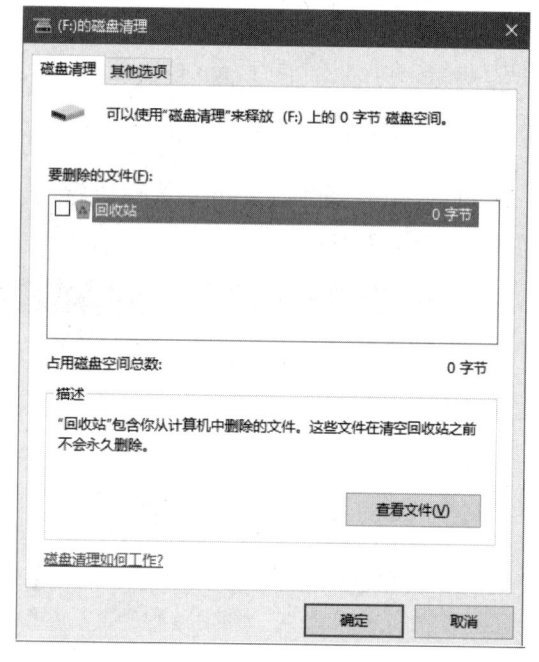

图 2-108　磁盘清理

3. 磁盘碎片整理

计算机系统在长时间使用后，由于反复删除、安装一些应用程序和文件，在磁盘中就会产生许多不连续的"碎片"，使启动或打开文件变得越来越慢。这时可以利用系统提供的"磁盘碎片整理"功能，改善系统的性能。

单击图 2-106 中的"优化"命令进行磁盘碎片整理，如图 2-109 所示。

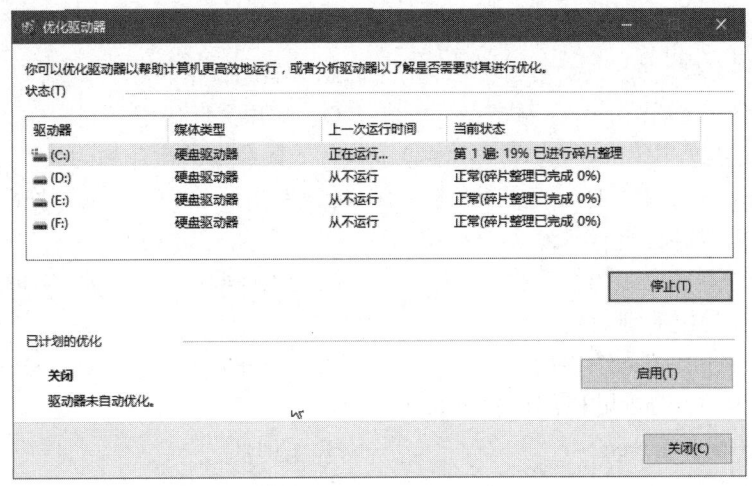

图 2-109　优化驱动器

2.4　本章小结

本章全面地介绍了 Windows 10 的基本操作和基本概念，使读者在了解计算机的基础上熟悉操作系统的相关内容。同时对计算机的使用和 Windows 10 的窗口操作、菜单的使用、对话框的操作进行了详细描述。在 Windows 10 资源管理方面，书中着重介绍了磁盘文件及文件夹、文件与文件夹的管理、回收站操作、文件与文件夹的搜索，也对不同操作进行了详细的演示。读者能够充分了解并掌握系统中不同功能的基本操作，根据书中的介绍自学计算机的保存、编辑操作，为后面的文本编辑、电子表格、演示文稿的基础操作学习做出铺垫。

2.5　思考练习

一、单项选择题

1．计算机操作系统属于（　　）。
　　A．应用软件　　　B．系统软件　　　C．工具软件　　　D．文字处理软件
2．操作系统负责管理计算机的（　　）。
　　A．程序　　　　　B．作业　　　　　C．资源　　　　　D．进程
3．在计算机系统中配置操作系统的主要目的是（　　）。
　　A．增强计算机系统的功能
　　B．提高系统资源的利用率
　　C．提高系统的运行速度
　　D．合理组织系统的工作流程，以提高系统的吞吐量
4．操作系统对处理机的管理实际上是对（　　）。
　　A．存储器管理　　　　　　　　　　B．虚拟存储器管理
　　C．运算器管理　　　　　　　　　　D．进程管理

5．文件系统采用多级目录结构可以（　　）。
　　A．节省存储空间　　　　　　　　B．解决命名冲突
　　C．减小系统开销　　　　　　　　D．缩短文件传送时间
6．对鼠标的操作中，用于选择一个对象或执行一条命令的操作称为（　　）。
　　A．单击　　　　B．双击　　　　C．右击　　　　D．拖动
7．关闭当前窗口的快捷键为（　　）。
　　A．Ctrl+Shift+Esc　B．Esc　　　C．Alt+F4　　　D．Alt+Tab
8．切换窗口的快捷键为（　　）。
　　A．Ctrl+Shift+Esc　B．Esc　　　C．Alt+F4　　　D．Alt+Tab
9．复制选中项目到剪贴板的快捷键为（　　）。
　　A．Alt+Print Screen　　　　　　B．Ctrl+C
　　C．Ctrl+X　　　　　　　　　　　D．Ctrl+V
10．搜索栏是（　　）中的一个文本输入框。
　　A．菜单栏　　　B．状态栏　　　C．回收站　　　D．任务栏

二、简答题

1．请简述操作系统的概念。
2．请简述鼠标的基本操作方法和功能。
3．请说出至少4个快捷键的名称及功能。
4．请简述建立虚拟桌面的方法。

第二篇 文本编辑

第3章 公文制作

- 熟练掌握文档的基本编辑和格式设置。
- 掌握文档的页面设置。
- 掌握特殊形状及页码的插入。
- 掌握公文版头、主体、版记的制作方法。

3.1 实例简介

李明是××市教育局新上任的秘书,根据2021年年度工作计划,领导让李明联合××市工业大学起草一份《关于开展2021年校园环境志愿者工作的倡议》的公文。初来乍到的李明该如何制作公文呢?先了解一下公文的一般格式及相关规定,然后再看李明该如何完成这份联合公文的制作。

公文,是公务文书的简称。公务文书是法定机关与组织在公务活动中,按照特定的体式,经过一定的处理程序形成和使用的书面材料,又称公务文件。它是传达和贯彻党和国家的方针政策、实现单位管理职能、上传下达、联系各方的工具,是依法行政和进行公务活动的重要工具。

公文格式,即公文规格样式,是指公文中各个组成部分的构成方式,它和文种是公文外在形式的两个重要方面,直接关系到公文效用的发挥。公文格式包括公文用纸、装订要求和文件版面等。公文格式不规范、不标准,往往会影响和妨碍其作用的发挥。

根据《党政机关公文格式》(GB/T 9704—2012),公文由版头(公文编号、机密等级、紧急程度、发文机关标志、文号)、主体(标题、主送机关、正文、附件、发文机关、发文日期)和版记(抄送单位、印发机关、印发时间)组成,但不是每一份公文都全部包含这些内容,样例如图3-1所示。

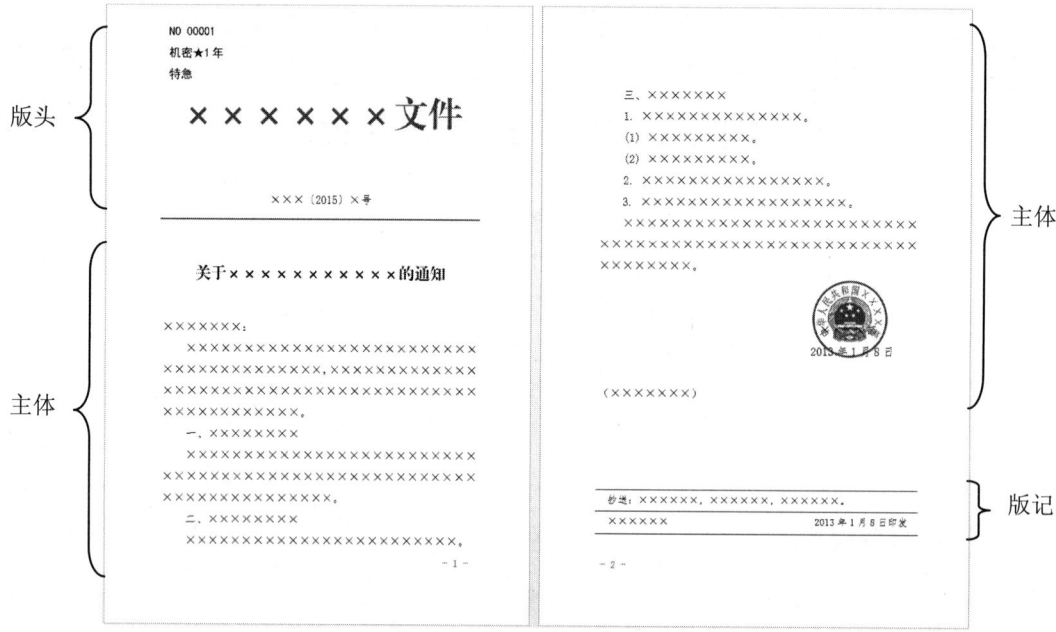

图 3-1 《党政机关公文格式》（GB/T 9704—2012）样例

3.2 实例制作

本实例是根据领导的要求制作一份由××市教育局和××市工业大学联合发布的《关于开展 2021 年校园环境志愿者工作的倡议》公文，最终效果如图 3-2 所示。

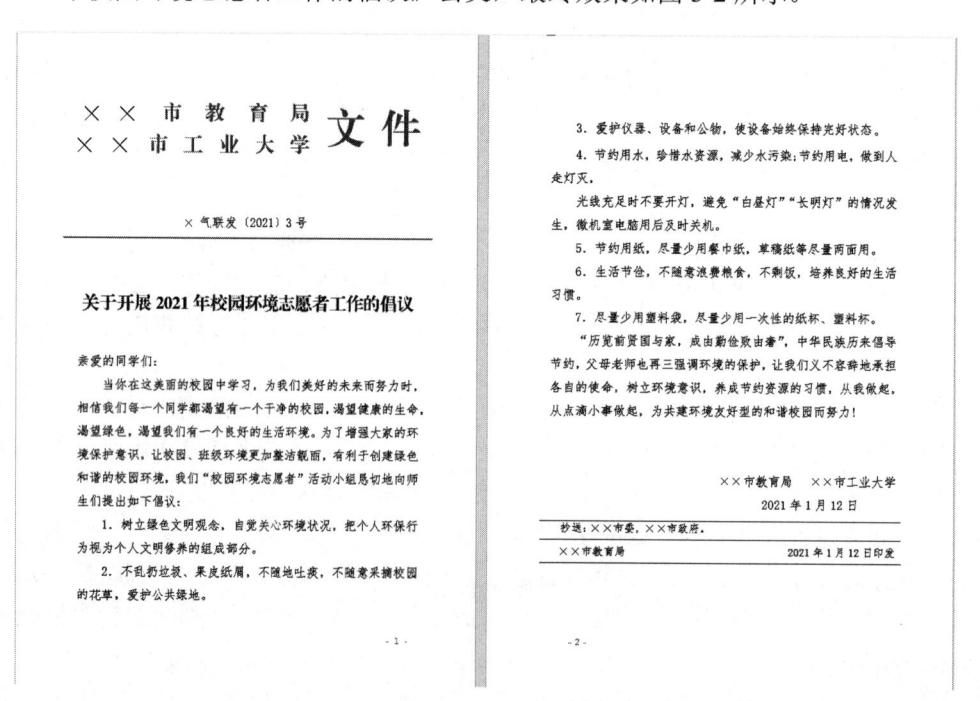

图 3-2 《关于开展 2021 年校园环境志愿者工作的倡议》样文

3.2.1 创建公文文档

新建 Word 文档"公文制作.docx",并保存在 D 盘的 ITEM 文件夹。

操作步骤如下:

(1)打开 Word 2016,单击"文件"→"新建"→"空白文档",即可新建一个空白文档。

(2)单击"文件"→"另存为",在计算机中选择"D:\ITEM"路径,在"文件名"中输入"公文制作",保存类型选择"Word 文档(*.docx)",单击"保存"按钮进行保存。

3.2.2 页面设置

公文有严格的页面格式,文档版面的要求:纸张大小为"A4",页边距上为"3.7 厘米"、下为"3.5 厘米"、左为"2.8 厘米"、右为"2.6 厘米",页面每页 22 行,每行 28 个字。

操作步骤如下:

(1)选择"布局"选项卡,单击"页面设置"组右下角的扩展按钮 ,弹出"页面设置"对话框。

(2)选择"页边距"选项卡,设置页边距上为"3.7 厘米"、下为"3.5 厘米"、左为"2.8 厘米"、右为"2.6 厘米",如图 3-3 所示。

(3)选择"文档网格"选项卡,设置网格、行数,如图 3-3 所示。

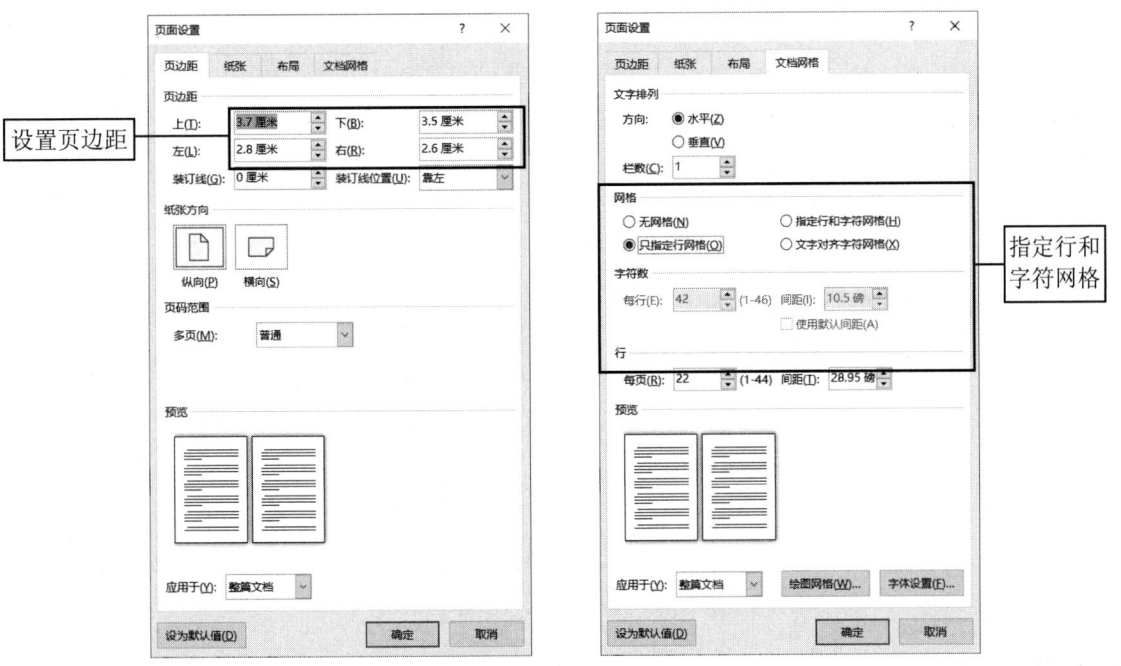

图 3-3 公文页面设置

3.2.3 文字录入

新建 Word 文档时,插入点在工作区的左上角闪烁,选择中文输入法,录入公文内容,如图 3-4 所示。

XX 市教育局　XX 市工业大学文件
XX 联发（2021）3 号
关于开展 2021 年校园环境志愿者工作的倡议
亲爱的同学们:
当你在这美丽的校园中学习，为我们美好的未来而努力时，相信我们每一个同学都渴望有一个干净的校园，渴望健康的生命，渴望绿色，渴望我们有一个良好的生活环境。为了增强大家的环境保护意识，让校园、班级环境更加整洁靓丽，有利于创建绿色和谐的校园环境，我们"校园环境志愿者"活动小组恳切地向师生们提出如下倡议:
1．树立绿色文明观念，自觉关心环境状况，把个人环保行为视为个人文明修养的组成部分。
2．不乱扔垃圾、果皮纸屑，不随地吐痰，不随意采摘校园的花草，爱护公共绿地。
3．爱护仪器、设备和公物，使设备始终保持完好状态。
4．节约用水，珍惜水资源，减少水污染;节约用电，做到人走灯灭，光线充足时不要开灯，避免"白昼灯""长明灯"的情况发生，微机室电脑用后及时关机。
5．节约用纸，尽量少用餐巾纸，草稿纸等尽量两面用。
6．生活节俭，不随意浪费粮食，不剩饭，培养良好的生活习惯。
7．尽量少用塑料袋，尽量少用一次性的纸杯、塑料杯。
"历览前贤国与家，成由勤俭败由奢"，中华民族历来倡导节约，父母老师也再三强调环境的保护，让我们义不容辞地承担各自的使命，树立环境意识，养成节约资源的习惯，从我做起，从点滴小事做起，为共建环境友好型的和谐校园而努力!
XX 市教育局　　XX 市工业大学
2021 年 1 月 12 日
抄送：XX 市委、XX 市政府。
XX 市教育局 2021 年 1 月 12 日印发

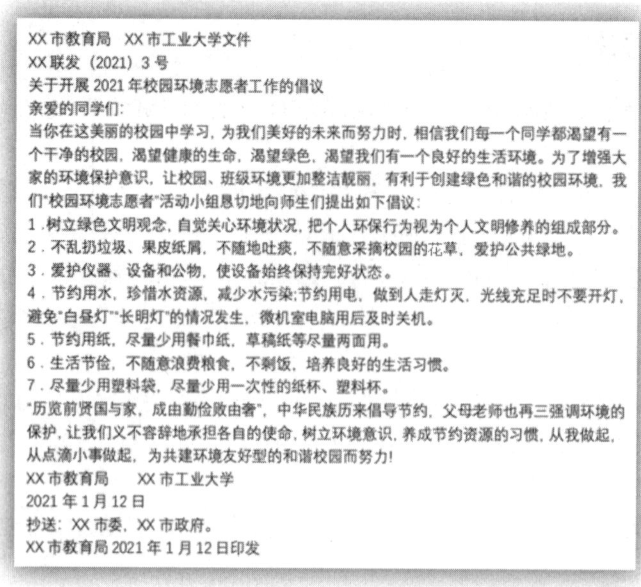

图 3-4　公文内容

操作步骤如下：

（1）选择顶格位置开始录入文字，依据图 3-4 在每一段的结尾处按 Enter 键分段。

（2）切换到“插入”选项卡，在“文本”组中单击“日期和时间”，打开“日期和时间”对话框，如图 3-5 所示，在“可用格式”中选择所需的日期格式，单击“确定”按钮完成日期插入。

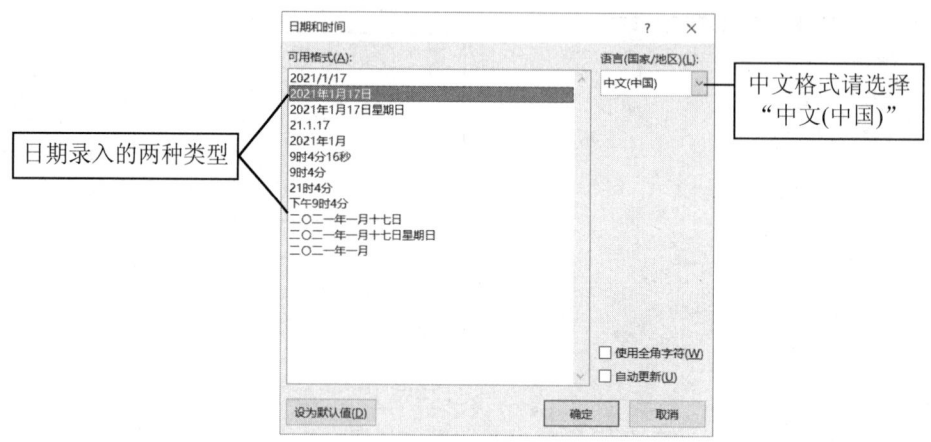

图 3-5　“日期和时间”对话框

注：

1）当“可用格式”显示为英文日期时，单击对话框右侧“语言(国家/地区)”下的下拉按钮并选择“中文(中国)”。

2）在录入发文日期时，按照公文的格式，日期录入一般有两种类型，一种为阿拉伯数字型，如“2020 年 11 月 11 日”；另一种为中文数字型，如“二〇一五年十一月十一日”。为了保证输入日期的准确性，统一采用 Word“日期和时间”中的格式输入。

3.2.4 制作发文机关标志

1. 参照样文设置发文机关标志

录入文字的第一段为发文机关标志，发文机关标志由发文机关名称和"文件"组成。如果是由两个机关联合发文，一般应将两个机关名称合并在一行内显示，置于"文件"之前。

操作步骤如下：

（1）利用Word"双行合一"功能制作发文机关标志。选定发文机关名称"××市教育局××市工业大学"。

（2）在"开始"菜单中单击"中文版式"按钮 ，在其下拉列表中选择"双行合一"命令，如图3-6所示。

图3-6 选择"双行合一"命令

（3）在弹出的"双行合一"对话框中可以看到要进行双行合一的文字和预览效果。为了使两个单位名称各占一行显示，可以在"文字"文本框中对要处理的文字进行编辑。把光标定位到两个单位之间，通过按空格键增加两个单位之间的间距，直至两个单位各占一行后单击"确定"按钮即可，如图3-7所示。

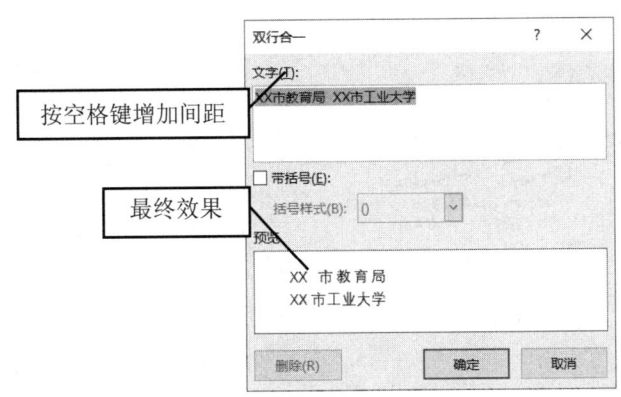

图3-7 调整发文机关单位文字

注：如果有超过2个以上的单位联合发文，发文机关标志则需要采用表格布局的方式完成。

2. 设置发文机关标志字体格式和段落格式

操作步骤如下：

（1）选定发文机关标志，在"开始"选项卡"字体"组中，将字体设置为"方正小标宋简体"，字号为"50号"，字体颜色为"红色"。

注：由于 Word 字体库中并没有"方正小标宋简体"字体，需将下载好的字体文件"方正小标宋简体.ttf"复制到"C:\Windows\Fonts"路径下的字体文件夹中才能使用，或者也可通过控制面板搜索字体找到相应的文件夹，如图 3-8 所示。字体下载地址可在网络中搜索查找。

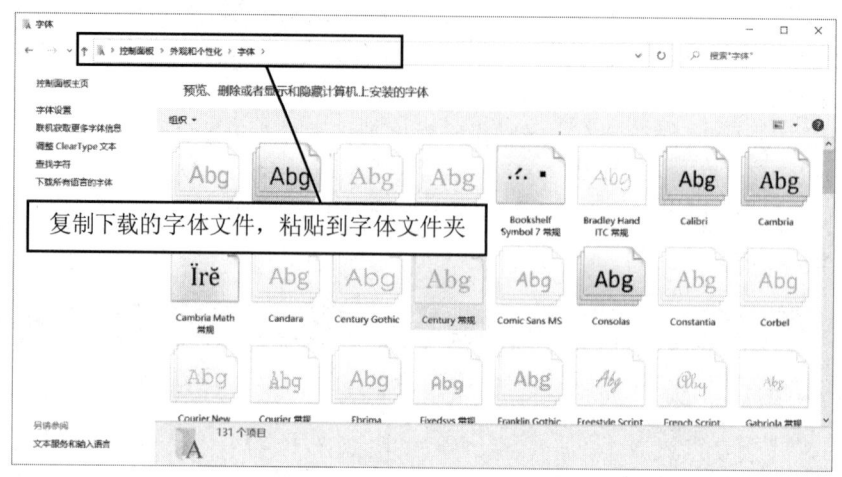

图 3-8　复制字体到字体文件夹

（2）设置发文机关标志段落格式，单击"开始"选项卡"字体"组右下角的扩展按钮，在"段落"对话框中设置"对齐方式"为"分散对齐"，"间距"为段后"2 行"，"行距"为"单倍行距"，如图 3-9 所示。

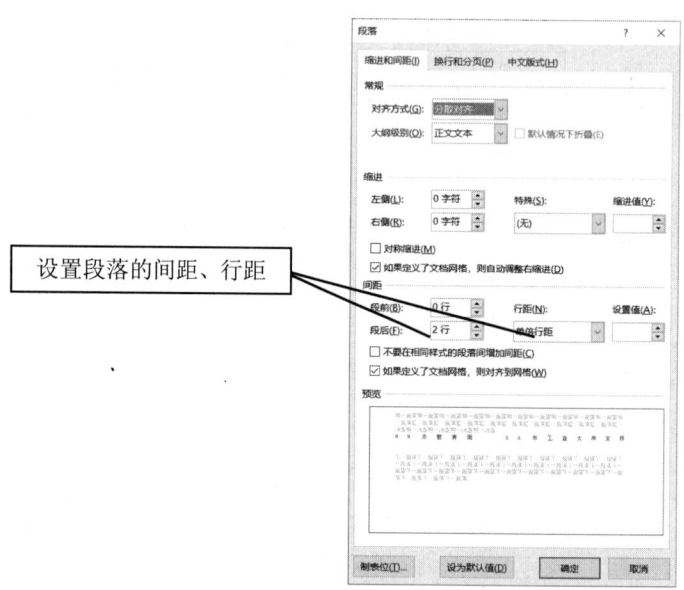

图 3-9　段落格式设置

3.2.5　文档字体和段落格式设置

在 Word 中，以段落为排版的基本单位，每个段落都可以有自己的格式设置。在编辑文档时，按下 Enter 键表明段落结束，每一个段落都有一个段落标记符"↵"。根据录入文字的内容划分，第 2 段为发文字号，第 3 段为公文标题，第 4 段为主送机关，第 5 段～第 13 段为公文正文，第 14 段为发文机关，第 15 段为发文日期，第 16 段为抄送机关，最后一段是印发机关和印发时间，分别选定这些段落并设置各段的字体和段落格式。

操作步骤如下：

（1）选定发文字号，设置字体为"仿宋"，字号"三号"，对齐方式为"居中对齐"，间距为段后"2 行"，行距为"单倍行距"。

（2）选定公文标题，设置字体为"方正小标宋简体"，字号"二号"，对齐方式为"居中对齐"，间距为段后"1 行"，行距为"单倍行距"。

（3）选定主送机关，设置字体为"仿宋"，字号"三号"，对齐方式为"两端对齐"，行距为"单倍行距"。

（4）选定公文正文，设置字体为"仿宋"，字号"三号"，对齐方式为"两端对齐"，特殊格式为"首行缩进 2 字符"，行距为"单倍行距"。

（5）在公文正文结尾处按 Enter 键插入 2 行空行，选定发文机关，设置字体为"仿宋"，字号"三号"，对齐方式为"右对齐"，行距为"单倍行距"，两个单位之间插入多个空格间隔。

（6）选定发文日期，设置字体为"仿宋"，字号"三号"，对齐方式为"右对齐"，行距为"单倍行距"，在日期的右侧插入多个空格，让发文日期在发文机关的中间位置。

（7）在公文正文结尾处按 Enter 键插入空行，让抄送机关、印发机关和印发时间紧贴文档的边界，选定抄送机关、印发机关和印发时间，设置字体为"仿宋"，字号"四号"，对齐方式为"左对齐"，特殊格式为"首行缩进 1 字符"，行距为"单倍行距"，并在印发机关和印发时间之间插入多个空格，让印发时间贴近右边界。

3.2.6 绘制公文反线

反线，又称水线，是印刷物的表格界线、轮廓线或装饰线的铅制边线。在本例中为部分内容插入反线，在公文的版头和正文之间插入一根"2 磅"粗细、颜色为"红色"的水平直线，版记部分上下各插入一根"1.25 磅"粗细、颜色为"黑色"的水平直线，版记内容之间插入一根"1 磅"粗细、颜色为"黑色"的水平直线，直线的宽度与版心同宽，均为"15.6 厘米"。

操作步骤如下：

（1）单击"插入"→"形状"，在扩展菜单中选择"直线"。

（2）此时页面上鼠标变成"✚"图标，在发文号与标题之间的合适位置，按住鼠标左键拖动绘制一根线。若要绘制水平直线，则在按住鼠标左键的同时按住 Shift 键水平拖动鼠标即可。

（3）由于在"形状轮廓"→"粗细"中并没有"2 磅"的线宽，这时需要采用另一种方法进行设置。选中直线右击，在弹出的菜单中选择"设置形状格式"命令，如图 3-10 所示，然后在弹出的"设置形状格式"对话框中进行设置：线条的宽度为"2 磅"，将线条颜色修改颜色为"红色"，然后单击"关闭"按钮，如图 3-11 所示。

（4）按照上述绘制直线的方法，分别在抄送机关上方和印发机关下方各绘制一根"1.25 磅"粗细、颜色为"黑色"的水平直线，在抄送机关和印发机关之间绘制一根"1 磅"粗细、颜色为"黑色"的水平直线。

图 3-10　形状菜单

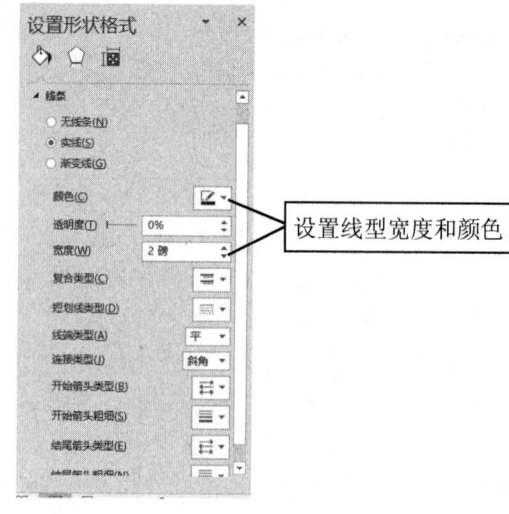

图 3-11　设置直线格式

3.2.7　插入页码

在公文中插入页码，要求页码位于页面底端，单页页码居右空 1 字，双页页码居左空 1 字，页码格式为"-1-"。

操作步骤如下：

（1）单击"插入"→"页脚"，在下拉列表框中选择"编辑页脚"命令，如图 3-12 所示。

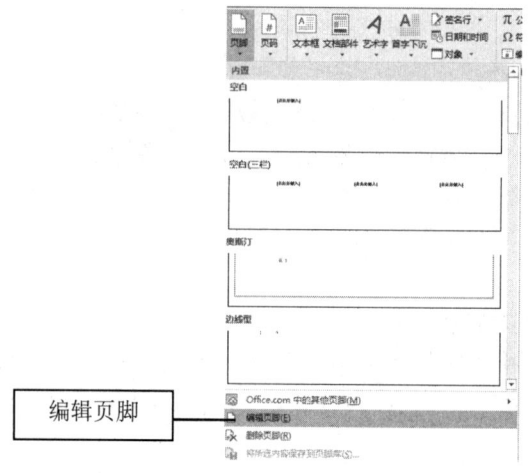

图 3-12　编辑页脚

（2）单击"编辑页脚"后，页面进入页眉和页脚的编辑视图，同时在菜单栏弹出"页眉和页脚工具/设计"选项卡，如图 3-13 所示。

（3）单击"设计"选项卡"页眉和页脚"组的"页码"，在下拉列表中选择"设置页码格式"命令，如图 3-14 所示。

（4）在弹出的"页码格式"对话框中，选择"编号格式"为"-1-,-2-,-3-,…"，"页码编号"选择"起始页码"为"-1-"，设置好后单击"确定"按钮，如图 3-15 所示。

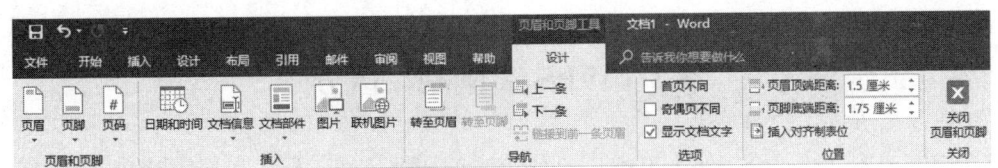

图 3-13 "页眉和页脚工具/设计"选项卡

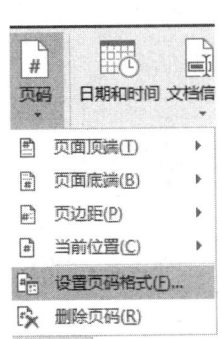

图 3-14 选择"设置页码格式"命令

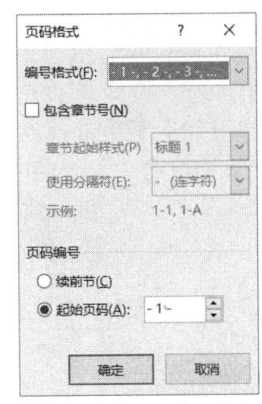

图 3-15 设置页码格式

（5）将鼠标定位在页脚位置，单击"页码"→"当前位置"，在下拉列表中选择"简单/普通数字"，如图 3-16 所示，这时页码会插入到页脚位置。

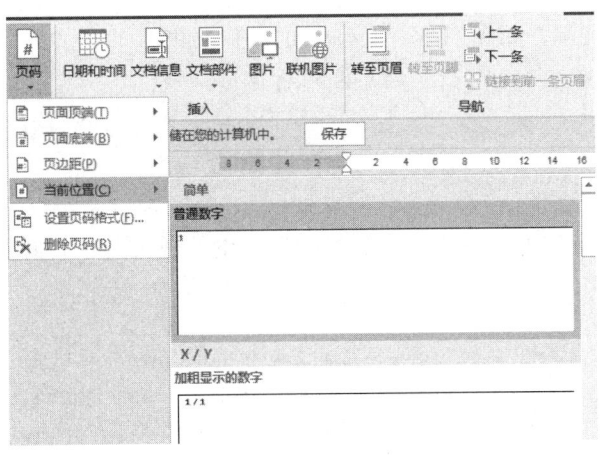

图 3-16 在当前位置插入页码

（6）为了达到单页页码居右、双页页码居左的效果，在"设计"选项卡的"选项"组中勾选"奇偶页不同"复选框，将奇偶页分开设置页码。

（7）设置"奇偶页不同"选项后，第 2 页的页码会去掉，须在第 2 页重复一次插入页码操作。

（8）页码插入完成后，选择奇数页的页码"-1-"，设置字号为"小四"，对齐方式为"右对齐"，并在右侧插入 2 个空格；选择偶数页的页码"-1-"，设置字号为"小四"，对齐方式为"左对齐"，并在左侧插入 2 个空格，设置好后单击菜单栏"关闭页眉和页脚"完成操作。

（9）全部完成后，单击"文件"→"保存"。

第 3 章 公文制作

3.3　WPS 实例制作区分

3.2 中的内容介绍了在 Word 2016 中制作公文的详细步骤,那么在使用 WPS 制作公文时,有什么是与使用 Word 2016 制作不同的呢?以下是对用 WPS 中制作与用 Word 2016 制作的不同之处的介绍。

1. 发文机关标志

具体区别如下:

(1)在"开始"菜单中找到和 Word 2016 中相同的"中文版式"按钮,在其下拉列表当中选择"双行合一"命令,如图 3-17 所示。

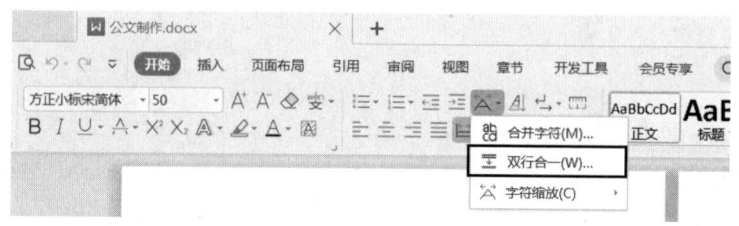

图 3-17　WPS"双行合一"命令

(2)与 Word 2016 相比,WPS 弹出的"双行合一"对话框中缺少了预览功能,这使得在输入文字之后对于文字呈现效果没有直观的展示,如图 3-18 所示。所以在 WPS 中使用该功能时,需要在加入空格之后不断进行调试,直到达到样例效果。

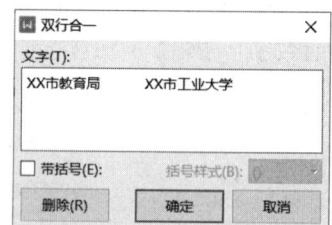

图 3-18　"双行合一"对话框

2. 插入页码

具体区别如下:

(1)在"插入"选项卡中单击"页眉页脚"按钮,进入页眉页脚的编辑视图,同时在菜单栏弹出"页眉页脚"选项卡,如图 3-19、图 3-20 所示。

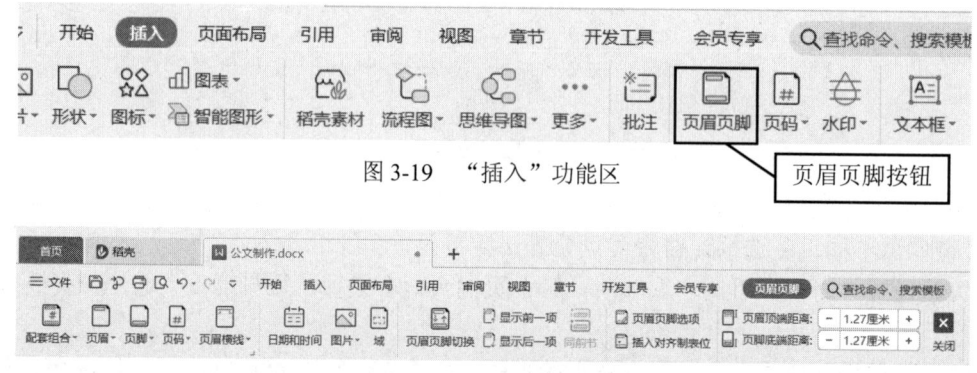

图 3-19　"插入"功能区

图 3-20　"页眉页脚"选项卡

(2)单击"页码",选择"页码"命令,在弹出的"页码格式"对话框设置相应页码(在与 Word 中操作相同)。

（3）单击"页码"，可以看到 WPS 内置的页码内置样式，单击实例中要求的页码格式即可。或者可以选择页面下方的页面设置的下拉栏，单击相应的页码格式，如图 3-21、图 3-22 所示。

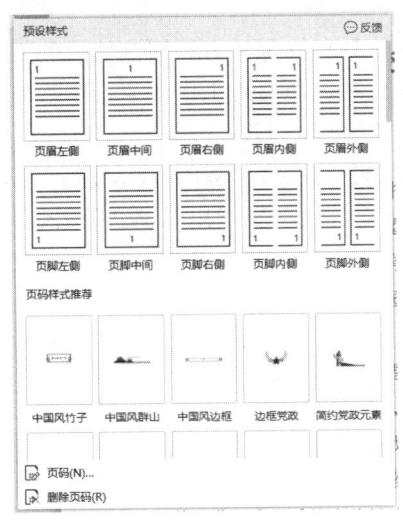

图 3-21 "页码"预设样式

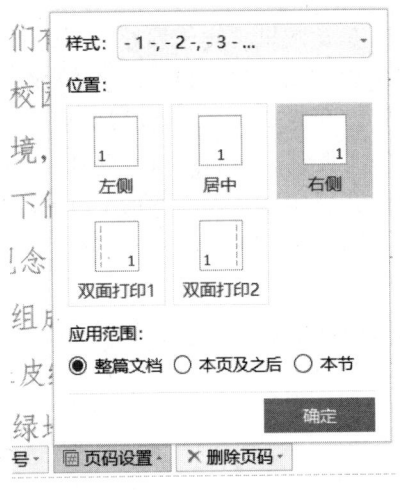

图 3-22 "页码设置"下拉栏

（4）同样，为了达到单页页码居右、双页页码居左的效果，需要在设置页码后找到选项卡中的页眉页脚选项按钮，如图 3-23 所示。

图 3-23 "页码"预设样式

（5）单击页眉页脚选项按钮后，弹出"页眉/页脚设置"对话框，勾选"奇偶页不同"复选框。设置第 2 页的页码时，我们需要手动删除并输入第 2 页的页码数，或重新进行插入步骤，如图 3-24 所示。

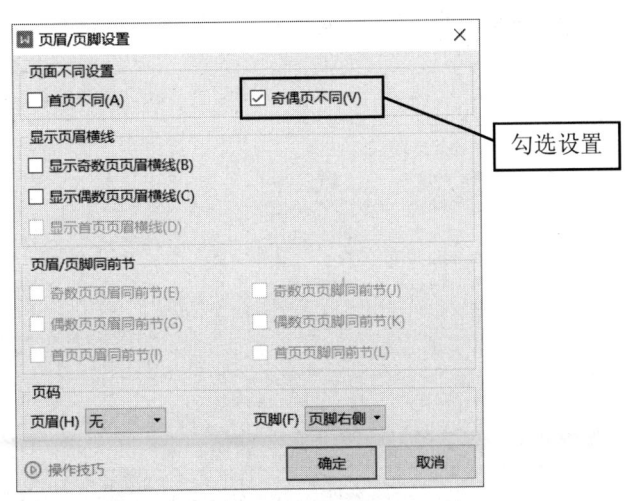

图 3-24 "页码"预设样式

3.4 本章小结

公文是党政机关实施领导、履行职能、处理公务的具有特定效力和规范体式的文书，是传达贯彻党和国家方针政策，公布法规和规章，指导、布置和商洽工作，请示和答复问题，报告、通报和交流情况等的重要工具。

本章主要以公文的制作为主线，讲解了利用 Word 对公文进行排版的方法，包括字符格式、段落格式、页面设置、页码插入和联合发文机关的制作等，同时也指出了 WPS 中的公文制作与 Word 中的公文制作的不同之处。读者可以依照两种方法在 Word 和 WPS 中实现实例中的公文效果。

公文版面的设计一定要有规范性和技巧性，读者在学习公文排版时，应多观察实际生活中各种文件的版面风格，结合实际需求，设计出合理适用的文档。

3.5 思考练习

（1）××市文明办、××市工商局、××市个体私营企业协会和××市消费者协会联合发布《关于开展 2013－2014 年度××市“诚信民营企业”“诚信工商户”评选活动的通知》，如图 3-25 所示，请根据所提供的公文样图和素材制作公文文档。

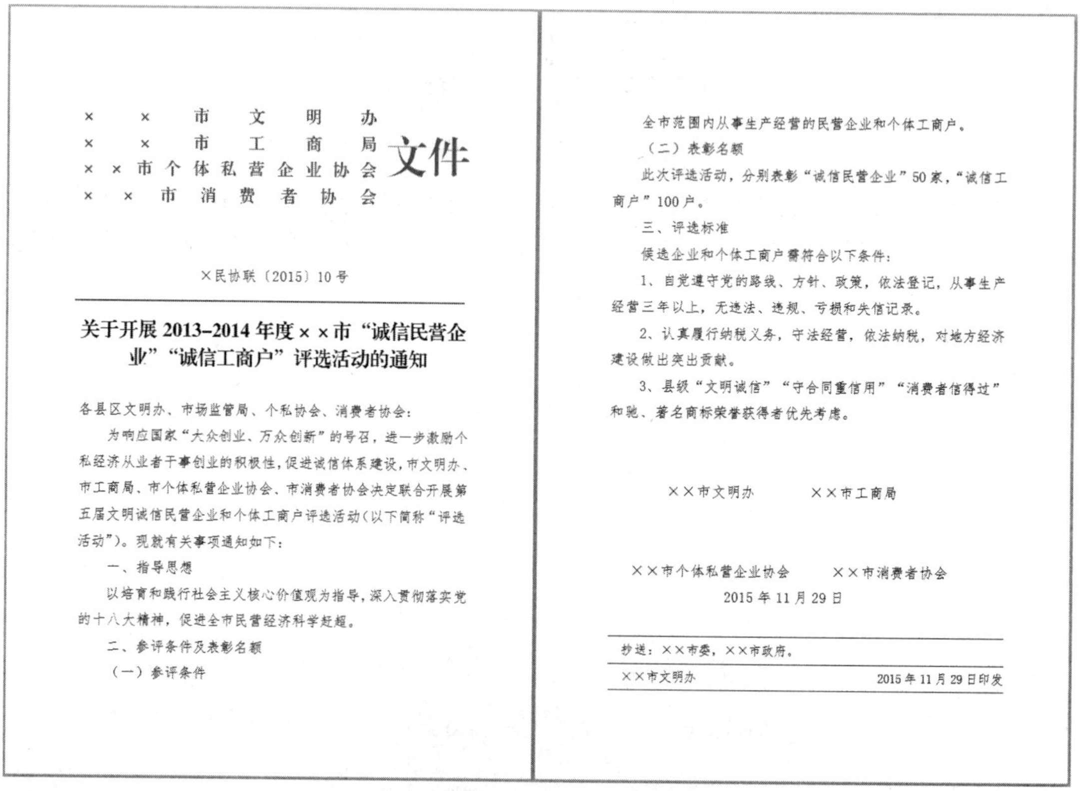

××市文明办
××市工商局
××市个体私营企业协会
××市消费者协会
文件

×民协联〔2015〕10 号

关于开展 2013–2014 年度××市“诚信民营企业”“诚信工商户”评选活动的通知

各县区文明办、市场监管局、个私协会、消费者协会：

为响应国家“大众创业、万众创新”的号召，进一步激励个私经济从业者干事创业的积极性，促进诚信体系建设，市文明办、市工商局、市个体私营企业协会、市消费者协会决定联合开展第五届文明诚信民营企业和个体工商户评选活动（以下简称“评选活动”）。现就有关事项通知如下：

一、指导思想

以培育和践行社会主义核心价值观为指导，深入贯彻落实党的十八大精神，促进全市民营经济科学赶超。

二、参评条件及表彰名额

（一）参评条件

全市范围内从事生产经营的民营企业和个体工商户。

（二）表彰名额

此次评选活动，分别表彰“诚信民营企业”50 家，“诚信工商户”100 户。

三、评选标准

候选企业和个体工商户需符合以下条件：

1、自觉遵守党的路线、方针、政策，依法登记，从事生产经营三年以上，无违法、违规、亏损和失信记录。

2、认真履行纳税义务，守法经营，依法纳税，对地方经济建设做出突出贡献。

3、县级“文明诚信”“守合同重信用”“消费者信得过”和驰、著名商标荣誉获得者优先考虑。

××市文明办　　××市工商局

××市个体私营企业协会　　××市消费者协会

2015 年 11 月 29 日

抄送：××市委，××市政府。

××市文明办　　2015 年 11 月 29 日印发

图 3-25　练习样图

多部门联合发文机关标志制作操作提示：

1）插入一个 4 行 2 列的表格，调整表格的间距。

2）录入发文机关单位名称和"文件"二字，将第一列单元格对齐方式设置为"分散对齐"，第二列的单元格合并，设置对齐方式为"水平居中"，调整字体大小和颜色，如图 3-26 所示。

× × 市 文 明 办	
× × 市 工 商 局	文件
× × 市 个 体 私 营 企 业 协 会	
× × 市 消 费 者 协 会	

图 3-26　多部门联合发文机关标志

3）单击"开始"→"段落"→"边框"，在下拉列表框中选择"无框线"。

（2）在 2021 年疫情的防控要求下××市疾病防控中心和××市南湖街道办联合发布《关于疫情下南湖街道全面进行核酸检测的通知》，请根据提供的素材进行文档设计。

第 4 章　样式与排版

- 掌握标题格式的设置和表格排版。
- 掌握段落样式和制表位的应用。
- 掌握大纲排序。

4.1　实例简介

在某旅行社就职的小王为了开发中国旅游项目，在 Word 中重新整理了一份介绍中国主要城市的文档，但是在正式使用之前，她还需对这篇文档进行排版和完善。

文字是人类文化的重要组成部分。无论在何种视觉媒体中，文字和图片都是两大构成要素。文字排列组合的好坏直接影响版面的视觉传达效果。因此，文章排版是增强视觉传达效果、提高作品的诉求力、赋予版面审美价值的一种重要构成技术。

文字的主要功能是在视觉传达中向大众传达作者的意图和各种信息。要达到这一目的，必须考虑文字的整体诉求效果，给人以清晰的视觉印象。因此，排版中的文字应避免繁杂零乱，要易认、易懂，而切忌为了排版而排版，忘记了文章排版的根本目的是为了更好、更有效地传达作者的意图，表达文章的主题和构想意念。本实例最终效果如图 4-1 所示。

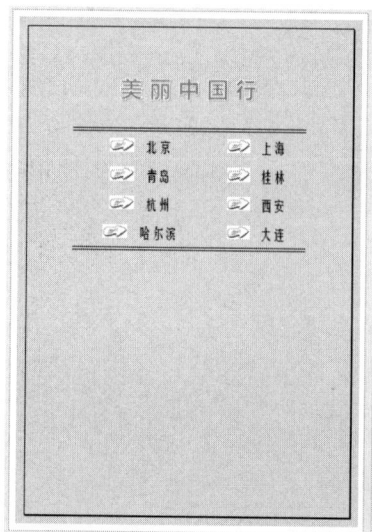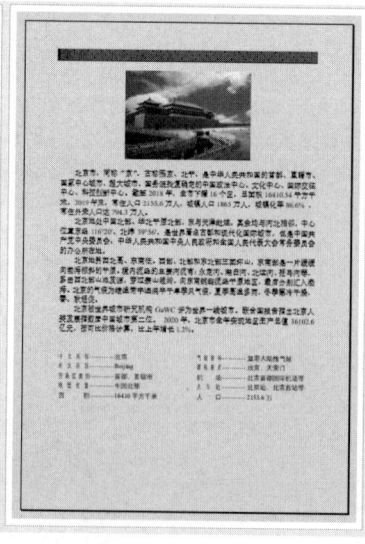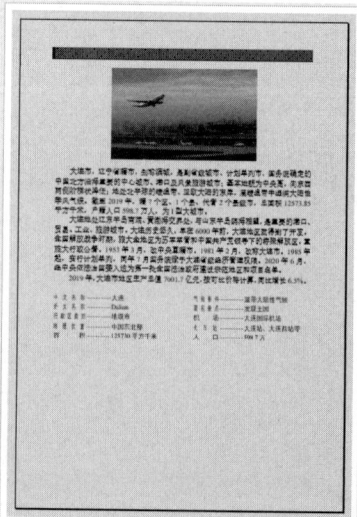

图 4-1　最终效果

4.2 实例制作

本实例是根据旅行社小王所开发的中国旅游项目其中的城市介绍文档，其中简单介绍了旅行城市。此实例在"D:\ITEM\素材\第四章"提供了部分素材。

4.2.1 标题格式设置

打开"D:\ITEM\素材\第四章\美丽中国行.docx"，同时设置文档页面格式，将上、下页边距设置为 2.5 厘米，左、右页边距设置为 3 厘米。此外，将文档标题"美丽中国行"设置见表 4-1。

表 4-1 标题样式

属性	格式
字体	微软雅黑，加粗
字号	小初
对齐方式	居中
文本效果	填充：蓝色，主题色 5；边框：白色，背景色 1； 清晰阴影：蓝色，主题色 5
字符间距	加宽，6 磅
段落间距	段前间距：1 行；段后间距：1.5 行

操作步骤如下：

（1）选择"布局"选项卡，单击"页边距"→"自定义页边距"，在"页面设置"对话框中设置上、下页边距为 2.5 厘米，左、右页边距为 3 厘米，如图 4-2 所示。

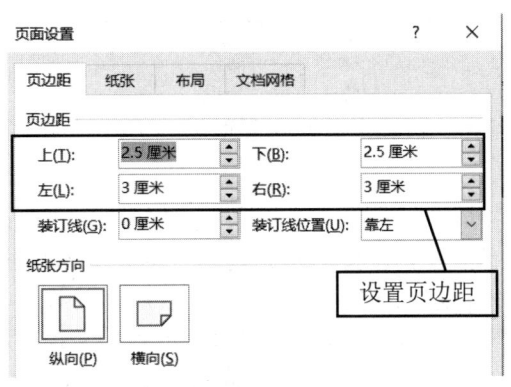

图 4-2 "页面设置"对话框

（2）选中"美丽中国行"，在"开始"选项卡中"字体"分组中，设置"字体"为"微软雅黑"，设置"字形"为"加粗"，设置"字号"为"小初"，设置"文本效果"为"填充：蓝色，主题色 5；边框：白色，背景色 1；清晰阴影：蓝色，主题色 5"。

（3）选中"美丽中国行"，在"字体"分组中打开"字体"扩展对话框，在"高级"选项卡"字符间距"分组中的"间距"中选择"加宽"，"磅值"设置为"6 磅"，如图 4-3 所示。

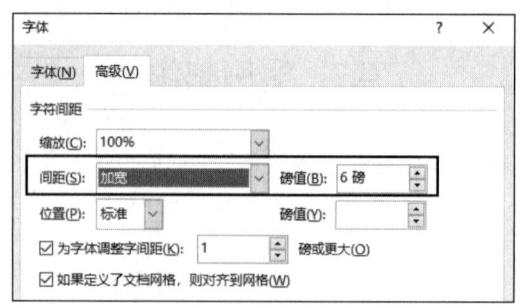

图 4-3 "字符间距"设置

(4)单击"段落"分组中的"段落"扩展对话框。在"段落"对话框中,设置"常规"分组中的"对齐方式"为"居中",设置"间距"分组中的"段前间距"为"1 行","段后间距"为"1.5 行",如图 4-4 所示。

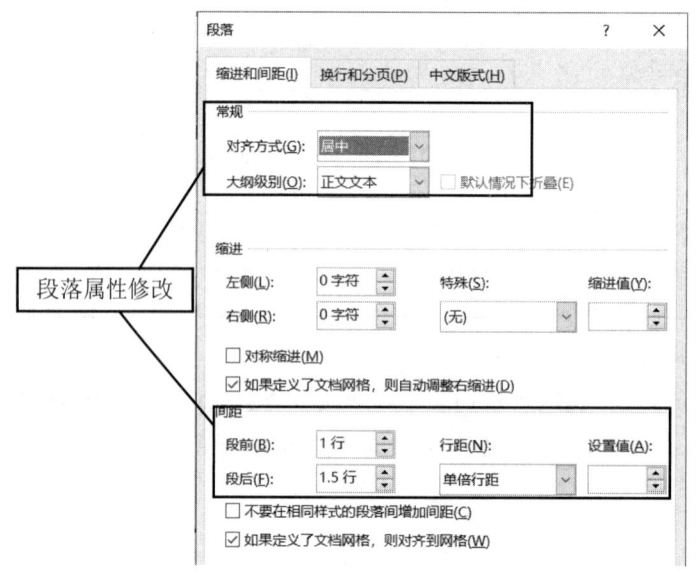

图 4-4 "段落"设置

4.2.2 表格排版

将文档第 1 页中的绿色文字内容转化为 2 列 4 行的表格,并进行如下设置(效果可参考素材文件夹下的"表格效果.png"示例):

- 设置表格居中对齐,表格宽度为页面的 80%,并取消所有的框线。
- 使用素材文件夹中的图片"项目符号.png"作为表格中文字的项目符号,并设置项目符号的字号为小一号。
- 设置表格中的文字颜色为黑色,字体为方正姚体,字号为二号,其在单元格内中部两端对齐,并左侧缩进 2.5 个字符。
- 修改表格中内容的中文版式,将文本对齐方式调整为居中对齐。
- 在表格的上、下方插入适当的横线作为修饰。
- 在表格后插入分页符,使正文内容从新的页面开始。

操作步骤如下:

(1) 选中文中绿色文字,然后单击"插入"选项卡"表格"分组中的"表格"下拉按钮,选择"文本转化成表格"命令,单击"确定"按钮,将文字转化成表格,如图 4-5 所示。

图 4-5　文本转换成表格

(2) 选中整个表格,单击"表格工具/布局"选项卡"表"分组中的"属性"按钮,弹出"表格属性"对话框。在"表格属性"对话框中单击"边框和底纹"按钮,在弹出的"边框和底纹"对话框中选择"边框"选项卡"设置"中的"无",然后单击"确定"按钮。

(3) 在"表格属性"对话框"表格"选项卡中设置"对齐方式"为"居中",勾选"尺寸"分组中的"指定宽度"复选框,在"度量单位"后的组合框中选择"百分比",在"指定宽度"后面输入"80%",然后单击"确定"按钮,如图 4-6 所示。

图 4-6　表格属性设置

(4) 选中整个表格,单击"开始"选项卡"段落"分组中的"项目符号"下拉按钮,在下拉菜单中选择"定义新项目符号",在弹出"定义新项目符号"对话框中选择"图片"。在弹出的"图片项目符号"对话框中单击"导入"按钮,进入素材文件夹,单击"项目符号.png"导入图片。然后选中导入的图片,单击"确定"按钮,完成项目符号的设置,再单击"确定"按钮。

(5)选中表格,在"开始"选项卡"字体"分组中,设置文字颜色为"黑色",字体为"方正姚体",字号为"二号"。

(6)单击"表格工具/布局"选项卡"表"分组中的"属性"按钮,在弹出的"表格属性"对话框中,单击"单元格"选项卡"垂直对齐方式"分组中的"居中",然后单击"确定"按钮。

(7)单击"开始"选项卡"段落"分组中的段落启动器,在弹出的"段落"对话框中,设置对齐方式为"左对齐",左缩进为"2.5 字符"。然后在"开始"选项卡"段落"分组中单击"居中"按钮。

(8)选中"项目符号"图片,设置"开始"选项卡"字体"分组中的字号为"小一"。

(9)选中表格,单击"段落"组中的"边框"下拉按钮,选择"边框与底纹"选项,然后参照实例中的效果进行样式和上下框线的勾选。

(10)将光标移至"北京"前面,单击"布局"选项卡"页面设置"分组中的"分隔符"按钮,在下拉列表中选择"分页符"命令。最终结果如图 4-7 所示。

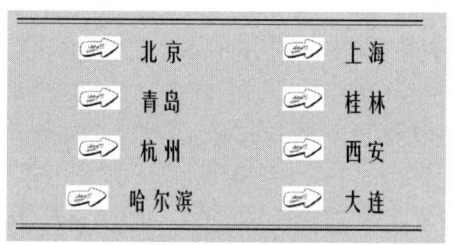

图 4-7 表格排版效果

4.2.3 段落样式应用

1. 为文档中所有红色文字内容应用新建的样式,要求见表 4-2。

表 4-2 红色文本样式

属性	格式
样式名称	城市名称
字体	微软雅黑,加粗
字号	三号
字体颜色	蓝-灰,文字 2
字符间距	加宽,6 磅
段落格式	段前、段后间距为 0.5 行,行距为固定值 18 磅,并取消相对于文档网格的对齐;设置与下段同页,大纲级别为 1 级
边框	边框类型为方框,颜色为"深蓝",左框线宽度为 4.5 磅,下框线宽度为 1 磅,框线紧贴文字(到文字间距磅值为 0),取消上方和右侧框线
底纹	填充颜色为"蓝色,个性色 5,深色 25%",图案样式为"5%",颜色为自动

首先，我们先对城市名称进行设置。操作步骤如下：

（1）将光标移至"北京"前面，单击"开始"选项卡"样式"分组中的"样式窗口"启动器，在"样式"对话框中选择"新建样式"。

（2）在打开的"根据格式化创建新样式"对话框中的"名称"文本框中输入"城市名称"，设置"字体"为"微软雅黑"，设置"字号"为"三号"，设置"字形"为"加粗"，设置"字体颜色"为"蓝-灰，文字2"，如图4-8所示。

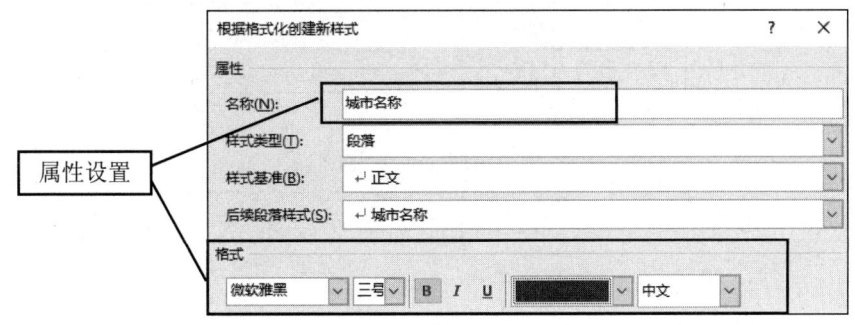

图4-8 "根据格式化创建新样式"设置

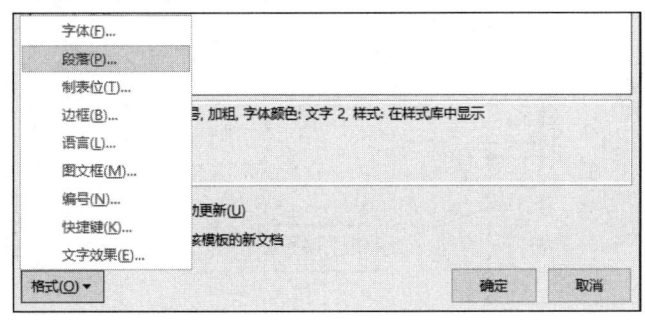

图4-9 选择"段落"命令

（3）单击"格式"下拉按钮中的"字体"，在"字体"对话框中单击"高级"对话框，然后将"间距"设置为"加宽"，"磅值"设置为"6磅"，如图4-10所示。

（4）单击"格式"下拉按钮中的"段落"（如图4-9所示），在"段落"对话框"缩进和间距"选项卡中，设置"大纲级别"为"1级"，"段前""段后"间距为"0.5行"，"行距"为"固定值18磅"，并取消勾选"如果定义了文档网格，则对齐到网格"复选框，如图4-11所示。接着切换到"换行和分页"选项卡，在"分页"分组中选择"与下段同页"复选框，然后单击"确定"按钮，完成段落格式的设置。

（5）在"根据格式化创建新样式"对话框中，选择"格式"下拉菜单中的"边框"命令，打开"边框和底纹"对话框。在"边框"选项卡"设置"中选中"方框"项，设置"颜色"为"深蓝"，设置"宽度"为"4.5磅"，选中"左边框"；设置"宽度"为"1磅"，选中"下边框"；单击并取消上和右边框，如图4-12所示。单击"选项"按钮，弹出"边框和底纹"对话框，将距正文间距中的"左"设置为"0磅"，单击"确定"按钮，完成边框设置。之后切换到"底纹"选项卡，选择"填充"为"蓝色，个性色5，深色25%"，图案样式为"5%"，"颜色"为"自动"，单击"确定"按钮，完成底纹设置，如图4-13所示。

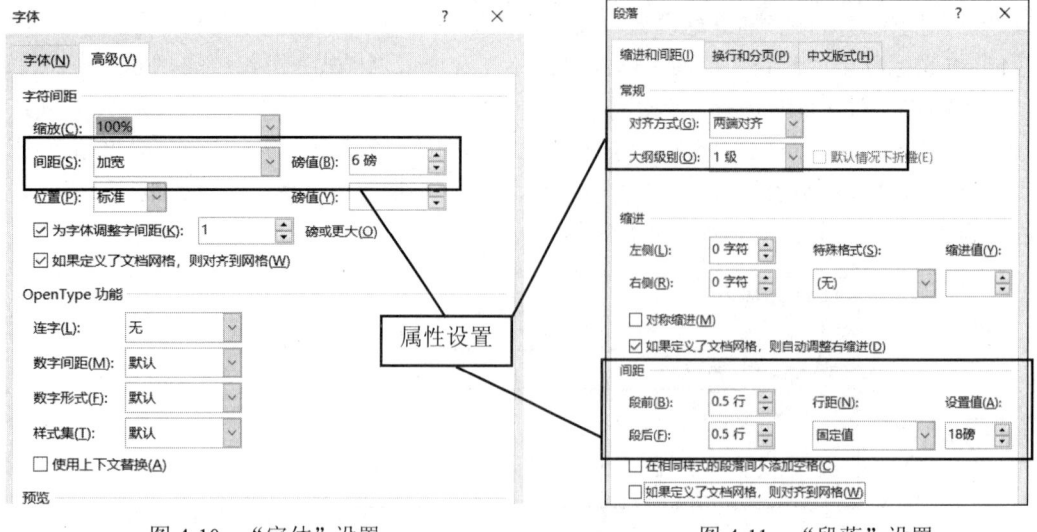

图 4-10 "字体"设置　　　　图 4-11 "段落"设置

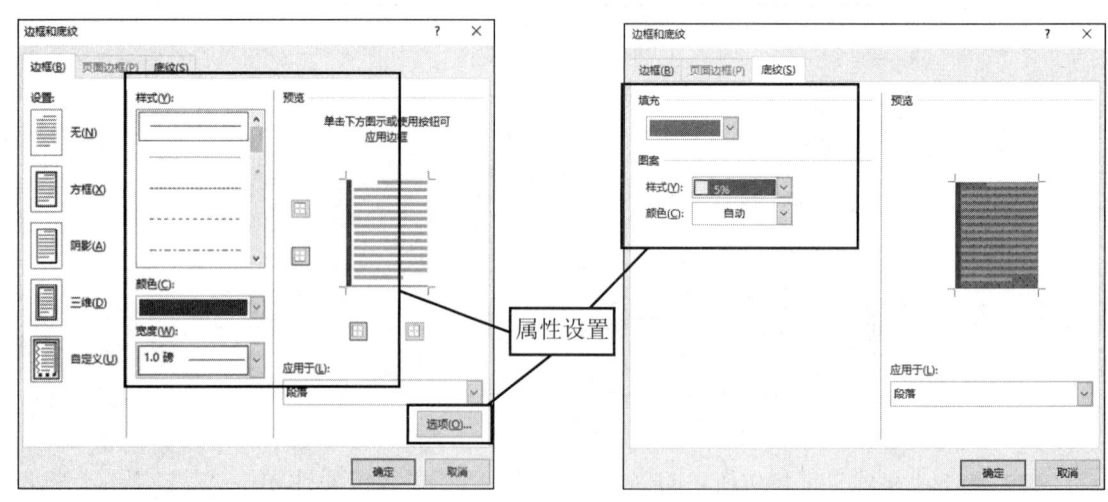

图 4-12 "边框"设置　　　　图 4-13 "底纹"设置

（6）单击"开始"选项卡"编辑"分组中的"替换"按钮，在弹出的"查找替换"对话框中单击"更多"→"格式"，在"查找内容"中设置"字体颜色"为"红色"，在"替换为"中设置"样式"为"城市名称"，"字体颜色"为"蓝-灰，文字 2"，然后单击"全部替换"按钮，即可将所有红色字设置为"城市名称"样式，如图 4-14 所示。

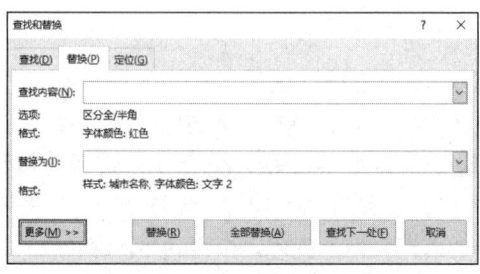

图 4-14　城市名称样式的查找和替换

2. 为文档正文中除了蓝色的所有文本应用新建立的样式，要求见表 4-3。

表 4-3　文本样式

属性	格式
样式名称	城市介绍
字号	小四号
段落格式	两端对齐，首行缩进 2 字符，段前、段后间距为 0.5 行，并取消相对于文档网格的对齐

操作步骤如下：

（1）选择"北京"的城市介绍，按上文方法选择"新建样式"，打开"根据格式化创建新样式"对话框，在"名称"文本框中输入"城市介绍"，设置"字号"为"小四号"。

（2）打开"格式"→"段落"对话框，设置"对齐方式"为"两端对齐"，"特殊格式"为"首行缩进""2 字符"，"段前""段后"间距设置为"0.5 行"，并取消勾选"如果定义了文档网络，则对齐到网格"复选框，完成设置。

（3）按上文方法打开"查找和替换"对话框，在"查找内容"中设置"样式"为"正文"，在"替换为"中设置"样式"为"城市介绍"，然后单击"全部替换"按钮，如图 4-15 所示。

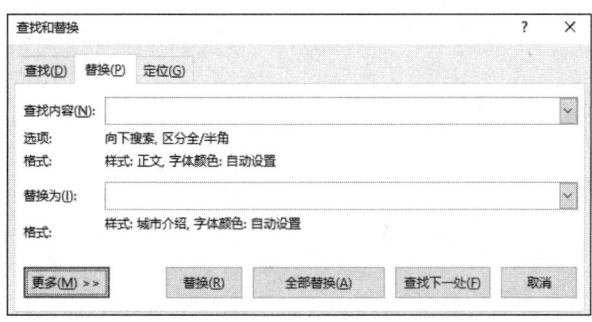

图 4-15　城市介绍样式的查找和替换

4.2.4　段落制表位

取消蓝色文本段落中的所有超链接，格式具体要求见表 4-4。

表 4-4　蓝色文本样式

属性	格式
设置并应用段落制表位	9 字符，左对齐，第 5 个引导符样式 22 字符，左对齐，无引导符 30 字符，左对齐，第 5 个引导符样式
设置文字宽度	将第 1 列文字宽度设置为 5 字符 将第 3 列文字宽度设置为 4 字符

操作步骤如下：

（1）选中所有蓝色文字行，在"开始"选项卡"样式"分组中单击"清除格式"。在文中蓝色带下划线文字上逐个右击，然后在菜单中选择"取消超链接"。

（2）打开"开始"选项卡"段落"分组中的"段落"启动器，在打开的"段落"对话框中单击"制表位"按钮，打开"制表位"对话框。

（3）在"制表位位置"下方输入"9字符"，选择"对齐方式"为"左对齐"，选择"引导符"为"5"，单击"设置"按钮。再用类似的方法设置另两个制表位，最后单击"确定"按钮。

（4）将光标放置于第1段"中文名称"文本之后，按一下键盘上的Tab键，继续将光标置于"北京"之后，按一下键盘上的Tab键，继续将光标置于"气候条件"之后，按一下键盘上的Tab键。用同样方法设置后续段落。

（5）按住Ctrl键，选中第1列，然后单击"段落"分组中的"中文版式"下拉按钮，单击其中的"调整字符宽度"，将"新文字宽度"设置为"5字符"。用同样的方法将第3列的文字宽度设置为"4字符"。

4.2.5 符号、图片窗格和页面边框

将标题"北京"右侧的文本"Beijing"修改为"ßeijing"。

操作步骤如下：

选中Beijing中的B，然后单击"插入"选项卡"符号"分组中的"符号"下拉按钮，在下拉菜单中选择"其他符号"命令，打开"符号"对话框。在"子集"后的下拉列表中选择"拉丁语-1增补"，选择其中的ß代替原来的B，如图4-16所示。

图4-16　符号的设置

1．在标题"上海"下方，显示名为"上海景色"的隐藏图片

操作步骤如下：

（1）将光标移至"上海"所在的页面，选择"布局"选项卡"排列"分组中的"选择窗格"命令。

（2）在"选择和可见性"窗口中，单击名为"上海景色"后的"空白"方框，将其显示出来。

2．为文档设置"阴影"型页面边框及文档的页面颜色，并设置打印时可以显示

操作步骤如下：

（1）单击"设计"选项卡"页面背景"分组中的"页面边框"按钮，打开"边框和底纹"

对话框,在"页面边框"选项卡"设置"中选择"阴影"型页面边框,单击"确定"按钮。

(2)再单击"页面颜色"下拉按钮,在下拉菜单中选择一种合适的颜色(例如"蓝色,个性色 1,淡色 80%"),完成页面颜色的设置。

(3)选择"文件"选项卡中的"选项"命令,打开"Word 选项"对话框,然后单击其中的"显示"选项,找到"打印选项"分组,勾选"打印背景色和图像"前的复选框,单击"确定"按钮,如图 4-17 所示。

图 4-17 "打印背景色和图像"的设置

4.2.6 大纲排序

保存当前文档,并另存一份文档,命名为"笔画顺序.docx"。在"笔画顺序.docx"文件中,将所有的城市名称标题(包括下方的介绍文字)按照笔画顺序升序排列,并删除该文档第一页中的表格对象。

操作步骤如下:

(1)单击"文件"选项卡中的"另存为"按钮,在文件名后的文本框中输入"笔划顺序.docx"。

(2)单击"视图"选项卡"文档视图"分组中的"大纲视图"按钮,进入大纲视图。

(3)在"大纲工具"选项卡"显示级别"后的下拉列表中选择"1 级",选中所有的 1 级标题,然后单击"开始"选项卡,单击段落分组中的"排序"按钮,弹出"排序文字"对话框。将"类型"选择为"笔划",选择"升序",单击"确定"按钮,如图 4-18 所示。再次进入"大纲"选项卡,单击"关闭大纲视图"按钮。

图 4-18 "排序文字"的设置

(4)选中第一页中的表格对象,然后按 Backspace(退格键)删除表格对象。

4.3　WPS 实例制作区分

4.2 中的内容介绍了在 Word 2016 中文章排版和样式创建的详细步骤,那么在使用 WPS 进行样式设计和文章排版时,有什么是与使用 Word 2016 制作不同的呢?以下是对用 WPS 制作与用 Word 2016 制作的不同之处的介绍。

1. 颜色设置

具体区别如下：

WPS 中的颜色面板与 Word 2016 中的颜色面板中的颜色名称有所不同。以下是在此实例中两个软件中的颜色名称对比，见表 4-5，颜色面板如图 4-19、图 4-20 所示。

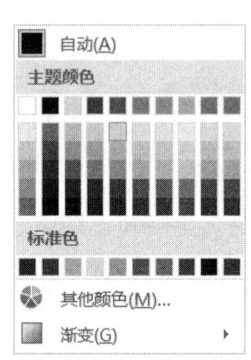

图 4-19　Word 2016 颜色面板

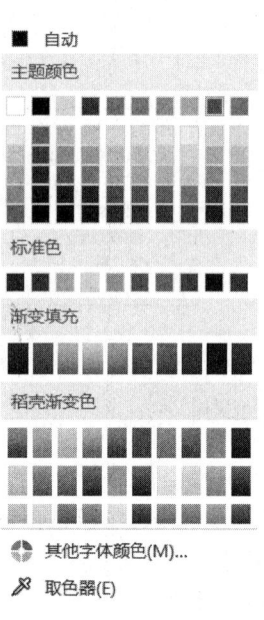

图 4-20　WPS 颜色面板

表 4-5　颜色名称对比

Word 颜色名称	WPS 颜色名称
蓝色，主题色 5	钢蓝，着色 5
蓝-灰，文字 2	培安紫，文字 2
蓝色，个性色 5，深色 25%	钢蓝，着色 5，深色 25%
蓝色，个性色 1，淡色 80%	矢车菊蓝，着色 1，淡色 80%

2. 表格排版

具体区别如下：

（1）在"表格属性"对话框"表格"选项卡中勾选"尺寸"分组中的"指定宽度"复选框，在后面的下拉按钮中选择"百分比"，在"指定宽度"后面输入"93.9%"，然后单击"确定"按钮，如图 4-21 所示。设置过小会导致表格格式不成比例，或者也可设置为其他数值，之后手动拉大或拉小行距和宽度。

（2）WPS 中没有使用图片更改新项目符号的功能，在定义新项目符号时，可以使用 WPS 自带的项目符号，如图 4-22 所示。

（3）单击"开始"选项卡"段落"分组中的段落启动器。在弹出的"段落"对话框中，设置对齐方式为"左对齐"，设置文本之前为"2.5 字符"。然后在"开始"选项卡"段落"分组中单击"居中"按钮。表格排版效果如图 4-23 所示。

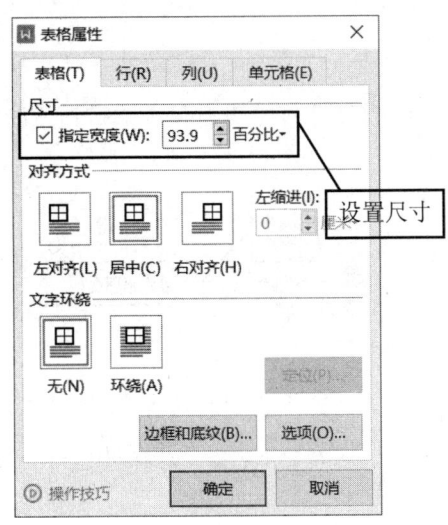

图 4-21 表格属性设置

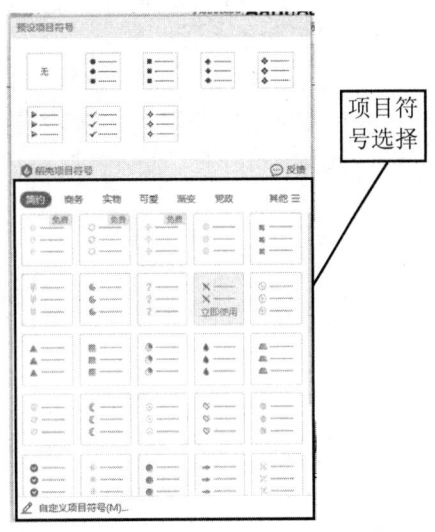

图 4-22 新项目符号选框

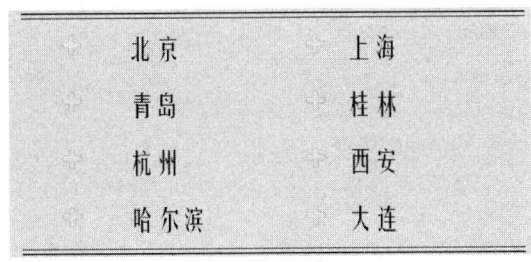

图 4-23 表格排版效果

3. 段落样式

具体区别如下：

与 Word 不同，WPS 中的样式创建对话框名称为"新建样式"，如图 4-24 所示。同时界面中没有字体的颜色设置选框，要在下方的"格式"按钮中单击"字体"选项进行设置。

图 4-24 新建样式

第 4 章 样式与排版

4. 段落制表位

具体区别如下：

（1）WPS 中段落制表位在"开始"选项卡中的"段落"组中设有单独的按钮，如图 4-25 所示，单击即可打开"制表位"对话框。

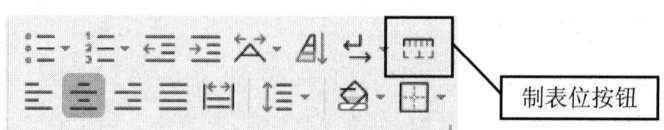

图 4-25 "段落"组

（2）在"制表位位置"下方输入"9"，选择"对齐方式"为"左对齐"，选择"前导符"为"5"，单击"设置"按钮，下方会自动弹出"9 字符"制表位字样。之后再用类似的方法设置另两个制表位，最后单击"确定"按钮，如图 4-26 所示。

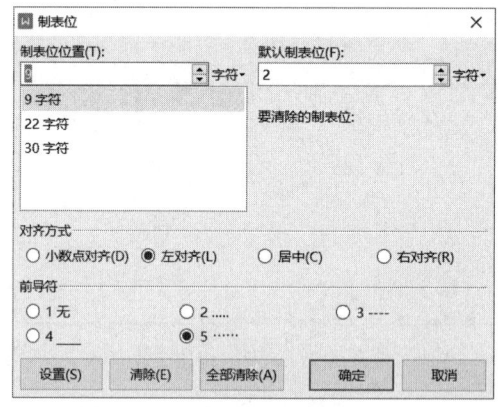

图 4-26 "制表位"对话框

（3）在 WPS 中，如果是选中文字进行段落制表位的设计，那么在上一步单击确定的瞬间，所选文字就会按照制表位进行排列。如果还想要对制表位进行调整，调整方法与 Word 中方法相同，在想要隔开的文字位置按 Tab 键即可。

（4）按住 Ctrl 键，选中第 1 列，然后单击"段落"分组中的"中文版式"下拉按钮。与 Word 中不同的是，WPS 的下拉菜单中没有"字符宽度"选项，但是可以单击"字符缩放"选项下的"其他"选项，在弹出的"字体"对话框中根据实例中的要求设置字符宽度，如图 4-27 所示。

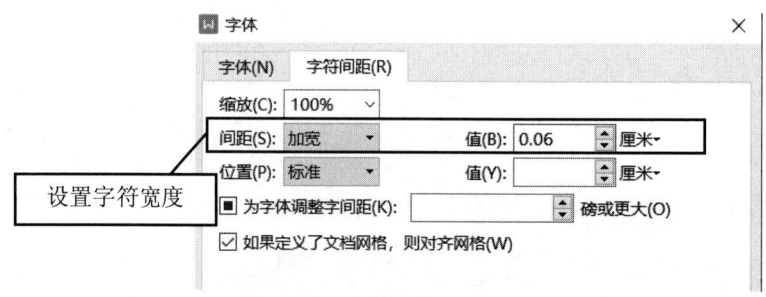

图 4-27 字符宽度调节

5. 页面边框

具体区别如下：

在 WPS 中，"边框与底纹"的"页面边框"选项卡的"设置"中没有"阴影"选项。在 WPS 中可以选择其他的页面边框样式，如图 4-28 所示。

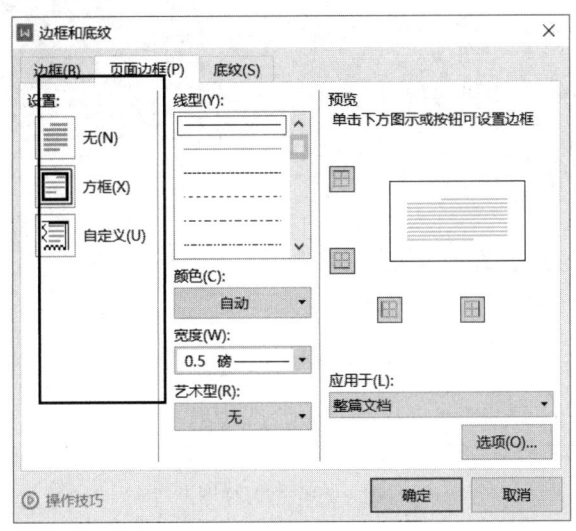

图 4-28　页面边框设置

4.4　本章小结

文章的样式与排版能够极大地丰富文档的个人色彩，掌握此项技术能让读者在许多地方发挥作用和影响。

本章学习了文章的样式和排版：先对文章标题进行合适的格式设置，然后把文章中的部分文档转成表格，调整表格的大小和位置，并进行美化；接着对文章正文进行段落样式的新建和制表位的合理应用；最后对文章内容进行大纲排序，顺利完成文章的排版工作。

文档样式与排版具有多种形式，本书实例只是提供了众多方案中的一种情况，读者若想熟练掌握此项实例，仍需多加练习并丰富自己的排版美观思路。

4.5　思考练习

（1）在某旅行社就职的小陈为了开发美国的旅游业务，在网上查找了有关美国及其主要城市的相关资料。在提交给部门经理审核之前，她必须对这篇文档进行排版、完善。以本章的教学内容为参照案例对该文章进行排版和完善，如图 4-29 所示。

（2）李明是××工业大学的学生会宣传部长，现在学校安排宣传部制作一个××工业大学的游览手册，部分内容已经由其他同学完成。请你按照实例制作进行排版，并改正此前同学的制作错误。

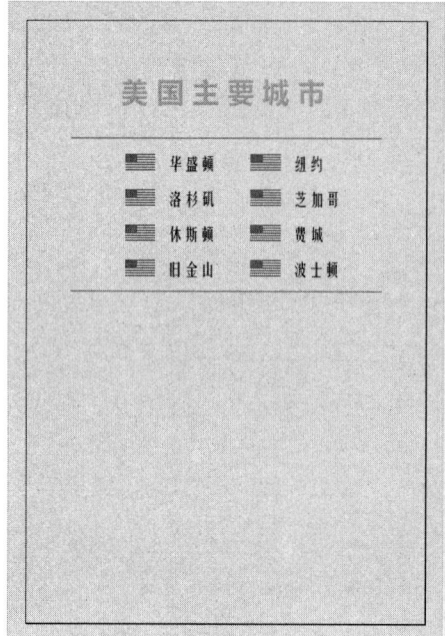
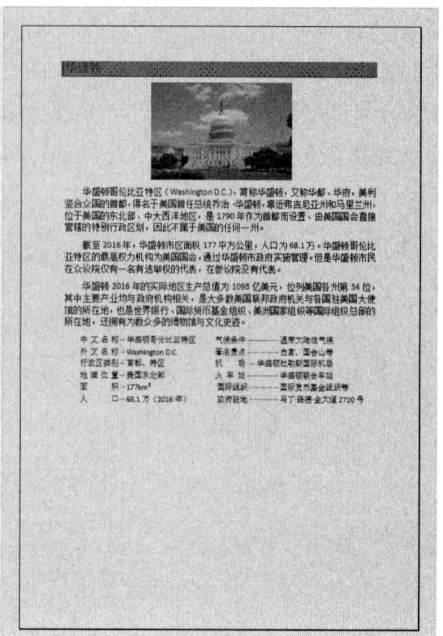

图 4-29　练习样图

第 5 章　长文档排版

- 掌握标题样式的应用。
- 掌握图片和表格的自动编号。
- 掌握分节符的应用。
- 掌握页眉、页脚的设置。
- 掌握目录的插入方法。

5.1　实例简介

在学校或社会工作中经常会遇到需要制作长篇文档的情况,比如论文、调查报告等,需要根据特定的格式要求对文档进行排版,例如设置封面、标题、目录、页眉、页脚、参考文献、分节显示页码等,使文章更加规范、整洁、美观。本章将以一篇长文档为例,按照实际排版过程中长篇文档编辑排版的方式来详细讲解排版流程。最终结果如图 5-1 所示。

图 5-1　最终效果

5.2 实例制作

5.2.1 设置页面格式

打开"D:\OFFICE\素材\第 5 章\基于 SOA 的可视化构件技术及应用.docx",同时设置文档页面格式,页面大小为 15cm×25cm,根据打印方式预留装订线。

操作步骤如下:

(1)打开 Word 2016,单击"文件"→"打开",在计算机中选择路径"D:\OFFICE\素材\第 5 章",找到"基于 SOA 的可视化构件技术及应用.docx",单击"打开"按钮打开文件。

(2)选择"布局"选项卡,单击"页面设置"组的"纸张大小",设置纸张大小为"A4"。由于页面的打印方式分单面打印和双面打印两种,所以装订线的设置也各有不同。单面打印:可以不设置装订线位置,只需装订的边距上增加宽度即可,设置"页边距"上为"2.7 厘米"、下为"2 厘米"、左为"3.5 厘米"、右为"2.5 厘米";双面打印:设置"装订线"为"1 厘米"、"页边距"上为"2.7 厘米"、下为"2 厘米"、左为"2.5 厘米"、右为"2.5 厘米"。本文档以单面打印来排版,使用单面打印的装订线设置方法。

5.2.2 设置和应用样式

本案例对标题和正文的格式要求见表 5-1,要求使用样式进行设置。

表 5-1 标题和正文的格式要求

名称	字体	字号	对齐方式/缩进	间距
一级标题	宋体	三号	居中对齐	多倍行距 2.41,段前 17 磅,段后 16.5 磅
二级标题	宋体	四号	左对齐	多倍行距 1.73,段前、段后 13 磅
三级标题	宋体	小四	左对齐	多倍行距 1.73,段前、段后 13 磅
正文	宋体	小四	两端对齐,首行缩进 2 字符	固定值 18 磅

操作步骤如下:

(1)在"开始"选项卡"样式"组"一级标题"样式名上右击,选择快捷菜单"修改"。样式组如图 5-2 所示。

图 5-2 样式组

（2）在"修改样式"对话框中可以修改样式名称、样式基准等，如图 5-3 所示。单击左下角的"格式"按钮可以定义该样式的字体、段落等格式，勾选下方"自动更新"复选框可以自动更新已应用该样式的文字或段落。

（3）为了便于管理样式，也可以新建样式。单击"样式"组的扩展按钮，再单击下方的第一个按钮"创建样式"，打开"根据格式设置创建新样式"对话框（该对话框与图 5-3"修改样式"对话框一样）。输入样式名称，"样式基准"选择"正文"，意为在"正文"这个样式的基础上创建此样式，在"后续段落样式"中选择输入的样式名称，意为将正文套用选中的样式类型，其后续新建的段落也默认继续套用此样式。然后可以在"格式"中设置字体、段落等样式，设置完成后单击"确定"按钮，即可在样式列表和样式窗格中看到新建的样式。

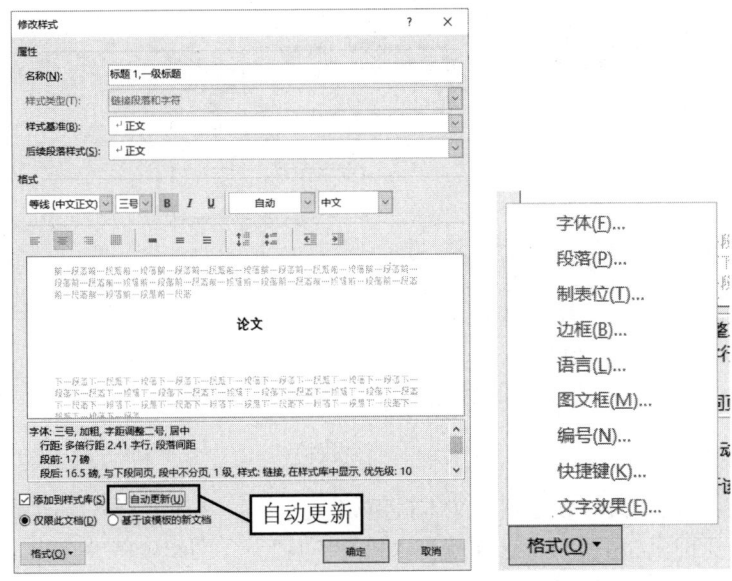

图 5-3 "修改样式"对话框

图 5-4 创建样式

注："正文"样式是 Word 中最基础的样式，不要轻易修改它，它一旦被改变，将会影响所有基于"正文"样式的其他样式的格式。另外，尽量利用 Word 内置样式，尤其是标题样式，可使相关操作（如根据标题样式提取生成目录）更便捷。

（4）为了方便下文的应用可以为"标题 1""标题 2""标题 3"添加快捷键"Ctrl+1""Ctrl+2""Ctrl+3"。找到想要添加快捷键的样式并右击"修改"之后，单击"格式"→"快捷键"，在打开的"自定义键盘"对话框中单击"请按新快捷键"的编辑栏，同时按下键盘的"Ctrl+1"键，在编辑栏出现"Ctrl+1"后，单击"指定"按钮添加，如图 5-5 所示。

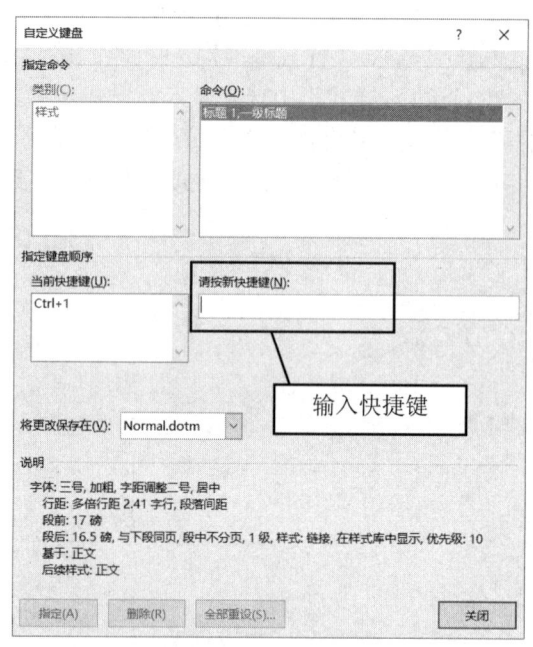

图 5-5　指定快捷键

（5）选中需要设置为一级标题的文本，例如"摘要"，单击"样式"组中的"标题 1"样式（或者使用快捷键"Ctrl+1"），这样就为"摘要"应用了"标题 1"样式。

（6）用同样的方法，为其他的一级标题、二级标题、三级标题和正文应用样式。如果在修改正文样式时选择了"自动更新"，则不需要应用样式也可以达到修改正文的目的。

（7）在设置标题的同时还需将数字以及英文字体改为 Times New Roman。

5.2.3　图片和表格的自动编号

为文档中所有的图片和表格插入自动编号的题注，其中图片的题注在图片下方居中位置，且图片要按在章节中出现的顺序分章编号。

操作步骤如下：

（1）选中"1.1.4 构件的技术发展现状"中的第一张图，单击"引用"→"题注"→"插入题注"，如图 5-6 所示。

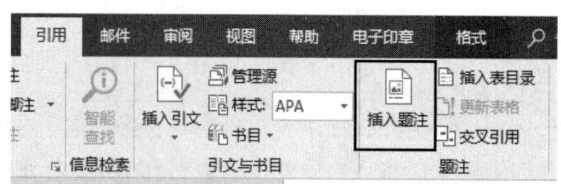

图 5-6　插入题注

（2）打开"题注"对话框，"题注"编辑栏中默认为"图表1"，由标签加编号组合而成。由于默认的"标签"中并没有"图"的标签，需新建标签，如图5-7所示。

（3）因为本例中章节号是中文，不能在"题注编号"对话框中勾选"包含章节号"复选框进行自动编号，只能按章节建立各章节图的标签。单击"新建标签"按钮，在"标签"文本框中输入"图1-"作为标签，如图5-8所示。

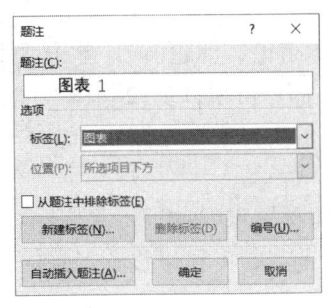
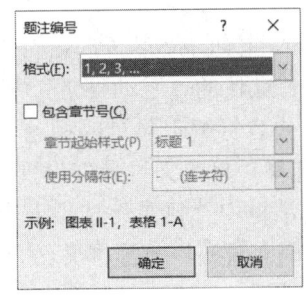
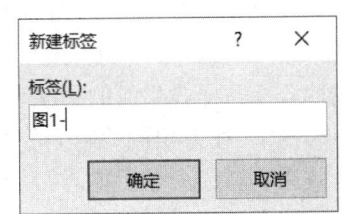

图5-7 "题注"对话框　　　　　　　图5-8 新建标签

（4）单击"确定"按钮回到"题注"对话框，"题注"编辑栏已经显示"图1-1"，"位置"选择"所选项目下方"（自动编号表格时选择"所选项目上方"），再单击"确定"按钮，这幅图片的题注就会插入到图的下方。然后在图的编号后输入图题，并设置字体为"宋体""小五""居中对齐"。

（5）当需要对第二个图添加题注时，只需选中该图，单击"引用"→"题注"→"插入题注"，在标签中选择对应的标签"图2-"（当章节改变时要新建标签），最后的编号会自动增加，单击"确定"按钮后图的题注会自动插入到图的下一行，接着输入图题并设置图题字体格式即可。

（6）用上述的方法为文档所有的图片和表格添加题注。

5.2.4　插入封面

创建封面有3种方法。

方法一：使用Word的内置封面样式为文档添加一个封面，并在相应位置输入标题和作者等信息。Word的内置封面插入只能使用内置样式或者是在Office.com下载。

方法二：使用外部插入的图片、图形、艺术字和文本框自行编辑。

方法三：自定义封面，即自由选择封面插入的图片和文字，并排版至合适大小。

本文档为了方便格式的修改，使用方法三完成。

操作步骤如下：

（1）选中封面文字"论文"，设置字号为"小初"，字体为"黑体""加粗"，排列方式为"居中"，段前间距为"段前3行"，字符宽度为"4字符"。

（2）选中第一个选项"学位论文题目"，设置字号为"三号"，字体为"宋体"，排列方式为"左对齐"，段前间距为"段前10行"，字符宽度为"8字符"。

（3）选中其他选项，设置字号为"三号"，字体为"宋体"，排列方式为"左对齐"，字符宽度为"8字符"。

（4）选中时间"年月"，设置字号为"三号"，字体为"宋体"，排列方式为"居中"。

5.2.5 创建文档目录

当整篇文档的格式、章节号、标题格式和题注等全部设置完成后，就可以生成目录了。此时生成目录会变得很简单，因为目录的内容是 Word 自动从文档中抽取出带有级别标题的段落组成的。

操作步骤如下：

（1）把光标定位到需要插入目录的位置（本文档为"第一章绪论"标题前），单击"引用"→"目录"，在下拉菜单中有默认的"手动目录""自动目录 1""自动目录 2"和"自定义目录"，其中"手动目录"需要自行编辑目录的标题和页码，"自动目录"是按照一定的格式抽取标题样式生成的。这里选择"自定义目录"设置，如图 5-9 所示。

（2）在弹出的"目录"对话框中"目录"选项卡中的"打印预览"，可以看到目录的预览效果，勾选"显示页码""页码右对齐"复选框并结合"制表符前导符"可以设置目录的样式，如图 5-10 所示。

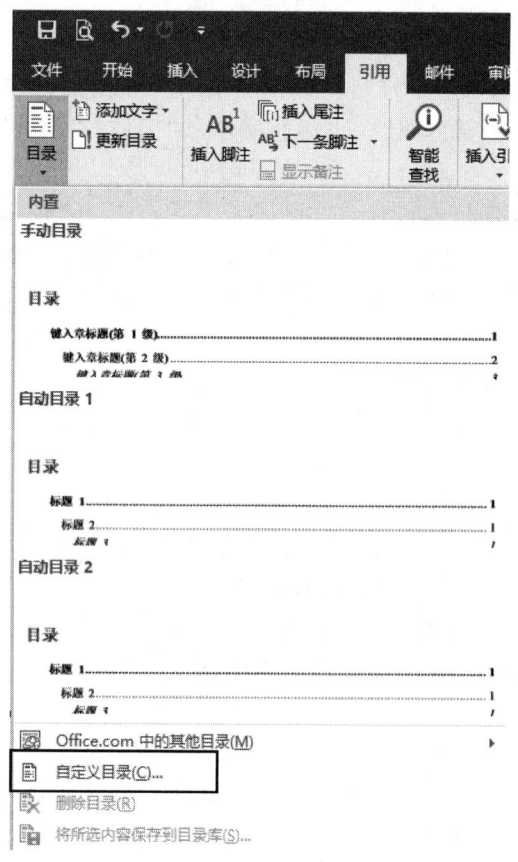

图 5-9　插入目录操作

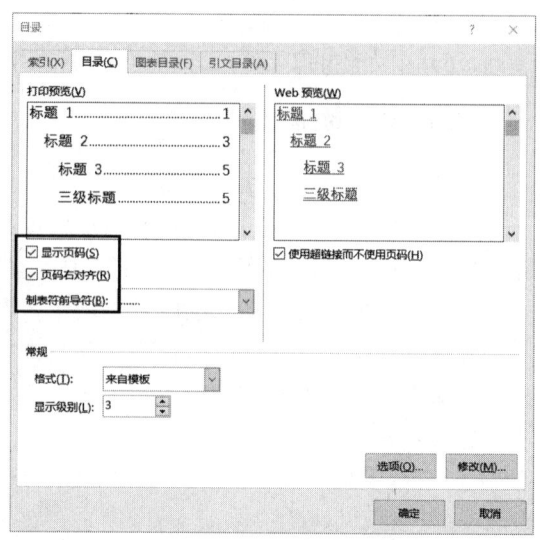

图 5-10　"目录"对话框

（3）设置好后单击"确定"按钮即可自动生成目录。在目录上方居中的位置输入"目录"，设置字体样式为"标题 1"，同时也可以选中目录的文字设置文字和段落格式，让目录更美观，如图 5-11 所示。

图 5-11 生成目录效果图

（4）目录还具备更新功能。当文档中的章节改动导致页码与目录不一致时，在"目录"选项中单击右侧"更新目录"按钮，如图 5-12 所示。如果只是页码改动，在"更新目录"对话框中选中"只更新页码"单选按钮，如果章节内容有增减，则选中"更新整个目录"单选按钮，单击"确定"按钮即可。

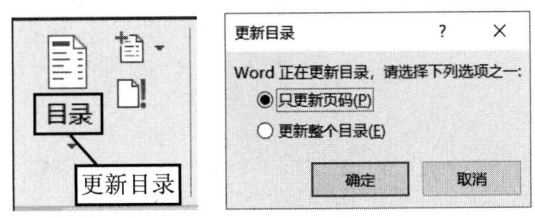

图 5-12 更新目录

5.2.6 创建图表目录

在文档目录的下方插入图表目录。

操作步骤如下：

（1）将光标定位在需要创建图表目录的位置。

（2）单击"引用"→"题注"→"插入表目录"，弹出"图表目录"对话框。

（3）在"图表目录"选项卡中的"题注标签"下拉列表中选择要创建索引的内容所对应的题注"图 2-"，如图 5-13 所示。

第 5 章 长文档排版

图 5-13 "图表目录"对话框

（4）单击"确定"按钮即可完成图表目录的创建。在图表目录的上方居中位置输入"图表目录"，设置字体为"宋体""三号"，同时也可以选中图表目录中的文字设置文字和段落格式，让目录更美观。生成的图表目录效果图如图 5-14 所示。

图表目录

图 2-1 内存条 10
图 2-2 硬盘 11
图 2-3 光驱 15

图 5-14 图表目录效果图

（5）图表目录同样具备文档目录的更新功能，当文档的章节改动导致页码与目录不一致时，使用"更新图表目录"功能即可。

5.2.7 插入分节符

本文档分为 14 个部分，需要插入 13 个分节符：封面为第一节，摘要为第二节，Abstract 为第三节，目录为第四节，图表目录为第五节，正文分为 5 个部分，各占一节，结论为第十一节，致谢为第十二节，参考文献为第十三节，附录为第十四节。

操作步骤如下：

（1）为了在插入分节符的时候能明确位置并看到提示文字，先设置标记高亮显示，单击"开始"→"段落"组中的"显示/隐藏编辑标记"按钮。

（2）将光标定位在封面结尾处，单击"布局"→"分隔符"，在下拉列表中选择"分节符"→"下一页"，如图 5-15 所示。

（3）切换到"摘要"结尾处，重复插入分节符操作，为每个部分插入分节符，可以看到在结尾处出现"分节符（下一页）"的标记，如图 5-16 所示，表示分节符插入成功。如果插入分隔符导致下一页多出一个无用的空行，选择该行删除即可。

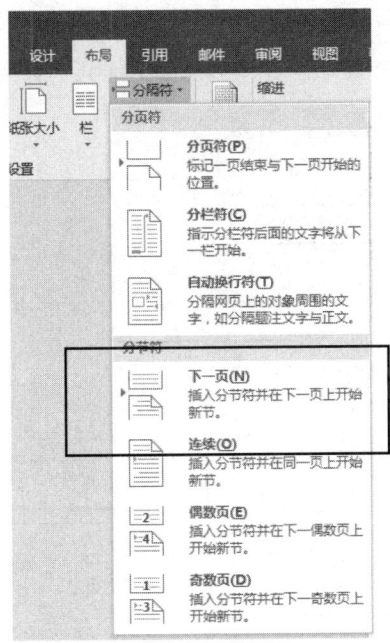

图 5-15 插入分节符

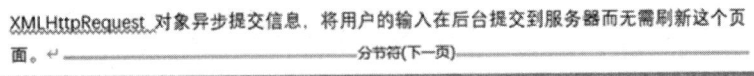

图 5-16 分节符标记

注：有的图片或表格可能太大，无法在纵向版面中放下，需要临时切换成横向版面，这时可以使用分节的方式解决纵向版面与横向版面混排的问题，操作过程如下：①在该版面前后各插入一个分节符；②在"页面设置"中设置该页版面为横向即可。

5.2.8 设置页眉页脚

1. 页眉设置

按照文档的格式设置要求，封面、摘要以及目录不需要设置页眉，文档正文部分按如下设置：奇数页设置为"当前节标题 1 内容"，偶数页设置为"基于 SOA 的可视化构件技术及应用"，字体为"宋体""五号""居中对齐"。

操作步骤如下：

（1）单击"布局"→"页面设置"组的扩展菜单按钮，在弹出的"页面设置"对话框中选择"布局"选项卡，在"页眉和页脚"中勾选"奇偶页不同"复选框，设置"页眉"距边界"1.5 厘米"，"页脚"距边界"1.75 厘米"，在"预览"下的"应用于"下拉列表中选择"整篇文档"，如图 5-17 所示。

（2）单击"插入"→"页眉和页脚"→"页眉"，在下拉菜单中选择"编辑页眉"进入到页眉的编辑状态，如图 5-18 所示。将光标定位到首页的"页眉"编辑区，也就是封面的"页眉"编辑区，确认"页眉和页脚工具/设计"→"导航"组中的"链接到前一节"为不可用状态。

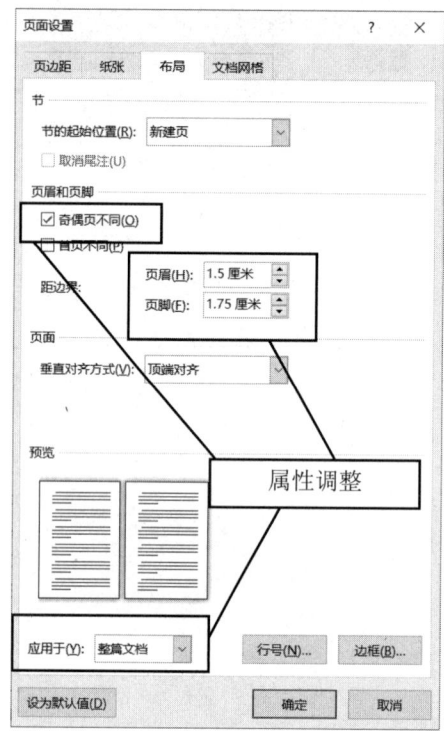

图 5-17 设置奇偶页不同

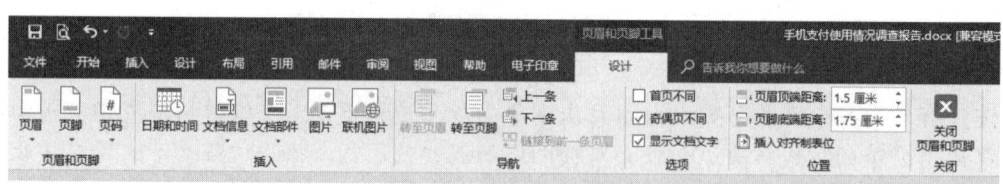

图 5-18 页眉编辑状态

（3）单击"页眉和页脚工具/设计"→"导航"→"下一节"，这时，光标就定位到下一节的"页眉"编辑区，也就是"摘要"的"页眉"编辑区。单击"页眉和页脚工具/设计"→"导航"组中的"链接到前一条页眉"，使其成为不可用状态。用同样的方法，将所有节的"链接到前一条页眉"都设置成不可用状态。

（4）再回到每一节首页的页眉编辑区，在奇数页输入"当前节标题 1 内容"，在偶数页输入"基于 SOA 的可视化构件技术及应用"，并设置字体为"宋体""五号""居中对齐"。

注：设置奇偶页不同并将页眉之间的链接去掉的原因是页眉、页脚之间如果存在着上下链接的关系，直接插入页眉则不能达到奇偶页页眉不同的效果，所以在插入页眉前必须先进行设置。

2．页脚设置

按文档页脚的格式要求，封面不能出现页码；页脚居中设置页码，页码格式为连续的大写罗马数字；正文及其以后的部分，页脚居中设置页码，页码格式为连续的阿拉伯数字，字体为 Times New Roman，字号为小五。

操作步骤如下：

（1）单击"插入"→"页眉和页脚"→"页脚"，在下拉菜单中选择"编辑页脚"进入到页脚的编辑状态，将光标定位到目录页的页脚，在"页眉和页脚工具/设计"菜单中单击"链接到前一条页眉"，使其成为不可用状态。

（2）单击"页眉和页脚工具/设计"→"导航"→"下一节"，将光标定位到正文第一页的页脚，单击"页眉和页脚工具/设计"→"导航"组中的"链接到前一条页眉"，使其成为不可用状态。正文后续页因要连续编辑页码，所以不用再做这个操作。

（3）返回目录页第一页的页脚，单击"页眉和页脚工具/设计"→"页码"→"设置页码格式"，弹出"页码格式"对话框。由于目录的页码要求使用罗马数字，所以在"编号格式"下拉列表中选择罗马数字"Ⅰ,Ⅱ,Ⅲ,..."。由于目录页码从"Ⅰ"开始，选中"页码编号"栏中"起始页码"单选按钮，使"Ⅰ"出现在编辑框中，单击"确定"按钮关闭对话框，如图 5-19 所示。

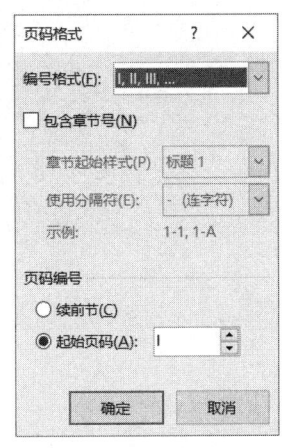

图 5-19　设置页码格式

（4）单击"页码"→"当前位置"，在下拉菜单中选择"普通数字"插入页码，然后选中页码，单击"开始"选项卡，设置字体为"Times New Roman""小五""居中"。由于此前设置了奇偶页不同，所以在目录第二页的页脚要重复一次插入页码的操作并设置字体。

（5）与之前操作相同，但"编号格式"要选择阿拉伯数字"1,2,3,..."。由于正文页码从"1"开始，选中"页码编号"栏中"起始页码"单选按钮，使"1"出现在编辑框中，单击"确定"按钮关闭对话框。

（6）阿拉伯数字页码格式和插入方法与罗马数字相同，不再赘述。

（7）检查所有的页脚页码，如果正文出现没有页码或者是页码不连续的情况，就单击"页眉和页脚工具/设计"→"页码"→"设置页码格式"，选中"页码编号"栏中"续前节"单选按钮。

5.3　WPS 实例制作区分

5.2 中的内容介绍了在 Word 2016 中进行长文档排版的详细步骤，那么在使用 WPS 进行长文档排版时，有什么是与使用 Word 2016 制作不同的呢？以下是对用 WPS 制作与用 Word 2016 制作的不同之处的介绍。

1. 样式设置

具体区别如下：

（1）在 WPS 的"修改样式"对话框中同样可以修改样式名称、样式基准等，如图 5-20 所示。单击左下角的"格式"按钮可以定义该样式的字体、段落等格式，但是其下方没有"自动更新"选框，所以已经设置过样式的文字在更改过样式之后需重新选中进行刷新。新建样式也与 Word 2016 的界面有所不同，如图 5-21 所示。

（2）WPS 中"快捷键"设置界面如图 5-22 所示，直接输入即可设置快捷键。WPS 中"Ctrl+1""Ctrl+2""Ctrl+3"已经被设置为快捷键，想要新设快捷键时需更换其他输入。

图 5-20 WPS 修改样式

图 5-21 WPS 创建样式

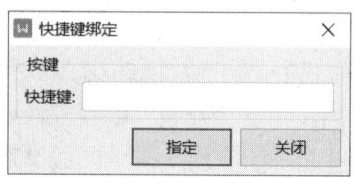

图 5-22 WPS "快捷键" 设置

2. 插入目录

具体区别如下:

(1) 把光标定位到需要插入目录的位置 (本文档为 "第一章绪论" 标题前), 单击 "引用" → "目录", 如图 5-23 所示。与 Word 的插入目录界面不同, 但是我们同样可以选择 "自定义目录" 选项。

图 5-23 插入目录操作

（2）在弹出的"目录"对话框的"目录"选项卡中的"打印预览"可以预览目录效果，勾选"显示页码""页码右对齐"复选框并结合"制表符前导符"可以设置目录的样式，如图5-24 所示。

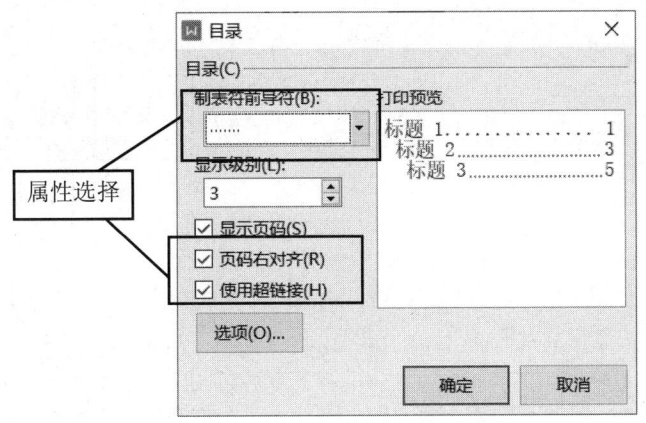

图 5-24 "目录"对话框

（3）WPS 也具备目录更新功能。当文档中的章节改动导致页码与目录不一致时，在"目录"选项中单击右侧"更新目录"按钮，如图 5-25 所示。只有页码更新时选择"只更新页码"，有文章内容改动时选择"更新整个目录"。

图 5-25 更新目录

3．插入分节符

具体区别如下：

WPS 与 Word 插入分节符的界面有所不同，想要插入"分节符"时选择"下一页分节符"即可，如图 5-26 所示。

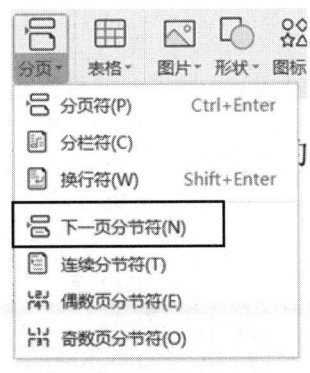

图 5-26 插入分节符

4. 页眉设置

具体区别如下：

（1）单击"插入"→"页眉页脚"按钮，如图 5-27、图 5-28 所示。

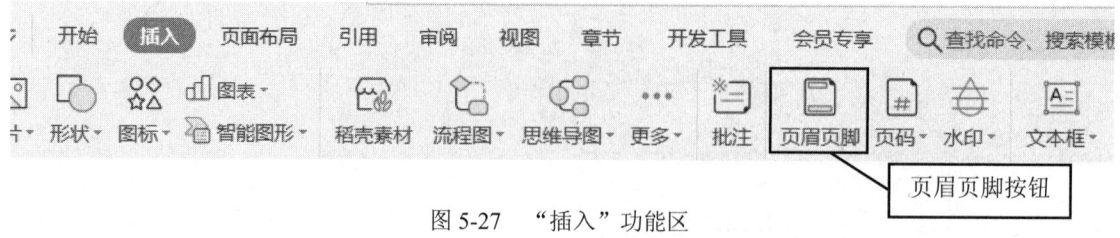

图 5-27　"插入"功能区

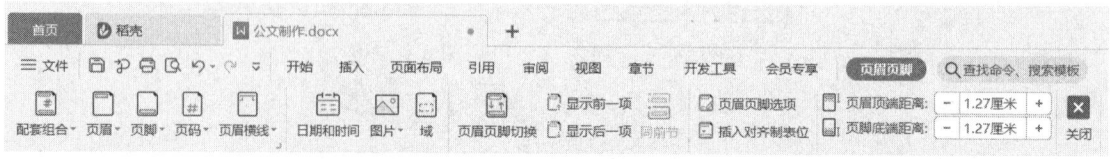

图 5-28　"页眉页脚"选项卡

（2）单击"页眉页脚"选项卡，在弹出的"页眉/页脚设置"对话框中选择"奇偶页不同""显示奇数页页眉横线""显示偶数页页眉横线"，如图 5-29 所示。此后每一页都要对这三个选项进行设置，否则会出现页眉混乱的现象。

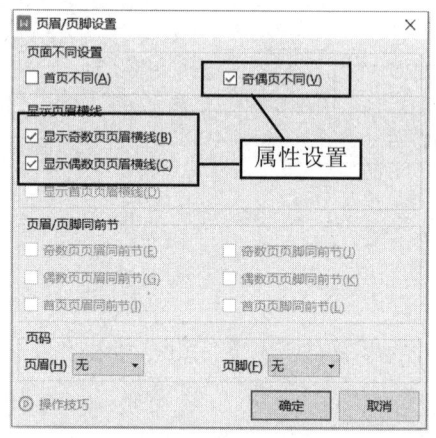

图 5-29　"页眉/页脚设置"对话框

（3）单击页眉区域，如图 5-30 所示。将光标定位到首页的"页眉"编辑区，也就是封面的"页眉"编辑区，确认"页眉页脚"选项卡中的"同前节"为不可用状态。

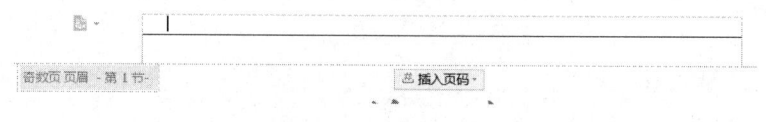

图 5-30　页眉编辑状态

（4）转到每一节首页的页眉编辑区。首先更改图 5-29 中所示的三种属性，接着还要确定

"页眉页脚"选项卡中的"同前节"为不可用状态,如图 5-31 所示。接着就可以在奇数页输入"当前节标题 1 内容",在偶数页输入"基于 SOA 的可视化构件技术及应用",并设置字体为"宋体""五号""居中对齐"。

5. 页脚设置

具体区别如下:

(1)回到"摘要"页,在"页眉页脚"编辑界面的下方单击"插入页码"按钮,如图 5-32 所示。

图 5-31　"同前节"按钮

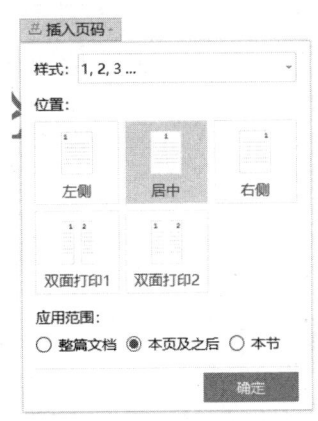

图 5-32　"插入页码"按钮

(2)"样式"选择为"Ⅰ,Ⅱ,Ⅲ…"样式,位置选择"居中",应用范围选择"本页及之后",单击"确定"按钮。这样可以不用在每一页设置属性并单击"同前节"选项使其不可用。

(3)正文部分页脚设置和上方步骤相同,但"样式"需改成"1,2,3…"。

(4)检查整篇文档页眉页脚是否出现问题,如果出现问题,在"页眉页脚"选项卡中单击下方的"删除页码"重新设置即可。

5.4　本章小结

本章介绍了长文档编辑排版,带领读者对 Word 的样式设置和样式使用、节的插入、页眉页脚的设置、题注的插入、目录的插入等操作有了深入的了解和掌握。在长文档的排版过程中应注意:

(1)开始排版时,要先设置好样式,一般主要设置的样式有正文、标题 1、标题 2 和标题 4 种。

(2)正文的图和表无缩进居中,图、表标题居中,其他样式自定义;图标题位于图下,表标题位于表上。

(3)将封面、摘要、目录和正文的各部分分为独立的节。

(4)自动抽取文档目录,一般生成 3 级目录。

(5)长文档按单面打印格式或双面打印格式进行排版,根据打印格式调整奇偶页,每一节的页眉、页脚断开链接,封面没有页眉,也不显示页码。

(6)检查分节后页眉、页脚、页码设置是否正确,目录是否要更新。

（7）WPS 中的页码和样式设置与 Word 2016 区别较大，如果使用 WPS 进行长文档排版，需掌握本书 WPS 实例区分内容。

5.5　思考练习

参照案例，对"素材\第 5 章\WindowsXP 实用教程.docx"进行排版，要求如下：

1．整体打印设置。中文用"宋体"字体，英文用 Times New Roman 字体，页边距上为"2.5 厘米"，下为"2 厘米"，左为"2.5 厘米"，右为"2 厘米"。

2．封面。在文章前手动输入并插入图片，效果如图 5-33 所示。

图 5-33　练习结果

3．正文格式。每一章作为一节，标题编写采用分级编号，一级标题为中文"一""二""三"等，二级标题为"1.1""1.2""1.3"等，三级标题为"1.1.1""1.1.2""1.1.3"等。一级标题居中放置，字体"宋体""三号"，段前、段后"1 行"间距，行距为"2.41 倍"。二级标题顶格放置，字体"宋体""三号"，段前、段后各"13 磅"间距，行距为"1.73 倍"。三级标题顶格放置，字体"宋体""四号"，段前、段后各"13 磅"间距，行距为"1.73 倍"。正文"首行缩进 2 字符"，字体"宋体""四号"，行距"固定值 18 磅"。

4．目录设置：自动提取文档目录和图表目录，设置完成后必须更新目录，目录字体为"宋体""四号"，行距为"固定值 18 磅"。

5．页眉、页脚设置：首页无页码，目录单独页码；前言单独页码并为罗马数字；正文单独页码。页眉页脚奇偶页不同，奇数页页眉为"此节一级标题名称"，偶数页页眉为"计算机应用技术基础"。

第 6 章 工作证批量制作

- 理解邮件合并的思想。
- 掌握利用"邮件合并"功能批量制作工作证。
- 掌握"邮件合并"中合并域、Word 域的使用。

6.1 实例简介

每一家公司或单位都需要给员工制作工作证,工作证的内容除了个人信息(姓名、性别、联系电话)之外,其他的内容和格式都是一模一样的。要批量制作工作证,如果使用传统的方法,不管是先打印模板再手写填入个人信息,还是计算机复制粘贴录入个人信息再统一打印,这些方法都太烦琐,而且容易出错。Word 中的"邮件合并"功能为批量制作文档(证书、工作证)提供了完美的解决方案,可以将多种保存类型的数据源整合到 Word 文档中,用高效的方法创建目标文档。

本章以批量制作"奇迹广告创意公司"的工作证为实例来介绍工作证的制作以及"邮件合并"功能的使用方法,工作证样图如图 6-1 所示。

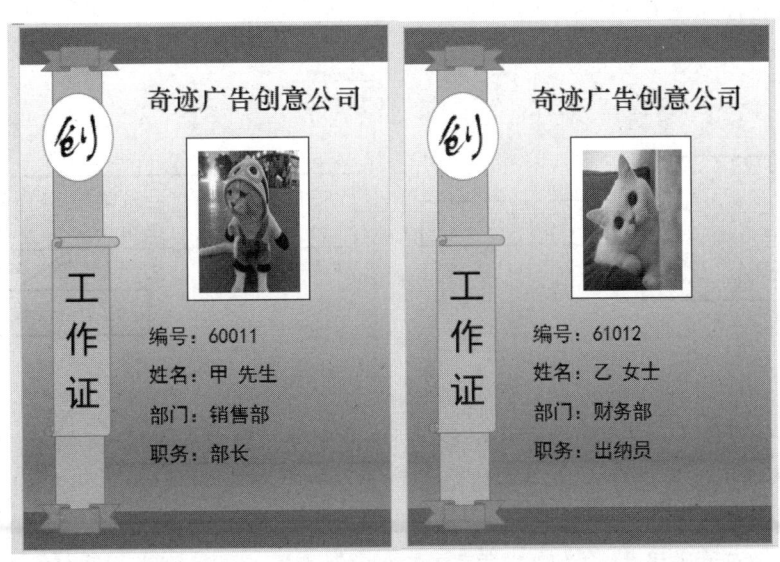

图 6-1 最终效果样图

6.2 实例制作

6.2.1 主文档背景

新建 Word 文档制作一份"工作证主文档.docx",如图 6-2 所示,并保存在 D 盘的 OFFICE 文件夹中,同时设置文档的页面格式。

图 6-2 工作证背景

操作步骤如下:

(1)打开 Word 2016,单击"文件"→"新建"→"空白文档",新建一个空白文档。

(2)自定义文档版面,选择"布局"选项卡,单击"页面设置"组右下角的扩展按钮,弹出"页面设置"对话框,在"纸张"选项卡中的"纸张大小"栏中选择"自定义大小","宽度"为"8 厘米","高度"为"11 厘米",在"页边距"选项卡中设置"页边距"(上、下、左、右)为"0 厘米",如图 6-3 所示。

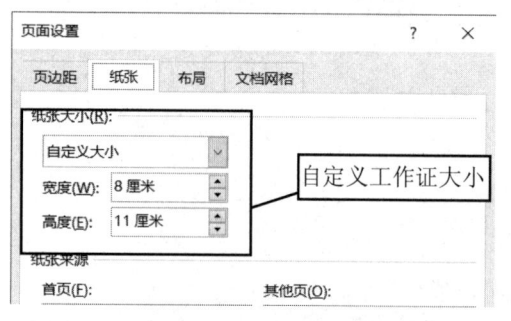
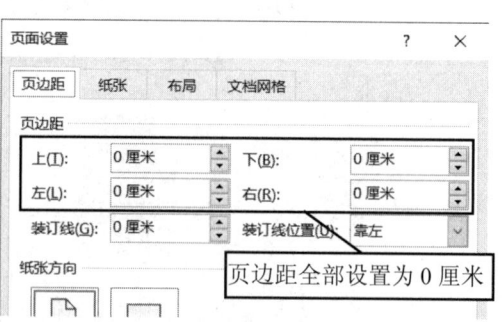

图 6-3 工作证页面设置

(3)在"页边距"中设置全为"0 厘米"时会弹出提示界面,如图 6-4 所示,选择"忽略"。

(4)选择"设计"选项卡,单击"页面背景"→"页面颜色",在下拉列表中选择"填充效果",弹出"填充效果"对话框,在"渐变"选项卡中进行设置,选中"颜色"栏中的"双色"单选按钮,"颜色 1"默认为"白色",在"颜色 2"的下拉列表中选择标准色"浅蓝",其他设置保留默认,如图 6-5 所示。

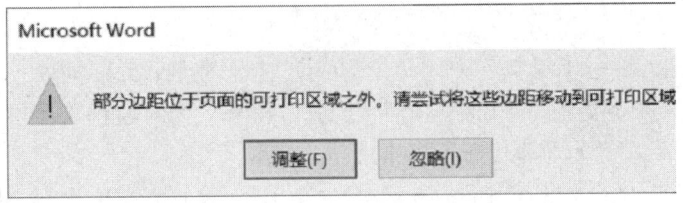

图 6-4 工作证页面设置

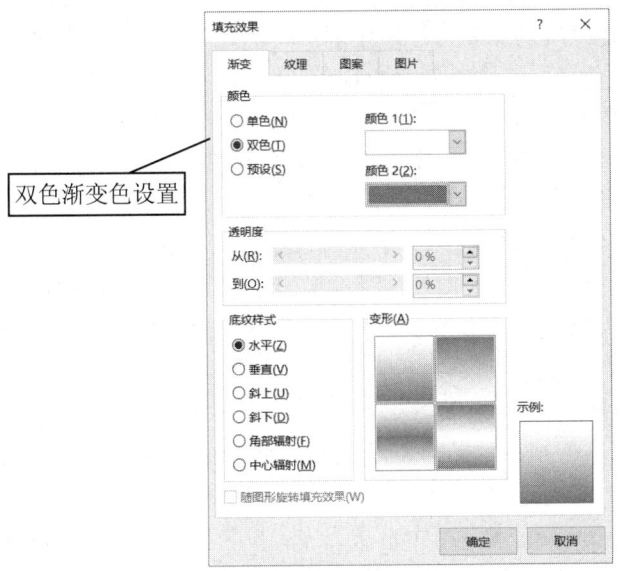

图 6-5 设置填充效果

6.2.2 插入形状

按照图 6-1 中所给效果进行设计（读者可根据自己的想法进行设计），本书提供范例的制作步骤，效果如图 6-6 所示。

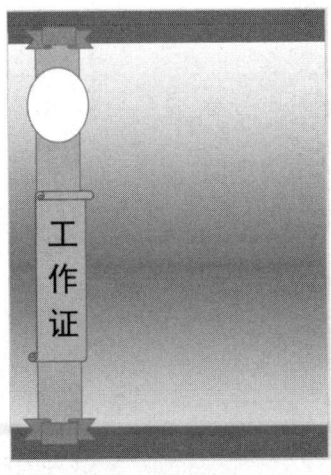

图 6-6 工作证底版

操作步骤如下：

（1）单击"插入"→"形状"→"矩形"，在页面上下分别插入一个矩形，设置"宽度"为"8.1 厘米"，"高度"为"0.8 厘米"，设置"填充"为"蓝色，个性色 1"，"边框"为"蓝色，个性色 1"，将矩形移动到实例中的相应位置。

（2）同样在"形状"选项卡中插入另一个"矩形"，设置"宽度"为"1.1 厘米"，"高度"为"9.9 厘米"，设置"填充"为"蓝色，个性色 5，淡色 40%"，"边框"为"白色，背景 1，深色 50%"，将矩形移动到实例中的相应位置。

（3）在"形状"中选择"星与旗帜"下栏中的"带形：上凸" "带形：前凸"，设置"填充"为"橙色，个性色 2"，"边框"为"白色，背景 1，深色 50%"，将图形移动到实例中的相应位置。

（4）在"形状"中选择"椭圆"，设置"填充"为"白色"，"边框"为"白色，背景 1，深色 50%"，将图形移动到实例中的相应位置。

（5）在"形状"中选择"星与旗帜"下栏中的"卷形：垂直"，设置"填充"为"橙色，个性色 2，淡色 40%"，"边框"为"白色，背景 1，深色 50%"。右击图形选择"添加文字"选框，输入"工作证"设置字体为"黑体""二号"，将图形移动到实例中的相应位置。

6.2.3 插入文本框

对工作证底版加入公司需要显示的信息以及插入公司的 logo 标识。效果如图 6-7 所示。

操作步骤如下：

（1）在"插入"选项卡的"文本"组中单击"文本框"按钮，如图 6-8 所示。选择"简单文本框"，接着插入第 1 个文本框，输入"奇迹广告创意公司"，设置字体为"华文中宋""三号"。右击插入的边框，在"填充"下拉栏选择"无填充"，在"边框"下拉栏选择"无轮廓"。

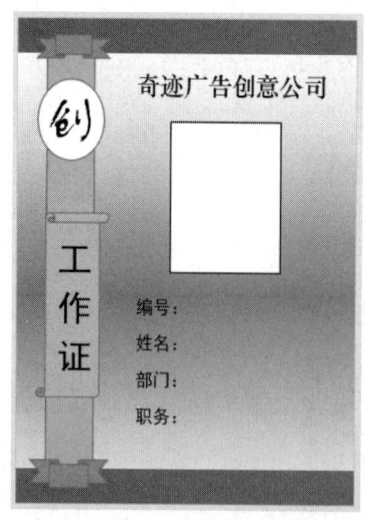

图 6-7 工作证样式

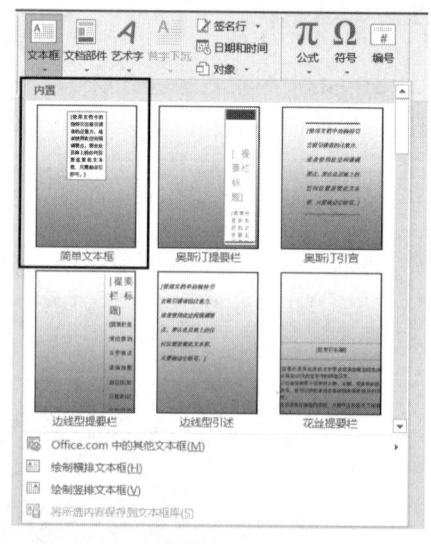

图 6-8 设置填充效果

（2）在第 2 个文本框输入"创"，设置字体为"方正舒体""小初"。

（3）在第 3 个文本框输入"编号、姓名、部门、职务"，设置字体为"黑体""小四"，"段落"为"1.5 倍行距"。调整文本框大小，让文本框按工作证模板排列，同时设置文本框的"填充"为"无填充"，"边框"为"无轮廓"。

（4）第 4 个文本框不输入内容，设置"宽度"为"2.6 厘米"，"高度"为"3.4 厘米"，设置"形状轮廓"→"粗细"→"0.75 磅"。

（5）为了更好地固定名片中各对象的位置，方便移动，可以把名片中所有对象进行组合。先选中第一个对象矩形，按住 Ctrl 键，同时依次选中各个文本框，松开 Ctrl 键，移动鼠标，当鼠标变成带四个方向的箭头形状时，右击并从弹出的快捷菜单中选择"组合"命令，即可将所有选中的对象进行组合，形成一个整体。

注：

（1）在选定对象时，可能会出现某个对象被其他对象覆盖而无法选中的情况，此时应先将被覆盖的对象上移一层或置于顶层，再进行选定。

（2）对于组合后的对象，也可以通过鼠标右击，从弹出的快捷菜单中选择"取消组合"命令，使各个对象从中独立出来。

6.2.4 准备数据源

本例中所用到的数据源已经利用 Excel 预先创建"员工信息表.xlsx"，保存在"D:\OFFICE\素材\第 6 章\"，如图 6-9 所示。由于 Excel 中"照片名"列存储相应照片的"名称.jpg"，因此必须将照片与数据源存储在同一文件夹内才能便于邮件合并。

	A	B	C	D	E	F	G
1	员工编号	姓名	性别	部门	职务	联系电话	照片名
2	60011	甲	男	销售部	部长	135XXXX8729	1.jpg
3	61012	乙	女	财务部	出纳员	135XXXX8730	2.jpg
4	62305	丙	男	销售部	副部长	135XXXX8729	3.jpg
5	65215	丁	男	销售部	业务员	135XXXX8730	4.jpg
6	68912	戊	女	财务部	办事员	135XXXX8729	5.jpg
7	62325	己	男	人事部	会计员	135XXXX8730	6.jpg
8	65812	庚	女	销售部	业务员	135XXXX8729	7.jpg
9	64688	辛	男	总务部	副部长	135XXXX8730	8.jpg

图 6-9 员工信息表

6.2.5 把数据源合并到主文档

利用 Word "邮件合并"功能将 Excel 数据、照片合并到工作证主文档模板中。

操作步骤如下：

（1）单击"邮件"选项卡，在"开始邮件合并"组中单击"开始邮件合并"，在下拉列表中选择"邮件合并分步向导"命令（如果已经很熟悉邮件合并操作，可以直接选择相应合并的文档类型进行操作），如图 6-10 所示。

（2）在 Word 窗口的右侧会打开"邮件合并"任务窗格，在任务窗格中按其提示的 6 个步骤完成邮件合并操作。

（3）在"邮件合并"任务窗格的"选择文档类型"向导页选中"信函"单选按钮，并单击"下一步：开始文档"，如图 6-11 所示。

（4）在打开的"选择开始文档"向导页中，选中"使用当前文档"单选按钮，并单击"下一步：选择收件人"，如图 6-12 所示。

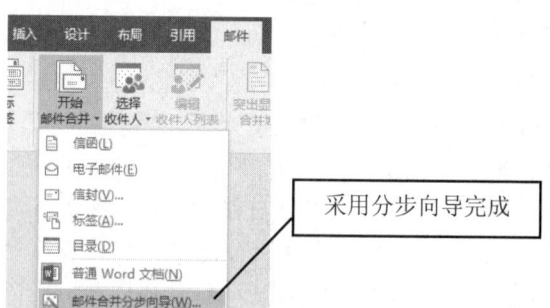

图 6-10　"邮件合并"菜单

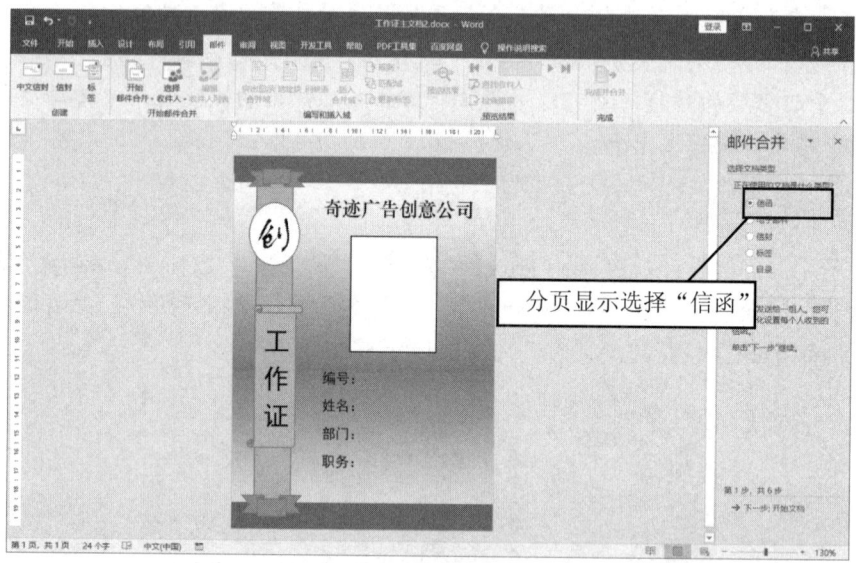

图 6-11　选择文档类型

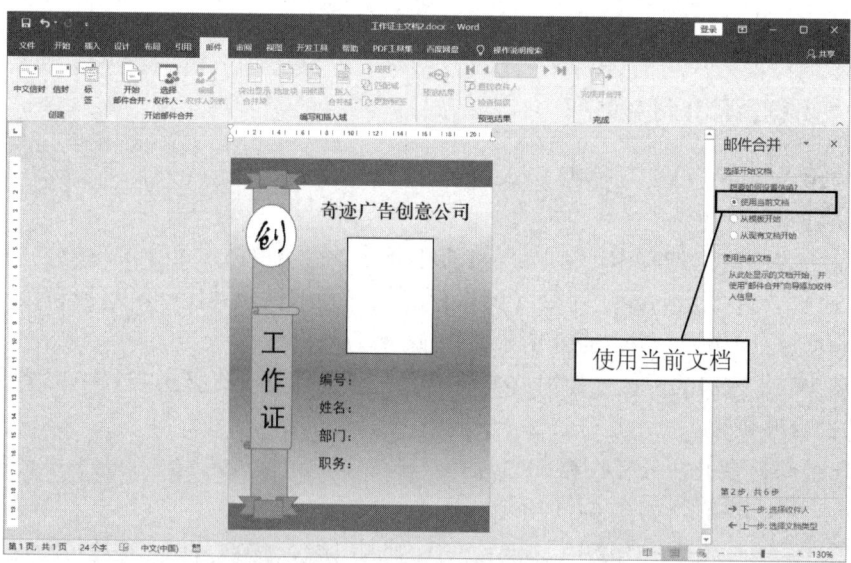

图 6-12　选择开始文档

（5）打开"选择收件人"向导页，选中"使用现有列表"单选按钮，并单击"使用现有列表"栏的"浏览"，如图 6-13 所示。

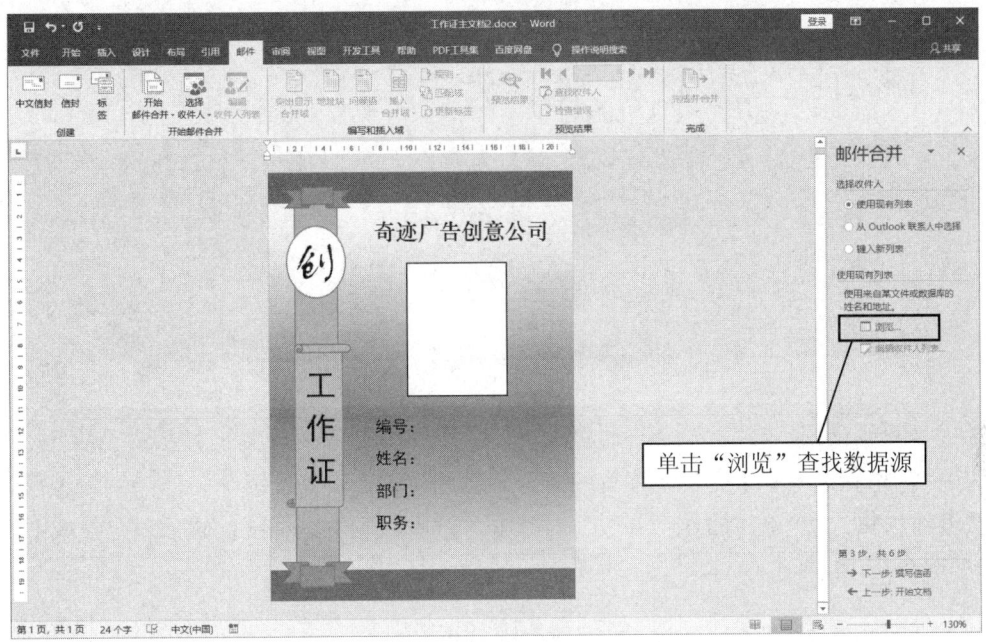

图 6-13　选择收件人

（6）在弹出的"选取数据源"对话框中找到并打开数据源"员工信息表.xlsx"，在"选择表格"对话框中选择 Sheet1（选择包含合并数据的数据表），如图 6-14 所示。

（7）单击"确定"按钮后，弹出"邮件合并收件人"对话框，显示了数据源的信息内容，可以在该对话框中筛选、排列收件人，如图 6-15 所示。

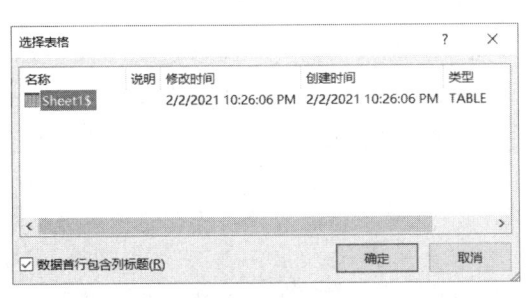

图 6-14　选取数据源

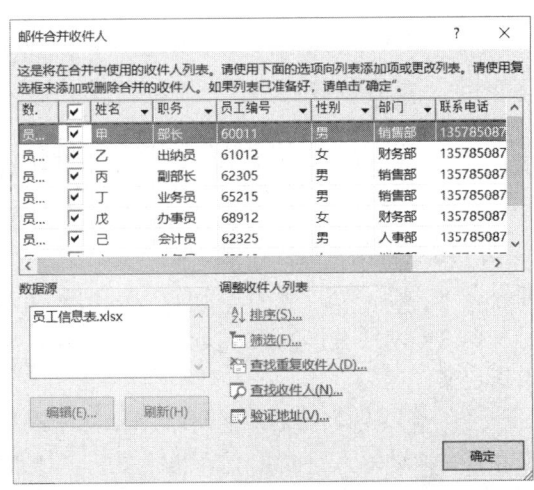

图 6-15　"邮件合并收件人"列表

（8）单击"确定"按钮返回主界面，再单击"下一步：撰写信函"，打开"撰写信函"向导页，如图 6-16 所示。

第 6 章　工作证批量制作　143

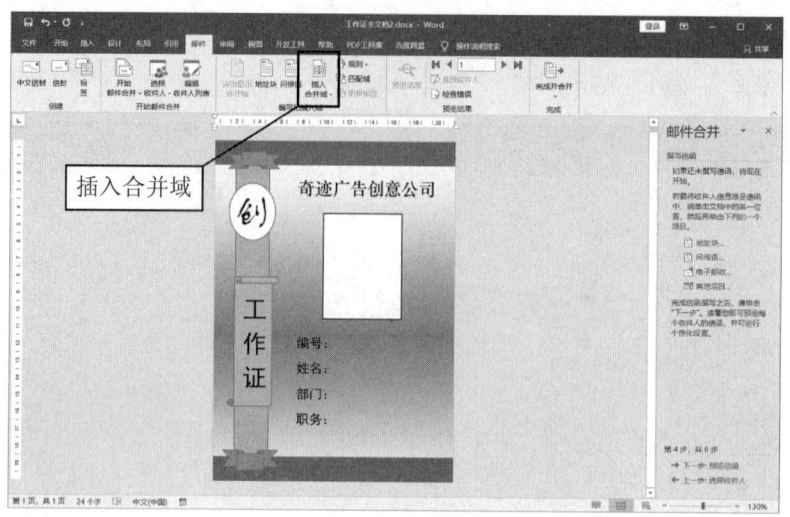

图 6-16 "撰写信函"向导页

（9）将光标定位到主文档中需要插入合并域的位置（编号、姓名、部门、职务冒号后），单击"其他项目"，弹出"插入合并域"对话框，然后在主文档相应位置插入合并域中的"域名"，如图 6-17 所示。

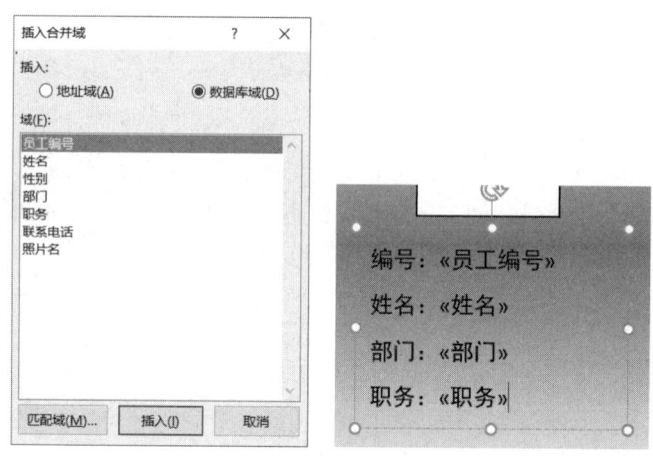

图 6-17 插入合并域

（10）插入照片嵌套域，将光标定位到照片文本框，单击"插入"→"文本"→"文档部件"→"域"，在"域名"选项框中选择"IncludePicture"，在"域属性"的"文件名或 URL:"编辑框内输入照片的路径，如图 6-18 所示，单击"确定"按钮。确定之后还是会显示"错误！未指定文件名"。

注： 如果是复制文件夹的路径粘贴，最后一个反斜杠要手动录入，因为还没有完成域的照片文件名的输入，所以文本框中显示"错误！未指定文件名"。

（11）单击照片区域，按 Alt+F9 组合键切换域代码，将照片文本框字体缩小到六号，在"D:\\OFFICE\\素材\\第 6 章\\"的"\\"和后引号之间插入合并域"照片名"，再按 Alt+F9 组合键返回，即完成照片域代码的编辑，此时文本框显示照片。按住鼠标左键拖动调整照片大小，如图 6-19 所示。

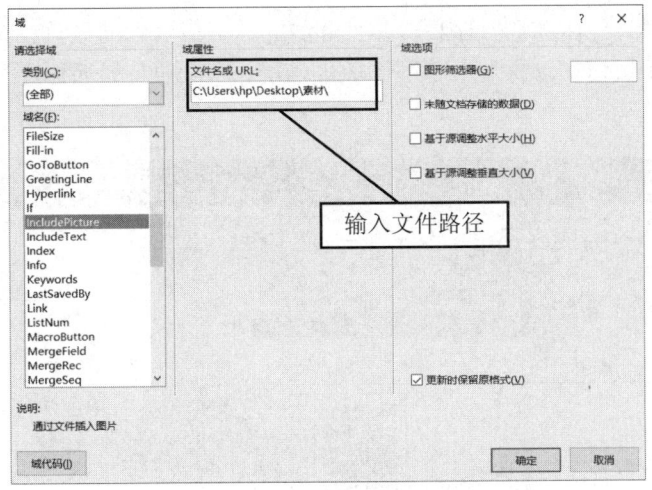

图 6-18　插入照片嵌套域

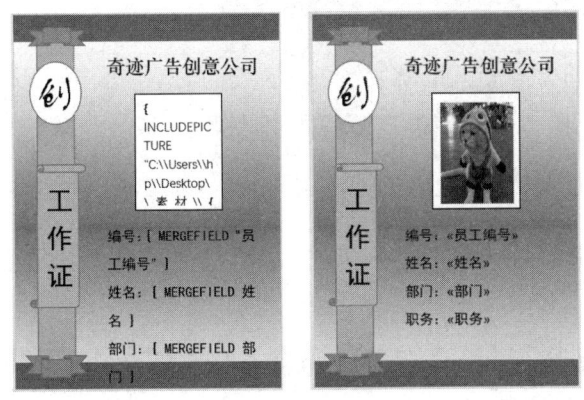

图 6-19　编辑照片域代码

注：如未正常显示照片，则按 F9 键刷新或者单击"文件"→"信息"→"编辑指向文件的链接"，在弹出的"链接"对话框中单击"立即更新"→"确定"，如图 6-20 所示。

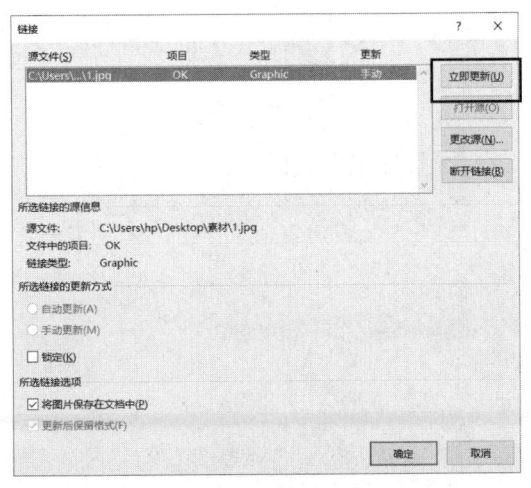

图 6-20　更新"链接"对话框

（12）单击"下一步：预览信函"，在打开的"预览信函"向导页中可以查看信函内容，单击"<<"或">>"按钮可以预览其他联系人的信函，其中照片是暂时不会改变的，如图6-21所示。

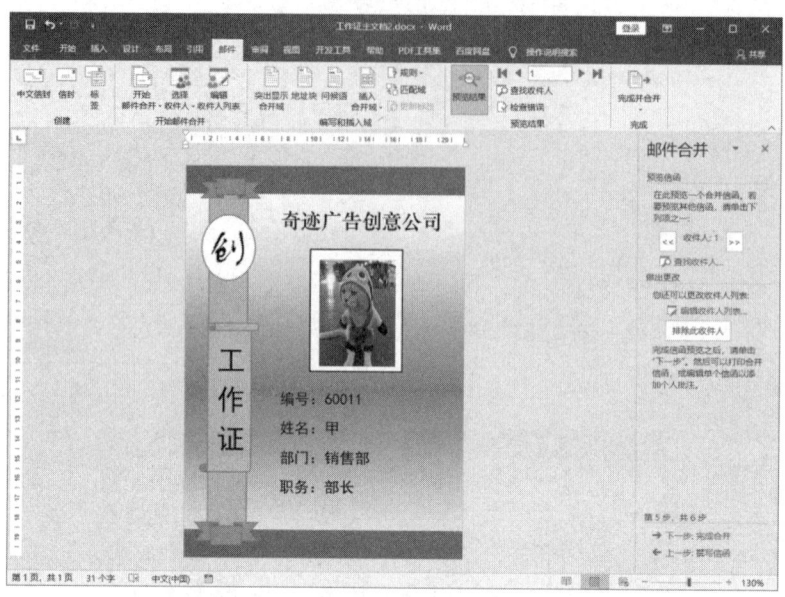

图6-21 预览信函

（13）确认没有错误后，单击"下一步：完成合并"，打开"完成合并"向导页，单击"编辑单个信函"，如图6-22所示。

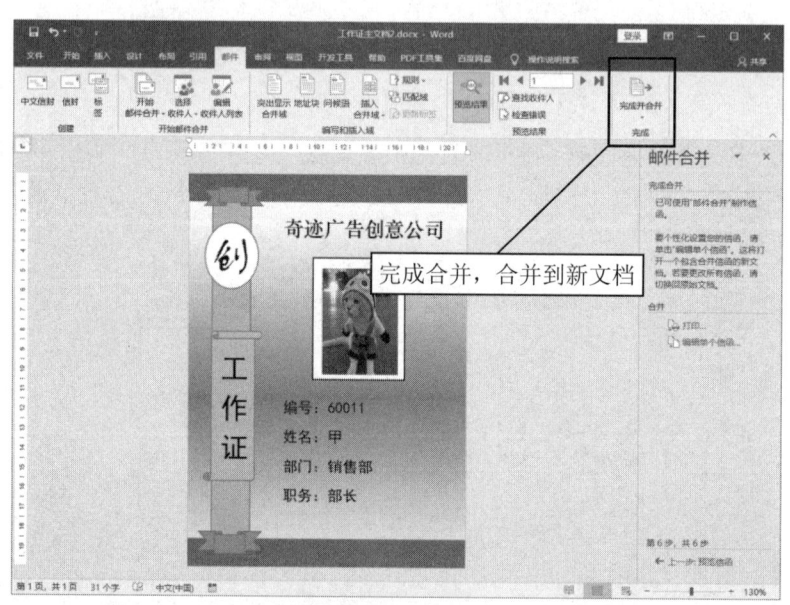

图6-22 完成合并

（14）打开"合并到新文档"对话框，选择要合并的记录，如图6-23所示。或者是在单击"编辑单个信函"前先单击"编辑收件人列表"，打开"邮件合并收件人"筛选记录再合并。

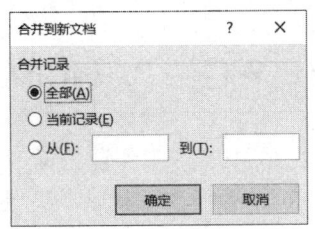

图 6-23 选择合并记录

（15）选中"全部"单选按钮，单击"确定"按钮，则所有的记录都被合并到新文档中。但是合并的文档中每个工作证的照片都是同一个人，这时需要选择照片，同时按照上面的步骤进行更新。

（16）合并出来的文档"页面背景"被清除掉了，需要重新单击"设计"→"页面背景"→"页面颜色"→"填充效果"，打开"填充效果"对话框后单击"确定"按钮应用。至此，邮件合并工作证全部完成，最后单击"文件"→"保存"，以"工作证.docx"为文件名保存到"D:\OFFICE\"文件夹下。

6.2.6 嵌套域的使用

在现实工作中，很多时候需要对插入的元素进行一定的条件限定，这时候就需要用到嵌套域。在本例中，以工作证的"姓名"后加入"先生/女士"进行智能识别为例，来介绍嵌套域的使用。

操作步骤如下：

（1）前 11 步操作和前面小节的步骤一致，不再赘述。

（2）将光标放到"姓名域"之后，单击"邮件"→"编写和插入域"→"规则"中的第三条，在"姓名域"后面加一个规则"如果...那么...否则..."，如图 6-24 所示。

（3）在弹出的"插入 Word 域：如果"对话框中，在"域名"下拉列表中选择"性别"，在"比较条件"下拉列表中选择"等于"，在"比较对象"文本框中输入"男"，在"则插入此文字"文本框中输入"先生"，在"否则插入此文字"文本框中输入"女士"。设置完毕后单击"确定"按钮即可，如图 6-25 所示。

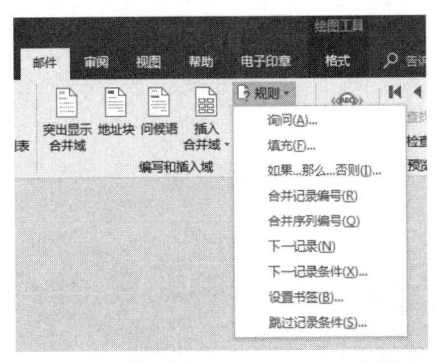

图 6-24 选择规则

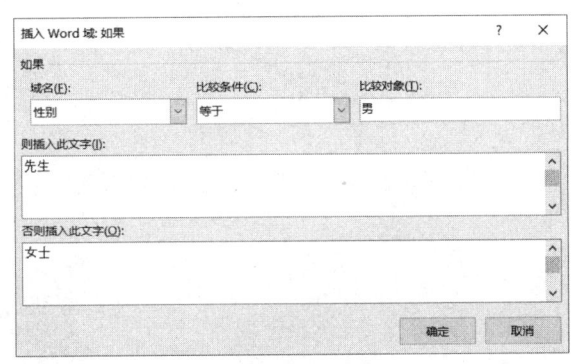

图 6-25 设置规则

（4）使用格式刷工具，对返回结果的字体应用相同的字体及格式。

（5）其他步骤同前面小节一致，最后效果如图 6-1 所示。

6.3 WPS 实例制作区分

6.2 中的内容介绍了在 Word 2016 中制作工作证的详细步骤，那么在使用 WPS 制作工作证时，有什么是与使用 Word 2016 制作不同的呢？以下是对用 WPS 制作与用 Word 2016 制作的不同之处的介绍。

1. 文档背景

具体区别如下：

（1）设计工作证大小时，选择"页面布局"选项卡，如图 6-26 所示，单击"纸张大小"→"其他页面大小"，弹出"页面设置"对话框，大小设置与 6.2 相同，如图 6-27 所示。另外，在"边距"设置中不会弹出页面提示界面。

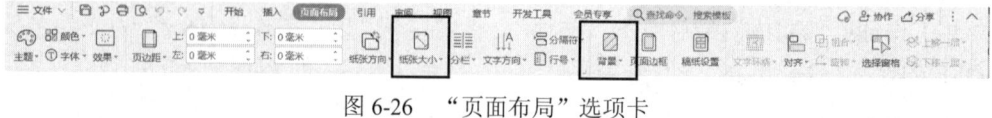

图 6-26 "页面布局"选项卡

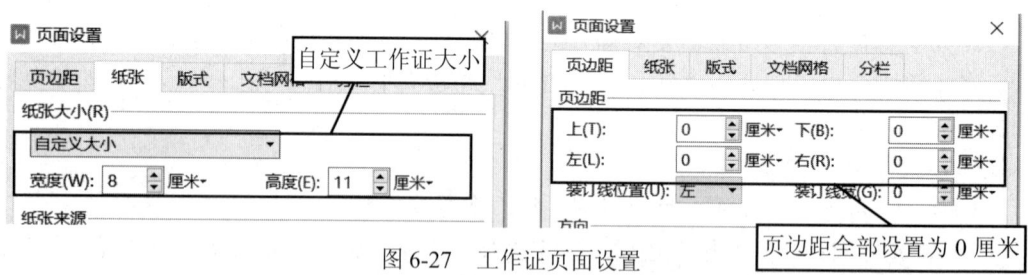

图 6-27 工作证页面设置

（2）选择"页面布局"选项卡，单击"背景"→"其他背景"→"渐变"，在"渐变"选项卡中进行设置，单击"变形"的第三个样式，如图 6-28 所示。

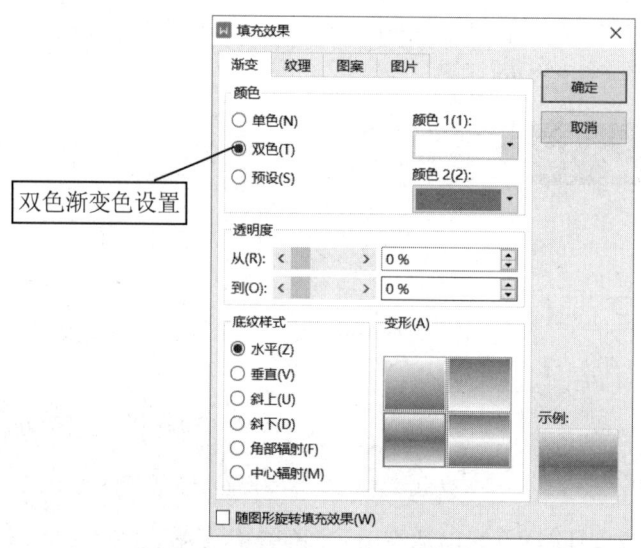

图 6-28 设置填充效果

2. 颜色设置

Word 2016 中的颜色名称与 WPS 的颜色名称有细小区别，在本实例中使用过的颜色名称对比见表 6-1。

表 6-1　颜色对比名称

Word 颜色名称	WPS 颜色名称
蓝色，个性色 1	钢蓝，着色 5
蓝色，个性色 5，淡色 40%	钢蓝，着色 5，淡色 40%
白色，背景 1，深色 50%	白色，背景 1，深色 50%
橙色，个性色 2	巧克力黄，着色 2
橙色，个性色 2，淡色 40%	巧克力黄，着色 2，淡色 40%

3. 合并数据源

具体区别如下：

（1）单击"引用"选项卡并单击"邮件"按钮，如图 6-29 所示。

图 6-29　"引用"选项卡

（2）在功能区会打开"邮件合并"选项卡，如图 6-30 所示。单击进去之后会发现右侧的按钮选项均为灰色的不可用状态。WPS 中邮件合并的步骤有很多简化，相比在 Word 中"邮件合并"的操作减少了逐步确认的过程。

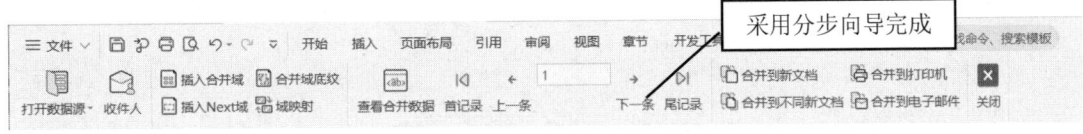

图 6-30　"邮件合并"选项卡

（3）单击"打开数据源"按钮，在弹出的文件路径中找到并打开数据源"员工信息表.xls"，WPS 中也不会弹出对话框进行选择。右侧的按钮选项点亮就说明数据源打开成功。

注：WPS 不支持 Excel 中 ".xlsx" 后缀名文件的打开，想要选择该数据表的数据需重新另存以 ".xls" 为后缀的数据表。

（4）将光标定位到主文档中需要插入合并域的位置（编号、姓名、部门、职务冒号后），单击"插入合并域"按钮，如图 6-31 所示。

图 6-31　"插入合并域"按钮

（5）插入照片嵌套域，将光标定位到照片文本框，单击"插入"→"文档部件"→"域"，如图 6-32 所示。在左边"域名"中选择"插入图片"。按照下方的"应用举例"样式在"域代码"中输入想要插入图片的文件路径（需要把复制的文件路径加上双斜杠），之后单击"确定"按钮。

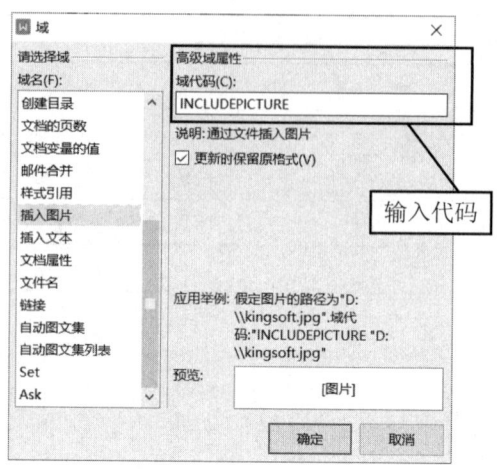

图 6-32　插入照片嵌套域

（6）插入之后将文档刷新，并且单击"合并到新文档"，如图 6-33 所示，在新文档中进行刷新即可完成邮件合并。此外 WPS 没有嵌套域中的"规则功能"，所以不能够进行合并域中的条件判别。

图 6-33　插入照片嵌套域

6.4　本章小结

"邮件合并"是 Word 的一项高级功能，是 Word 中最为实用、节约时间的功能之一，也是办公自动化人员应该掌握的基本技术之一。邮件合并操作实际上是在"主文档"和"数据源"这两个文档之间进行的，创建好"主文档"，打开"数据源"，在"主文档"中适当的位置插入合并域，最后完成合并即可。利用"邮件合并"还可以批量处理和打印邮件，如制作工作证、工资条、奖状和请柬等。另外，文档制作的样式也是多变的，读者可以发挥自己想象的空间进行设计。

6.5　思考练习

1. 根据要求进行文档设计：
为答谢广大商家，天籁商贸公司准备于 2015 年 12 月 25 日 18 时举办答谢会，现让小王利用“邀请函素材.docx”制作一批邀请函，要邀请的人员名单见“邀请人员名单.xlsx”。

制作要求：

（1）纸张大小为“自定义大小”，宽度为“15 厘米”，高度为“20 厘米”，页边距上为“1.5 厘米”，下、左、右均为“1 厘米”，页面颜色为填充效果预设中的“羊皮纸”。

（2）标题字体为“华文新魏”“一号”“居中对齐”。

（3）正文字体为“楷体”“小四”“首行缩进 2 字符”“1.5 倍行距”，其中称呼“左对齐”，落款空三行“右对齐”。

（4）利用“邮件合并”制作邀请函，在主文档的适当位置插入合并域，将电子表格“邀请人员名单.xlsx”中的姓名信息自动填写到“邀请函”中“尊敬的”三字后面，并根据性别信息，在姓名后添加“先生”（性别为男）、“女士”（性别为女）。

（5）利用“邮件合并”功能在“在此特邀请您参加”与“在公司多功能厅举办的”之间插入 Word 域，使其在完成合并时能输入默认填充日期“2015 年 12 月 25 日 18 时”，只询问一次。

（6）邮件合并完成后的最终效果图如图 6-34 所示，最后单击“文件”→“保存”，以“邀请函.docx”为文件名保存到“D:\OFFICE\”文件夹下。

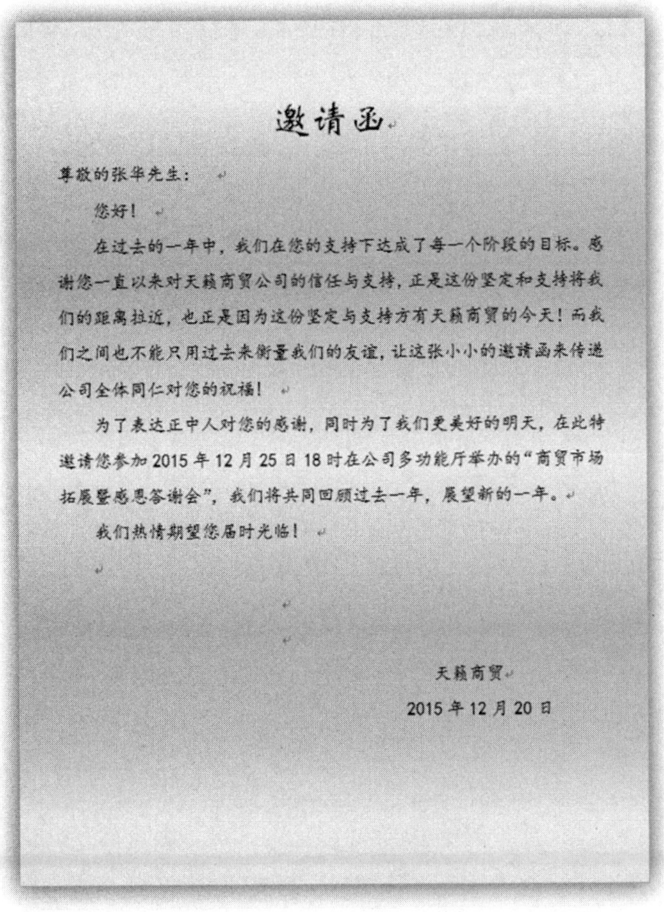

邀请函

尊敬的张华先生：

您好！

在过去的一年中，我们在您的支持下达成了每一个阶段的目标。感谢您一直以来对天籁商贸公司的信任与支持，正是这份坚定和支持将我们的距离拉近，也正是因为这份坚定与支持方有天籁商贸的今天！而我们之间也不能只用过去来衡量我们的友谊，让这张小小的邀请函来传递公司全体同仁对您的祝福！

为了表达正中人对您的感谢，同时为了我们更美好的明天，在此特邀请您参加 2015 年 12 月 25 日 18 时在公司多功能厅举办的“商贸市场拓展暨感恩答谢会”，我们将共同回顾过去一年，展望新的一年。

我们热情期望您届时光临！

天籁商贸

2015 年 12 月 20 日

图 6-34　最终效果图

操作提示：

（1）将光标定位在"在此特邀请您参加"的后面，在"邮件"选项卡上的"编写和插入域"组中，单击"规则"下拉列表中的"填充"，打开"插入 Word 域：Fill-in"对话框。

（2）在"提示"下方的文本框中输入"请输入答谢会举办时间"，在"默认填充文字"下方的文本框中输入"年月日时"，勾选"询问一次"复选框，如图 6-35 所示，单击"确定"按钮。

注： 勾选"询问一次"很重要，否则在合并之后，如果有多页数据，则需要多次输入时间，所以如果输入的内容都相同的话就勾选"询问一次"复选框，以减少文字的输入。

（3）在新弹出的"Microsoft Word"对话框中"请输入答谢会举办时间"的文本框中输入"2015 年 12 月 25 日 18 时"，如图 6-36 所示，单击"确定"按钮。

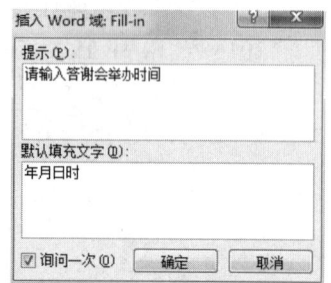

图 6-35　插入"填充"Word 域

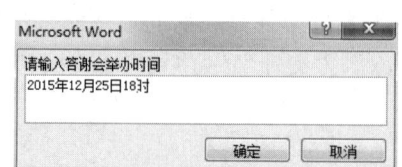

图 6-36　输入默认时间

2．请根据提供的素材进行班级成绩单的设计，最终效果如图 6-37 所示。

姓名	班级排名	学校排名	往次排名	语文	数学	英语	物理	化学	生物	总分
王海强	1	564	648	76	78.4	85	81	79	89	488.4
教师评语								签字		

图 6-37　最终效果图

第 7 章　流程图制作

- 掌握流程图主题框架的搭建。
- 掌握连接符的绘制。
- 掌握流程图的美化。

7.1　实例简介

流程图是流经一个系统的信息流、观点流或部件流的图形代表。在计算机程序设计中，它是使用图形表示算法思路的一种方法。在企业中，这种过程既可以是生产线上的工艺流程，也可以是完成一项任务必需的管理过程。

流程图使用一些标准符号代表某些类型的动作，如决策用菱形框表示，具体活动用方框表示。但比这些符号规定更重要的是，必须清楚描述工作过程的顺序。流程图也可用于设计改进工作过程，具体做法是先画出事情应该怎么做，再将其与实际情况进行比较。

本章以××企业的招聘流程作为案例制作流程图，效果如图 7-1 所示。

7.2　实例制作

7.2.1　流程图页面设置

新建 Word 文档"流程图.docx"，并保存在 D 盘的 OFFICE 文件夹，同时设置文档页面格式。操作步骤如下：

（1）打开 Word 2016，单击"文件"→"新建"→"空白文档"，新建一个空白文档。

（2）单击"文件"→"另存为"，在计算机中选择保存路径（本案例所使用的路径是"D:\OFFICE"），在"文件名"中输入"流程图"，保存类型选择"Word 文档（*.docx）"，单击"保存"按钮进行保存。

（3）选择"页面布局"选项卡，单击"页面设置"组，设置"纸张大小"为"A4"，"页边距"上、下为"2 厘米"，左、右为"1.5 厘米"。

（4）单击"插入"→"形状"，在下拉菜单中选择"新建画布"命令，如图 7-2 所示。

（5）这时会在页面上出现一个白框，如图 7-3 所示，按住鼠标左键拖动调整画布大小，使其扩大至页面底部边缘，以便能容纳流程图的其他图形。

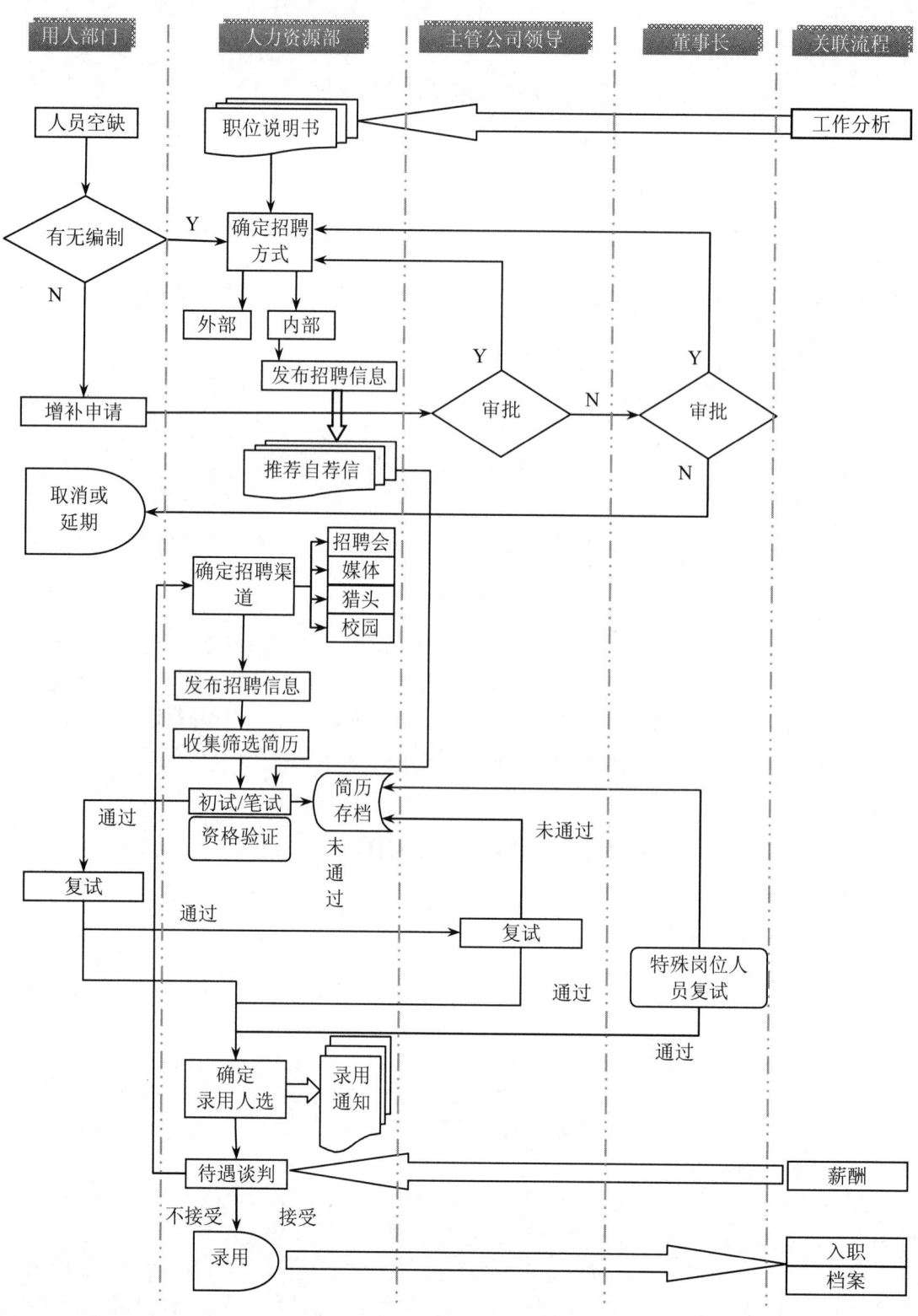

图 7-1 流程图样图

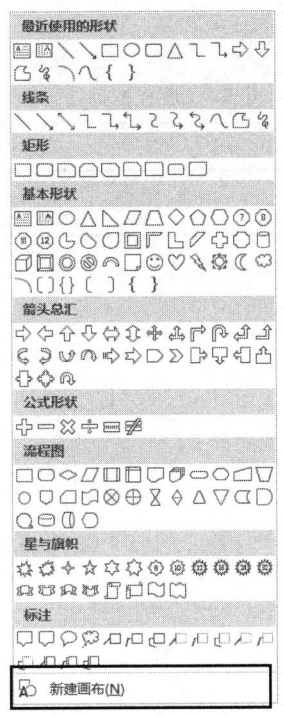

图 7-2 新建画布

图 7-3 插入绘图画布

7.2.2 绘制流程图主题框架

接下来在画布中绘制流程图的框架。所谓绘制框架就是画出图形、将图形大致布局,并在其中输入文字。

操作步骤如下:

(1) 单击"插入"→"形状",在"流程图"类型中选择"过程"□,此时鼠标变成"+"图标,按住鼠标左键拖动绘制一个任意大小的矩形。

(2) 选中小矩形右击,在弹出的快捷菜单中选择"添加文字"命令,接着在其中输入文字"用人部门"。

注：流程图中常用的控件范例见表 7-1。

表 7-1　流程图控件范例

控件名称	控件样式
过程	用人部门
决策	有无编制
多文档	职位说明书
延期	取消或延期
可选过程	资格验证
存储数据	简历存档

（3）因为流程图图形较多，所以每个形状的尺寸不宜太大。为了让文字显示且尽量贴近文本框的边缘，必须适当调整文本框的内部边距。右击插入的图形，选择"设置形状格式"，在右侧弹出的菜单中选择"文本选项"→"布局属性"，如图 7-4 所示。

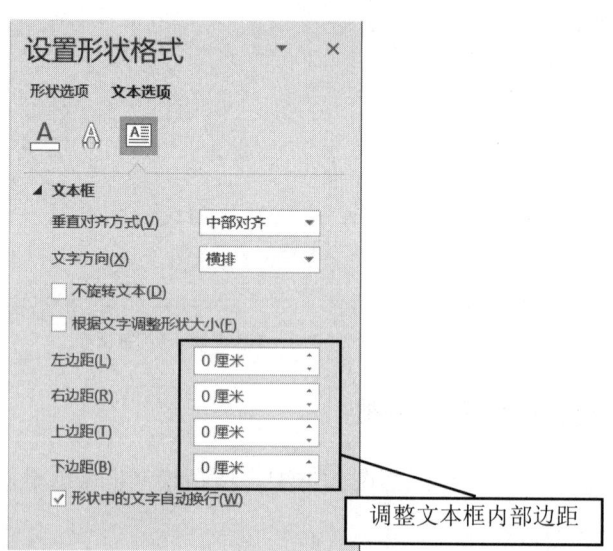

图 7-4　调整文本框内部边距

（4）用同样的方法绘制其他图形，相同的图形可以复制粘贴，修改大小和文字即可，完成后的效果如图 7-5 所示。

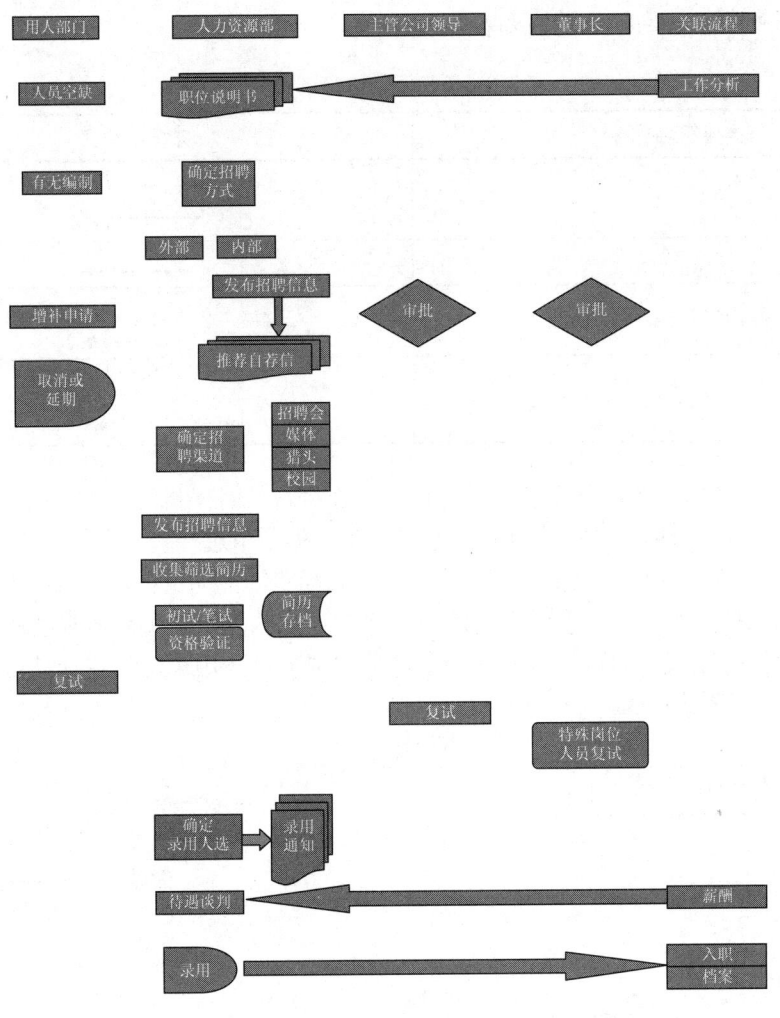

图 7-5 流程图主体框架

7.2.3 添加连接符

绘制连接符，使用连接符、箭头连接符和肘形箭头连接符连接各个图形。

操作步骤如下：

（1）单击"插入"→"形状"，在"箭头总汇"类型中选择"箭头"。

（2）此时鼠标变成"+"图标，将鼠标指针指向第一个形状（不必选中），则该形状四周中心点（依据形状的不同也可能是端点）将出现若干个绿色的连接点，然后按住鼠标左键拖动箭头至第二个形状，该形状四周也会出现绿色的连接点，定位到其中一个连接点并释放左键，则完成两个形状的连接。成功连接的连接符两端将显示红色的圆点，而且不管两个形状之间的位置如何改变，它们之间的连接符都会随着位置的变化而伸长或者缩短，如图7-6所示。

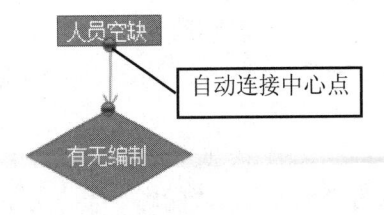

图 7-6 绘制箭头连接符

注：流程图中常用的连接符范例见表 7-2。

表 7-2　流程图连接符范例

连接符名称	连接符样式
箭头：右	⇨
直线箭头	→
肘型箭头	⌐→
曲线箭头	∽→

（3）按照上述的方法为其他形状添加"箭头"连接符。对于折线箭头，则需要使用"肘形箭头连接符"，单击"插入"→"形状"，在"线条"类型中选择"肘形箭头连接符"。

（4）先在起始形状的连接点上单击，接着按住鼠标左键拖动鼠标，在目标形状的连接点上单击，即可添加折线箭头。只有一个折的肘形箭头连接符是不能调整肘形线的幅度的，而有两个折的肘形箭头连接符的连接线上有一个橙色的圆形点，用鼠标按住拖动可以调整肘形线的幅度，如图 7-7 所示。

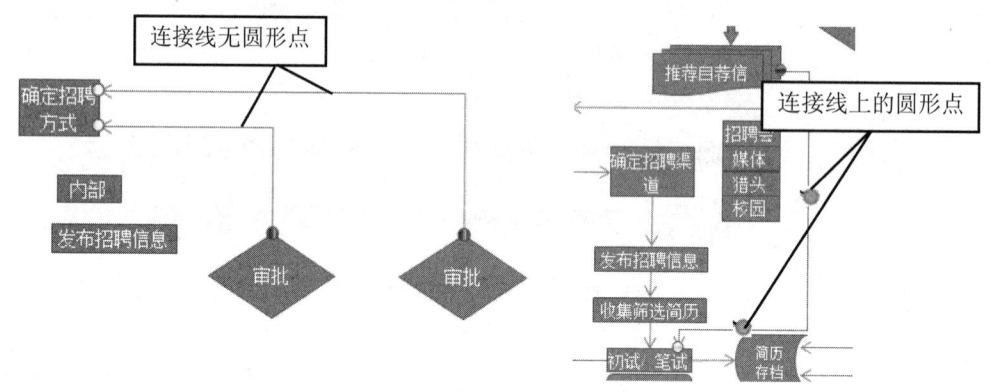

图 7-7　绘制肘形箭头连接符

注：具有两个圆形点的肘型连接符是由无箭头肘型连接符和单箭头肘型连接符连接而成的，在"形状"功能中没有双折点连接符。

（5）连接符绘制完毕后，按住 Ctrl 键逐个单击连接符，选择全部的连接符，在选择的连接符上右击，在弹出的快捷菜单中选择"设置形状格式"命令，在"线条颜色"中将"颜色"设置为"黑色"，在"宽度"中设置宽度"1 磅"，在"结尾箭头类型"的箭头中选择"→"，如图 7-8 所示。添加连接符后适当调整各形状之间的位置，使各形状之间的连接符呈直线显示。

（6）在部分连接符上添加"文本框"并输入相应内容，同时设置"文本框"的"填充"为"无填充"，"轮廓"为"无轮廓"，字体为"宋体"，字号"小五"，设置"文本框"的"内部边距"均为"0 厘米"，基本效果如图 7-9 所示。

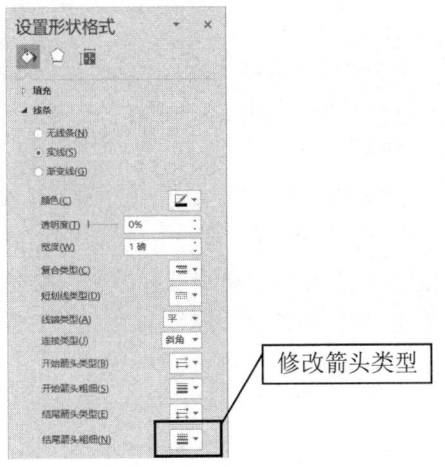

图 7-8　设置箭头连接符形状格式

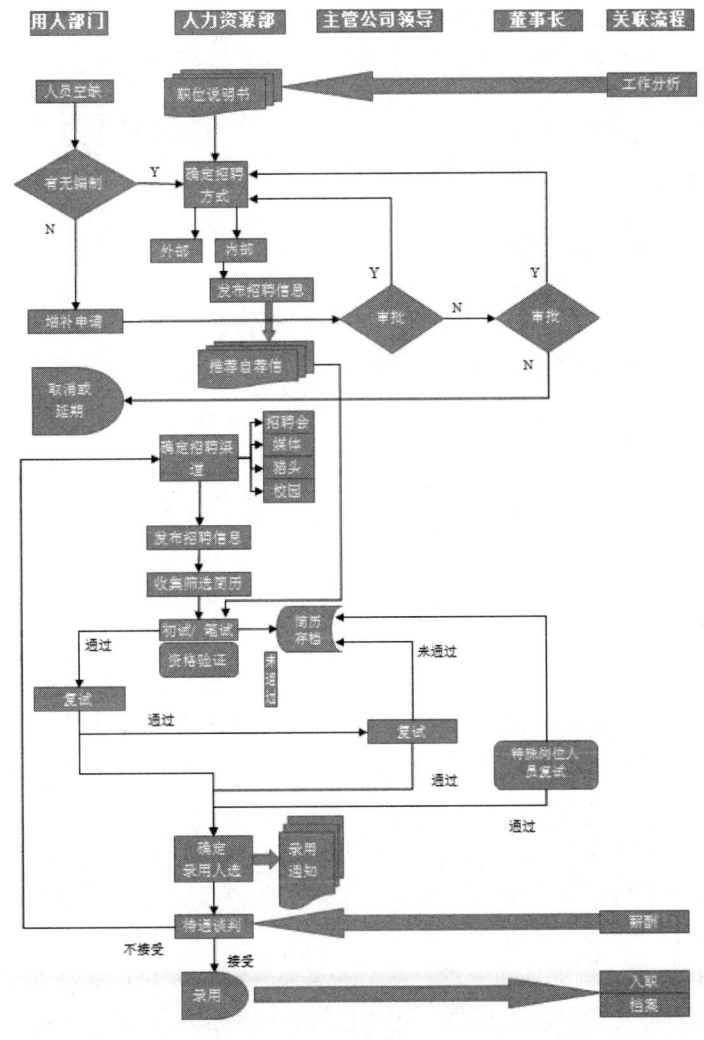

图 7-9　流程图基本效果图

7.2.4 美化流程图

美化流程图也就是修改流程图中各个形状的"形状填充""形状轮廓""形状效果"。

操作步骤如下：

（1）按住 Ctrl 键选择其余形状，单击"绘图工具/格式"→"形状样式"，设置"形状填充"为"无颜色填充"，"形状轮廓"为"黑色"，字体颜色为"黑色"，如图 7-10 所示。

（2）按住 Ctrl 键选择上方的 5 个形状，单击"绘图工具/格式"→"形状样式"→"形状效果"→"阴影"，在列表中选择"外部"→"右上斜偏移"，如图 7-11 所示。

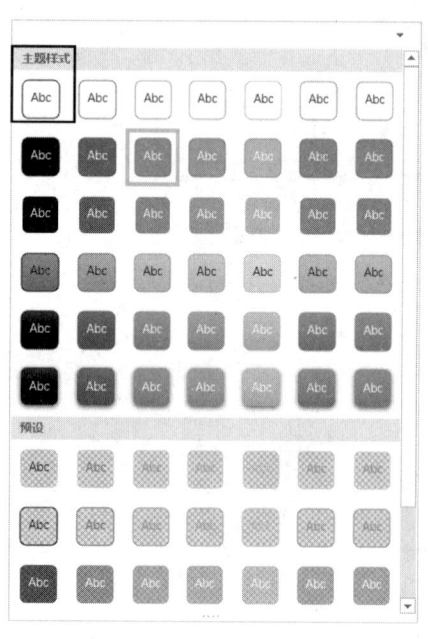

图 7-10 Word 默认形状主题样式

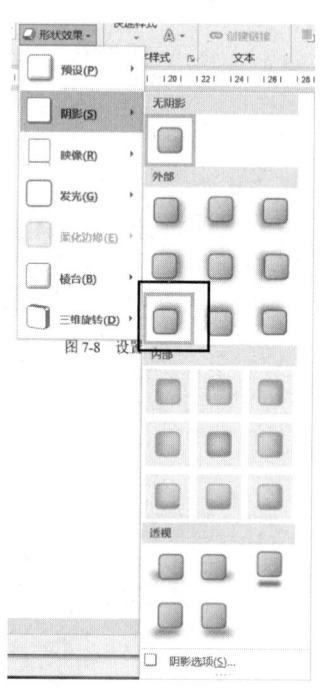

图 7-11 "形状效果"菜单

（3）插入 4 根直线，将不同部门所负责的流程进行区分，设置直线的"形状轮廓"为"白色，背景 1，深色 35%"，"虚线"选择一长两短线型。

7.2.5 组合图形

组合图形是 Word 提供的一种图形处理功能，可以将多个独立的形状组合成一个图形对象，这样方便对组合后的图形对象进行移动、修改大小等操作。

操作步骤如下：

（1）选择所有的图形对象。具体的方法有两种：第一种是单击第一个图形，然后再按 Ctrl 键单击下一个图形，直至所有图形选择完毕；第二种是在画布中可以用拖选的方式选择所有图形，因为在制作流程图前已经插入了画布。

（2）用鼠标指针移动画布 4 个角的任意一个，按住鼠标左键往相反的对角线拖动，拖动时一定要保证所有图形均在拖选的框内，选中后每个图形都处于编辑状态。如果没有把图形选完，可以按 Ctrl 键单击补选图形。所有图形选择完毕后如图 7-12 所示。

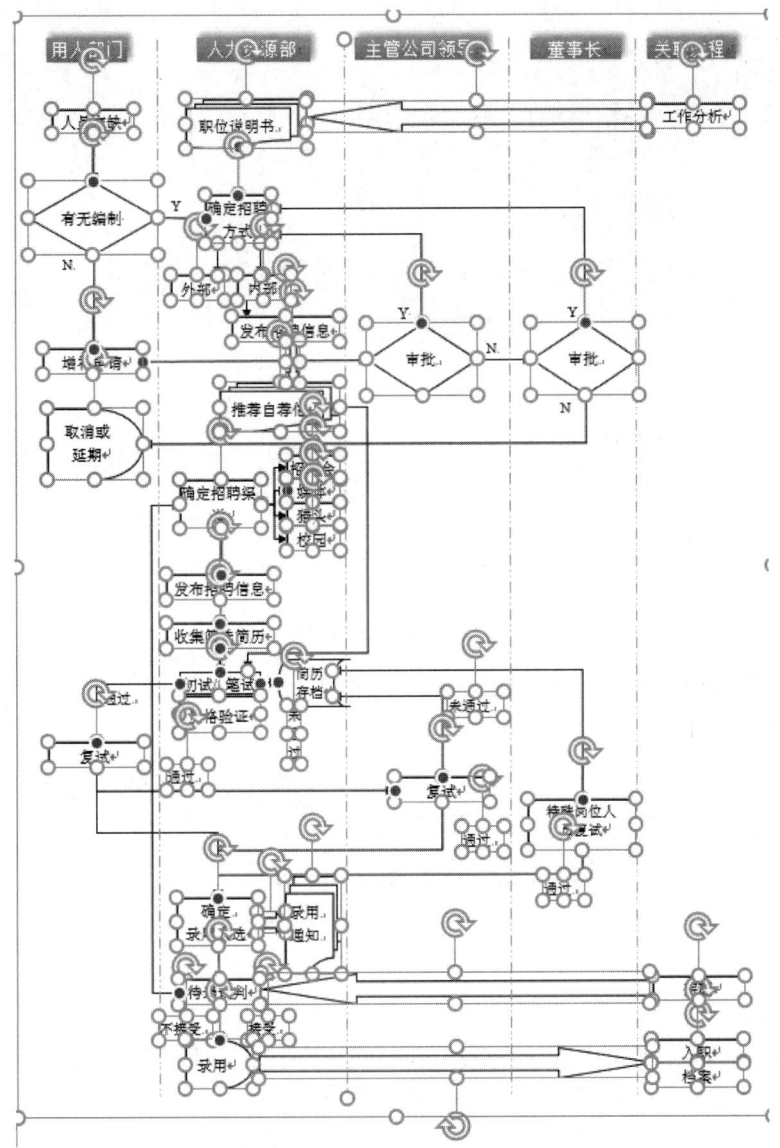

图 7-12 选择图形

（3）单击"布局"→"组合"，在下拉列表中选择"组合"命令。

（4）设置完毕后，被选中的独立形状将被组合成一个图形对象，可以对其进行整体操作。如果希望对组合对象中的某个形状进行单独操作，可以单击组合对象，右击打开快捷菜单选择"组合"，在下拉菜单中选择"取消组合"命令，然后进行编辑，编辑完后再重新组合。

7.3　WPS 实例制作区分

7.2 中的内容介绍了在 Word 2016 中绘制流程图的详细步骤，那么在使用 WPS 绘制流程图时，有什么是与使用 Word 2016 绘制不同的呢？以下是对用 WPS 绘制与用 Word 2016 绘制的不同之处的介绍。

1. 创建文档

具体区别如下：

（1）打开 WPS 后单击"新建"→"流程图"，单击下方"新建空白图"。打开后界面如图 7-13 所示。

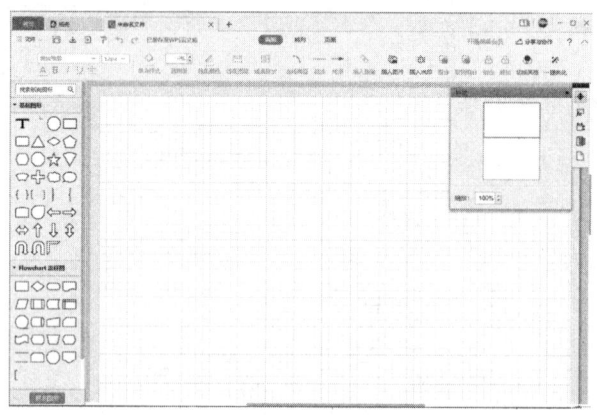

图 7-13　流程图编辑界面

（2）画布在文档中已经自动设置完成，"页面大小"与"内边距"在上方的"页面"选项卡下设置，如图 7-14 所示。

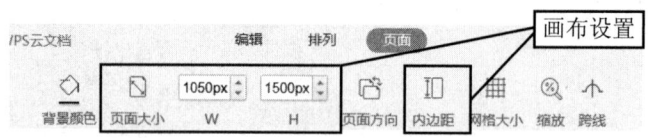

图 7-14　流程图编辑界面

2. 流程图制作

具体区别如下：

（1）WPS 插入控件可以拖动右侧的"Flowchart 流程图"功能区中的控件，如图 7-15 所示。其中缺少 7.2 中的延期控件，读者可选择合适的进行替换。

（2）在插入控件之后，控件周围会产生方块状和圆圈状的按钮。鼠标滑过方块状按钮时，可以拖拽鼠标改变控件的大小。鼠标滑过圆圈状按钮时，鼠标会变成"✚"状，此时按住鼠标就会有连接符显示在画布中，连接符绘制完毕时会弹出下一个控件的插入对话框，如图 7-16 所示。读者可根据此功能进行流程图的设计与制作。

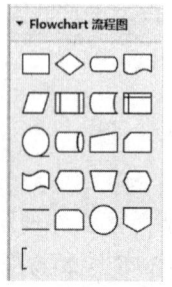

图 7-15　Flowchart 控件

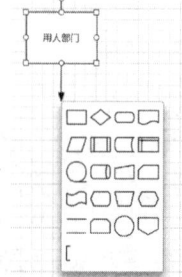

图 7-16　插入控件和连接符

（3）另外也可选择"基础图形"的控件对流程图进行设计。"文本" T，"左箭头" ⇦，"右箭头" ⇨ 在实例中均有运用。

3．美化流程图

具体区别如下：

（1）WPS 中美化流程图的手段较少，可以单击"编辑"选项卡中的"切换风格""一键美化"功能进行样式设计，如图 7-17 所示。其中风格切换具有多种样式，如图 7-18 所示。

图 7-17　美化控件

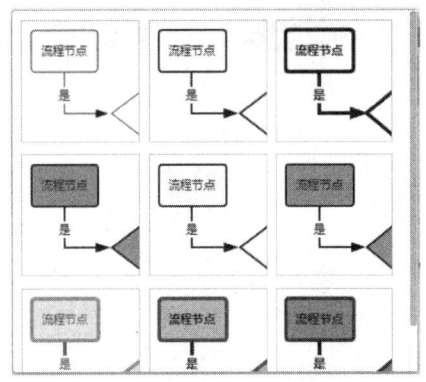

图 7-18　样式设置

（2）设计控件时也可以自定义设置，单击"编辑"选项卡中的"填充样式"即可进行自定义设置，如图 7-19 所示。

4．保存

具体区别如下：

单击右上方的"保存"按钮可以将绘制的流程图保存为多种格式。读者可以按照流程图的用途进行保存，如图 7-20 所示。

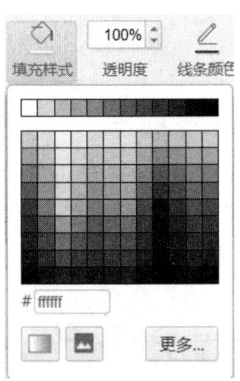

图 7-19　填充样式　　　　　　　　　　　　图 7-20　保存格式

7.4　本章小结

本章学习了创建流程图的主要方法：插入画布，在画布中绘制流程图形状，调整形状的大小和位置，然后再插入连接符连接各个形状（特别是肘形连接符的使用），最后对流程图进行美化。同时还对 WPS 中的流程图绘制方法进行了简要的介绍。相比来看，用 WPS 制作相对简便，但是 WPS 中流程图样式没有 Word 中丰富。读者可以根据用途进行选择。

7.5 思考练习

以××企业的考核流程为参照案例制作流程图，样图如图 7-21 所示。

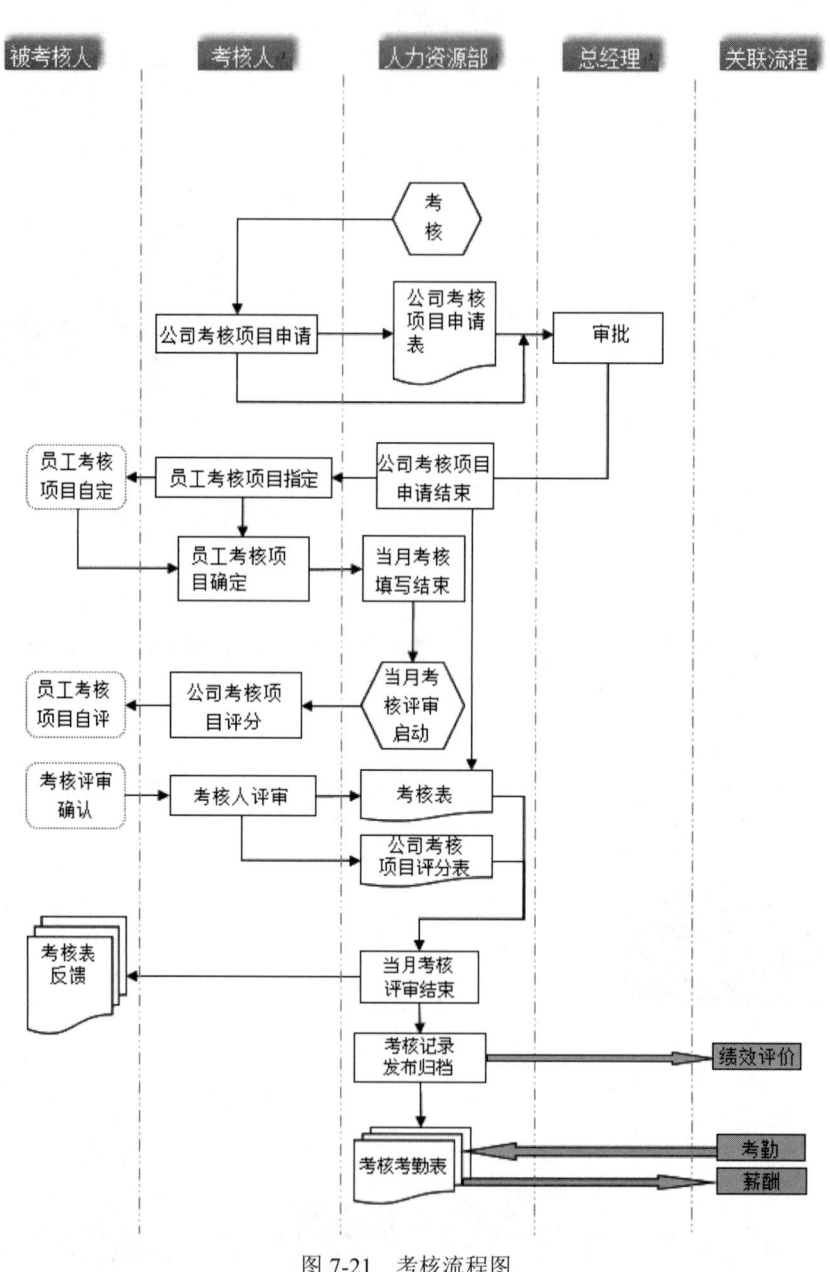

图 7-21 考核流程图

第 8 章 宣传小报制作

- 掌握 Word 中的页面设置及页眉页脚的设置。
- 掌握利用表格及文本框对小报进行页面布局。
- 掌握 Word 中文本框、表格、绘图画布、艺术字、图片、分栏等排版技术的使用方法。
- 掌握 Word 中运用以上排版技术对报刊杂志进行艺术排版的基本方法及技巧。

8.1 实例简介

宣传小报是企事业、学校等单位的一种重要宣传工具，在日常工作、学习中应用非常广泛。其排版设计难度虽然不是很大，但需要注重版面的整体规划、艺术效果和个性化创意，在这些方面通常会有特殊的要求。

本实例以"读书周报"的制作过程为例，详细介绍在 Word 中如何运用文本框、表格、分栏、图文混排、艺术字等排版技术对宣传小报进行艺术化排版设计。本实例重点介绍前两版的制作过程，前两版的整体效果如图 8-1 所示。

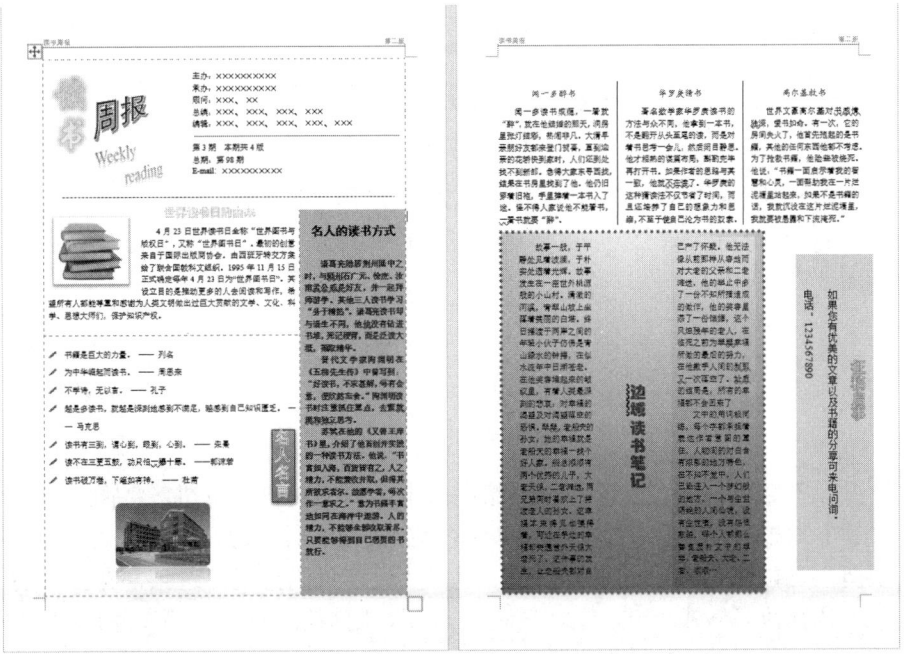

图 8-1 读书周报样例

8.2 实例制作

宣传小报的整体设计最终要尽量达到如下效果：版面内容均衡协调、图文并茂、生动活泼；颜色搭配合理、淡雅而不失美观；版面设计不拘一格，充分发挥想象力，体现大胆奔放的个性化独特创意。

8.2.1 版面设置

操作步骤如下：

（1）启动 Word 2016，新建一个空白文档，选择"布局"菜单，在"页面设置"功能组中单击"页面设置"按钮 ，打开"页面设置"对话框。将上下页边距设置为 2.5 厘米，左右页边距设置为 2 厘米；设置"纸张大小"为 A4，"纸张方向"为纵向。

（2）为小报添加 3 个空白版面。选择"插入"菜单，在"页"功能组中单击"分页"按钮，连续操作三次，得到三个新的页面。单击"打印预览"按钮预览四张空白稿纸的整体效果，如图 8-2 所示。

图 8-2　4 张空白版面的预览效果

（3）设置小报的页眉为"读书周报第 n 版"。选择"插入"菜单，在"页眉和页脚"功能组中单击"页眉"按钮，在"页眉"下拉列表框中单击"编辑页眉"选项，出现"页眉"编辑框，如图 8-3 所示。

图 8-3　"页眉"编辑框

选择"开始"菜单，在"段落"功能组中单击"两端对齐"按钮，将插入点置于页眉左端，输入"读书周报"。按两次 Tab 键，移动光标到页眉的最右边，选择"插入"菜单，单击"页眉和页脚"功能组中的"页码"按钮，单击"设置页码格式"选项，在打开的"页码格式"对话框中选择数字格式"一，二，三（简）..."，随后添加其他文字，构成"第 n 版"的形式，编辑完成的页眉效果如图 8-4 所示。

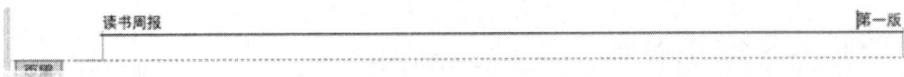

图 8-4　编辑完成后的"页眉"效果

8.2.2　版面布局

与很多报刊一样,"读书周报"版面最大的特点在于各篇文章(或各个图片)都是根据版面均衡协调的原则划分为若干"条块"进行合理"摆放"的,这就是版面布局,也称为版面设计。根据各版面的特点,可以采用表格或文本框进行版面布局。

操作步骤如下:

1. 第一版

(1)选择"插入"菜单,在"表格"功能组中单击"绘制表格"按钮,绘制如图 8-5 右侧所示的表格布局,绘制出第一版整体布局的基本轮廓。

(2)将各篇文章的素材复制到相应的单元格中,调整表格线的位置直至各个单元格较为紧凑,单元格内尽量不留空位,又刚好显示每篇文章的所有内容,如图 8-5 所示。

(3)隐藏不需要框线的单元格的表格线。选中需要隐藏边框线的单元格,选择"表格工具/设计"菜单,单击"边框"按钮旁边的下拉箭头,在弹出的下拉列表中选择"无框线"即可。

2. 第二版

(1)选择"插入"菜单,在"文本"功能组中单击"文本框"按钮,在弹出的"内置"下拉列表中单击"绘制文本框"按钮,在适当位置绘制文本框,绘制出第二版的整体布局基本轮廓。

(2)调整各个文本框的大小,直至每个文本框的空间比较紧凑,不留空位,同时又刚好显示出每篇文章的内容,用文本框设置第二版的版面布局与第二版的排版目标的对应关系。

(3)单击文本框的边框选中文本框,切换到"格式"菜单,在"形状轮廓"命令的下拉列表中设置边框的线条样式和颜色等。第二版的版面布局如图 8-6 所示。

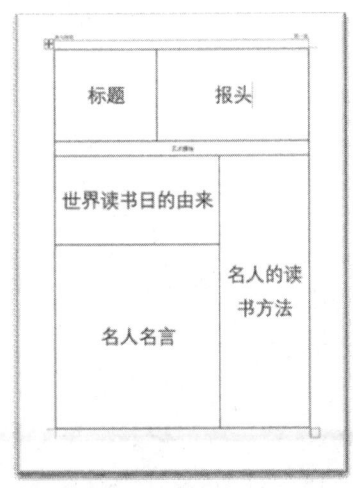

图 8-5　用表格设置第一版布局

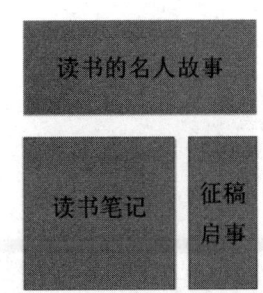

图 8-6　第二版的版面布局

8.2.3 利用艺术字制作小报报头

本章的"读书周报"报头用艺术字、艺术化横线等方法来实现小报报头的艺术化设计。

1. 插入艺术字标题

操作方法及步骤如下：

（1）将插入点置于第一版左上角报头标题的位置，在"插入"菜单中单击"文本"功能组中的"插入艺术字"按钮，并在打开的艺术字预设样式库中选择第 2 行第 3 列的样式，如图 8-7 所示。

（2）在打开的艺术字文字编辑框中输入"读书"二字，并设置字体为"华文行楷"，字号为 48、加粗，如图 8-8 所示。

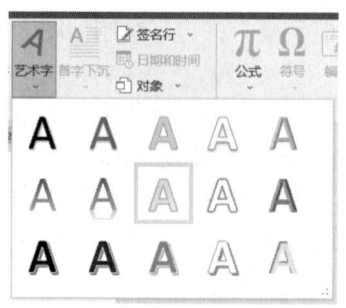

图 8-7 艺术字预设样式库

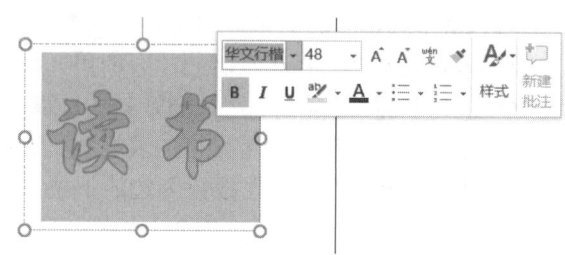

图 8-8 编辑艺术字文字

（3）选中"读书"二字，在打开的"绘图工具/格式"菜单中单击"文本"功能组中的"文字方向"按钮，在打开的文字方向下拉列表中选择"垂直"。

（4）设置艺术字样式中的文本效果。选中"读书"二字，在打开的"绘图工具/格式"菜单中单击"艺术字样式"功能组中的"文本效果"按钮，打开文本效果下拉列表，选择"发光"选项中的"发光变体"分类的第 3 行第 3 列的发光效果，如图 8-9 所示。文本发光效果图如图 8-10 所示。

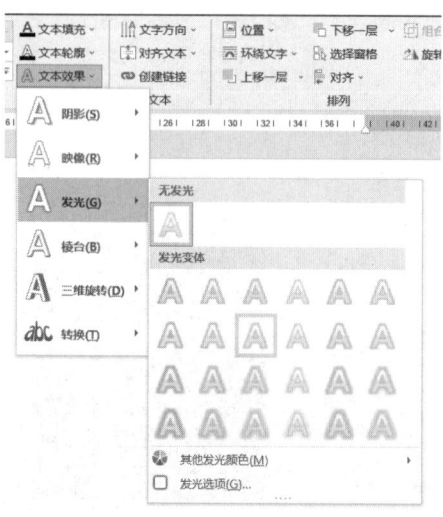

图 8-9 设置文本发光效果

图 8-10 文本发光效果图

（5）选中要设置"形状"的艺术字，在打开的"绘图工具/格式"菜单中单击"艺术字样式"功能组中的"文本效果"按钮，打开文本效果下拉列表，选择"转换"选项，在打开的转换列表中列出了多种形状可供选择。设置好艺术字的标题效果如图 8-11 所示。

图 8-11　艺术字标题效果

2. 插入艺术化横线

在适当位置插入横线进行版块分割，可以使整体版面层次更加鲜明、简洁。在"读书周报"的报头中插入两条分割横线，如图 8-12 所示。操作步骤如下：

图 8-12　分割横线效果

（1）将插入点定位在要放置第二条横线的位置，在打开的"表格工具/设计"菜单中单击"表格样式"功能组中的"边框"按钮，从打开的边框下拉列表中选择"横线"命令，此时页面中就会自动插入一个横线。

（2）右击所添加的横线，选择"图片"命令，在弹出的"设置横线格式"对话框中设置横线属性，如图 8-13 所示。

图 8-13　"设置横线格式"对话框

（3）我们也可以使用"插入"命令插入一条直线，这样也能够修改直线的格式。

8.2.4 项目符号

项目符号主要用于区分文档中不同类别的文本内容，使用原点、星号等符号表示项目符号；而编号主要用于文档中相同类别文本的不同内容，一般具有顺序性。

操作步骤如下：

（1）选中"名人名言"一文中需要添加项目符号的段落，在"开始"菜单中的"段落"功能组中单击"项目符号"下拉三角按钮，在"项目符号"下拉列表中选中合适的项目符号即可，如图 8-14 所示。

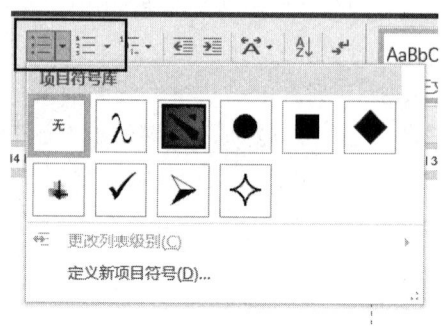

图 8-14　选择项目符号

注：在当前项目符号所在行输入内容后，按下回车键时会自动在下一段落产生一个相同的项目符号。如果连续按两次回车键将取消项目符号输入状态，恢复到常规输入状态。

（2）如果要选择的"项目符号"不存在于原来的项目符号库中，则可以单击"项目符号"下拉列表中的"定义新项目符号"按钮，打开"定义新项目符号"对话框，如图 8-15 所示。单击"图片"按钮，进入选择图片窗口，如图 8-16 所示。我们可以选择"从文件"或者"必应图像搜索"两种方式进行项目符号定义，单击"确定"按钮即可将该图片设为当前的项目符号。

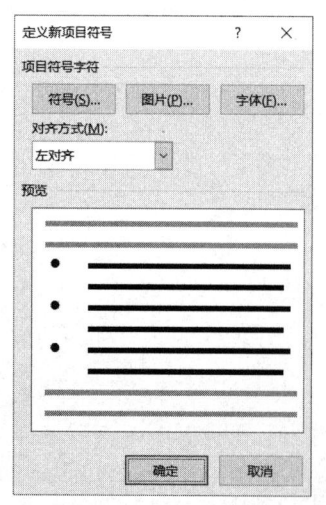

图 8-15　"定义新项目符号"对话框

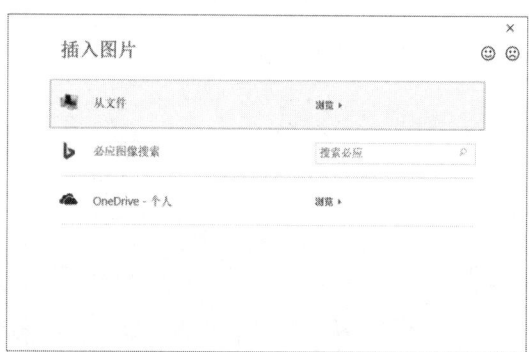

图 8-16　图片插入界面

如果要选择"图形"字符作为项目符号,则在"定义新项目符号"对话框中单击"符号"按钮打开"符号"对话框,从"字体"下拉列表中选择"Wingdings"字体,从备选的图形字符中选择所需要的项目符号,单击"确定"按钮返回到"定义新项目符号"对话框,单击"确定"按钮,完成图形项目符号的操作,如图 8-17 所示。

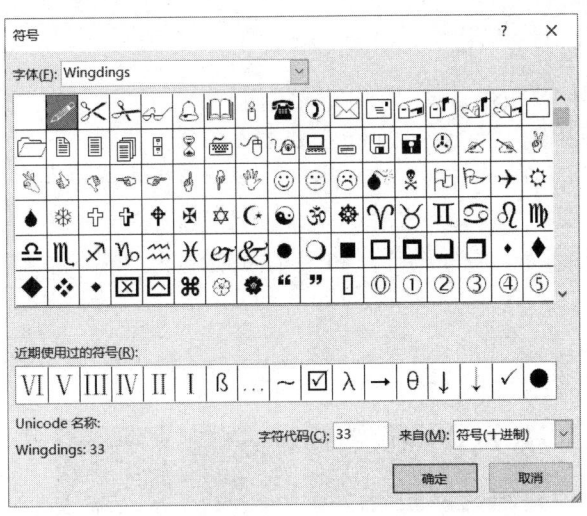

图 8-17 "符号"对话框

(3)在"定义新项目符号"对话框中单击"字体"按钮打开"字体"对话框,设置"字形"为"加粗","字号"为"三号","字体颜色"为"蓝色,个性色 5,深色 25%",如图 8-18 所示。

图 8-18 "字体"对话框

8.2.5 图文混排

插入图形图片的操作方法：打开文档窗口，在"插入"菜单中的"插图"功能组中单击所需要插入的图形按钮。如要在文档中插入保存在磁盘中的图片，则单击"插图"功能组中的"图片"按钮。

1. 在文档中插入图片

在文档中插入"图片"的具体操作方法及步骤如下：

（1）在"读书周报"中将插入点定位在要插入图片的位置。

（2）在"插入"菜单中单击"图片"按钮，接着单击"联机图片"。

（3）打开"插入图片"窗口，单击"必应图片搜索"。在"搜索必应"编辑框中输入需要插入图片的关键字，选择对应的图片，如图 8-19 所示。

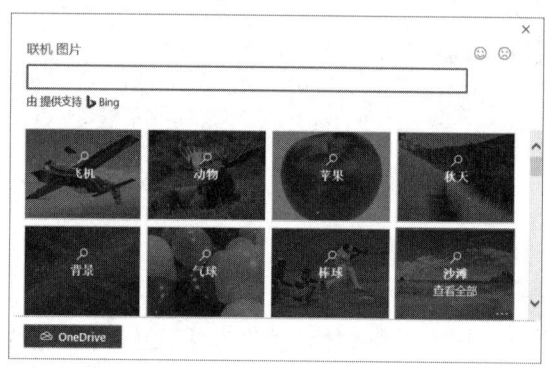

图 8-19　图片搜索对话框

（4）选好插入的图片之后，单击"插入"按钮即可将该图片插入到文档指定的位置处。

2. 设置图形图片格式

在"读书周报"文档中，当选中"世界读书日的由来"文中的图片时，系统会自动打开"图片工具/格式"菜单。在"图片样式"功能区中，可以使用预置的样式快速设置图片的格式，如图 8-20 所示。

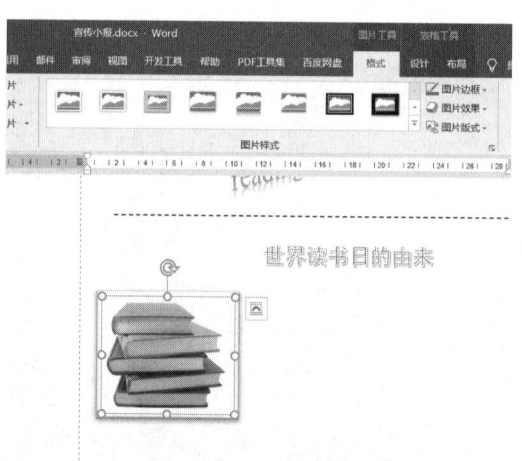

图 8-20　实时预览选中的图片样式的实际效果

3. 设置图片文字环绕方式

默认情况下，图片作为对象插入到文档后，其位置随着其他字符的改变而改变，用户不能自由移动图片。为图片设置文字环绕方式后，用户则可以自由移动图片的位置。具体操作步骤如下：

（1）在打开的文档窗口中，选中需要设置文字环绕的图片。

（2）在打开的"图片工具/格式"菜单中单击"排列"功能组中的"位置"按钮，选择"中间居左，四周型文字环绕"，如图 8-21 所示。或者用户可以选择"布局"对话框为其他图片设置"四周型"文字环绕方式，如图 8-22 所示。

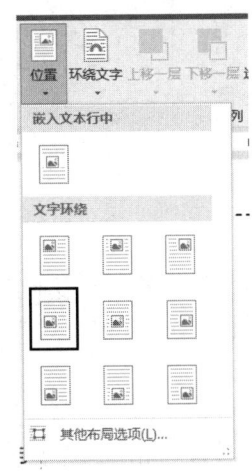

图 8-21 选择文字环绕方式

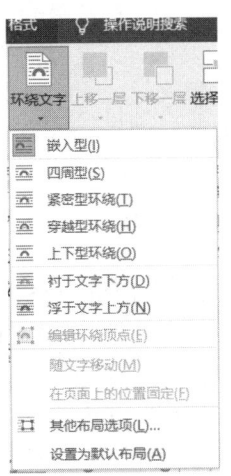

图 8-22 利用"布局"对话框设置文字环绕方式

8.2.6 内容分栏

分栏也是文档排版中最常用的一种版式。它使页面在水平方向上分为几个栏，文字是逐栏排列的，文档内容分列于不同的栏中，填满一栏后才转到下一栏。这种分栏方法使页面排版灵活，阅读方便。

操作步骤如下：

（1）选中文档中需要分栏的所有段落。

（2）单击"布局"菜单，然后在"页面设置"功能组中单击"栏"按钮，选择"三栏"，如图 8-23 所示。也可以选择"更多分栏"命令打开"分栏"对话框，可以在其中设置栏宽及栏间距的大小，勾选"分隔线"复选框可以设置分隔线，如图 8-24 所示。

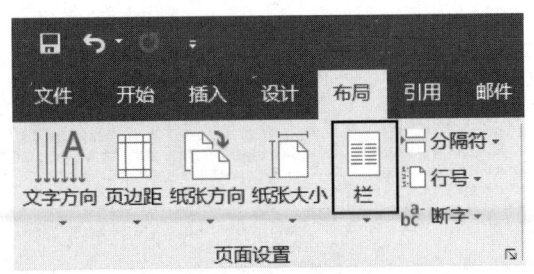

图 8-23 "分栏"按钮

第 8 章 宣传小报制作

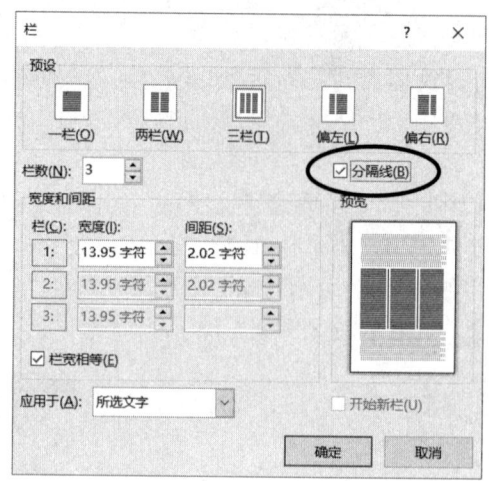

图 8-24 "分栏"对话框

8.2.7 使用格式刷

利用"格式刷"按钮 将"读书的名人故事"的第一栏中标题的格式复制到第二、第三栏的标题中。第一栏标题的格式设置：小四号、华文楷体、红色字体、居中对齐。

具体操作步骤如下：

（1）按要求设置好第一栏标题的格式。选中第一栏标题或把光标置于第一栏标题中，然后在"开始"菜单中的"剪贴板"功能组中单击"格式刷"按钮，如图 8-25 所示。

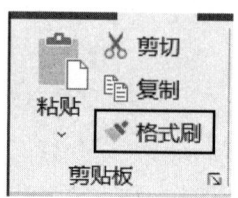

图 8-25 "格式刷"按钮

（2）将鼠标指针移动至 Word 文档文本区域，按住鼠标左键拖选第二栏标题（含回车符）或单击第二栏标题左边的选定区并释放，此时第二栏标题选中文字即会有之前选中文字的相同格式，我们可以借此实现同一种格式的多次复制。利用"格式刷"复制完成后的效果如图 8-26 所示。

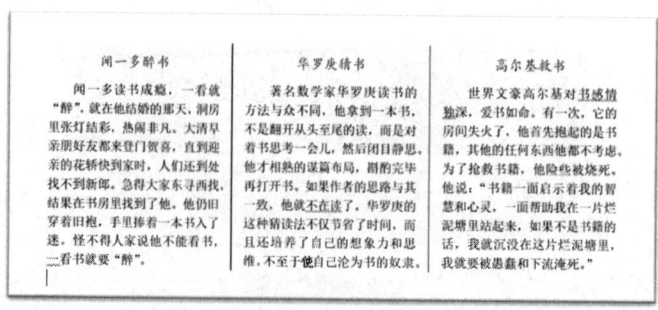

图 8-26 利用"格式刷"复制完成后的效果

8.2.8 绘制文本框

将光标移动到想要添加文本框的位置,单击"插入"→"文本"→"文本框",打开文本框下拉框,如图 8-27 所示。选择对应的文本框即可,大多数情况下都选择"简单文本框"。

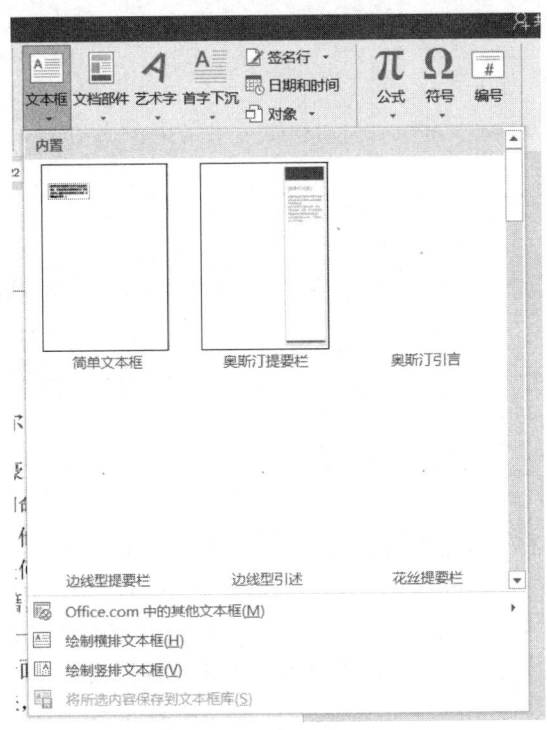

图 8-27　文本框下拉框

8.2.9 文本框链接

将"读书周报"中第二版第二篇文章"《边城》读书笔记"用文本框链接的方法实现两栏效果。

操作步骤如下:

(1)将插入点置于"读书周报"第二版"读书的名人故事"后面的下一段起始处,选择"插入"菜单,在"插图"功能组中单击"形状"按钮,如图 8-28 所示。在打开的形状下拉列表中选择"新建画布"命令,绘图画布将根据页面大小被自动插入到当前页面中。

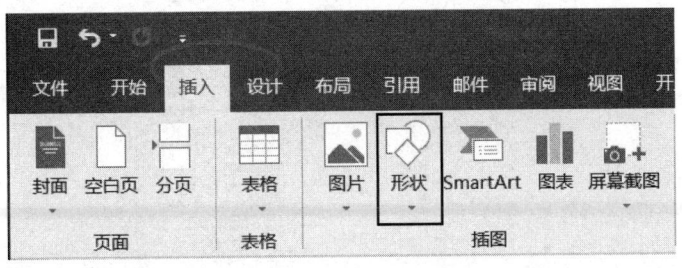

图 8-28　"形状"按钮

第 8 章　宣传小报制作　175

（2）依照 8.2.8 中的方法在画布中依次插入两个文本框，如图 8-29 所示。

（3）单击第一个文本框，然后在"绘图工具/格式"菜单中的"文本"功能组中单击"创建链接"按钮，如图 8-30 所示，此时鼠标指针变为罐状指针。用罐状指针单击第二个文本框，即在两个文本框间建立链接。

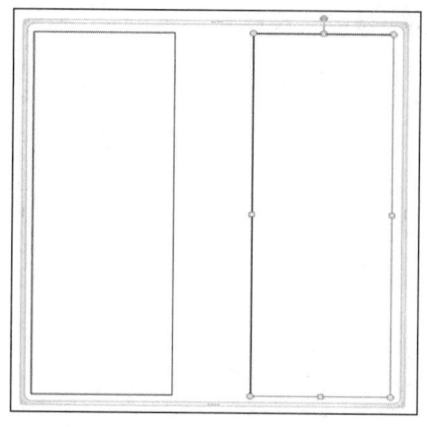

图 8-29　在绘图画布上插入两个文本框

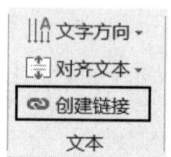

图 8-30　单击"创建链接"按钮

注：

（1）被链接的文本框必须是空白的，才能与其他文本框建立链接。

（2）如果误单击了"创建链接"按钮，可以单击 Esc 键取消创建链接的操作。

（3）如果在建立链接之后又想撤消该链接，可以单击一个有下层链接的文本，然后在"绘图工具/格式"菜单中的"文本"功能组中单击"断开链接"按钮，断开与该文本框建立链接的所有文本框。

（4）将文章"《边城》读书笔记"素材复制到第一个文本框中。第一个文本框装满后，输入的文本将自动流向链接的第二个文本框，如图 8-31 所示。

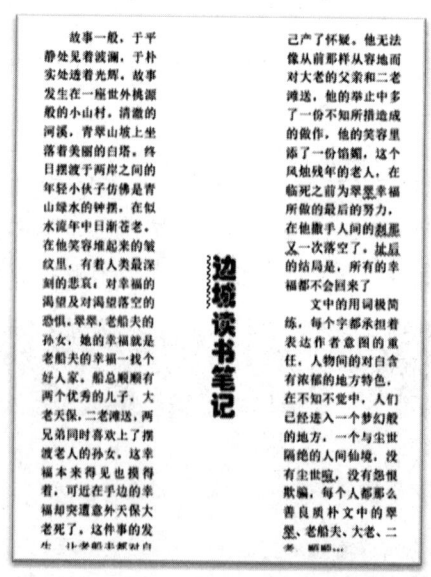

图 8-31　两个文本框链接之后的效果

（5）在两个文本框中间再插入一个竖排文本框，输入标题"《边城》读书笔记"，并设置字体为二号华文琥珀。

（6）设置"《边城》读书笔记"正文内容格式：五号宋体，首行缩进2个字符。

8.2.10 设置文本框格式

取消文本框的外框线并为绘图画布设置艺术边框。

操作步骤如下：

（1）依次选中三个文本框并右击边框，在弹出的快捷菜单中选择"填充"和"轮廓"选项卡，分别选中"无填充"和"无轮廓"选项，如图8-32所示，即可去掉文本框外框线及填充颜色。

（2）设置绘图画布的边框线。选中绘图画布并右击边框，在弹出的快捷菜单中选择"设置形状格式"命令。单击"线条"选项卡，将"宽度"设置为4磅，在"复合类型"项选择"单线"，在"短划线类型"项选择"圆点"，在"线端类型"项选择"圆"，在"连接类型"项选择"圆角"，如图8-33所示。单击"线条颜色"选项卡，选择"实线"，在"颜色"选择框中选择"红色"。

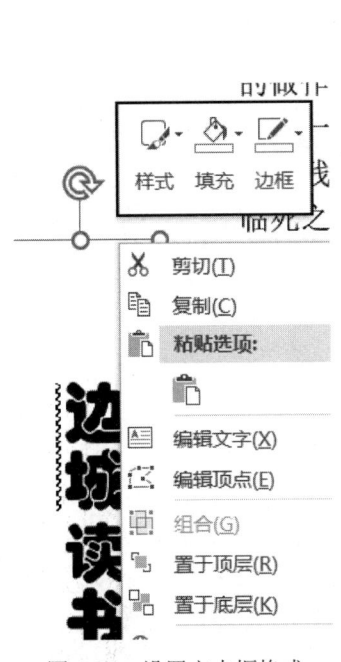

图 8-32 设置文本框格式

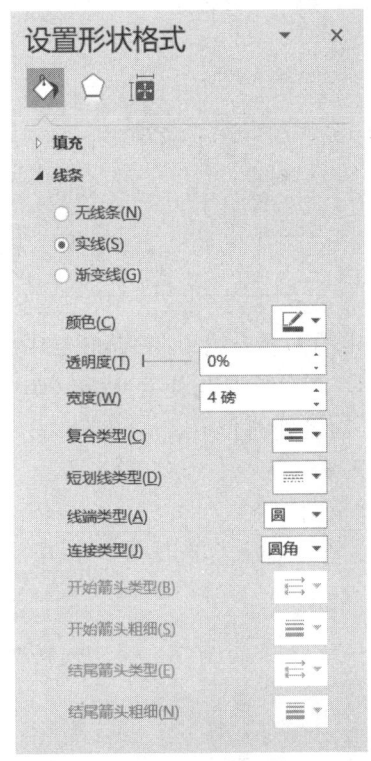

图 8-33 设置绘图画布的线型

（3）选中绘图画布并右击边框，在弹出的快捷菜单中选择"设置形状格式"命令，单击"填充"选项卡，选中"渐变填充"选项，在"预设颜色"中选择"顶部聚光灯-个性色 1"样式，如图8-34所示，设置好的效果如图8-35所示。

图 8-34 设置绘图画布的填充颜色

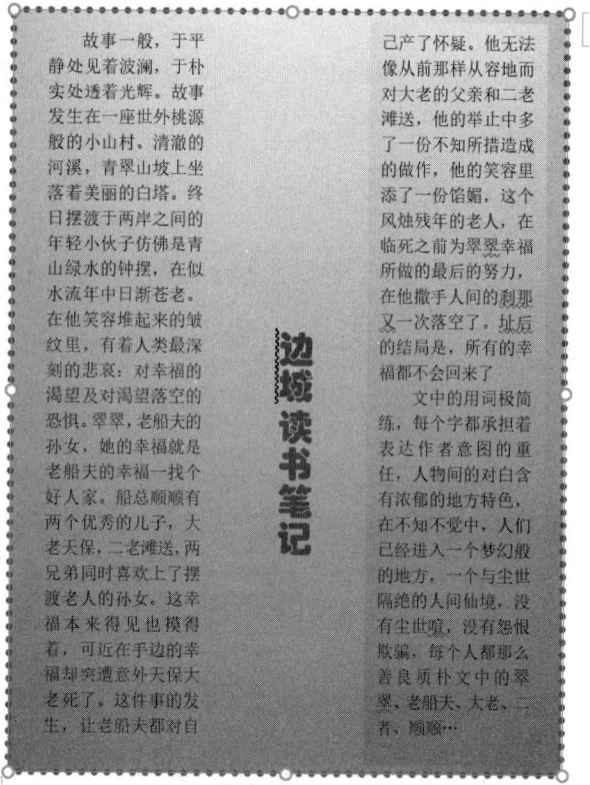

图 8-35 设置艺术框线和填充颜色的最终效果图

8.3 WPS 实例制作区分

8.2 中的内容介绍了在 Word 2016 中制作宣传小报的详细步骤，那么在使用 WPS 制作宣传小报时，有什么是与使用 Word 2016 制作不同的呢？以下是对用 WPS 制作与用 Word 2016 制作的不同之处的介绍。

1. 页眉设置

具体区别如下：

（1）在"插入"选项卡中单击"页眉页脚"按钮，进入页眉页脚编辑界面，如图 8-36 所示。

图 8-36 页眉编辑界面

（2）单击"插入页码"下拉栏，打开"插入页码"对话框，如图 8-37 所示。"样式"选择"第一页"，"位置"选择"右侧"，单击"确定"后页眉中就插入了实例要求的内容。

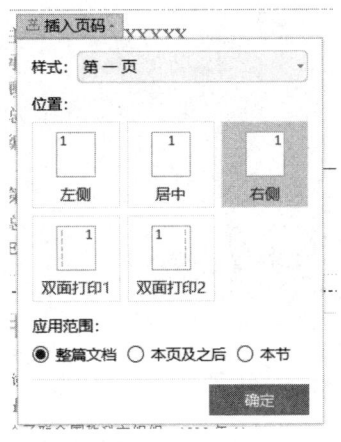

图 8-37　插入页眉内容

2．艺术字样式

具体区别如下：

相对 Word 来说，WPS 有着更加多元的样式库。在"插入"选项卡中单击"艺术字"功能，在弹出的预设样式下拉栏中，用户可以有更多选择，如图 8-38 所示。

图 8-38　"艺术字"预设样式

3．插入横线

具体区别如下：

WPS 只能使用"插入"选项卡中的"形状"功能插入横线。和 Word 一样，WPS 也没有艺术性横线的功能。

（1）单击"插入"选项卡，选择"形状"功能。打开形状的下拉栏，如图 8-39 所示。

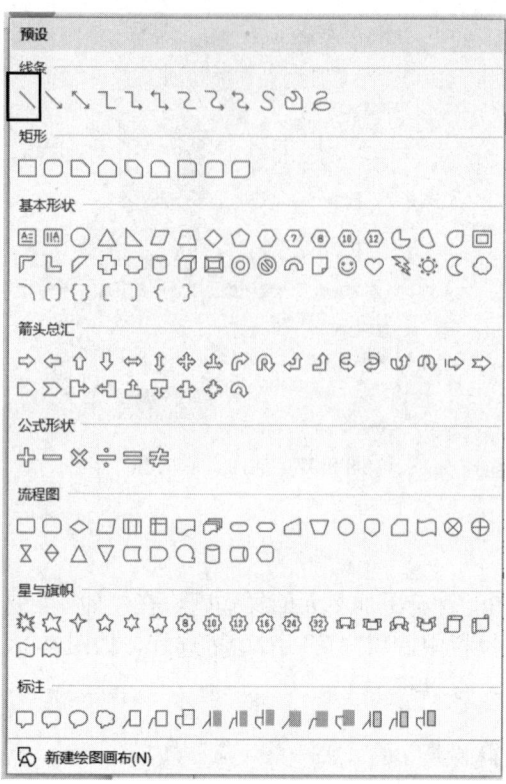

图 8-39 "形状"下拉栏

（2）插入横线之后，可以在选项卡中选择一些基础样式，如图 8-40 所示。也可以单击"样式"下拉栏的"更多设置"打开对话框，如图 8-41 所示。在这两个部分用户可以根据自己的喜好和版面设计来设计横线样式。

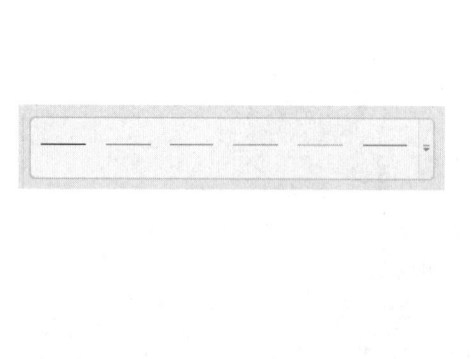

图 8-40 横线样式

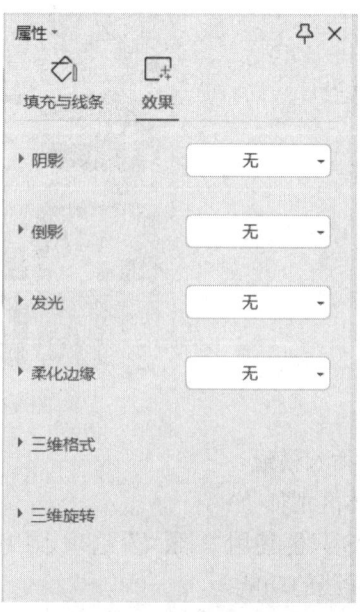

图 8-41 横线属性设置

4. 插入图片

具体区别如下：

WPS 将"联机图片"功能和"本地图片"功能分离成两个部分，分别是"图片""稻壳素材"两个功能区，如图 8-42 所示。

两种功能的操作步骤如下：

（1）在"读书周报"中，将插入点定位在要插入图片的位置。

（2）在"插入"菜单中单击"图片"按钮，接着单击"本地图片"，如图 8-43 所示。

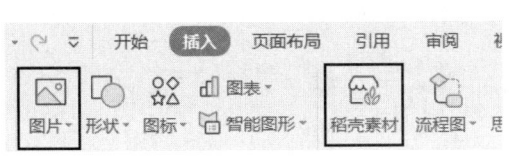
图 8-42　插入功能区

图 8-43　图片功能下拉栏

（3）在弹出的文件路径窗口中找到计算机中预存的图片，单击"确定"即可插入图片。

（4）要使用"联机图片"功能，我们可以单击"稻壳素材"，在弹出的窗口中选择"图片"选项来搜索自己想要的图片类型以及素材，如图 8-44 所示。选好之后单击图片等待下载，下载完毕之后即可插入。

图 8-44　图片搜索对话框

5. 项目符号

具体区别如下：

WPS 的项目符号没有自定义图片来进行插入的功能，也不能对项目符号进行属性修改，但是在预设项目符号样式时有更多的选择，如图 8-45 所示。而且相对于 Word 的预设样式更多元和丰富，读者可以按照排版要求进行选择。

图 8-45　项目符号样式

8.4　本章小结

  本章通过对"读书周报"的排版，综合介绍了 Word 中的各种排版技术，如文本框、绘图画布、表格、艺术字、图片、分栏等。只要灵活地运用 Word 中的图文工具，就能随心所欲地制作出丰富多彩的文档。

  宣传小报的设计制作过程简单总结如下：

  （1）进行版面的宏观设计，主要包括：设置版面大小（设置纸张大小、页边距、纵横方向等）；按内容规划版面（根据内容的主题并结合内容的多少分成几个版面等）。

  （2）对每个版面进行具体布局设计，主要包括：根据每个版面的条块特点选择一种合适的版面布局方法（表格或文本框）；对本版内容进行布局。

  （3）对每个版面的每篇文章做进一步的详细设计。对于较长的文档，经常采用分栏方法，把文档内容分列于不同的栏中，同时为了增强排版的艺术效果，应尽量使用插入艺术字和图片的方法来实现图文混排。

  （4）宣传小报的整体设计最终要尽量达到如下效果：版面内容均衡协调、图文并茂、生动活泼；颜色搭配合理、淡雅而不失美观；版面设计可以不拘一格，充分发挥想象力，体现大胆奔放的个性化独特创意。

8.5　思考练习

（1）利用表格制作如图 8-46 所示的版面布局。具体要求：第一篇正文左侧和第二篇正文右侧的线条为 3 磅黑色直线；两篇文章之间用 3 磅红色虚线分隔；文字首行缩进 2 个字符；在第一篇文章右侧和第二篇文章左侧添加图片；图片与文字的环绕方式为四周型。

图 8-46　正文版面布局（1）

（2）使用分栏方法制作如图 8-47 所示的版面布局。具体要求：第一篇正文分为两栏，字符间距 2 个字符；第二篇正文分为三栏，字符间距 3 个字符，标题不参与分栏，正文文字首行缩进 2 个字符；第一篇与第二篇文章之间添加艺术横线；正文依图例添加两张图片；图片与文字的环绕方式为紧密型。

（3）参照本章"读书周报"第一、二版的设计方法，结合刚学完的宣传小报的排版知识，自选素材，完成"读书周报"第三、四版的设计及制作。

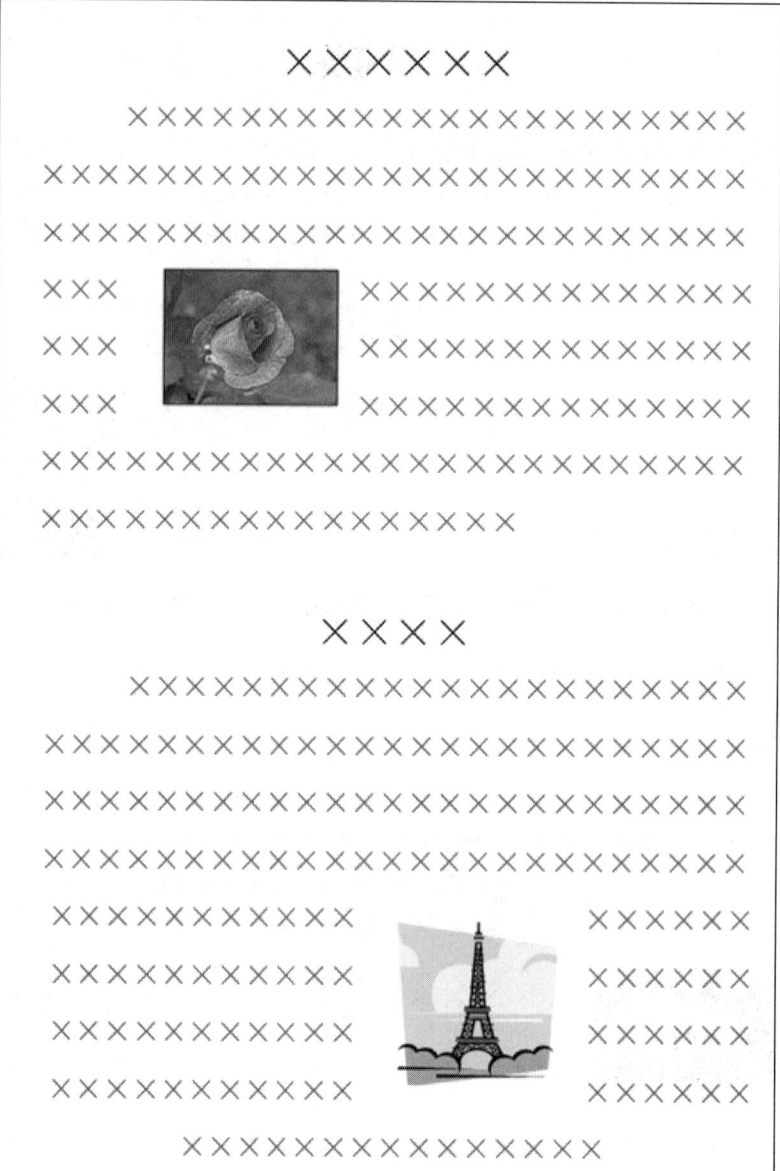

图 8-47　正文版面布局（2）

（4）参照本章"读书周报"的设计方法，结合所掌握的 Word 排版知识，自选主题和素材，设计编排一份与你的专业或生活有关的小报。小报素材可以自己撰写，也可以从网上下载。具体排版要求如下：

1）用 A4 纸张，共 4 个版面。
2）用表格或文本框对整体版面进行布局设计，要求有页眉页脚。
3）小报要包含适当的艺术字、艺术横线、图片或自选图形，实现版面的图文混排。
4）对部分栏目的内容设置分栏效果。
5）将部分文本框设置成适当的艺术型边框。
6）报头中应包含你的个人信息（姓名、班级、专业等）。

第 9 章　常用办公表格制作

- 掌握斜线表头的绘制。
- 掌握表格标题跨页设置。
- 掌握利用公式或函数进行计算和排序。
- 掌握复杂表格的制作。

9.1　实例简介

表格，又称为表，既是一种可视化交流模式，又是一种组织整理数据的手段。各种表格常常会出现在印刷介质、手写记录、计算机软件、建筑装饰以及交通标志等许许多多的地方。此外，在种类、结构、灵活性、标注法、表达方法以及使用方面，不同的表格也迥然各异。

表格由若干行和若干列组成，行列的交叉称为"单元格"，单元格中可以插入文字、数字、日期和图形等信息。本章将通过 2 个复杂表格的制作案例来讲解如何在 Word 中创建表格、合并和拆分单元格、调整单元格行高和列宽以及美化表格。

实例一：制作一个游乐场所客流表，讲述斜线表头绘制的方法和表格标题跨页设置，并讲述利用公式和函数进行求和、平均值的计算，最后根据姓名排序的方法，如图 9-1 所示。

人次\名称 季度	欢乐谷	迪士尼	公园	水族馆	动物园	博物馆
一季度						
二季度						
三季度						
四季度						
总计						
平均值						

图 9-1　游乐场所客流表的计算和排序示例图

实例二：制作复杂表格"××市居住证"申请表，如图 9-2 所示。

“××市居住证”申请表

姓名		民族		籍贯		照片
政治面貌	O 中共党员 O 共青团员 O 民主党派 O 其他	身高	cm	血型		
文化程度	O 研究生 O 本科 O 大专（高等院校）O 高中（中专、职校、技校）O 初中 O 小学 O 文盲或半文盲			是否在读	O 是 O 否	
公民身份证号						
户籍所在地址	省（直辖市、自治区） 市（县、区）详址________					
居住事由	O 务工 O 经商 O 务农 O 服务 O 因公出差 O 借读培训 O 治病疗养 O 投靠亲友 O 保姆 O 旅游观光 O 其他			入住日期	年 月 日	
在沪居住地址	区/县	街/镇	路	房屋编码		
详址	弄	号	室			
就业信息	O 就业 O 投资、开业	职业		行业类别	O 党政机关 O 农林牧鱼 O 制造加工 O 商业 O 教科文卫体 O 公用事业 O 交通运输 O 信息通信 O 财税金融 O 建筑 O 石油化工 O 生物医药 O 电力 O 餐饮 O 娱乐业 O 车辆维修 O 废旧收购 O 私营企业 O 家政服务 O 其他	
	工作单位名称					
	单位地址					
被投靠人信息	与投靠人信息			姓名		
	公民身份号码					
就读、进修信息	学校名称			入学时间		
	学校地址			预计结业时间		
联系方式	固定电话		手机		电子邮件	
同住人信息	关系	姓名	证件号码			
备注						

申请人签名：　　　　填表时间：　　　　年　月　日

图 9-2 “××市居住证”申请表样表

9.2 实例制作

9.2.1 创建表格

新建 Word 文档“复杂表格.docx”，并保存在 D 盘的 OFFICE 文件夹，同时设置文档页面格式。

操作步骤如下：

（1）打开 Word 2016，单击“文件”→“新建”→“空白文档”，新建一个空白文档。

（2）单击“文件”→“另存为”，在计算机中选择保存路径，在“文件名”中输入“复杂表格”，保存类型选择“Word 文档（*.docx）”，单击“保存”按钮进行保存。

（3）为了能更好地绘制表格，需自定义文档版面，选择“布局”选项卡，单击“页面设置”中的“纸张大小”，设置“纸张大小”为“A4”，“页边距”上、下、左、右均为“1 厘米”。

（4）单击"插入"→"表格"组,在扩展菜单的格子中选择7×7表格,如图9-3所示,单击即可创建表格。

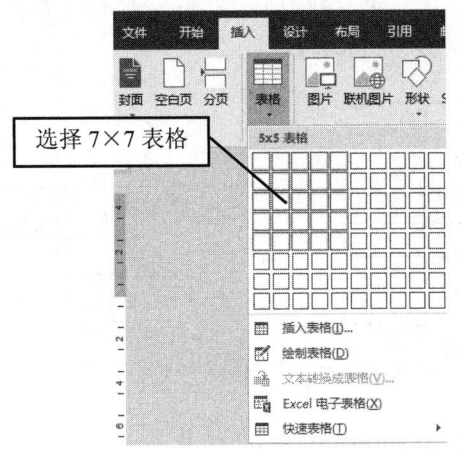

图 9-3　插入表格

9.2.2　绘制斜线表头

表格的标题行也叫表头,通常是表格的第一行,主要用于对一些数据的性质进行归类。请在表格的第一个单元格绘制斜线表头。

操作步骤如下:

（1）将光标置于表格的第一个单元格,此时菜单栏出现"表格工具"的"设计"和"布局"选项卡。

（2）调整表格列宽和行高的快捷方法是将鼠标移动到需要调整列宽和行高的单元格边线上,鼠标变成 ✥ 形状时可以调整单元格的行高,鼠标变成 ✥ 形状时可以调整单元格的列宽。将第一个单元格的行高调高,列宽调宽。

（3）将光标置于第一个单元格,单击"设计"→"边框"→"斜下框线",则会在输入点单元格绘制一根斜下框线,如图9-4所示。

 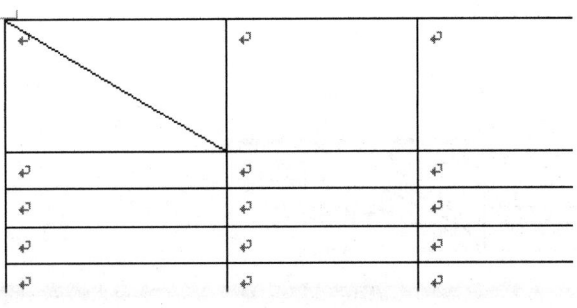

图 9-4　绘制斜线表头

（4）如果单元格内需要录入 3 栏内容，就不能使用上述方法了。在"插入"选项卡中选择"形状"，单击"横线"功能绘制两根斜线，之后再单击"文本框"功能插入文本框，录入表头内容后调整文本框的大小，并把文本框的形状填充和形状轮廓去掉，最后移动到适当位置完成 3 栏内容的斜线表头的绘制，如图 9-5 所示。

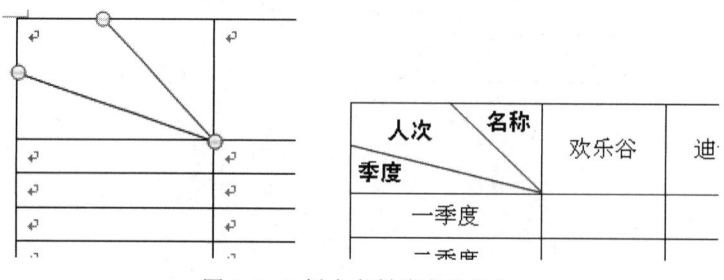

图 9-5 3 栏内容斜线表头绘制

9.2.3 表格标题跨页显示设置

当制作的表格行数很多时，表格会跨页显示，跨页后表格的标题只会在第一页显示，因此常常需要回到第一页去查看该列数据的说明，不利于查看表格。在 Word 中可以用标题跨页显示解决此问题。

操作步骤如下：

选中表格的标题行（一般是表格的第一行），单击"表格工具/布局"→"数据"→"重复标题行"来设置表格标题行跨页重复显示，如图 9-6 所示。

注：如果经过上述操作之后，还是没显示相应的表格效果，那么可能的原因有两种：一种是表格并没有跨页，因为表格的内容至少在两页内显示的时候，才会显示标题行重复的效果；另一种是表格已经跨页显示，但效果没有出现，是因为标题行已经重复，只是没显示出来，此时只要单击"表格工具/布局"→"表"→"属性"，在"表格"选项卡"文字环绕"中选择"无"即可，如图 9-7 所示。

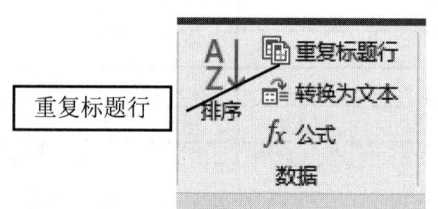

图 9-6 设置表格标题行重复显示

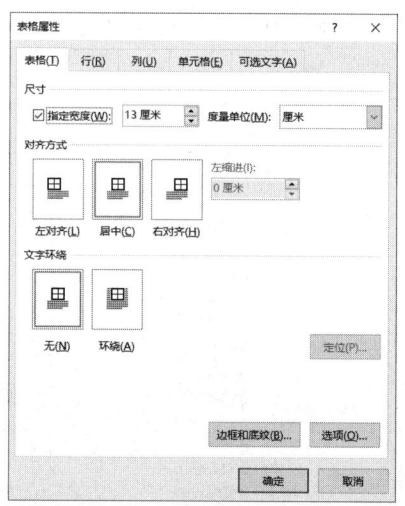

图 9-7 表格属性设置

9.2.4 利用公式或函数进行计算和排序

1. 计算总计和平均值

操作步骤如下：

（1）将光标置于"总计"下方的第一个单元格，单击"表格工具/布局"→"公式"，弹出"公式"对话框，如图9-8所示。

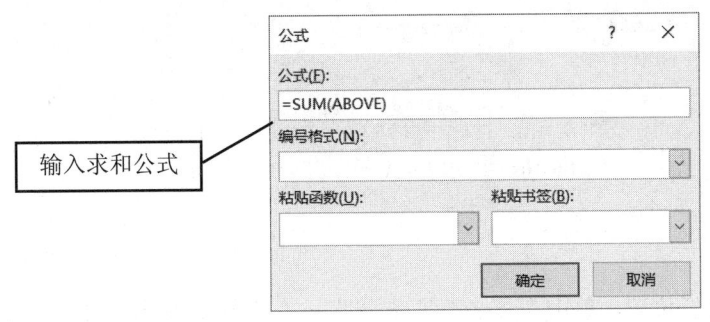

图9-8 "公式"对话框

"SUM"是函数名，通过"粘贴函数"粘贴到公式编辑栏；"(ABOVE)"是函数的参数，常用参数有4种，分别是左侧（LEFT）、右侧（RIGHT）、上面（ABOVE）和下面（BELOW），此外还可以用单元格地址代替。

注：Word的表格与Excel电子表格有相似的地方，在表格中可以插入常用函数或公式对数据进行简单计算。在计算前首先要了解Word表格的单元格结构，Word表格的单元格结构与Excel是类似的，每一行、每一列都有一个序号，行从1开始编号，列从A开始编号，所以第一个单元格地址为A1，具体结构如图9-9所示。

	A	B	C	D
1	A1	B1	C1	D1
2	A2	B2	C2	D2
3	A3	B3	C3	D3
4	A4	B4	C4	D4

图9-9 Word表格的单元格地址

（2）因为此次计算的是4个季度的"总计"，所以使用"SUM（求和）"函数。计算结束后，4个季度的数据都在求和单元格的左侧。函数参数输入"(ABOVE)"，完成公式的编辑后单击"确定"按钮即可得到计算结果，利用相同的方法计算其他的销售合计。

（3）计算平均值和计算总计的方法类似，将光标置于用于计算平均值的单元格（"平均值"右侧的第一个单元格）中，单击"表格工具/布局"→"公式"，弹出"公式"对话框。

（4）将Word自动填入的公式删除，输入"AVERAGE"，这时参数不能使用"(ABOVE)"，因为计算平均值的左侧单元格包含了总计，所以计算平均值的参数必须使用单元格地址。在"公式"编辑栏应输入"=AVERAGE(B2:B5)"，"(B2:B5)"表示对B2至B5求平均值。

（5）在"编号格式"后的下拉列表中选择"0.00"，计算结果保留两位小数，如图 9-10 所示。利用相同的方法计算其他的平均值，注意单元格地址的变化即可。

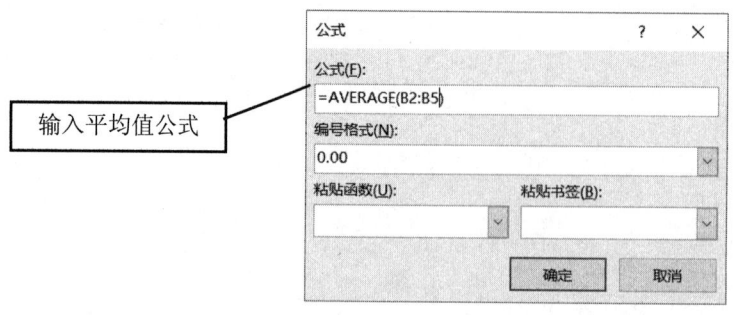

图 9-10　平均值公式

2．按姓名排序

操作步骤如下：

（1）将光标置于表中任意位置，单击"表格工具/布局"→"排序"，弹出"排序"对话框。

（2）如果表格的第一行是标题行，不需要参与排序，则需要选中"列表"区中的"有标题行"单选按钮。在"主要关键字"的下拉列表中选择参与排序的列 1，在"类型"下拉列表中选择相应的排序内容的类型，对于中文字符有"笔划"和"拼音"两种排序，用户根据需要选择。最后再选择排序方式为"升序"或"降序"，单击"确定"按钮完成操作，如图 9-11 所示。

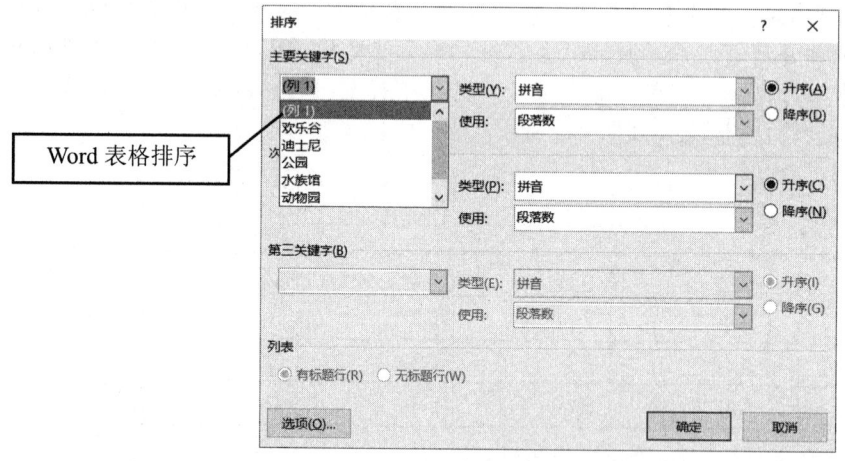

图 9-11　按姓名排序

9.2.5　复杂表格的制作

复杂表格主要用于信息统计、财务统计、申请表等专业表格的制作，往往行列交错且不对称，因此很复杂，但只要掌握制作的技巧，制作起来也是非常快捷的。

操作步骤如下：

（1）复杂表格的制作通常采用"自上而下"的顺序来实现。表格的列数主要是根据表格中大多数行中的列数来确定，行数则根据表格的行数确定。以"××市居住证"申请表为例，列数为 4 列，行数为 21 行。

（2）绘制好粗略的表格后，开始一行一行地精修表格，以前 3 行为例，先调整行高，如图 9-12 所示。

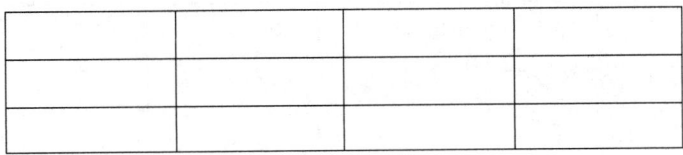

图 9-12　调整行高

（3）合并最后一列并调整列宽，如图 9-13 所示。

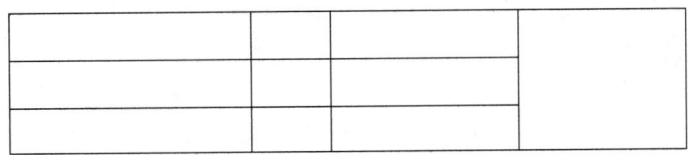

图 9-13　合并单元格，调整列宽

（4）第一行的单元格共有 7 个，所以对前 3 个单元格进行拆分。将光标置于第一个单元格然后右击，在右键菜单中选择"拆分单元格"命令，在弹出的"拆分单元格"对话框的"列数"文本框中输入"2"，在"行数"文本框中输入"1"，单击"确定"按钮完成单元格的拆分，如图 9-14 所示。依次对后两个单元格进行拆分，完成后输入表格文字，并调整字体为"黑体"，字号"五号"，单元格对齐方式为"水平居中"。

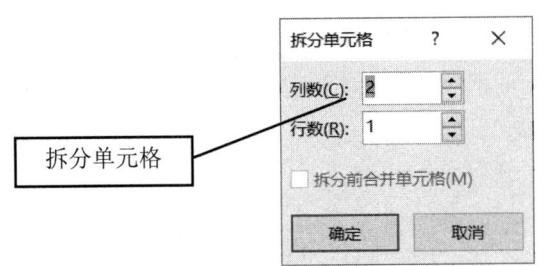

图 9-14　拆分单元格

（5）第二行的单元格也是 7 个，按上述方法拆分前 3 个单元格，输入文字，调整字体、字号和对齐方式，如图 9-15 所示。

姓　名		民族		籍贯		
政治面貌	○中共党员　○团员 ○民主党派 其他	身高	cm	血型		

图 9-15　前两行表格的绘制

（6）根据表格的布局调整第二行单元格的列宽，保证内容能正常显示。不管是调整哪一行的列宽，两行的列宽都会相应改变，所以在调整列宽时必须要按住鼠标左键拖动选定需要

第 9 章　常用办公表格制作

调整列宽的两个单元格，选定后再调整两个单元格之间的分隔线，这时就可以只改动这两个单元格的列宽，而不影响其他行，如图 9-16 所示。

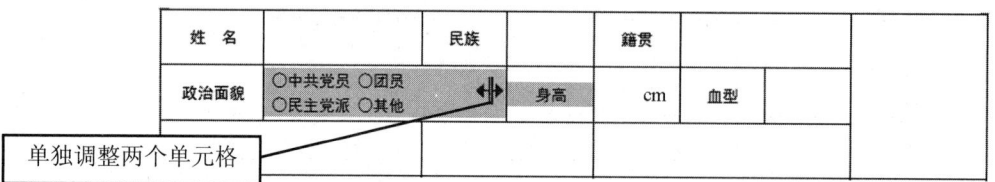

图 9-16　调整列宽后的前两行表格

（7）依据上述合并单元格、拆分单元格、调整单元格列宽的方法绘制表格的其他行。

（8）绘制好表格后，需要将表格的外框线改为上粗下细的外框线。按住鼠标左键拖动选定表格的所有单元格，单击"表格工具/设计"→"边框"，在下拉菜单中选择"边框和底纹"。

（9）打开"边框和底纹"对话框后，在"设置"中选择"自定义"，在"样式"中选择上粗下细框线，在"预览"中单击预览表格的外边框修改外边框线，如图 9-17 所示。设置好后单击"确定"按钮即可完成表格的编辑。

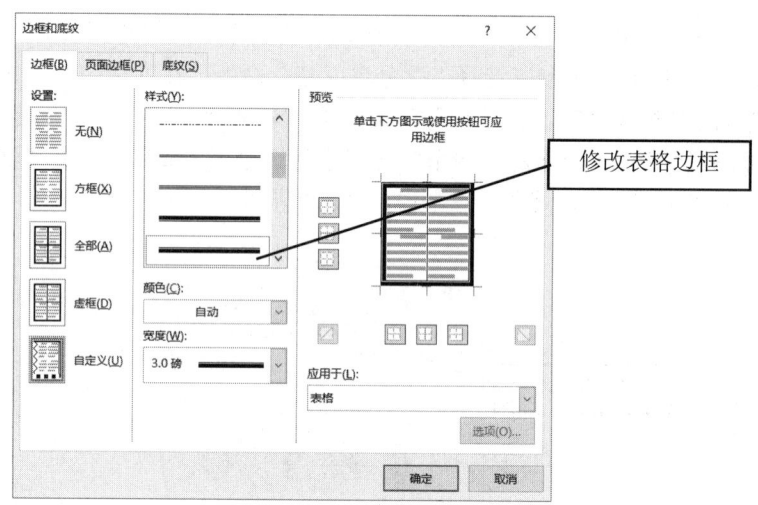

图 9-17　修改外框线

9.3　WPS 实例制作区分

9.2 中的内容介绍了在 Word 2016 中制作表格表单的详细步骤，那么在使用 WPS 制作表格表单时，有什么是与使用 Word 2016 制作不同的呢？以下是对用 WPS 制作与用 Word 2016 制作的不同之处的介绍。

1. 斜线表头

WPS 中设有单独绘制斜线表头的功能，可供使用者进行多样式的设计，相对于 Word 减少了很多调整格式的时间，也减少了插入横线和文本框的步骤。具体区别如下：

（1）创建表格之后进入绘制表头的步骤，单击"表格样式"选项卡，选择"绘制斜线表头"功能，如图 9-18 所示。

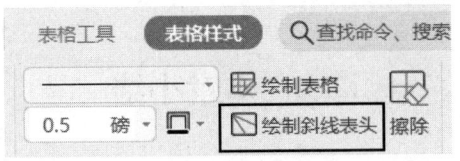

图 9-18　绘制斜线表头功能

（2）打开了"斜线单元格类型"对话框（如图 9-19 所示）之后，我们可以选择多种不同的表头样式，此实例中选择的是"第 4 列，第 1 行"的表头样式。

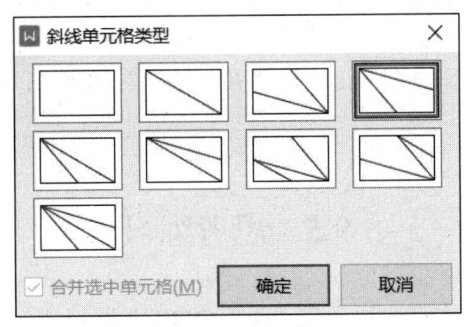

图 9-19　"斜线单元格类型"对话框

2．公式计算

具体区别如下：

（1）WPS 在 Word 插入公式的基础上发展了快速计算的功能。在用户需要对表格中的数据进行简单计算时，可以找到"表格工具"选项卡，单击"公式"或"快速计算"，如图 9-20 所示。

图 9-20　插入公式

（2）如果选择"公式"选项，那么步骤将会和 Word 相同，如果选择的是"快速计算"功能，那么我们只能使用四种计算，分别是"求和""平均值""最大值""最小值"，如图 9-21 所示。这些功能都需要我们先选中一行或者一列的数据。如果我们选择一行，那么计算后的数据会自动添加到新建的一列中；如果我们选择一列，那么计算后的数据会自动添加到新建的一行中。

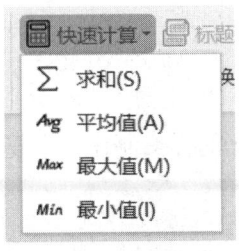

图 9-21　快速计算

9.4 本章小结

本章主要通过 2 个实例，讲解了复杂表格的制作，要求读者掌握创建表格、绘制斜线表头、表格标题行跨页设置、利用公式或函数进行计算、合并和拆分单元格、调整改变行高和列宽的方法。

读者在学习时，应多观察实际生活中各种各样的表格，结合实际需要，设计出具有自己特色的表格。并且在 WPS 中的制作步骤可能相对较少，读者要对制作表格所需要的操作进行练习。另外，电子表格的处理会在 Excel 中有更多功能的体现，读者若想精进表格制作，可参照下一部分的介绍。

9.5 思考练习

新建"思考练习.docx"文档，保存在"D:/OFFICE"路径下，设置"页边距"上、下"2.5 厘米"，左、右"1 厘米"，并完成如下操作。

（1）请按如图 9-22 所示的样文制作一个带斜线表头的表格，并对相关数据进行计算统计。
提示：增长率=(2014 年数据-2013 年数据)/2013 年数据×100%。

区域费用时间项目内容		2013 年		2014 年		增长率	
		整机	配件	整机	配件	整机	配件
北部	生产费用	1245	457	2457	547		
	管理费用	410	101	521	201		
	销售费用	2354	1023	3471	2414		
	总计费用						
南部	生产费用	2574	874	3101	897		
	管理费用	745	642	842	541		
	销售费用	4564	3201	4564	3101		
	总计费用						
南北部费用合计							
南北部费用平均值							

图 9-22　样文一

（2）另起一页，按如图 9-23 所示的样文制作一个复杂表格，标题字体为"黑体""二号"，表格内字体为"宋体""小四"。

××市公共租赁住房申请表

申请人基本情况	姓名		性别		身份证号				
	工作单位				单位地址				
	工作现状		□企业　□个体工商户　□灵活就业　□退休　□机关事业单位						
	婚姻状况			联系电话			户籍所在地		
	通讯地址					邮政编码			
	申请人类型		□主城区户籍城镇居民（含已转户的农村居民）　□大中专院校及职校毕业生　□引进人才　□全国、省部级劳模　□全国英立　□荣立二等功以上的复转军人　□其他进城务工人员　□其他外地来主城区工作人员							
	社会保险缴纳情况		养老　□是（缴纳时间＿＿年＿＿月至今）　□否 医疗　□是（缴纳时间＿＿年＿＿月至今）　□否							
	住房公积金缴纳情况		□是（缴纳时间＿＿年＿＿月至今）　　　□否							
	月收入		工薪收入＿＿＿＿元,财产性收入＿＿＿＿元,共计＿＿＿＿元。							
	家庭月收入		工薪收入＿＿＿＿元,财产性收入＿＿＿＿元,共计＿＿＿＿元。							
申请人住房情况	是否在主城区有私有产权房		□是（房屋坐落＿＿＿＿＿＿＿＿＿＿＿＿＿＿＿＿＿＿＿＿＿＿，建筑面积＿＿＿㎡,户籍人数＿＿人,人均建筑面积＿＿＿㎡）　□否							
	是否在主城区承租公房或廉租房		□是（房屋坐落＿＿＿＿＿＿＿＿＿＿＿＿＿＿＿＿＿＿＿＿＿＿，建筑面积＿＿＿㎡,户籍人数＿＿人,人均建筑面积＿＿＿㎡）　□否							
	申请之日前三年内在主城区是否转让住房					□是　□否				
拟申请房屋情况	地点					申请居住人数				
	申请方式		□家庭　□单身人士　□合租							
	户型		□单间配套　□一室一厅　□二室一厅　□三室一厅			建筑面积(㎡)				

共同申请人基本情况	与申请人关系	姓名	性别	身份证号	工作单位或就读学校	月收入	住房情况
							□有□无
							□有□无
							□有□无
							□有□无
							□有□无
							□有□无

备注：若住房情况选择"有"，请将房屋坐落、建筑面积、户籍人数填写如下：
房屋坐落＿＿＿＿＿＿＿＿＿＿＿＿＿，建筑面积＿＿＿㎡,户籍人数＿＿人。

申请人直系亲属住房情况	直系亲属	姓名	身份证号	主城区拥有住房情况		
				套数	建筑面积(㎡)	户籍人数
	申请人父亲					
	申请人母亲					
	申请人配偶父亲					
	申请人配偶母亲					
	子（女）					
	子（女）					
	子（女）					

图 9-23　样文二

第三篇 电子表格

第 10 章 学生信息表制作

- 掌握工作簿的创建与保存。
- 掌握单元格数据的录入。
- 掌握数据有效性的设置。
- 掌握数据表格式的设置。
- 掌握数据表排版的打印设置。

10.1 实例简介

实际工作中常常会遇到制作职工信息表这类工作,对于初识 Excel 电子表格的工作者而言,制作这样的信息表并不是十分容易的工作。制作这样的信息表需掌握以下相关基础知识:

(1)创建空白 Excel 表格及保存 Excel 表格。

(2)向空白 Excel 表中录入数据,不同类型的数据录入方式也不同。

(3)基础表格录入完毕后,还要美化表格,设置表格的基本格式,使表格显得整齐美观。

(4)考虑到表格可能需要打印,所以还要对表格做基本的页面设置,以使打印出来的表格完整、清晰、美观。

实例:学校信息办公室日前接到学校任务,需要创建学校部分学生的信息表,其制作样式如图 10-1 所示。

	A	B	C	D	E	F	G	H	I
1	学生信息表								
2	学号	班级	姓名	性别	年龄	专业	电话号码	身份证号	
3	100101	电气204	高志毅	男	19	电气工程及其自动化	156XXXX8942	418915xxxxxxxx8954	
4	100102	电气204	戴威	男	20	电气工程及其自动化	156XXXX8943	418915xxxxxxxx8955	
5	100103	电气204	张倩倩	女	20	电气工程及其自动化	156XXXX8944	418915xxxxxxxx8956	
6	100104	电气204	伊然	女	19	电气工程及其自动化	156XXXX8945	418915xxxxxxxx8957	
7	100105	电气204	鲁帆	女	18	电气工程及其自动化	156XXXX8946	418915xxxxxxxx8958	
8	100106	电气204	黄凯东	男	19	电气工程及其自动化	156XXXX8947	418915xxxxxxxx8959	
9	100107	电气204	侯跃飞	男	20	电气工程及其自动化	156XXXX8948	418915xxxxxxxx8960	
10	100108	电气204	魏晓	男	19	电气工程及其自动化	156XXXX8949	418915xxxxxxxx8961	
11	100109	电气204	李巧	男	20	电气工程及其自动化	156XXXX8950	418915xxxxxxxx8962	
12	100110	电气204	殷豫群	男	19	电气工程及其自动化	156XXXX8951	418915xxxxxxxx8963	
13	100111	电气204	刘会民	男	19	电气工程及其自动化	156XXXX8952	418915xxxxxxxx8964	
14	100112	电气204	刘玉晓	女	19	电气工程及其自动化	156XXXX8953	418915xxxxxxxx8965	
15	100113	电气204	王海强	男	19	电气工程及其自动化	156XXXX8954	418915xxxxxxxx8966	
16	100114	电气204	周良乐	男	20	电气工程及其自动化	156XXXX8955	418915xxxxxxxx8967	
17	100115	电气204	肖童童	女	19	电气工程及其自动化	156XXXX8956	418915xxxxxxxx8968	
18	100116	电气204	潘跃	女	19	电气工程及其自动化	156XXXX8957	418915xxxxxxxx8969	
19	100117	电气204	杜蓉	女	19	电气工程及其自动化	156XXXX8958	418915xxxxxxxx8970	

图 10-1 学生信息表

10.2 实例制作

10.2.1 建立工作簿

Excel 和 Word 相通,在使用工作簿之前,我们对工作簿的创建、保存进行简单的介绍。

(1) 如果尚未打开任何 Excel 工作簿,可以双击"开始"菜单或者文件中的 Excel 图标命令;如果有已经打开的 Excel 工作簿,则在已打开的 Excel 工作簿中选择"文件"菜单中的"新建"命令,单击"空白工作簿",即可创建一个新的空白工作簿,如图 10-2 所示。

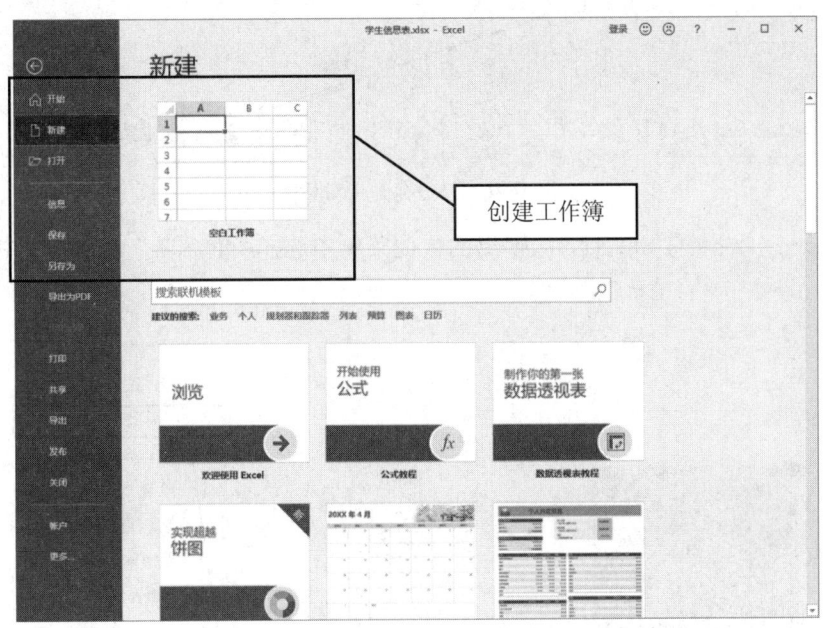

图 10-2　在已打开 Excel 工作簿的基础上新建工作簿

(2) 对于新建的 Excel 工作簿,直接单击工具栏左上角的"保存"按钮,如图 10-3 所示。弹出"另存为"对话框,在"另存为"对话框中选择文件保存的位置、文件保存的名称,单击"保存"按钮即可保存当前的 Excel 工作簿的所有内容,如图 10-4 所示。

图 10-3　保存 Excel 工作簿

(3) 对于已经保存过的 Excel 工作簿,单击"保存"按钮则只是把新的数据更新保存到原来的文件中。如果想另存为新的文件名或另存到新的位置,则选择"文件"菜单中的"另存为"命令,如图 10-5 所示。

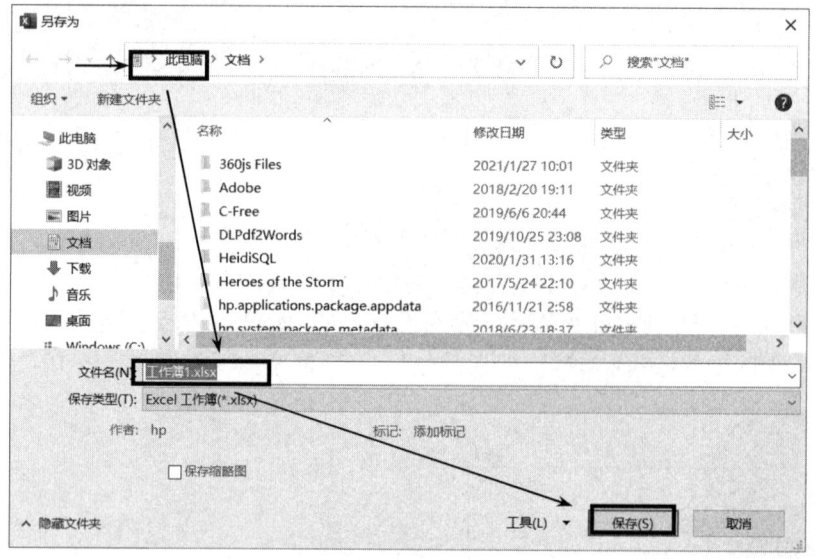

图 10-4 "另存为"对话框

（4）右击工作表名称 Sheet1，从弹出的快捷菜单中选择"重命名"命令，如图 10-6 所示。

图 10-5 "另存为"命令

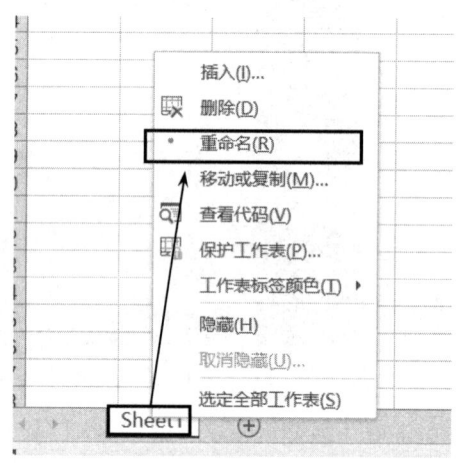

图 10-6 重命名工作表

（5）当工作表名称变成灰底显示时（如图 10-7 所示），重新输入工作表名称"学生信息表"并按回车键，即可完成对工作表名称的修改，结果如图 10-8 所示。

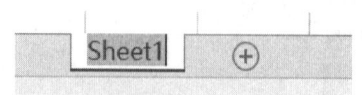

图 10-7 重命名工作表灰底显示

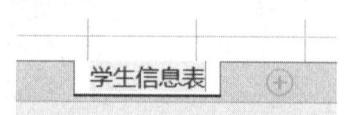

图 10-8 重命名工作表名称

10.2.2 数据录入

创建并保存好 Excel 工作簿后，就要为工作表录入数据，Excel 数据录入的步骤如下：
- 选定要录入数据的单元格。

- 输入数据。
- 按下 Enter 键、Tab 键或方向键移动至下一个需要输入数据的单元格。

注：Excel 数据类型包含数字型、日期型、文本型、逻辑型，其中数字型表现形式多样，有货币、小数、百分数、科学计数等多种形式。

1. 输入文本

（1）在 A1 单元格中输入标题内容"学生信息表"，如图 10-9 所示。

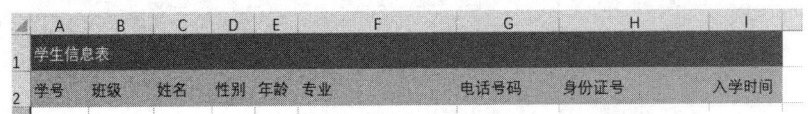

图 10-9　数据表标题

（2）输入列标题。输入"学号"，按 Tab 键定位至单元格 B2，输入内容"班级"，列标题的其他内容均可以用该方式进行输入。此外"姓名""性别"数据列的内容直接录入即可，如图 10-10 所示。

姓名	性别
高志毅	男
戴威	男
张倩倩	女
伊然	女
鲁帆	女
黄凯东	男
侯跃飞	男
魏晓	男
李巧	男
殷豫群	男
刘会民	男
刘玉晓	女
王海强	男
周良乐	男
肖童童	女
潘跃	女
杜蓉	女
张悦群	女
章中承	男
薛利恒	男
张月	女
萧潇	女
张志强	男
章燕	女
刘刚	男
苏武	男
刘惠	女

图 10-10　"姓名""性别"列数据

2. 输入数值

数字文本以"'"开头输入（注数字文本是指不参与计算的数字内容，如身份证号、电话号码、序号、工号等）。对于数字文本列，如身份证号与联系电话的输入，可以有两种处理方式。

（1）先输入半角单引号"'"，再输入身份证号 418915××××××××8954，按回车键即可实现数字型文本的输入。单元格左上角的绿色标记表示当前单元格的内容为数值型文本。

（2）选择需要输入数字型文本所在的列，单击"开始"菜单中的"单元格"功能组中的"格式"按钮，在下拉列表中选择"设置单元格格式"命令，在弹出的"设置单元格格式"

对话框中选择"数字"选项卡,单击"分类"中的"文本"选项,单击"确定"按钮,如图10-11所示,即可把身份证号整列设为文本型,然后直接输入身份证号按回车键即可。

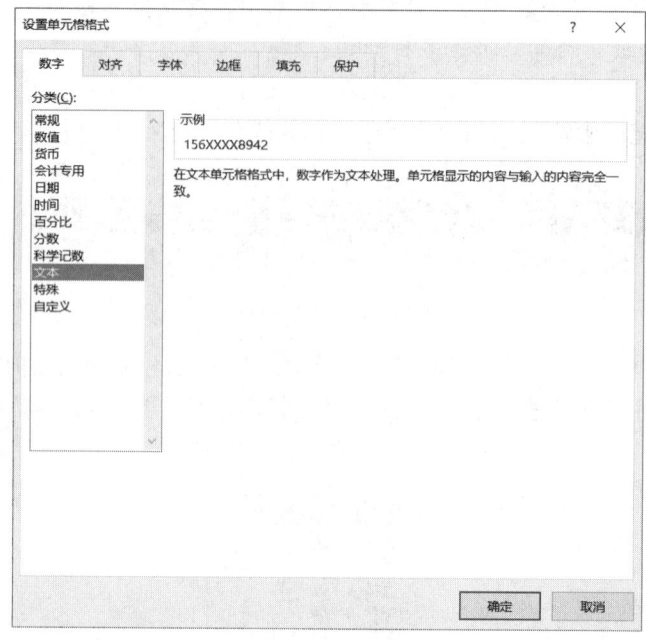

图 10-11 "设置单元格格式"对话框

注:凡是这种不参与计算的数字文本,在未设置任何单元格格式前不能直接输入数据,直接录入数据将会被系统默认为数字型,可能导致部分数据显示出错。

3. 输入学号

学号是从 100101 开始至 100137 结束,每向下一个单元格递增 1,对于这类有规律的序列(如等差或等比性质的数据)应该采用序列填充的方式进行输入,以提高录入速度,操作方法如下:

(1)在 A3 单元格中录入"100101",按回车键。

(2)单击 A3 单元格,鼠标移动至 A3 右下角填充柄,当指针形状由空心十字变成实心十字时,向下拖动 A3 单元格的填充柄至 A39 单元格,即可快速录入所有连续员工编号。

注:下拉列表选择数据适用于项目个数少而规范的数据,如职称、工种、学历、单位及产品类型等,这类数据适宜采用 Excel 的"数据有效性"检验方式,以下拉列表的方式输入。

10.2.3 数据验证设置

"学生信息表"中"性别"列与"班级"列内容数据有一定范围,且范围不大(性别只有"男""女"两种,而班级则有"电自 204"和"电自 205"两种),为了避免表格在录入过程中出现不规范的数据,可以在这些列设置数据有效性,采用下拉列表的形式进行数据选择,不允许用户录入非法数据。操作步骤如下:

(1)选择"性别"列数据区域 D3:D39,单击"数据"菜单中的"数据工具"功能组中的"数据验证"按钮,弹出"数据验证"对话框,如图 10-12 所示。选择"允许"下拉列表框中的"序列"选项,在"来源"中通过数据表导入的方式进行导入或者输入"男,女",单击"确定"按钮即可完成数据有效性设置。当在 D3:D35 区域录入数据时，即可看到有下拉框，并有男和女两种选项，如图 10-13 所示，录入性别时，只要在下拉框中选择数据即可。

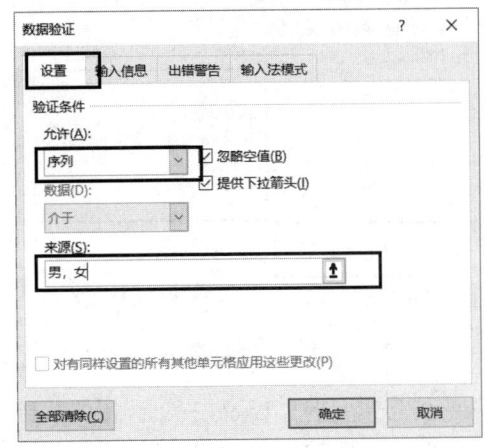

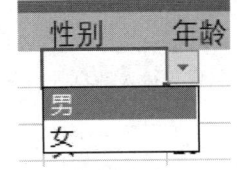

图 10-12　"数据验证"对话框　　　　　　　　图 10-13　"性别"列数据下拉框

注：在来源中输入数据时，各有效值之间必须使用半角逗号进行分隔。

（2）选择区域 B3:B39，单击"数据"菜单中的"数据工具"功能组中的"数据验证"按钮，选择"数据验证"命令设置数据有效性，如图 10-14 所示，结果如图 10-15 所示。录入班级时从下拉框中选择即可。

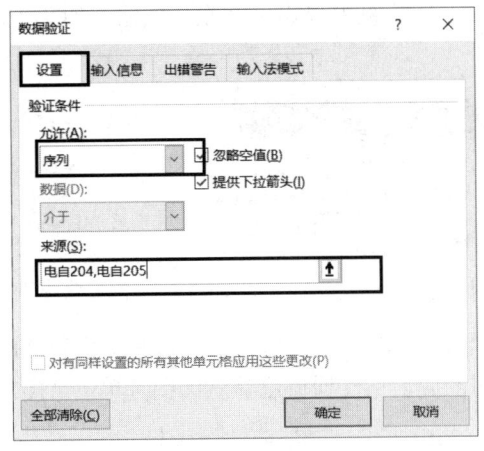

图 10-14　"班级"数据有效性设置　　　　　　图 10-15　"班级"列数据下拉框

（3）在录入大量数据时，用户很有可能录入相同的数字或字母导致错误。以下是录入数据时检验错误的方法，操作步骤如下：

1）打开"学生信息表"工作簿，选中需要录入数据的列（如 G 列），选择"数据"菜单，单击"数据验证"按钮，在"数据验证"对话框中单击"设置"选项卡，在"允许"下拉列表框中选择"自定义"选项，在"公式"文本框中输入"=COUNTIF(G:G,G10)=1"（在英文半角状态下输入），如图 10-16 所示。

2）单击"出错警告"选项卡，选择警告信息的样式，填写标题和错误信息，如图 10-17 所示，单击"确定"按钮，完成数据有效性的设置。

第 10 章　学生信息表制作　201

图 10-16 避免重复输入数据的有效性条件设置

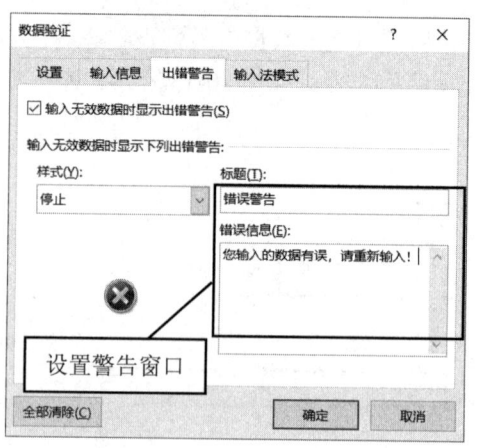
图 10-17 设置出错警告信息

3）在"身份证号"列中输入身份证号，当输入的信息重复时，Excel 立刻弹出错误警告，提示输入有误，只要单击"否"按钮，关闭提示消息框，重新输入正确的数据，就可以避免录入重复的数据。

10.2.4 图片插入

在 Excel 表格制作时，有时为了美观，我们要对表格进行简单的美化，本实例中为大家介绍电子表格的背景设置。具体操作步骤如下：

（1）单击"页面布局"菜单项，在"页面设置"功能组中单击"背景"按钮，如图 10-18 所示。

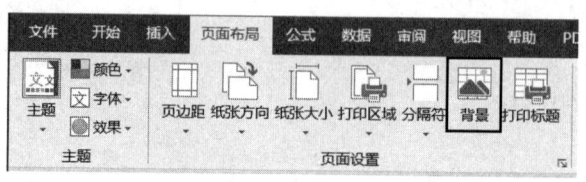
图 10-18 "背景"按钮

（2）弹出"插入图片"对话框，如图 10-19 所示。可以"从文件"中选择计算机存储的自己喜欢的图片，单击"插入"按钮；也可在"必应图像搜索"找到自己喜欢的图片单击"插入"。

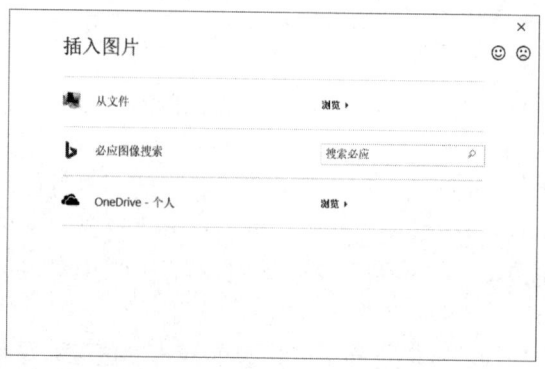
图 10-19 "工作表背景"对话框

（3）返回 Excel 表格，可以发现 Excel 表格的背景变成了刚才设置的图片，如图 10-20 所示。如果要取消背景，则单击"删除背景"按钮即可。

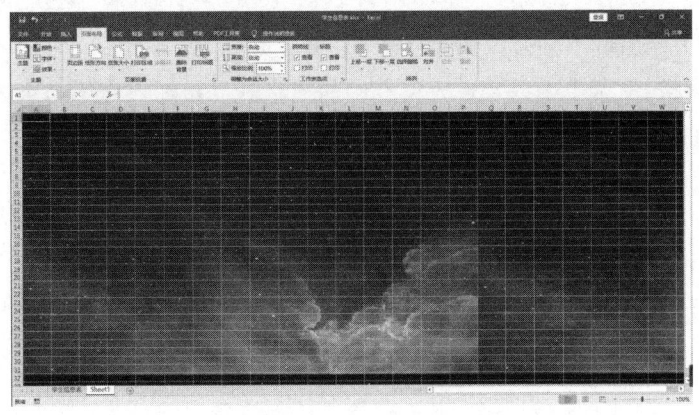

图 10-20　插入背景的 Excel 工作表

10.2.5　表格美化

在数据录入完毕后，便可以开始进行表格美化工作，使表格数据显示更加美观、大方和整齐。表格美化一般涉及行高列宽设置、数据格式设置、对齐方式设置、边框设计、底纹设置等，下面介绍对"职工信息表"美化的操作过程。

1．行高和列宽设置

设置"学生信息表"的行高为 25 像素，列宽为自动调整列宽。

操作步骤如下：

（1）单击"学生信息表"任一单元格，按 Ctrl+A 快捷键全选工作表。

（2）单击"开始"菜单中"单元格"功能组中的"格式"按钮，选择"自动调整列宽"选项，如图 10-21 所示。

（3）选择"行高"选项，在弹出的"行高"对话框中输入 25，如图 10-22 所示。

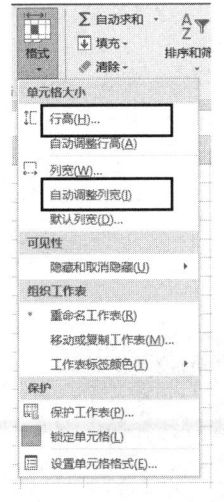

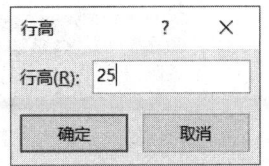

图 10-21　行高和列宽设置　　　　　　　　图 10-22　"行高"对话框

2. 数据格式设置

设置"入学时间"的显示方式为 yy-mm-dd，如 2013-4-5 显示为 13-04-05。

操作步骤如下：

（1）选择"入学时间"所在区域 I3:I39。

（2）单击"开始"菜单中的"单元格"中的"格式"按钮，在下拉列表中选择"设置单元格格式"选项，在弹出的"设置单元格格式"对话框中选择"数字"选项卡中的"自定义"选项，在"类型"下的文本框中输入 yy-mm-dd，如图 10-23 所示。

（3）单击"确定"按钮即可更改日期的显示方式，结果如图 10-24 所示。

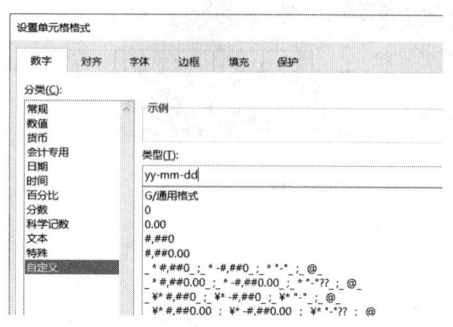
图 10-23 "数字"选项卡

图 10-24 自定义日期格式的效果

3. 标题对齐方式

表格标题合并居中显示。

操作步骤如下：

（1）选择工作表标题所在区域 A1:I1。

（2）单击"开始"菜单中的"对齐方式"功能组中的"合并后居中"按钮，如图 10-25 所示。

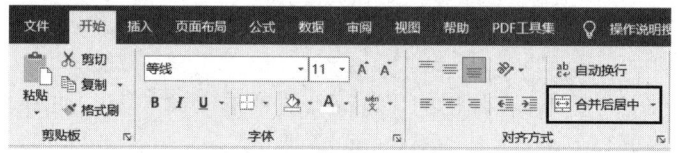
图 10-25 "合并后居中"按钮

4. 内容对齐方式

表格内容水平居中，垂直居中。

操作步骤如下：

（1）选择表格内容区域 A2:I39。

（2）单击"开始"菜单中的"对齐方式"功能组中的"垂直居中"和"水平居中"按钮，如图 10-26 所示。

图 10-26 对齐方式

5. 给职工信息表加边框

操作步骤如下：

（1）选择工作表的数据区域 A2:I39。

（2）单击"开始"菜单中的"边框"按钮，选择"所有框线"选项，如图 10-27 所示。

6. 设置列标题与工作表标题的底纹为绿色

操作步骤如下：

（1）选择列标题与工作表标题所在区域 A1:I2。

（2）单击"开始"菜单中的"字体"功能组中的"填充"按钮，选择"绿色"选项，如图 10-28 所示。

图 10-27　边框线设置

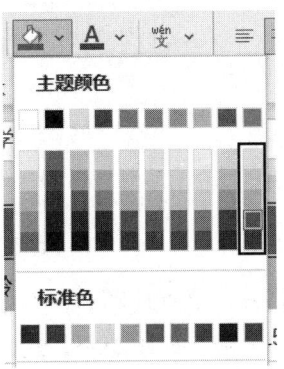

图 10-28　填充颜色设置

7. 批量填充数据

对学生信息表中空白的单元格快速填写"无"，操作步骤如下：

（1）单击数据表中任一单元格，全选数据表（按下 Ctrl+A 快捷键）。

（2）单击"开始"选项卡中的"查找与选择"按钮，选择"定位条件"选项，如图 10-29 所示。

（3）勾选"空值"选项后单击"确定"按钮，如图 10-30 所示，数据表中所有空白单元格均被选中，如图 10-31 所示。

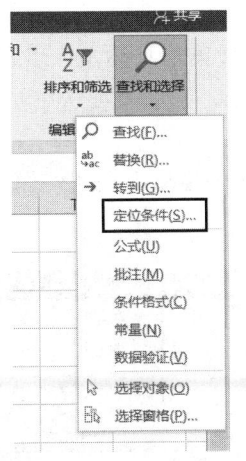

图 10-29　"定位条件"选项

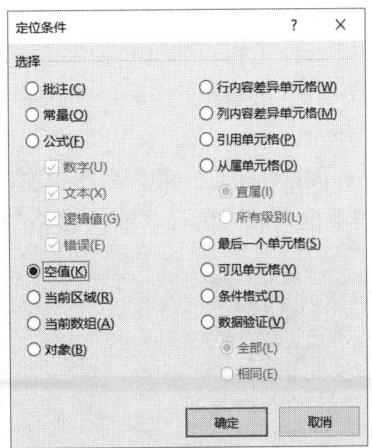

图 10-30　"定位条件"对话框

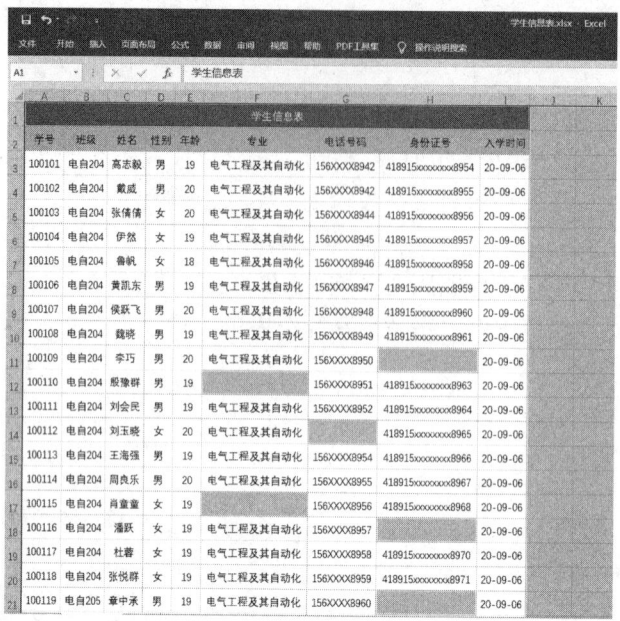

图 10-31　选中所有空白单元格

（4）同样在"查找和选择"中单击"替换"选项，打开"查找和替换"对话框。在"替换为"中输入"无"，如图 10-32 所示，同时单击"全部替换"，即可为所有空白单元格填充"无"。

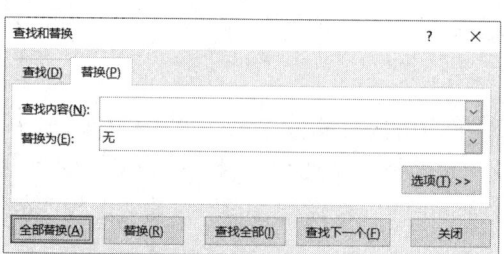

图 10-32　编辑框输入

10.2.6　冻结窗格

利用 Excel 工作表的冻结窗格功能可以达到固定窗口的效果，具体操作步骤如下：

（1）打开 Excel 工作表，如果要冻结第二行以上的部分，那么就要选中 A3 单元格，如图 10-33 所示。

（2）单击"视图"菜单，在"窗口"功能组中单击"冻结窗格"按钮，如图 10-34 所示，在打开的下拉列表中选择"冻结窗格"命令。

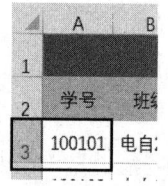

图 10-33　冻结位置选择

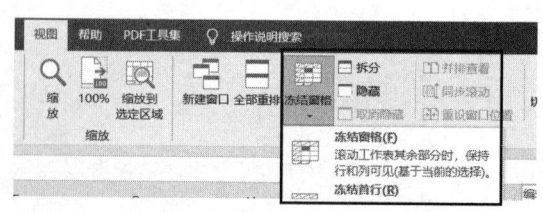

图 10-34　"冻结窗格"按钮

在 Excel 工作表界面，可以看到 A1 行的下面多了一条横线，这就是被冻结的状态，如图 10-35 所示。

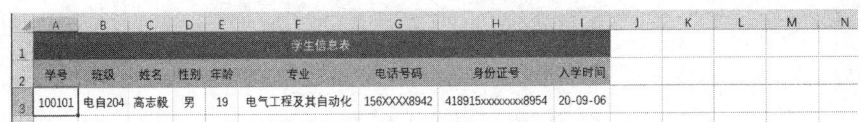

图 10-35　工作表窗格冻结状态

10.2.7　打印设置

设置该工作表打印时纸张大小为 A4、纵向打印，调整合适的页边距使表格所有列均在一页内显示。

操作步骤如下：

（1）单击表格数据中的任一单元格。

（2）单击"页面布局"菜单中的"页面设置"功能组中的"纸张大小"按钮，从下拉列表中选择"A4 21 厘米×29.7 厘米"选项，如图 10-36 所示。

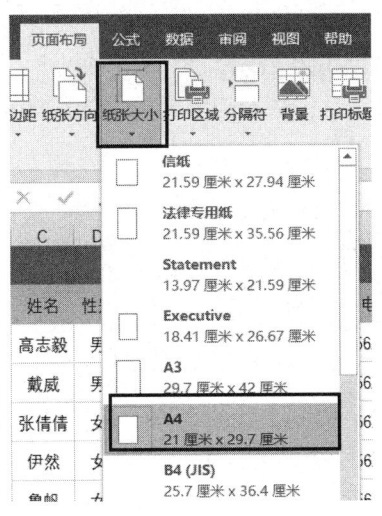

图 10-36　纸张设置

（3）单击"页面布局"菜单中的"页面设置"功能组中的"纸张方向"按钮，选择"纵向"选项，如图 10-37 所示。单击"文件"选项卡的"打印"功能，观察表格所有数据列是否均出现在页面中，如图 10-38 所示。

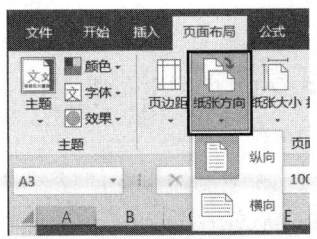

图 10-37　纸张方向设置

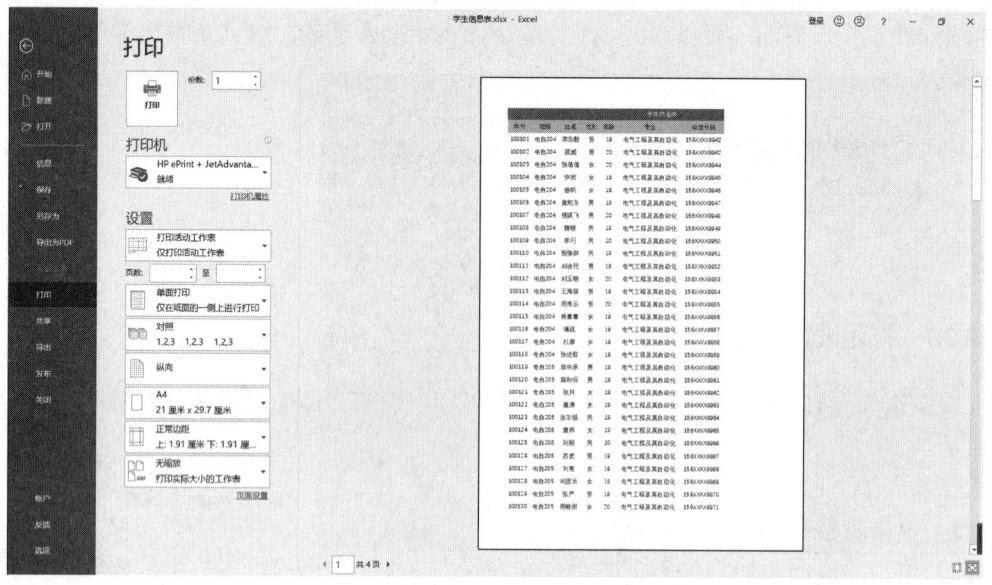

图 10-38　预览结果

调整页面边距使得所有数据列均在一页内打印。单击"正常边距"选项，从下拉列表中选择"自定义边距"选项，如图 10-39 所示。

（4）把页边距中"左"与"右"均改为 0.7 磅，如图 10-40 所示，单击"确定"按钮即可使所有列均显示在同一页中。

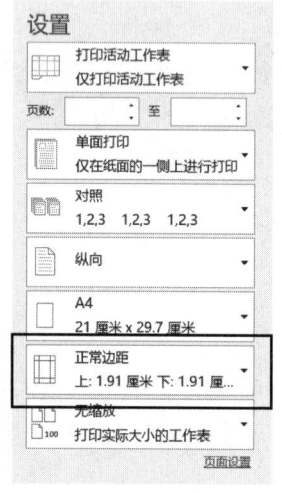

图 10-39　页边距设置

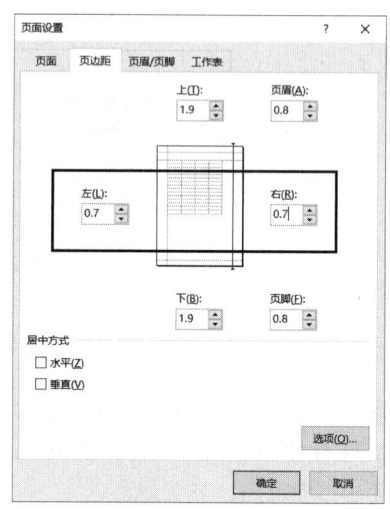

图 10-40　"页边距"选项卡

10.3　WPS 实例制作区分

10.2 中的内容介绍了在 Excel 2016 中制作学生信息表的详细步骤，那么在使用 WPS 制作学生信息表时，有什么是与使用 Excel 2016 制作不同的呢？以下是对用 WPS 制作与用 Excel 2016 制作的不同之处的介绍。

1. 创建表格

具体区别如下：

（1）进入 WPS 后单击右侧的"新建"功能，在弹出的新建窗口中找到上方的"表格"并单击，如图 10-41 所示。

图 10-41 "新建"窗口

（2）单击下方的"新建空白文档"即可得到新的空白表格。

2. 输入数字

具体区别如下：

选择需要输入数字型文本所在的列，单击"开始"菜单中的"单元格"按钮，在下拉列表中选择"设置单元格格式"命令，如图 10-42 所示。在弹出的"单元格格式"对话框中选择"数字"选项卡，单击"分类"中的"文本"选项，单击"确定"按钮，如图 10-43 所示。

图 10-42 "单元格"按钮

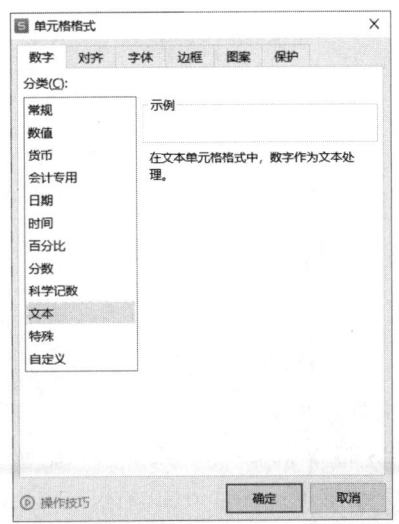

图 10-43 "设置单元格格式"对话框

第 10 章 学生信息表制作

3. 数据验证

具体区别如下：

单击"数据"菜单中的"有效性"按钮，弹出"数据有效性"对话框，如图10-44、图10-45所示。选择"允许"下拉列表框中的"序列"选项，在"来源"中通过数据表导入的方式进行导入或者输入"男,女"，单击"确定"按钮即可完成数据有效性设置。

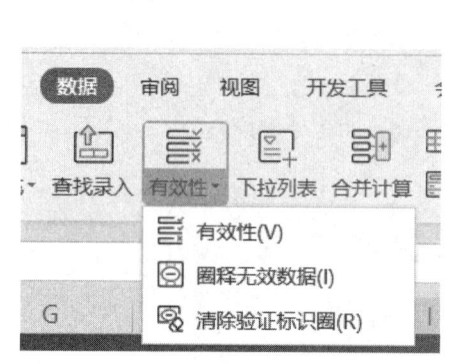
图 10-44 "有效性"按钮

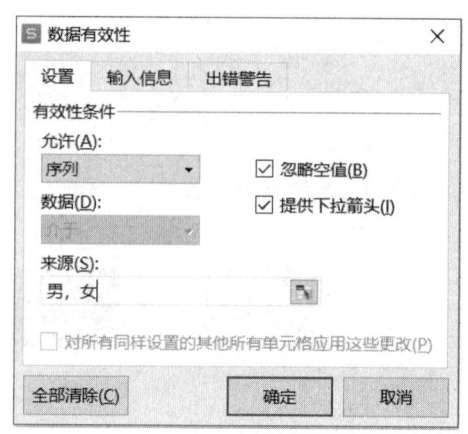
图 10-45 "数据有效性"对话框

4. 行高列宽

具体区别如下：

WPS 内置的调整行高列宽的设置需单击"开始"选项卡中的"行与列"按钮，如图10-46所示。

图 10-46 "行与列"按钮

5. 冻结窗格

具体区别如下：

WPS 的"冻结窗格"按钮在"开始"选项卡中，如图10-47所示。与 Excel 的选中方式相同，选中想要冻结的行下面一行，如图10-48所示。

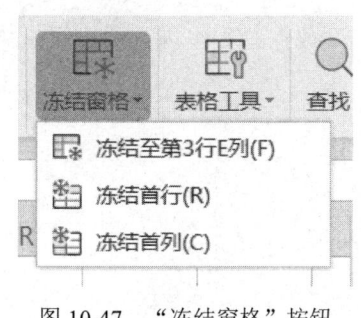
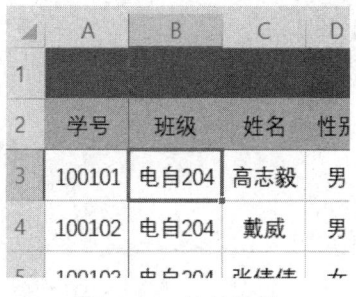

图 10-47　"冻结窗格"按钮　　　　　　图 10-48　冻结效果

6. 打印设置

具体区别如下：

WPS 对于打印预览单独设置了按钮，无需在文件中寻找打印选项，而且能够在整个窗口进行观察。在"页面布局"选项卡中单击"打印预览"按钮即可，如图 10-49 所示。

图 10-49　"打印预览"按钮

10.4　本章小结

本节实例以制作职工信息表为工作内容，从以下几个方面介绍了制作 Excel 工作表涉及的知识内容：

（1）新建与保存工作簿。新建工作簿的方式多种多样，个人只需选择合适的方式创建即可，保存工作表过程中，需注意保存及另存为的区别，Ctrl+S 为保存的快捷键。

（2）重命名工作表。对于新建的工作簿，默认的工作表名称是 Sheet1、Sheet2、Sheet3，为了使工作表更有辨识度，一般在使用过程中都要对工作表进行重新命名。除了重命名工作表外，插入新工作表、复制移动工作表、删除工作表、选定工作表等都是操作工作表时常用的功能。

（3）数据表录入。根据数据类型的不同，数据的录入方法主要分四种：文本、数值、日期、逻辑型数据。非数值型的文本数据直接录入即可，如先输入半角单引号再输入数值，即可输入数值型的文本数据；数值也是直接录入即可，需要设置数值格式时，只需在"单元格格式"对话框的"数字"选项卡中进行修改；输入日期时，年月日之间用"-"或"/"隔开；对于有规律的数据系列，则可以利用数据填充的方法进行数据录入；对于项目个数少而规范的数据，在数据录入时可以考虑设置数据录入的有效性，让使用者在录入数据时从下拉框中选择。

（4）单元格格式设置。数据录入完毕后，为了使工作表整齐美观，可以设置单元格格式。如设定行高、设定合适的列宽、设定工作表中数据显示格式、设置字体字号及对齐方式、设置表格边框线、设置底纹等。

（5）打印设置。打印排版也是 Excel 的一个常用功能。在打印前，根据实际情况，需设置打印的区域（全部打印、部分打印）、打印的纸张大小、打印的方向等基本信息。此外，设置完以上基本信息后，打印前先预览数据表，查看所有列数据是否出现在同一页纸中，查看一共有多少页，并调整合适的页边距。

10.5 思考练习

对图 10-50 所示参赛表进行格式设置，最终效果如图 10-51 所示。

	A	B	C	D	E	F	G	H	I	J
1	2011-2012学年第一学期学院教师参赛表									
2	序号	工号	部门	姓名	参赛版块	参赛项目	身份证号	参赛时间	参赛费用	
3	1	4006	招就处	何严红	版块（5）	羽毛球			1260	
4	2	4003			版块（5）					
5	3	6089			版块（2）					
6	4	2001			版块（2）					
7	5	6075			版块（4）					
8	6	5021			版块（5）					
9	7	2020			版块（1）					

图 10-50　参赛表格式设置

2011-2012学年第一学期学院教师参赛表								
序号	工号	部门	姓名	参赛版块	参赛项目	身份证号	参赛时间	参赛费用
01	04006	招就处	何严红	板块（5）	羽毛球	34081119930617××××	12-12-08	¥1,260.00
02	04003	财务处	赫凯	板块（5）	篮球	15272619930909××××	12-04-03	¥1,500.00
03	06089	后勤处	王薇	板块（2）	羽毛球	35018119930621××××	12-03-06	¥3,200.00
04	02001	财务处	余媛	板块（2）	乒乓球	34082819930112××××	12-03-15	¥2,700.00
05	06075	教务处	张瑞	板块（4）	武术	23040519921222××××	12-06-25	¥1,820.00
06	05021	后勤处	张钰	板块（5）	羽毛球	21040419921128××××	12-05-07	¥2,100.00
07	02020	财务处	张云雷	板块（1）	篮球	34122319931010××××	12-02-28	¥3,000.00

图 10-51　参赛表结果

要求：

（1）工作表标题“2011－2012 学年第一学期学院教师参赛表”设置为：合并居中，宋体，18 号，加粗。

（2）列标题设置为：字体为宋体，字号为 11，加粗显示，水平居中，垂直居中，列标题底纹设置为蓝色。

（3）表格数据为宋体，10 号，水平居中，垂直居中。

（4）设置数据表行高为 25 像素，列宽为最适合的列宽。

（5）为数据表添加边框线，其中外框线为双细线，内框线为点横线。

（6）“参赛费用”列保留两位小数，使用千位分隔符，货币类型。

（7）对于参赛费用大于 2500 元的，加粗倾斜红色底纹显示。

（8）重命名工作表为“教师参赛表”。

第 11 章　人口普查数据统计分析

- 掌握外部数据导入的方法。
- 掌握美化表格的方法。
- 掌握合并计算的使用。
- 掌握 INDEX、MATCH、COUNTIF 函数的使用。
- 掌握数据透视表的使用。

11.1　实例简介

中国的人口发展形势非常严峻，为此国家统计局每 10 年就要进行一次全国人口普查，以掌握全国人口的增长速度及规模。小李应领导的要求整理人口普查的数据，按照下列要求完成对第五次、第六次人口普查数据的统计分析。

（1）使用所给文件数据导入 Excel 表格中。
（2）更改表格样式，偶数行须有底纹。
（3）计算人口变化数、家庭户变化人数、人口负增长地区填入表格。
（4）创建数据透视表。

11.2　实例制作

本章以全国人口普查数据分析作为案例，统计和分析第五次、第六次人口普查数据。打开"D:\OFFICE\素材\第 11 章"文件夹中的"全国人口普查数据分析.xlsx"，完成如下操作。

11.2.1　利用"数据导入"功能插入外部数据

浏览文本文件"第五次全国人口普查公报.txt"，将"第五次全国人口普查主要数据"导入到工作表"第五次普查数据"中（要求从 A1 单元格开始导入，不得对工作表中的数据进行排序）。

操作步骤如下：

（1）将光标定位在"第五次普查数据"工作表 A1 单元格，单击"数据"选项卡，在"获取外部数据"组中选择"自文本"，如图 11-1 所示。

（2）在"导入文本文件"对话框中打开"D:\OFFICE\素材\第 11 章"路径，选择"第五次全国人口普查公报.txt"的文件，单击"导入"按钮，如图 11-2 所示。

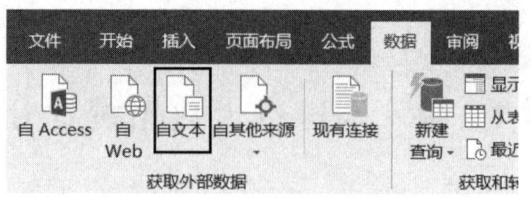

图 11-1 自文本导入数据菜单

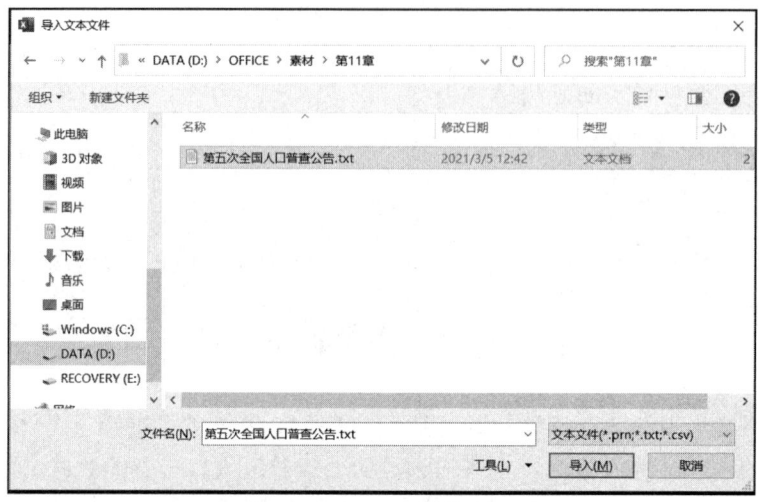

图 11-2 "导入文本文件"对话框

（3）在弹出的"文本导入向导-第 1 步，共 3 步"对话框中选择"分隔符号"单选按钮，单击"下一步"按钮，如图 11-3 所示。

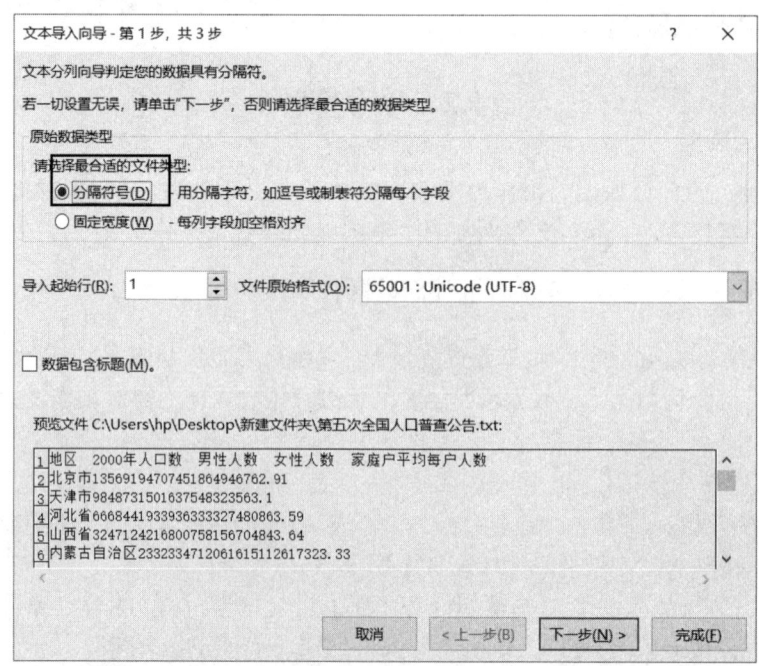

图 11-3 "文本导入向导-第 1 步，共 3 步"对话框

（4）弹出"文本导入向导-第 2 步，共 3 步"对话框，在"分隔符号"分组中根据文本的间隔符号勾选相应的复选框，默认为"Tab 键"，本例中使用的是"逗号"间隔，去掉其余的复选框选项，勾选"逗号"复选框，然后单击"下一步"按钮，如图 11-4 所示。

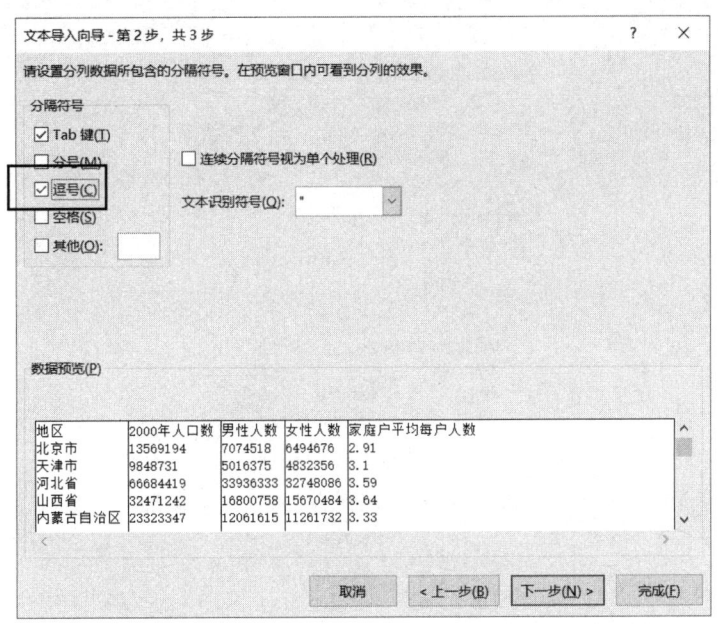

图 11-4 "文本导入向导-第 2 步，共 3 步"对话框

（5）弹出"文本导入向导-第 3 步，共 3 步"对话框，默认选中第一列数据，根据该列的数据类型设置列数据格式。本例中第一列为文本，其余几列为数据，因此在"列数据格式"分组中选择"文本"单选按钮，然后单击"完成"按钮，如图 11-5 所示。

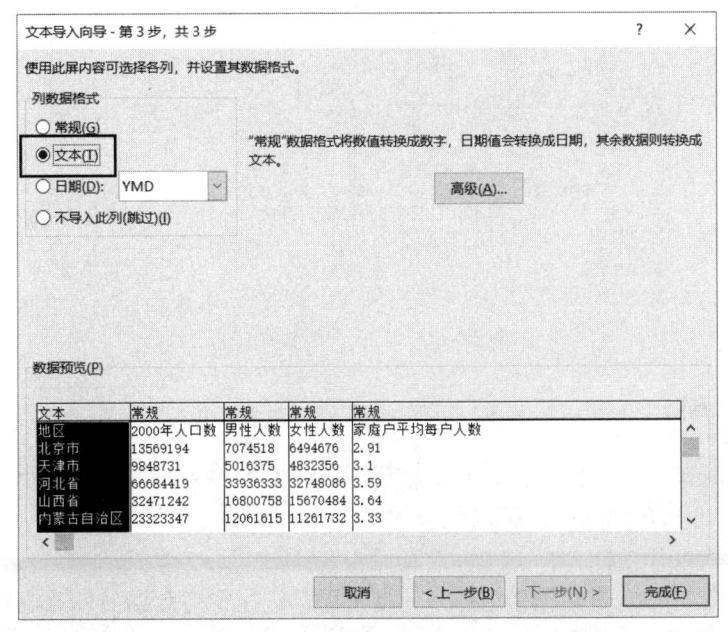

图 11-5 "文本导入向导-第 3 步，共 3 步"对话框

（6）在弹出的"导入数据"对话框中选择"现有工作表"单选按钮，编辑框中显示"=$A$1"。如果没有显示"=$A$1"，原因是在导入数据前没有选择 A1 单元格，此时重新选择即可。如果需要在新表中建立，则选择"新工作表"单选按钮，如图 11-6 所示。

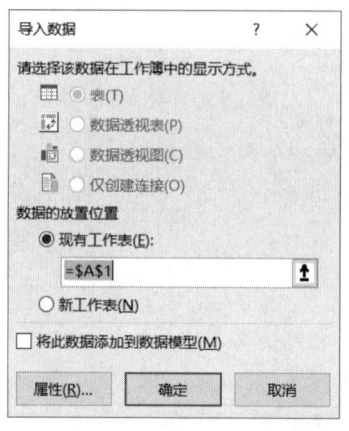

图 11-6 "导入数据"对话框

（7）单击"确定"按钮后，就可以在工作表中导入文本数据，如图 11-7 所示。

	A	B	C	D	E
1	地区	2000年人口数	男性人数	女性人数	家庭户平均每户人数
2	北京市	13569194	7074518	6494676	2.91
3	天津市	9848731	5016375	4832356	3.1
4	河北省	66684419	33936333	32748086	3.59
5	山西省	32471242	16800758	15670484	3.64
6	内蒙古自治区	23323347	12061615	11261732	3.33
7	辽宁省	41824412	21323383	20501029	3.16
8	吉林省	26802191	13720747	13081444	3.32
9	黑龙江省	36237576	18520747	17716829	3.24
10	上海市	16407734	8430262	7977472	2.79
11	江苏省	73043577	36982038	36061539	3.25
12	浙江省	45930651	23581512	22349139	3
13	安徽省	58999948	30437820	28562128	3.54
14	福建省	34097947	17568535	16529412	3.57
15	江西省	40397598	20990240	19407358	3.8
16	山东省	89971789	45542060	44429729	3.22
17	河南省	91236854	47046599	44190255	3.68
18	湖北省	59508870	30982241	28526629	3.53
19	湖南省	63274173	32993704	30280469	3.46
20	广东省	85225007	43381720	41843287	3.72
21	广西壮族自治区	43854538	23239376	20615162	3.76
22	海南省	7559035	4002445	3556590	4.11
23	重庆市	30512763	15841429	14671334	3.23
24	四川省	82348296	42561620	39786676	3.33
25	贵州省	35247695	18464477	16783218	3.74
26	云南省	42360089	22194343	20165746	3.73

图 11-7 导入文本数据结果

11.2.2 美化表格

对工作表中的数据区域套用合适的表格样式，要求至少四周有边框且偶数行有底纹，并将所有"人口数"列的数据格式设为带千分位分隔符的整数。

操作步骤如下：

（1）选择"第五次普查数据"工作表，将光标定位在表格数据的任意位置，单击"开始"选项卡"样式"工作组中的"套用表格格式"。根据要求，偶数行须有底纹，在选择时要注意观察预览图,在下拉列表中选择"中等色"区域中的"绿色表样式中等深浅 7",如图 11-8 所示。

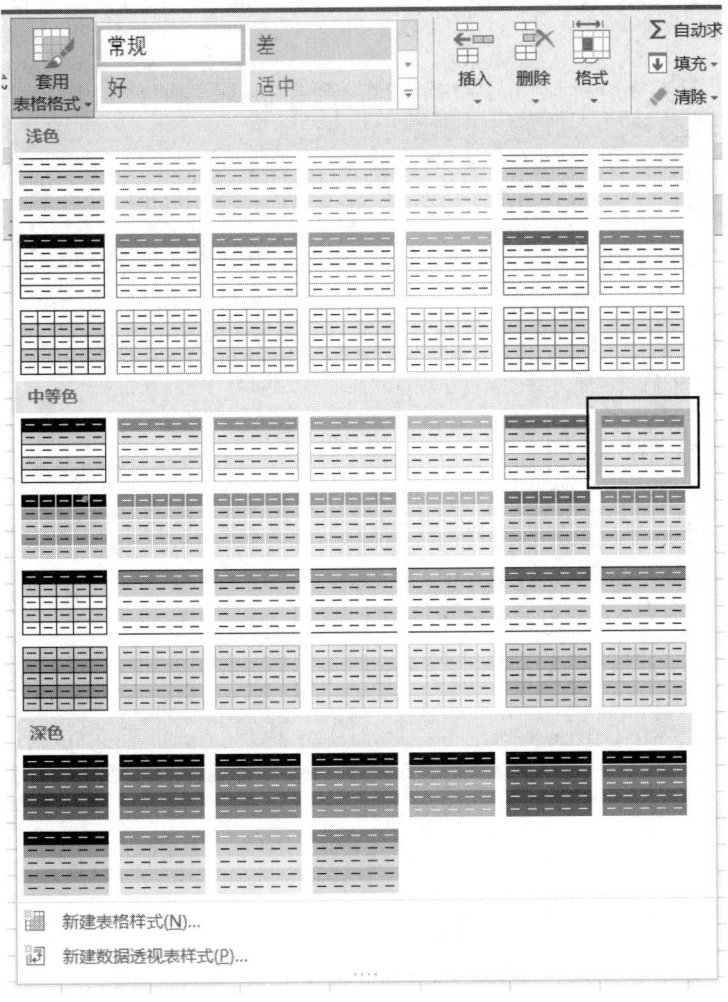

图 11-8 "套用表格格式"菜单

(2)选择后弹出"创建表"对话框,在"表数据的来源"编辑栏中会自动选择表格数据,如果不正确就重新选择,如果表格包含标题(这里的标题指表头),就勾选"表包含标题"复选框,如图 11-9 所示。

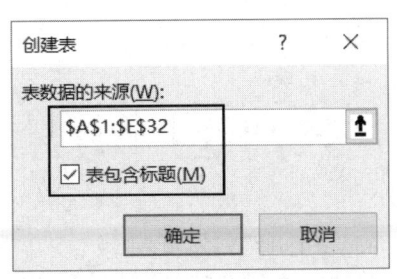

图 11-9 "创建表"对话框

第 11 章 人口普查数据统计分析

（3）单击"确定"按钮，因为表格的数据是外部导入的，因此会弹出一个对话框要求转换表并删除外部链接，单击"是"按钮即可，如图 11-10 所示。

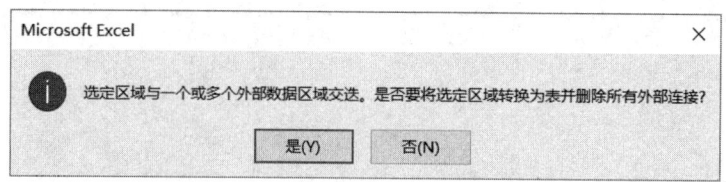

图 11-10　"转换表并删除外部链接"对话框

（4）选择"2000 年人口数""男性人数""女性人数"列 B2:D32 单元格，设置单元格格式，在"数字"选项卡"分类"中选择"数值"，设置"小数位数"为"0"，勾选"使用千位分隔符(,)"复选框，如图 11-11 所示（或者在选中三列之后单击"开始"→"数字"→"千分位分隔"按钮，如图 11-12 所示）。

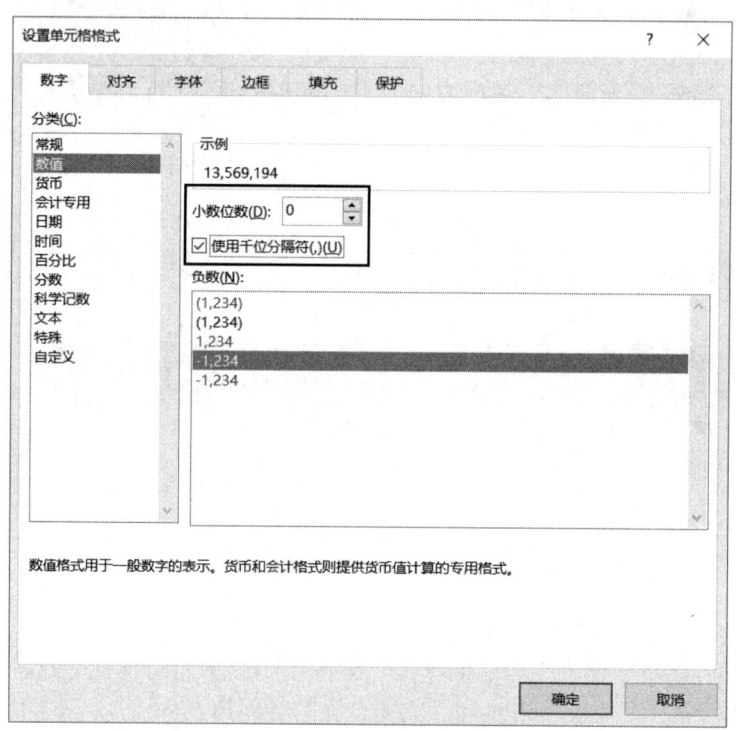

图 11-11　设置"人口数"列数据格式

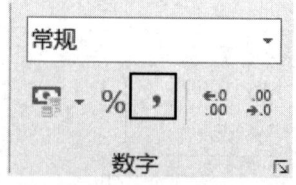

图 11-12　千分位分隔按钮

（5）参照上述美化表格的方法，对"第六次普查数据"工作表套用适当的表格样式。

11.2.3 合并计算

将两个工作表的内容合并，合并后的工作表放置在新工作表"比较数据"中（自 A1 单元格开始），且保持最左列仍为地区名称、A1 单元格中的列标题为"地区"，对合并后的工作表适当地调整行高、列宽、字体、字号、边框、底纹等，使其便于阅读。以"地区"为关键字对"比较数据"工作表进行升序排列。

操作步骤如下：

（1）在工作表列表区，单击最右侧的"插入工作表"按钮新建工作表，命名为"比较数据"，如图 11-13 所示。

图 11-13　新建工作表

（2）新建工作表后，将光标定位在 A1 单元格，单击"数据"选项卡，在"数据工具"组中选择"合并计算"，如图 11-14 所示。

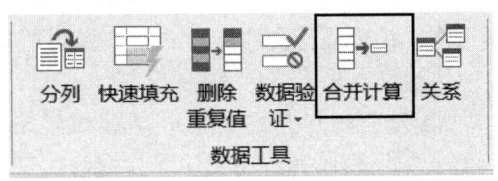

图 11-14　"合并计算"按钮

（3）在弹出的"合并计算"对话框中，设置"函数"为"求和"，在"引用位置"文本编辑框中用鼠标拖选的方式选择第一个区域"第五次普查数据!$A$1:$D$32"，单击"添加"按钮，再选择第二个区域"第六次普查数据!$A$1:$D$32"，单击"添加"按钮，由于数据表的最左列和首行是文字，不能进行合并，要进行标识，因此在"标签位置"区域中勾选"首行"和"最左列"复选框，如图 11-15 所示。

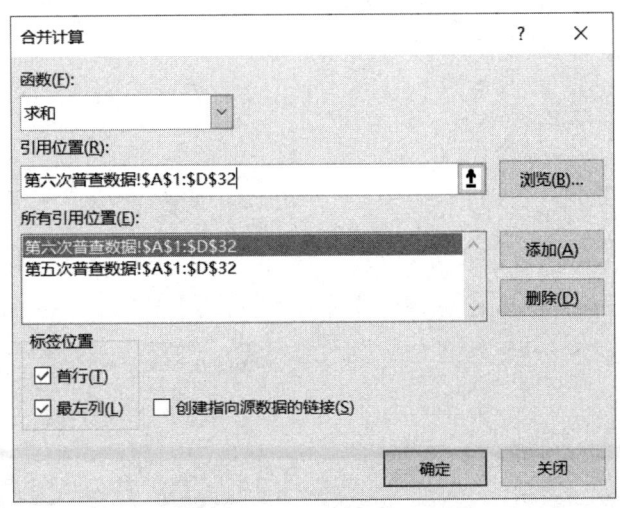

图 11-15　"合并计算"对话框

（4）单击"确定"按钮后，两个表格的数据合并到一个表格中，但由于标签同时选择了"首行"和"最左列"，它们交叉的单元格 A1 的文字没显示出来，需要手动录入。

（5）将光标定位在表格数据区域中，单击"数据"→"排序和筛选"→"排序"，在"主要关键字"中选择"地区"，"次序"中选择"升序"，然后单击"确定"按钮进行排序。

11.2.4 利用函数统计数据

打开工作表"统计数据"，利用"比较数据"表中的数据，结合 INDEX、MATCH、COUNT 函数在相应的单元格统计各项数据。

在合并后的表格区域的最右边依次增加"人口增长数"和"家庭户每户人数变化"两列，计算这两列的值，并设置合适的格式。

注： 人口增长数=2010 年人口数－2000 年人口数；家庭户每户人数变化=2010 年比例－2000 年比例。

（1）将光标定位在 H1 单元格，输入"人口增长数"，完成后表格样式会自动套用到该列。同样，将光标定位在 I1 单元格，输入"家庭户每户人数变化"。

（2）将光标定位在 H2 单元格，在单元格编辑栏中输入公式"="，单击 B2 单元格，再输入"-"，然后再单击 C2 单元格，由于表格套用了样式，在编辑栏显示的公式为"=B2-C2"，按 Enter 键确认后，数据会自动计算出来。

（3）以同样的方法计算"家庭户每户人数变化"，单元格公式应显示为"=F2-G2"。计算完后调整列宽，并将"人口增长数"列单元格格式设置为数值、带千位分隔符的整数，"家庭户每户人数变化"列单元格格式设置为百分比，保留 2 位小数。

1. 计算总人数、总增长数

操作步骤如下：

（1）打开"统计数据"工作表，将光标定位在 C3 单元格，单击"公式"选项卡中的"插入函数"按钮，在"插入函数"对话框中选择 SUM 函数，单击"确定"按钮。

（2）单击"确定"按钮后，光标自动置于第一个参数 Number1 编辑框位置，然后切换到"比较数据"工作表，选择 2000 年人口数 C2:C32，如图 11-16 所示。

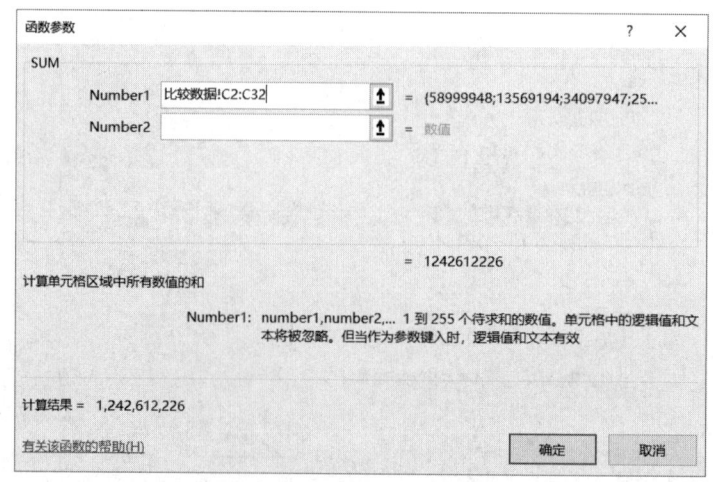

图 11-16 "函数参数"对话框

（3）单击"确定"按钮后，计算出 2000 年总人数，使用同样的方法计算出 2010 年总人数。

（4）将光标定位在 D4 单元格，在单元格编辑栏中输入公式"=D3-C3"，按 Enter 键确认，计算总增长数。

2. 查找出人口最多（少）的地区和人口增长最多（少）的地区

操作步骤如下：

（1）先计算 2000 年人口最多的地区：将光标定位在 C5 单元格，单击"公式"选项卡中的"插入函数"按钮，在"插入函数"对话框中选择 MAX 函数，单击"确定"按钮。

（2）单击"确定"按钮后，光标自动置于第一个参数 Number1 编辑框位置，然后切换到"比较数据"工作表，选择 2000 年人口数"C2:C32"，如图 11-17 所示。

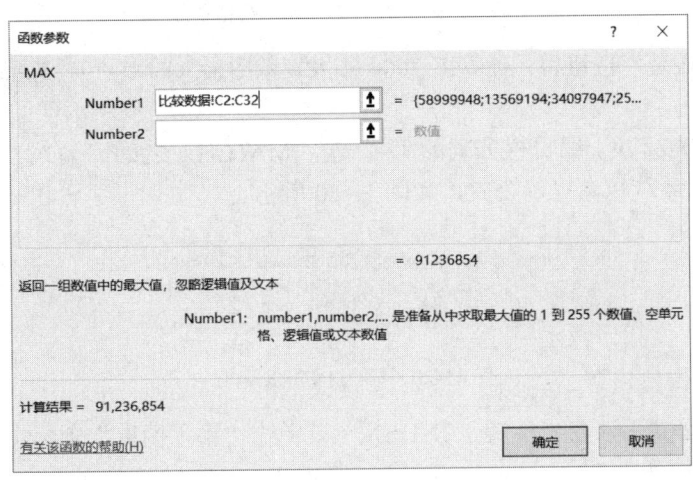

图 11-17　"MAX 函数"对话框

（3）单击"确定"按钮后，计算出 2000 年人口数中最大的数"91,236,854"，接下来要获取"91,236,854"所在的行号。

（4）将光标置于编辑栏公式的"="与"MAX"之间，输入"MATCH("插入公式，在输入的同时系统也会提示公式，如图 11-18 所示。

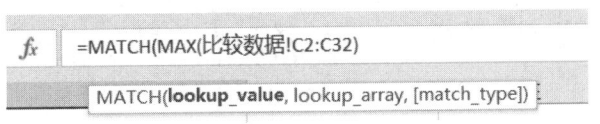

图 11-18　插入 MATCH 函数

注：MATCH 函数又称为匹配函数，指返回指定数值在指定数组区域中的位置。利用 MATCH 函数的查找功能时，当查找条件存在时，MATCH 函数结果为具体位置（数值），否则显示"#N/A"错误。

（5）输入完公式后，将光标置于 MATCH 中，单击"插入函数"图标，弹出"函数参数"对话框，在本例中，第一个参数查找数值已经默认为"MAX(比较数据! C2:C32)"，查找人口数中的最大值，也就是人口最多的数值；第二个参数查找区域，也就是在包含人口最多的数值所在的数据区域，选择"比较数据"表中的"2000 年人口数"列 C2:C32；最后一个参数，为了要获取最大值所在的行号，所以输入 0，获取按原顺序排列的序号，如图 11-19 所示。

第 11 章　人口普查数据统计分析

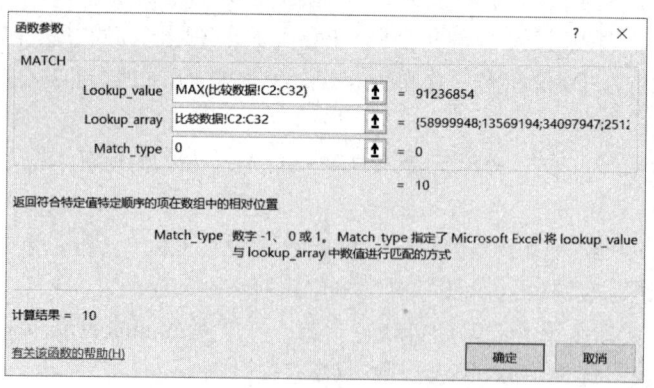

图 11-19 "函数参数"对话框

（6）单击"确定"按钮后，计算出 2000 年人口数中最大的数"91236854"所在的行号为"10"。

（7）再次将光标置于编辑栏公式的"="与"MATCH"之间，输入"INDEX("插入公式，在输入的同时系统也会提示公式，如图 11-20 所示。

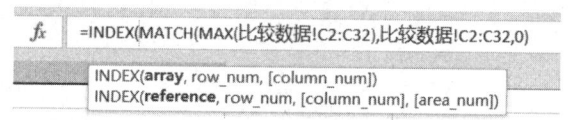

图 11-20 插入 INDEX 函数

（8）输入完公式后，将光标置于 INDEX 中，单击"插入函数"图标，弹出"选定参数"对话框，如图 11-21 所示。

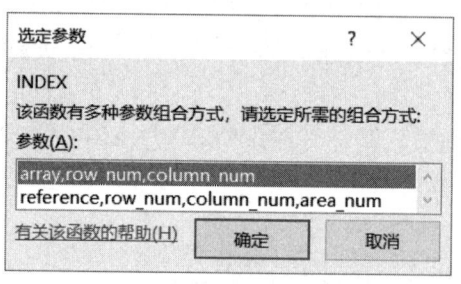

图 11-21 选定 INDEX 函数对话框

注：INDEX 函数是返回表或区域中的值或对值的引用。函数 INDEX()有两种形式：一种是数组形式，另一种是引用形式。数组形式通常返回数值或数值数组；引用形式通常返回引用。本例中使用的是数组形式。

（9）选定后单击"确定"按钮，弹出"函数参数"对话框，第一个参数编辑栏中默认填入了 MATCH 公式（也就是获取到的行号），如图 11-22 所示。

（10）第一个参数必须填入单元格区域或是数组常量，第二个参数才是行号的值，这时应将光标定位在公式编辑栏"=INDEX("后输入一个"，"，接着再将光标定位在 INDEX 中，"函数参数"对话框中原默认的第一个参数中的 MATCH 公式部分自动移动到了第二个参数中，然后在第一个参数中选择"比较数据"工作表中的 A2:A32，如图 11-23 所示。

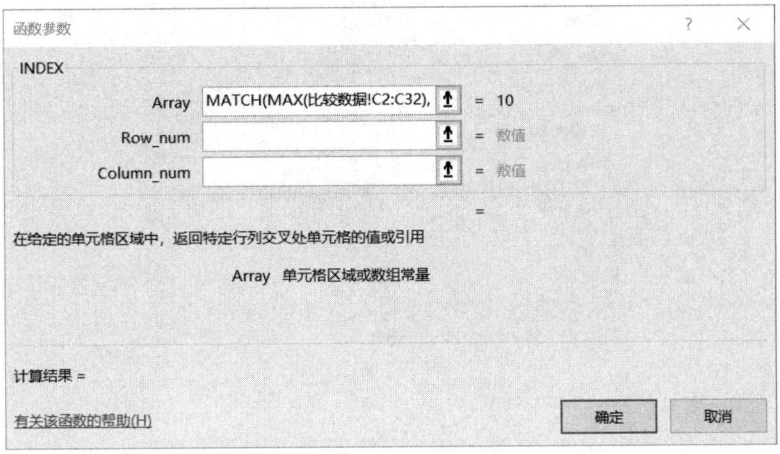

图 11-22　INDEX 函数参数

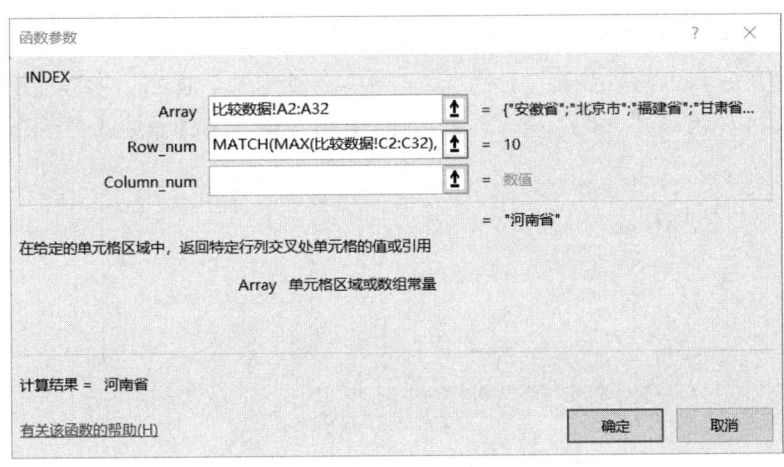

图 11-23　INDEX 函数参数输入

（11）单击"确定"按钮后，在 C5 单元格计算出 2000 年人口最多的地区为"河南省"。

（12）参照上述方法选择"2010 年人口数"，公式为"=INDEX(比较数据!A2:A32, MATCH(MAX(比较数据!B2:B32),比较数据!B2:B32,0))"，计算出 2010 年人口最多的地区为"广东省"。

（13）参照上述方法选择"人口增长数"，公式为"=INDEX(比较数据!A2:A32, MATCH(MAX(比较数据!H2:H32),比较数据!H2:H32,0))"，计算出人口增长最多的地区为"广东省"。

（14）计算"人口增长最少""人口数最少"时使用的函数为 MIN 函数，正好与 MAX 函数相反，但是函数输入参数相同。参照上述方法计算"人口增长最少""人口数最少"数据。

3．计算人口为负增长的地区数

操作步骤如下：

（1）选中 D9 单元格，单击"插入函数"，弹出"插入函数"对话框，在"搜索函数"文本框中输入 countif，单击"转到"按钮，选择好后单击"确定"按钮插入，如图 11-24 所示。

第 11 章　人口普查数据统计分析

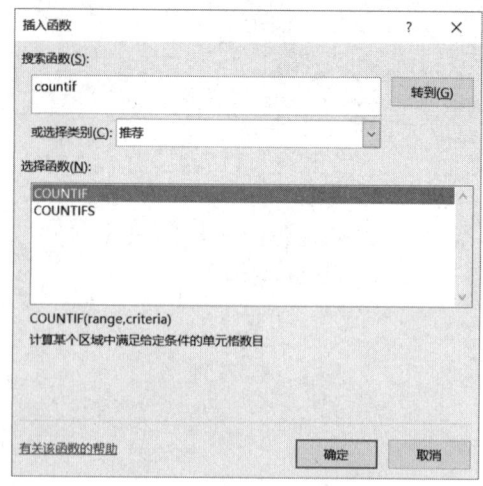

图 11-24　插入 COUNTIF 函数

注：COUNTIFS 函数是用来统计多个区域中满足给定条件的单元格的个数。

（2）确定后进入"函数参数"对话框，输入第一个条件，Range 参数选择"比较数据"工作表中的"人口增长数"列 H2:H32，Criteria 编辑栏输入条件表达式""<0""，如图 11-25 所示。

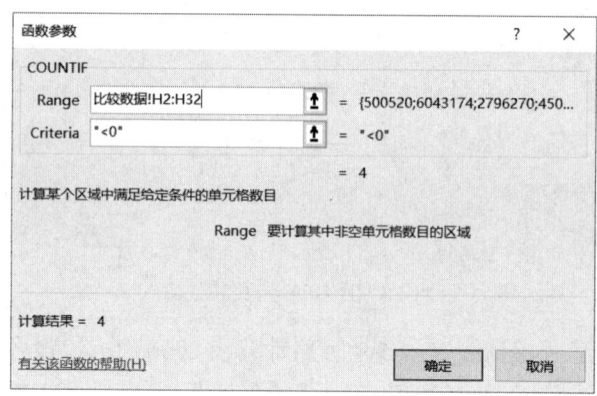

图 11-25　"COUNTIF 函数"对话框

（3）单击"确定"按钮，在 D9 单元格计算出人口为负增长的地区数为"4"。

11.2.5　创建数据透视表

基于工作表"比较数据"创建一个数据透视表，将其单独存放在一个名为"透视分析"的工作表中。透视表中要求筛选出 2010 年人口数超过 5000 万的地区及其人口数、2010 年所占比重、人口增长数，并按人口数从多到少排序，最后适当调整透视表中的数字格式。（提示：行标签为"地区"，数值项依次为 2010 年人口数、2010 年比重、人口增长数。）

操作步骤如下：

（1）选中"比较数据"工作表数据区域内的任意单元格，单击"插入"→"表格"→"数据透视表"选项，如图 11-26 所示。

（2）弹出"创建数据透视表"对话框，在"请选择要分析的数据"分组中选择"选择一个表或区域"单选按钮,编辑栏内就会自动选择数据表中的数据,在"选择放置数据透视表的位置"分组中选择"新工作表"单选按钮,如图11-27所示。

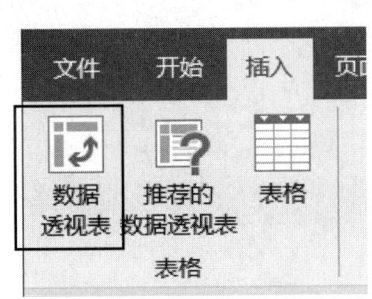

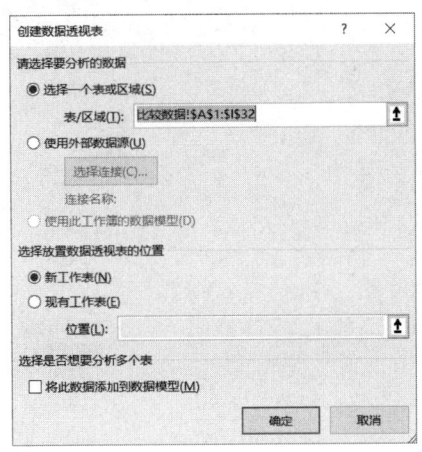

图11-26 插入数据透视表　　　　　　　图11-27 "创建数据透视表"对话框

（3）单击"确定"按钮后,进入数据透视表布局界面,在右侧出现"数据透视表字段",按住鼠标左键将"地区"拖动到"行",将"2010年人口数""2010年家庭户平均每户人数""人口增长数"依次拖动到"值",如图11-28所示。

图11-28 数据透视表字段设置

（4）布局完毕后单击"数据透视表字段列表"右上角的"×",关闭后单击透视表"行标签"右侧的下拉按钮,选择"值筛选"→"大于",如图11-29所示。在弹出的"值筛选(地区)"对话框中,选择"求和项:2010年人口数""大于",在最后一个文本框中输入"50000000",单击"确定"按钮完成,如图11-30所示。

图 11-29　数据透视表字段设置

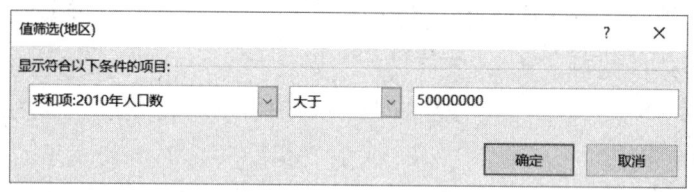

图 11-30　数据透视表"值筛选(地区)"对话框

（5）单击透视表"行标签"右侧的下拉按钮，选择"其他排序选项"命令，弹出"排序(地区)"对话框，选择第二项"升序排序（A 到 Z）依据"单选按钮，并在编辑栏的下拉列表中选择"求和项:2010 年人口数"，单击"确定"按钮完成，如图 11-31 所示。

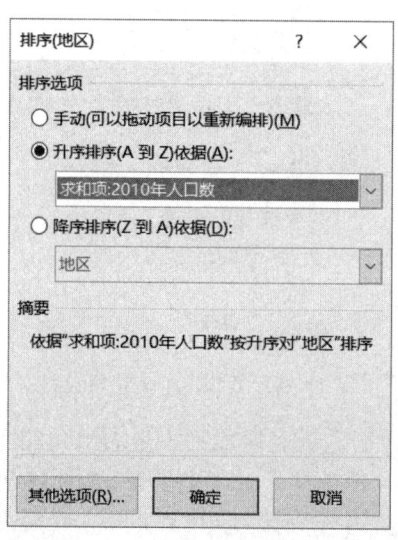

图 11-31　数据透视表"排序(地区)"对话框

(6)"求和项:2010 年人口数"和"求和项:人口增长数"列数据单元格格式设置为数值、带千位分隔符的整数,并将工作表重命名为"透视分析",最后保存,最终效果如图 11-32 所示。

行标签	求和项:2010年人口数	求和项:人口增长数	求和项:2010年家庭户平均每户人数
浙江省	54,426,891	8,496,240	2.62
湖北省	57,237,727	-2,271,143	3.16
安徽省	59,500,468	500,520	3
湖南省	65,700,762	2,426,589	3.32
河北省	71,854,210	5,169,791	3.36
江苏省	78,660,941	5,617,364	2.94
四川省	80,417,528	-1,930,768	2.95
河南省	94,029,939	2,793,085	3.47
山东省	95,792,719	5,820,930	2.98
广东省	104,320,459	19,095,452	3.11
总计	761,941,644	45,718,060	30.91

图 11-32　数据透视表最终效果图

11.3　WPS 实例制作区分

11.2 中的内容介绍了在 Excel 2016 中制作人口数据普查数据报告的详细步骤,那么在使用 WPS 制作人口数据普查数据报告时,有什么是与使用 Excel 2016 制作不同的呢?以下是对用 WPS 制作与用 Excel 2016 制作的不同之处的介绍。

1. 导入数据

具体区别如下:

(1)单击"数据"选项卡中的"导入数据"按钮,在下拉栏中选择"导入数据"选项,如图 11-33 所示。

(2)在打开的"第一步:打开数据源"对话框中单击"选择数据源"按钮,如图 11-34 所示。

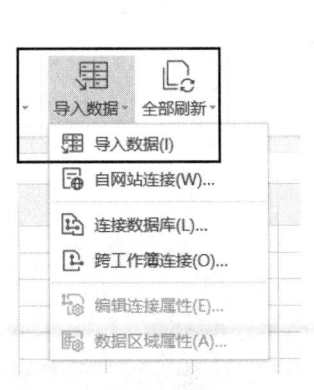

图 11-33　"导入数据"按钮

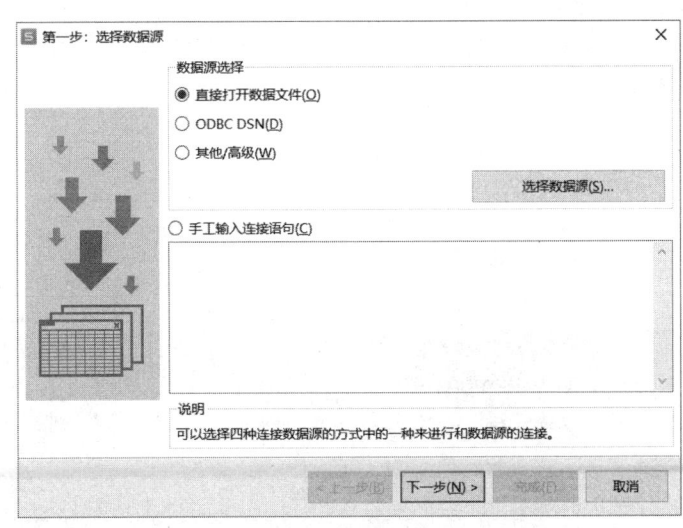

图 11-34　"第一步:选择数据源"对话框

第 11 章　人口普查数据统计分析

(3)在打开的文件窗体中找到对应的 TXT 文件,直接选中。接下来的步骤与 Word 中操作相同。

2. 表格美化

具体区别如下:

(1)在"开始"选项卡中单击"表格样式"按钮,打开"预设样式"对话框,如图 11-35、图 11-36 所示。

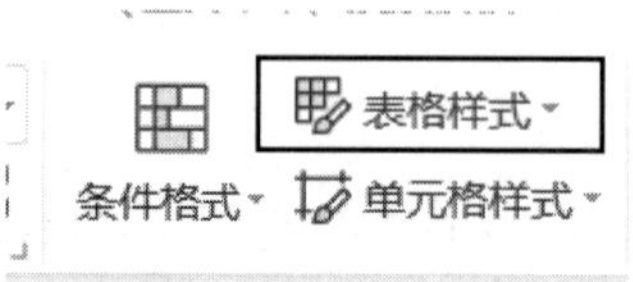

图 11-35 "表格样式"按钮

图 11-36 "预设样式"窗口

(2)选择好表格样式之后单击,会弹出"套用表格样式"对话框。在"表数据的来源"中选中表格的所有内容,并且选中"转换成表格,并套用表格样式"选项,如图 11-37 所示。

(3)与 Word 相同,单击"确定"之后会弹出如图 11-38 所示的对话框,单击"是"按钮即可。

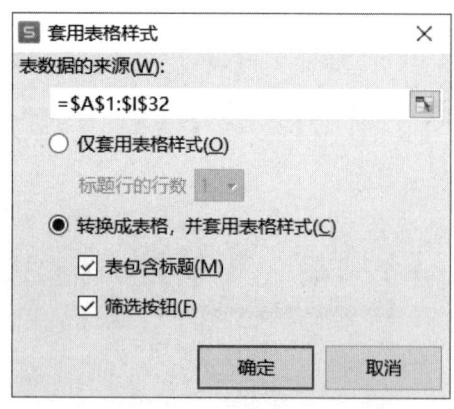

图 11-37 "套用表格样式"对话框

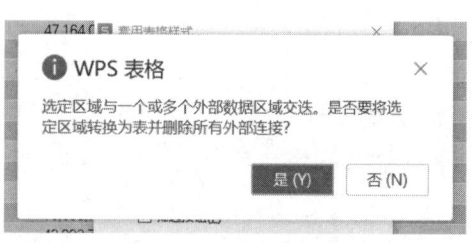

图 11-38 弹出对话框

11.4 本章小结

本章主要介绍了自文本和网站导入表格、美化表格，利用 MAX、MIN、MATCH、INDEX、COUNTIF 函数计算人口数据并创建数据透视表。在实际应用中，大家还应该注意：

（1）MATCH 函数用于在指定区域内按指定方式查询与指定内容所匹配的单元格位置，使用时的指定区域必须是单行多列或者单列多行，查找的指定内容也必须在指定区域存在，否则会显示 "#N/A" 的错误。

（2）在使用 INDEX(array,row_num,column_num) 函数时，array 为单元格区域或数组常数；row_num 为数组中某行的行号，函数从该行返回数值，如果省略 row_num，则必须有 column_num；column_num 是数组中某列的列号，函数从该列返回数值，如果省略 column_num，则必须有 row_num。

（3）创建数据透视表时，必须清楚地知道想要得到的汇总表格的框架，并根据框架的模式把相应的数据字段拉到合适的位置，就可以得到符合条件的数据透视表。

11.5 思考练习

参照案例，打开 "D:\OFFICE\素材\第 11 章" 文件夹中的 "全国经济普查数据分析.xlsx" 完成如下操作。

（1）将文本"第一次全国经济普查主要数据公报.txt"中的"交通运输、仓储和邮政业企业法人单位和就业人员"数据导入到工作表"第一次普查数据"中。

浏览网页"第二次全国经济普查主要数据公报.htm"中的"表 1 交通运输、仓储和邮政业企业法人单位和就业人员"表格并导入到工作表"第二次普查数据"中，导入后将"标题"行和"合计"行删除，并在 A1 单元格输入"行业"（要求均从 A1 单元格开始导入，不得对两个工作表中的数据进行排序）。

（2）对两个工作表中的数据区域套用合适的表格样式，要求至少四周有边框且偶数行有底纹。

（3）将两个工作表内容合并，合并后的工作表放置在新工作表"比较数据"中（自 A1 单元格开始），且保持最左列为行业名称、A1 单元格中的列标题为"行业"，对合并后的工作表适当地调整行高、列宽、字体、字号、边框、底纹等，使其便于阅读。以"行业"为关键字对工作表"比较数据"进行升序排列。

（4）在合并后的"比较数据"工作表中的数据区域最右边依次增加"从业人员增长数"列，计算此列的值，并设置合适的格式。其中：从业人员增长数=第二次普查从业人员数-第一次普查从业人员数。

（5）打开工作簿"统计数据"工作表，利用"比较数据"工作表中的数据计算统计结果。

（6）基于"比较数据"工作表创建一个数据透视表，将其单独存放在一个名为"透视分析"的工作表中。透视表中要求筛选出第二次普查数据中从业人数超过 100 万的行业及其从业人员数、从业人员增长数，并按从业人员增长数由多到少排序，最后适当调整透视表中的数字格式（提示：行标签为"行业"，数值项依次为从业人员数、从业人员增长数）。

第 12 章 销售表数据处理

- 掌握条件格式的使用。
- 掌握取位函数 LEFT、MID、RIGHT 的使用。
- 掌握 LOOKUP 函数的使用。
- 掌握图表的制作方法。

12.1 实例简介

××数码销售公司主要经营计算机配件等数码产品的零售业务,该公司销售部使用 Excel 软件对销售情况进行管理,每个季度将销售数据记录在销售记录表中。请你按照要求帮助公司销售部对各类数码产品的销售记录进行统计和分析,最终效果如图 12-1 所示。

要求:

(1) 对数据列表的格式进行修改,使表格更加美观。可以更改列宽、单元格格式等。

(2) 将"数量"不低于 20 的销售记录所在的单元格以"浅红填充色深红色文本"标出,"单价"中高于平均值的以"黄填充色深黄色文本"标出。

(3) 使用 MID 函数、LOOKUP 函数填充"所属公司"列,如图 12-1 所示。

(4) 通过"分类汇总"功能求出各分公司的平均销售情况,并将每组结果分页显示。

(5) 以分类汇总结果为基础,创建一个簇状柱形图,对各个分公司的平均销售金额进行比较,并将该图表放置在一个名为"柱状分析图"的新工作表中。

(6) 增加"迷你图"列,利用"数量""金额""单价",插入折线迷你图。

图 12-1 最终效果图

12.2 实例制作

本章以××公司第一季度销售记录作为案例,统计和分析员工的销售记录。打开"D:\OFFICE\素材\第 12 章"文件夹中的"第一季度销售记录.xlsx",完成如下操作。

12.2.1 表格数据初始化

对工作表"第一季度销售清单"中的数据列表进行格式化操作:将第一列"编号"列设为文本,适当加大行高、列宽,改变字体、字号,设置对齐方式,增加适当的边框和底纹使工作表更加美观。

操作步骤如下:

(1)按住鼠标左键拖选 A4:A30 单元格,右击并在弹出的快捷菜单中选择"设置单元格格式"命令,在"数字"选项卡"分类"栏中选择"文本"。

(2)按住鼠标左键拖选 A:I 列,右击并在弹出的快捷菜单中选择"列宽"命令,在"列宽"对话框中输入"10",用同样的方法选中 1~30 行,设置"行高"为"15"。

(3)按住鼠标左键拖选 A1:L30 单元格,设置字体为"楷体""11 号""垂直居中""水平居中",表格底纹为"金色,个性色 4,淡色 80%",边框为"所有框线"。

12.2.2 设置单元格条件格式

利用"条件格式"功能进行下列设置:将销售数量不低于 20 的销售记录所在的单元格以"浅红填充色深红色文本"标出,单价中高于平均值的以"黄填充色深黄色文本"标出。

操作步骤如下:

(1)按住鼠标左键拖选 H3:H33 单元格,单击"开始"→"样式"→"条件格式",如图 12-2 所示。

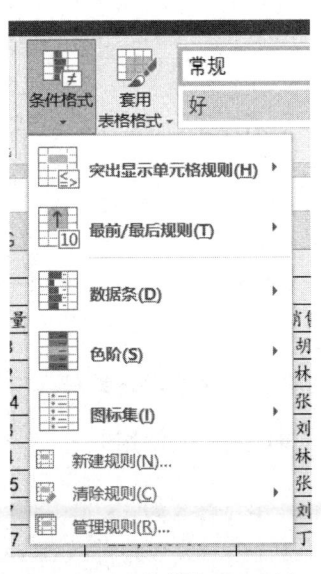

图 12-2 "条件格式"列表

（2）在下拉列表中选择"突出显示单元格规则"→"大于"，在"大于"对话框的编辑框中输入"20"，在"设置为"的下拉列表中选择"浅红填充色深红色文本"，设置好后单击"确定"按钮，如图12-3所示。

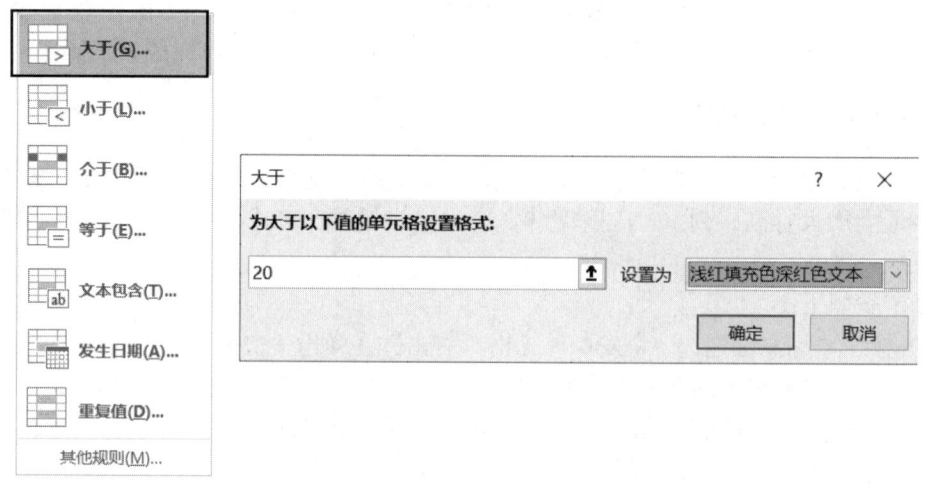

图12-3　条件格式"大于"对话框

（3）按住鼠标左键拖选G3:G33单元格，单击"开始"→"样式"→"条件格式"→"最前/最后规则"→"高于平均值"，在弹出的"高于平均值"对话框中选择"黄填充色深黄色文本"，如图12-4所示。

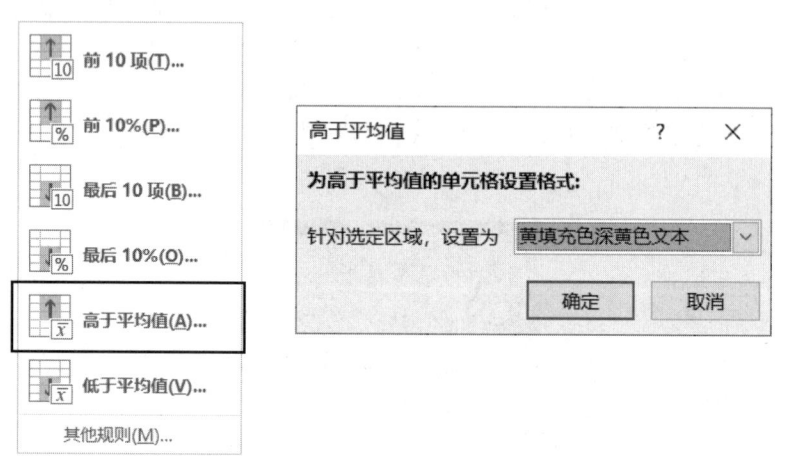

图12-4　条件格式"高于平均值"对话框

注：对于单元格区域，如果满足条件格式（规则为真），它将优先于手动调整的单元格格式，如果删除条件格式规则，单元格区域的手动格式将保留。

12.2.3　取位函数LEFT、MID、RIGHT的使用

编号第3、4位代表员工所在的分公司（如"200102"中的"01"代表北京分公司），详见表12-1。请通过函数提取每个员工所在的分公司并按表12-1的对应关系填写在"所属公司"列中。

表 12-1 工号第 3、4 位代表的分公司

"工号"的第 3、4 位	对应分公司
01	北京分公司
02	上海分公司
03	成都分公司
04	天津分公司
05	南京分公司

操作步骤如下：

（1）要判断员工属于哪个分公司，首先必须先把工号中代表分公司编号的数字提取出来。计算第一个员工的分公司，选中 C4 单元格，单击"公式"→"插入函数"，在弹出的"插入函数"对话框"搜索函数"文本框中输入"mid"，单击"转到"按钮，选择好后单击"确定"按钮插入，如图 12-5 所示。

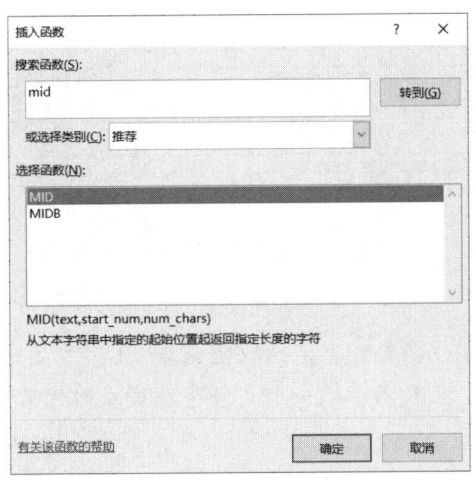

图 12-5 插入 MID 函数

（2）进入"函数参数"对话框，如图 12-6 所示。MID 是一个字符串函数，作用是从一个字符串中截取指定数量的字符。

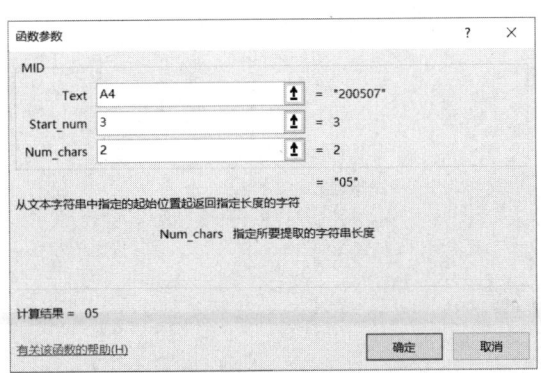

图 12-6 MID 函数参数输入

本例中要截取工号的第 3、4 位，将光标置于第一个参数的编辑栏内，单击 选择单元格或者输入"A4"，在第二个参数的编辑栏内输入"3"，表示从左边的第 3 位开始截取，在第三个参数的编辑栏内输入"2"，表示从第 3 位开始向右截取 2 位，如图 12-6 所示。

（3）输入完毕后单击"确定"按钮，向下填充公式，所有员工的分公司编号都显示在"所属公司列"，如图 12-7 所示。

	A	B	C	D	E	F	G	H	I	J
1					商品销售记录表					
2										
3	编号	销售日期	所属公司	商品	品牌	型号	单价	数量	金额	销售员
4	200507	2011/2/15	05	服务器	联想	万全	24,000.00	3	72,000.00	胡倩
5	200307	2011/2/15	03	服务器	IBM	X346	23,900.00	2	47,800.00	林海
6	200408	2011/2/15	04	台式机	联想	天骄	8,500.00	24	204,000.00	张帆
7	200510	2011/2/15	05	笔记本	方正	T660	14,000.00	8	112,000.00	刘鹏
8	200311	2011/2/16	03	服务器	IBM	X346	23,900.00	4	95,600.00	林海
9	200110	2011/2/16	01	台式机	方正	商祺	4,600.00	25	115,000.00	张帆
10	200202	2011/2/16	02	笔记本	联想	朝阳	12,000.00	7	84,000.00	刘鹏
11	200514	2011/2/17	05	台式机	联想	天骄	8,500.00	27	229,500.00	丁香
12	200515	2011/2/17	05	服务器	联想	万全	24,000.00	5	120,000.00	胡倩
13	200102	2011/2/17	01	台式机	联想	天骄	7,000.00	30	210,000.00	林海
14	200305	2011/2/18	03	笔记本	联想	朝阳	12,000.00	9	108,000.00	张帆
15	200311	2011/2/18	03	台式机	方正	商祺	7,600.00	25	190,000.00	刘鹏
16	200206	2011/3/2	02	笔记本	联想	朝阳	12,000.00	10	120,000.00	张帆
17	200427	2011/3/2	04	台式机	联想	天骄	7,000.00	35	245,000.00	刘鹏
18	200405	2011/3/3	04	服务器	IBM	xSeries	24,300.00	3	72,900.00	林海
19	200522	2011/3/3	05	笔记本	方正	T660	14,000.00	5	70,000.00	张帆
20	200105	2011/3/3	01	笔记本	联想	朝阳	12,000.00	6	72,000.00	刘鹏
21	200503	2011/3/4	05	台式机	方正	商祺	4,600.00	20	92,000.00	丁香
22	200206	2011/3/4	02	台式机	联想	天骄	8,500.00	18	153,000.00	刘鹏
23	200414	2011/3/20	04	服务器	联想	万全	32,200.00	2	64,400.00	胡倩
24	200207	2011/3/20	02	笔记本	方正	T660	14,000.00	8	112,000.00	林海
25	200309	2011/3/20	03	台式机	联想	商祺	7,600.00	20	152,000.00	张帆
26	200307	2011/3/21	03	台式机	联想	伴行	7,600.00	22	167,200.00	刘鹏
27	200130	2011/3/21	01	服务器	IBM	xSeries	24,300.00	4	97,200.00	张帆
28	200331	2011/3/21	03	服务器	联想	万全	32,200.00	6	193,200.00	丁香
29	200208	2011/3/21	02	台式机	方正	商祺	7,600.00	26	197,600.00	胡倩
30	200503	2011/3/28	05	笔记本	联想	朝阳	12,000.00	4	48,000.00	林海
31	200409	2011/3/28	04	台式机	联想	伴行	7,600.00	30	228,000.00	丁香
32	200503	2011/3/28	05	服务器	IBM	x225	47,100.00	5	235,500.00	胡倩
33	200108	2011/3/28	01	笔记本	方正	E400	9,100.00	6	54,600.00	刘鹏

图 12-7　取工号第 3、4 位所得的结果

注：还有另外两个与 MID 函数相类似的取位函数：LEFT 函数和 RIGHT 函数。

（1）LEFT 函数。LEFT 函数用于从一个文本字符串左边的第一个字符开始返回指定个数的字符。

例如：截取工号的前 4 位，就是将光标置于第一个参数的编辑栏内，单击 选择单元格或者输入"A4"，在第二个参数的编辑栏内输入"4"，表示截取工号的前 4 位，如图 12-8 所示。输入完毕后单击"确定"按钮，向下填充公式，所有员工工号的前 4 位将会在表中显示出来，如图 12-9 所示。

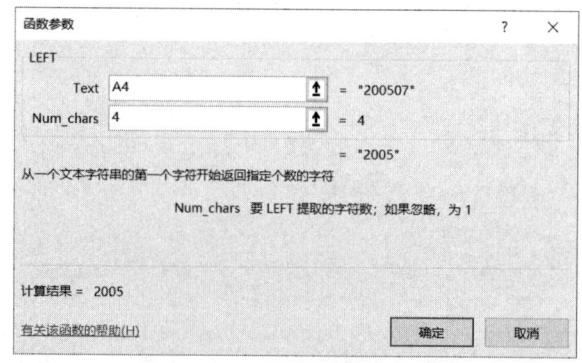

图 12-8　LEFT 函数参数输入

	A	B	C	D	E	F	G	H	I	J
1	商品销售记录表									
2											
3	编号	销售日期	所属公司	商品	品牌	型号	单价	数量	金额	销售员
4	200507	2011/2/15	2005	服务器	联想	万全	24,000.00	3	72,000.00	胡倩
5	200307	2011/2/15	2003	服务器	IBM	X346	23,900.00	2	47,800.00	林海
6	200408	2011/2/15	2004	台式机	联想	天骄	8,500.00	24	204,000.00	张帆
7	200510	2011/2/15	2005	笔记本	方正	T660	14,000.00	8	112,000.00	刘鹏
8	200311	2011/2/16	2003	服务器	IBM	X346	23,900.00	4	95,600.00	林海
9	200110	2011/2/16	2001	台式机	方正	商祺	4,600.00	25	115,000.00	张帆
10	200202	2011/2/16	2002	笔记本	联想	朝阳	12,000.00	7	84,000.00	刘鹏
11	200514	2011/2/17	2005	台式机	联想	天骄	8,500.00	27	229,500.00	丁香
12	200515	2011/2/17	2005	服务器	联想	万全	24,000.00	5	120,000.00	胡倩
13	200102	2011/2/17	2001	台式机	联想	天骄	7,000.00	30	210,000.00	林海
14	200305	2011/2/18	2003	笔记本	联想	朝阳	12,000.00	9	108,000.00	张帆
15	200311	2011/2/18	2003	台式机	方正	商祺	7,600.00	25	190,000.00	刘鹏
16	200206	2011/3/2	2002	笔记本	联想	朝阳	12,000.00	10	120,000.00	张帆
17	200427	2011/3/2	2004	台式机	联想	天骄	7,000.00	35	245,000.00	刘鹏
18	200405	2011/3/3	2004	服务器	IBM	xSeries	24,300.00	3	72,900.00	林海
19	200522	2011/3/3	2005	笔记本	方正	T660	14,000.00	5	70,000.00	张帆
20	200105	2011/3/3	2001	笔记本	联想	朝阳	12,000.00	6	72,000.00	刘鹏
21	200503	2011/3/4	2005	台式机	方正	商祺	4,600.00	20	92,000.00	丁香
22	200206	2011/3/4	2002	台式机	联想	天骄	8,500.00	18	153,000.00	刘鹏
23	200414	2011/3/20	2004	服务器	联想	万全	32,200.00	2	64,400.00	胡倩
24	200207	2011/3/20	2002	笔记本	方正	T660	14,000.00	8	112,000.00	林海
25	200309	2011/3/20	2003	台式机	方正	商祺	7,600.00	20	152,000.00	张帆
26	200307	2011/3/21	2003	台式机	联想	锋行	7,600.00	22	167,200.00	刘鹏
27	200130	2011/3/21	2001	服务器	IBM	xSeries	24,300.00	4	97,200.00	张帆
28	200331	2011/3/21	2003	服务器	联想	万全	32,200.00	6	193,200.00	丁香
29	200208	2011/3/21	2002	台式机	方正	商祺	7,600.00	26	197,600.00	胡倩
30	200503	2011/3/28	2005	笔记本	联想	朝阳	12,000.00	4	48,000.00	林海
31	200409	2011/3/28	2004	台式机	联想	锋行	7,600.00	30	228,000.00	丁香
32	200503	2011/3/28	2005	服务器	IBM	x225	47,100.00	5	235,500.00	胡倩
33	200108	2011/3/28	2001	笔记本	方正	E400	9,100.00	6	54,600.00	刘鹏

图 12-9 取工号的前 4 位所得的结果

（2）RIGHT 函数。RIGHT 函数是用于从一个文本字符串最后一个字符开始，从后往前截取用户指定长度的内容。

例如：截取工号的后 4 位，就是将光标置于第一个参数的编辑框内，单击 选择单元格或者输入"A4"，在第二个参数的编辑栏内输入"4"，表示截取工号的后 4 位，如图 12-10 所示。输入完毕后单击"确定"按钮，向下填充公式，所有员工工号的后 4 位将会在表中显示出来，如图 12-11 所示。

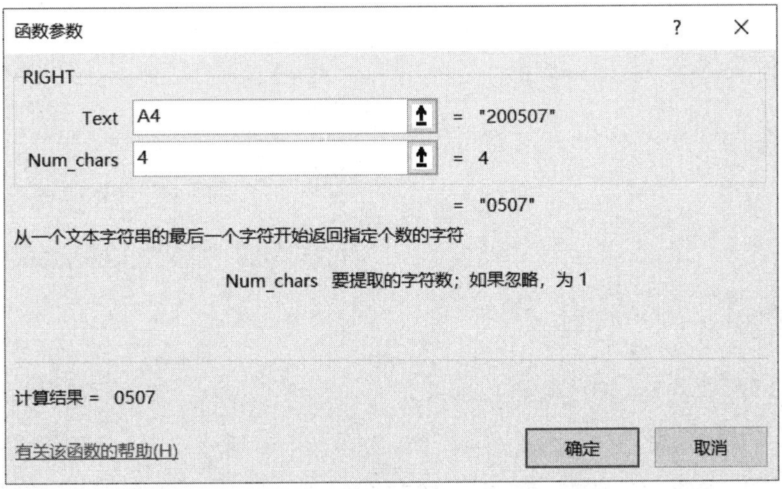

图 12-10 RIGHT 函数参数输入

	A	B	C	D	E	F	G	H	I	J
1					商品销售记录表					
2										
3	编号	销售日期	所属公司	商品	品牌	型号	单价	数量	金额	销售员
4	200507	2011/2/15	0507	服务器	联想	万全	24,000.00	3	72,000.00	胡倩
5	200307	2011/2/15	0307	服务器	IBM	X346	23,900.00	2	47,800.00	林海
6	200408	2011/2/15	0408	台式机	联想	天骄	8,500.00	24	204,000.00	张帆
7	200510	2011/2/15	0510	笔记本	方正	T660	14,000.00	8	112,000.00	刘鹏
8	200311	2011/2/16	0311	服务器	IBM	X346	23,900.00	4	95,600.00	林海
9	200110	2011/2/16	0110	台式机	方正	商祺	4,600.00	25	115,000.00	张帆
10	200202	2011/2/16	0202	笔记本	联想	朝阳	12,000.00	7	84,000.00	刘鹏
11	200514	2011/2/17	0514	台式机	联想	天骄	8,500.00	27	229,500.00	丁香
12	200515	2011/2/17	0515	服务器	联想	万全	24,000.00	5	120,000.00	胡倩
13	200102	2011/2/17	0102	台式机	联想	天骄	7,000.00	30	210,000.00	林海
14	200305	2011/2/18	0305	笔记本	联想	朝阳	12,000.00	9	108,000.00	张帆
15	200311	2011/2/18	0311	台式机	方正	商祺	7,600.00	25	190,000.00	刘鹏
16	200206	2011/3/2	0206	笔记本	联想	朝阳	12,000.00	10	120,000.00	张帆
17	200427	2011/3/2	0427	台式机	联想	天骄	7,000.00	35	245,000.00	刘鹏
18	200405	2011/3/3	0405	服务器	IBM	xSeries	24,300.00	3	72,900.00	林海
19	200522	2011/3/3	0522	笔记本	方正	T660	14,000.00	5	70,000.00	张帆
20	200105	2011/3/3	0105	笔记本	联想	朝阳	12,000.00	6	72,000.00	刘鹏
21	200503	2011/3/4	0503	台式机	方正	商祺	4,600.00	20	92,000.00	丁香
22	200206	2011/3/4	0206	台式机	联想	天骄	8,500.00	18	153,000.00	刘鹏
23	200414	2011/3/20	0414	服务器	联想	万全	32,200.00	2	64,400.00	胡倩
24	200207	2011/3/20	0207	笔记本	方正	T660	14,000.00	8	112,000.00	林海
25	200309	2011/3/20	0309	台式机	方正	商祺	7,600.00	20	152,000.00	张帆
26	200307	2011/3/21	0307	台式机	联想	锋行	7,600.00	22	167,200.00	刘鹏
27	200130	2011/3/21	0130	服务器	IBM	xSeries	24,300.00	4	97,200.00	张帆
28	200331	2011/3/21	0331	服务器	联想	万全	32,200.00	6	193,200.00	丁香
29	200208	2011/3/21	0208	台式机	方正	商祺	7,600.00	26	197,600.00	胡倩
30	200503	2011/3/28	0503	笔记本	联想	朝阳	12,000.00	4	48,000.00	林海
31	200409	2011/3/28	0409	台式机	联想	锋行	7,600.00	30	228,000.00	丁香
32	200503	2011/3/28	0503	服务器	IBM	x225	47,100.00	5	235,500.00	胡倩
33	200108	2011/3/28	0108	笔记本	方正	E400	9,100.00	6	54,600.00	刘鹏

图 12-11　取工号的后 4 位所得的结果

12.2.4　LOOKUP 函数的使用

将员工的第 3、4 位分公司的编号取出后，就需要将编号转换成分公司名称，操作步骤如下：

（1）将光标置于编辑栏公式的"="与"MID"之间，输入"LOOKUP("，在输入的同时系统也会提示公式，如图 12-12 所示。

（2）输入完公式后，将光标置于"LOOKUP"中，单击"插入函数"图标，弹出"选定参数"对话框，如图 12-13 所示。

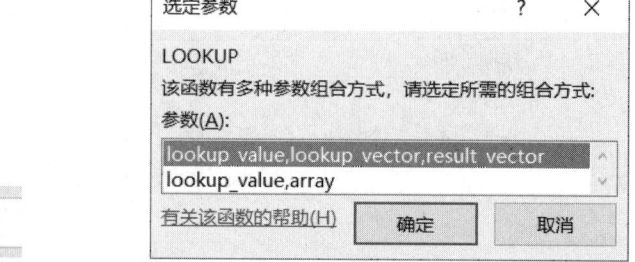

图 12-12　插入 LOOKUP 函数　　　　图 12-13　"选定参数"对话框

（3）选定后单击"确定"按钮，弹出"函数参数"对话框，第一个参数的编辑栏中已默认填入了"MID"公式（也就是获取到的分公司编号），在第二个参数的编辑栏中填入数组"{"01","02","03","04","05"}"。第三个参数表示与第二个参数相对应的数值，因此填入数组"{"北京分公司","天津分公司","成都分公司","天津分公司","南京分公司"}"，如图 12-14 所示。

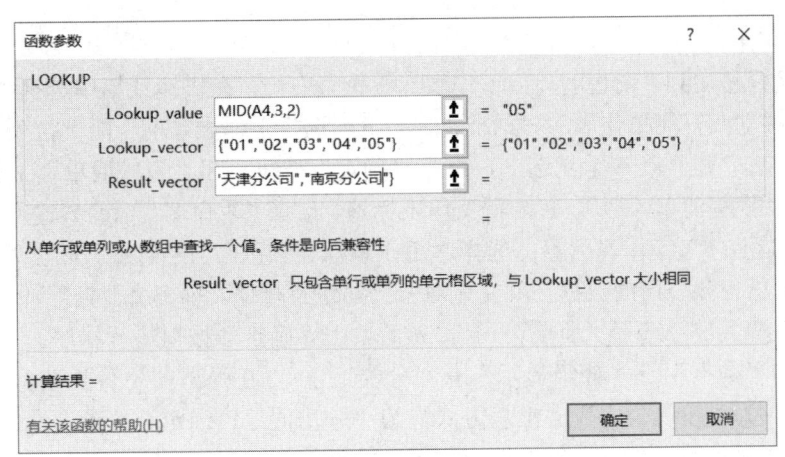

图 12-14 LOOKUP"函数参数"对话框

（4）单击"确定"按钮后，完整公式为"=LOOKUP(MID(A2,3,2), {"01","02","03","04","05"}, {"北京分公司","天津分公司","成都分公司","天津分公司","南京分公司"})"，然后向下填充所有员工号对应的分公司名称，如图 12-15 所示。

图 12-15 计算分公司最终结果

12.2.5 数据分类汇总

复制工作表"销售清单"，将副本放置到原表之后；改变该副本表标签的颜色，并重新命名为"分类汇总"。通过"分类汇总"功能求出各分公司的平均销售情况，并将每组结果分页显示。

操作步骤如下：

（1）将光标移动到"销售清单"工作表标签位置右击，在快捷菜单中选择"移动或复制"命令，打开"移动或复制工作表"对话框，在"下列选定工作表之前"的下拉列表中选择"销售清单"，并勾选"建立副本"复选框，单击"确定"按钮，在"销售清单"工作表后插入一个新的工作表"销售清单（2）"。右击新工作表标签，选择"重命名"命令，输入"分类汇总"，再次右击"分类汇总"工作表标签，选择"工作表标签颜色"，设置为标准色"红色"。

（2）要汇总各分公司的数据，就要先对分公司进行排序，单击"数据"→"排序和筛选"→"排序"，主要关键字选择"所属公司"，然后单击"确定"按钮进行排序。

（3）单击"数据"→"分级显示"→"分类汇总"，在弹出的"分类汇总"对话框中设置"分类字段"为"所属公司"，"汇总方式"为"平均值"，"选定汇总项"选中单价、数量、金额，并勾选"每组数据分页"复选框，如图12-16所示。

（4）单击"确定"按钮，得到分类汇总结果，并以虚线进行分页显示。

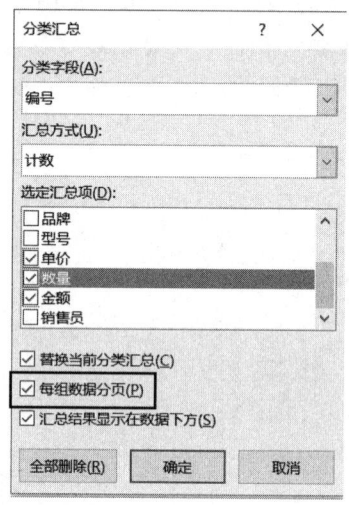

图 12-16 "分类汇总"对话框

12.2.6 创建图表

1. 创建图表

制作图表的方法有两种：一种是先选择创建的图表类型并插入再选择数据源生成图表，另一种是先选择数据源再选择创建的图表类型插入生成图表。本例选择第二种方法创建。

操作步骤如下：

（1）确定数据源区域。根据要求，创建图表需要用到各个分公司的平均销售情况，也就是"分类汇总"工作表中的分类名称G1:I1，其次要选中五个分公司在分类汇总工作表中的单价、数量、金额属性。由于不是连续的单元格区域，所以选择时要按住 Ctrl 键再依次拖选。

（2）选择好数据区域后，单击"插入"选项卡，在"图表"组中选择"柱形图"，在下拉列表中选择"二维柱形图"中的"簇状柱形图"，如图12-17所示。

（3）选择后在工作表中会出现一个绘制好的图表，如图12-18所示。

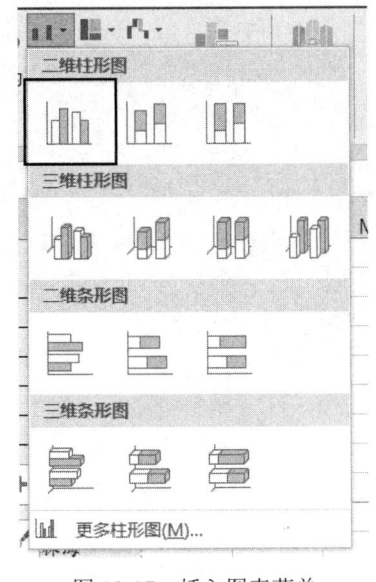

图 12-17　插入图表菜单

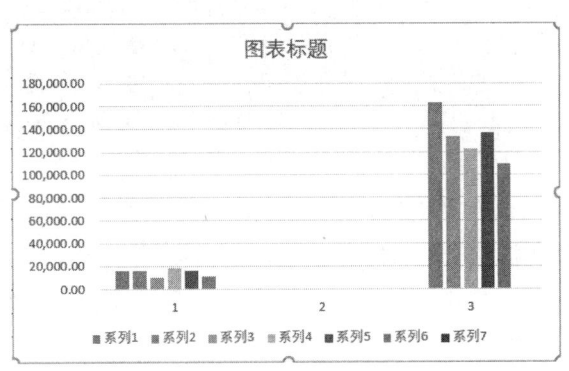

图 12-18　生成的图表

（4）若需要修改图例中的文字，则选择图表，单击"图表工具/设计"→"数据"→"选择数据"，弹出"选择数据源"对话框，如图 12-19 所示。

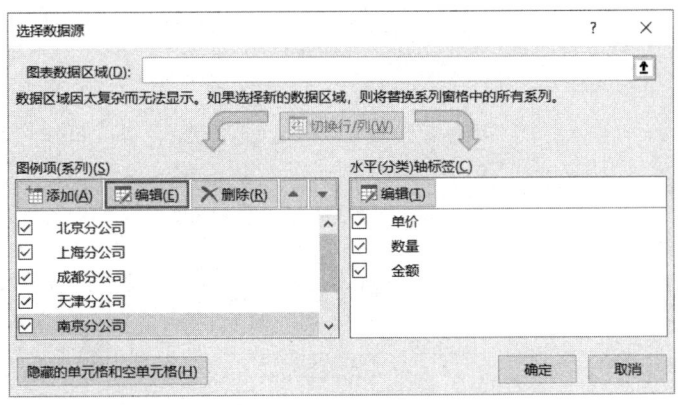

图 12-19　"选择数据源"对话框

（5）在"图例项（系列）"列表中选择下拉栏的选项，单击"编辑"按钮，在弹出的"编辑数据系列"对话框中将"系列名称"文本框的值修改为所属公司，然后单击"确定"按钮即可，如图 12-20 所示。按同样的方法修改其他名称。

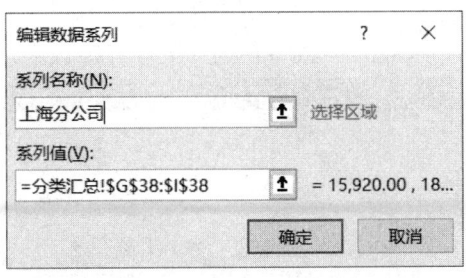

图 12-20　"编辑数据系列"对话框

第 12 章　销售表数据处理　239

（6）修改好后，要让图表独立于一个工作表中显示。选择图表，右击选择"剪切"或按 Ctrl+X 组合键切换到 Sheet2 工作表，右击选择"粘贴选项"→"使用目标主题"或按 Ctrl+V 组合键，最后将工作表名称修改为"柱状分析图"。

2. 创建迷你图

复制工作表"销售清单"，将副本放置到原表之前，命名为"迷你图"。在工作表"迷你图"中，在"金额"列后面增加一列，列宽为"15"，设置列标题为"迷你图"。利用"数量""金额""单价"，在"迷你图"列中插入折线迷你图，将折线图的线条设为"1.5 磅"，颜色改为"黄色"。设置"高点"颜色为"红色"，"低点"颜色为"绿色"。

操作步骤如下：

（1）在"销售清单"表标签上右击选择"移动或复制"命令，在"销售清单"表前建立一个副本"销售清单（2）"，并重命名为"迷你图"。

（2）单击列标题，选择"销售员"列，右击选择"插入"命令，在"金额"列后插入一空列，在新插入的列输入"迷你图"，设置列宽为"15"。

（3）选中 J2 单元格，单击"插入"选项卡，在"迷你图"组中选择"折线图"，如图 12-21 所示。

（4）在打开的"创建迷你图"对话框中，"数据范围"选择 G4:I4 单元格所对应的单价、数量、金额，"位置范围"默认填入当前选中的单元格 J4，如图 12-22 所示。

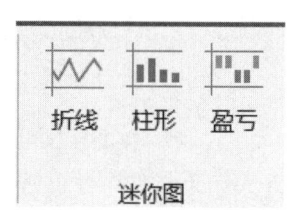

图 12-21　插入迷你图

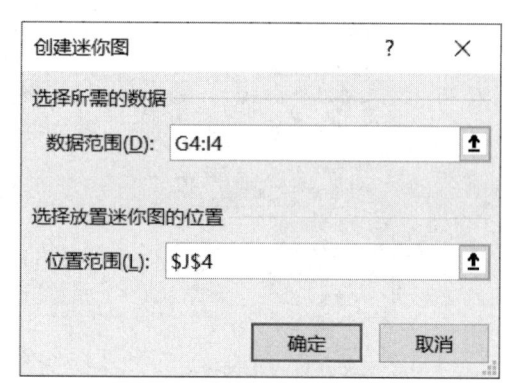

图 12-22　创建迷你图

（5）单击"确定"按钮，在 G2 单元格生成一个迷你折线图，单击"设计"选项卡，在"显示"分组中勾选"高点""低点"复选框。

（6）在"样式"分组中选择"迷你图颜色"，设置颜色为"黑色"。

（7）选择"标记颜色"，设置"高点"颜色为"红色"，"低点"颜色为"绿色"，如图 12-23 所示。最终效果如图 12-24 所示。

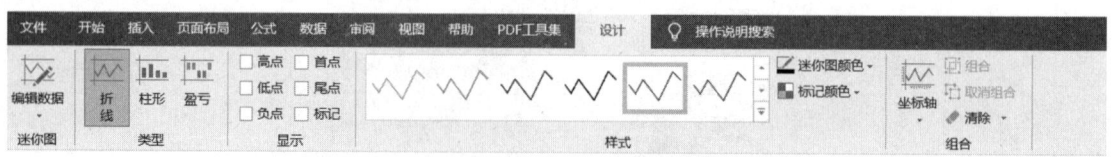

图 12-23　迷你图"设计"选项卡

单价	数量	金额	迷你图	销售员
24,000.00	3	72,000.00		胡倩
23,900.00	2	47,800.00		林海
8,500.00	24	204,000.00		张帆
14,000.00	8	112,000.00		刘鹏
23,900.00	4	95,600.00		林海
4,600.00	25	115,000.00		张帆
12,000.00	7	84,000.00		刘鹏
8,500.00	27	229,500.00		丁香
24,000.00	5	120,000.00		胡倩
7,000.00	30	210,000.00		林海
12,000.00	9	108,000.00		张帆
7,600.00	25	190,000.00		刘鹏
12,000.00	10	120,000.00		张帆
7,000.00	35	245,000.00		刘鹏
24,300.00	3	72,900.00		林海
14,000.00	5	70,000.00		张帆
12,000.00	6	72,000.00		刘鹏
4,600.00	20	92,000.00		丁香
8,500.00	18	153,000.00		刘鹏
32,200.00	2	64,400.00		胡倩
14,000.00	8	112,000.00		林海
7,600.00	20	152,000.00		张帆
7,600.00	22	167,200.00		刘鹏
24,300.00	4	97,200.00		张帆
32,200.00	6	193,200.00		丁香
7,600.00	26	197,600.00		胡倩
12,000.00	4	48,000.00		林海
7,600.00	30	228,000.00		丁香
47,100.00	5	235,500.00		胡倩

图 12-24　迷你图最终效果

12.3　WPS 实例制作区分

12.2 中的内容介绍了在 Excel 2016 中制作商品销售记录的详细步骤，那么在使用 WPS 进行商品销售记录制作时，有什么是与使用 Excel 2016 制作不同的呢？以下是对用 WPS 制作与用 Excel 2016 制作的不同之处的介绍。

1．条件格式

具体区别如下：

（1）单击"开始"→"样式"→"条件格式"，如图 12-25 所示。

图 12-25　"条件格式"列表

（2）在下拉列表中选择"突出显示单元格规则"→"大于"，如图 12-26 所示。

（3）单击"开始"→"样式"→"条件格式"→"项目选取规则"→"高于平均值"，如图 12-27 所示。

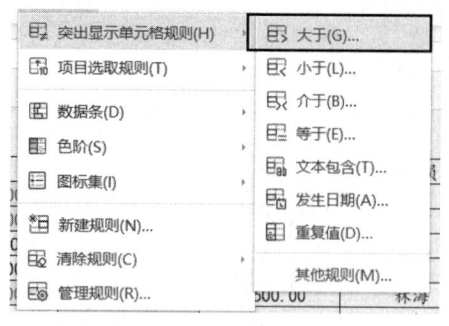
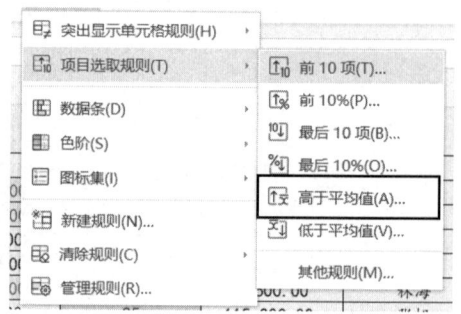

图 12-26　条件格式"大于"选项　　　　图 12-27　条件格式"高于平均值"选项

2. 插入函数

具体区别如下：

（1）插入函数时需在"公式"选项卡中查找并单击"插入函数"选项，在弹出的"插入函数"对话框中搜索对应的函数名，下图以"MID"为例，按下"回车键"，如图 12-28 所示。

（2）单击"确定"，在弹出的"函数参数"对话框中填写对应的参数即可，如图 12-29 所示，其他函数以此类推。

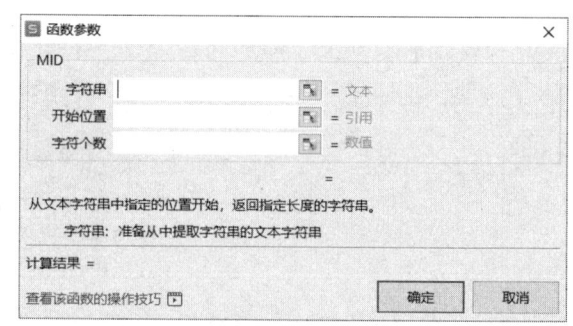

图 12-28　"插入函数"对话框　　　　图 12-29　"函数参数"对话框

3. 创建图表

具体区别如下：

（1）与 Word 中的操作步骤相同，需要首先选中图标的数据部分，单击"插入"选项卡，找到"全部图表"旁边的"柱形图"图标下拉栏，在下拉列表中选择"二维柱形图"中的"簇状柱形图"，如图 12-30 所示。

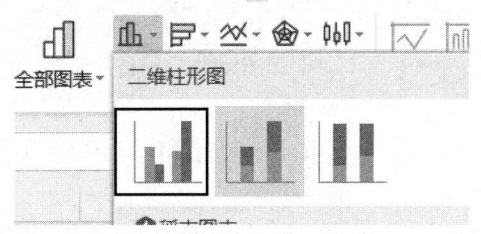

图 12-30　插入图表菜单

（2）修改图例中的文字时需选择图表，单击"数据工具"→"选择数据"，弹出"编辑数据源"对话框，如图 12-31 所示。

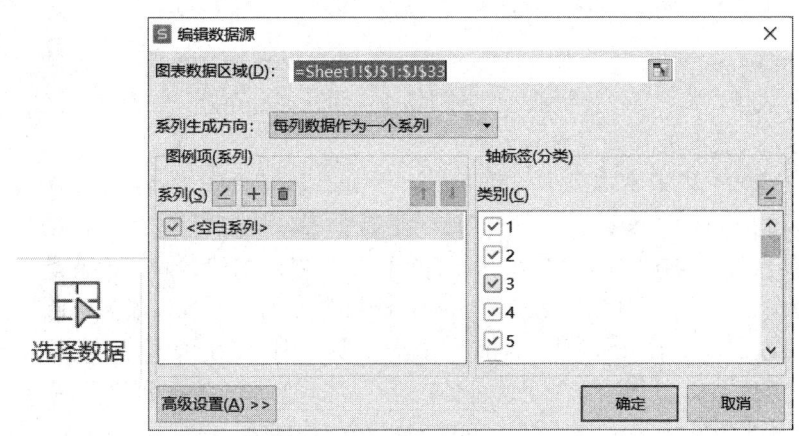

图 12-31　"选择数据"按钮及"编辑数据源"对话框

4. 创建迷你图

具体区别如下：

（1）选中后插入的列，单击"插入"选项卡，选择"折线"选项，如图 12-32 所示。

（2）在打开的"创建迷你图"对话框中，"数据范围"选择 J2 单元格所对应的单价、数量、金额，"位置范围"默认填入当前选中的单元格 J2。

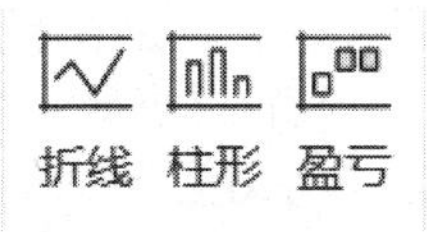

图 12-32　插入迷你图

（3）单击"迷你图工具"选项卡，勾选"高点""低点"复选框。在右侧"样式"中可以选择"迷你图颜色"。选择"标记颜色"，设置方法与 Word 相同，如图 12-33 所示。

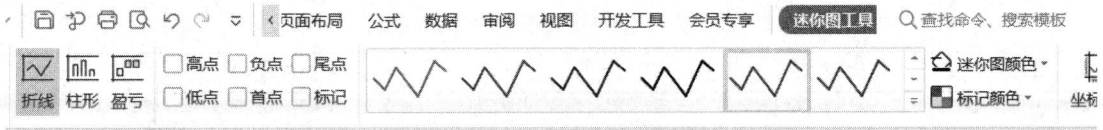

图 12-33　"迷你图工具"选项卡

第 12 章　销售表数据处理

12.4 本章小结

本章主要介绍了条件格式、取位函数（LEFT、MID、RIGHT、LOOKUP 函数）和图表的运用，在实际应用中，大家还应该注意以下要点：

（1）对于一个单元格区域，可以有多个条件格式规则计算值为真。在规则的应用上，有规则不冲突和规则冲突两种情况。

1）规则不冲突：例如，一个规则将单元格格式设置为字体"加粗"，而另一个规则将同一个单元格格式设置为"红色"，则该单元格的字体将被加粗并设为"红色"。因为这两种格式间没有冲突，所以两个规则都得到应用。

2）规则冲突：例如，一个规则将单元格字体颜色设置为"红色"，而另一个规则将单元格字体颜色设置为"绿色"。因为这两个规则冲突，所以只应用一个规则，且应用优先级较高的规则（对话框列表中的较高位置）。

（2）取位函数只能取文本类型的数据，其中 MID 函数是取位函数中最为灵活的函数，可以完成 LEFT 和 RIGHT 函数能完成的计算。

（3）在使用 LOOKUP 函数查询一个明确的值或者范围的时候（也就是知道在查找的数据列一定包含被查找的值），查询列必须按照升序排列。如果所查询值为明确的值，则返回值对应的结果行；如果没有明确的值，则向下取对于所查询值最近的值。查找一个不确定的值，如查找一列数据的最后一个数值，在这种情况下，并不需要升序排列。

（4）在制作图表时，首先要确定用哪些数据源制作图表，其次确定制作什么类型的图表，最后再对图表的数据进行设计、布局并设置图表样式。

12.5 思考练习

参照案例，打开"D:\OFFICE\素材\第 12 章"文件夹中的"学生成绩表.xlsx"完成如下操作。

1. 对工作表"第一学期期末成绩"中的数据列表进行格式化操作：将第一列"学号"列设为文本，将所有"成绩"列设为保留两位小数的数值；适当加大行高、列宽，改变字体、字号，设置对齐方式，适当增加边框和底纹以使工作表更加美观。

2. 利用"条件格式"功能进行下列设置：将语文、数学、英语 3 科中不低于 110 分的成绩所在的单元格以一种颜色填充，其他 4 科中高于 95 分的成绩用另一种颜色标出，所用颜色的深浅以不遮挡数据为宜。

3. 利用 SUM 和 AVERAGE 函数计算每一个学生的总分及平均成绩。

4. 学号第 3、4 位代表学生所在的班级（见表 12-2），例如"120105"代表 12 级 1 班 5 号。请通过函数提取每个学生所在的班级并按下列对应关系填写在"对应班级"列中。

表 12-2　学号第 3、4 位代表的班级

学号的第 3、4 位	对应班级
01	1 班
02	2 班
03	3 班

5. 复制工作表"第一学期期末成绩",将副本放置到原表之后;改变该副本表标签的颜色并重新命名,新表名需包含"分类汇总"的字样。

6. 通过"分类汇总"功能求出每个班各科的平均成绩,并将每组结果分页显示。

7. 以分类汇总结果为基础,创建一个簇状柱形图,对每个班各科平均成绩进行比较,并将该图表放置在一个名为"柱状分析图"的新工作表中。

8. 复制工作表"第一学期期末成绩",将副本放置到原表之前,重命名为"迷你图"。在工作表"迷你图"的"英语"列后面增加一列,列宽为"20",列标题为"迷你图",利用每一行"语文""数学""英语"的成绩数据,在"迷你图"列中插入折线迷你图,将折线图的线条设为"1.5磅",颜色改为"红色","高点"颜色为"紫色","低点"颜色为"蓝色"。

9. 复制工作表"第一学期期末成绩",将副本放置到"柱状分析图"工作表之后,重命名为"地理排序"。在"地理排序"工作表中,将地理成绩数值按升序方式排序,并将所有重复的成绩数值标记为"绿色(标准色)",加粗字体,然后将其排列在"地理成绩"列表区域的顶端。

第 13 章 公司差旅报销表格制作

- 掌握单元格日期格式的使用。
- 掌握 WEEKDAY 函数的使用。
- 掌握 VLOOKUP 函数的使用。
- 掌握 SUMIFS 函数的使用。

13.1 实例简介

××公司财务部助理小王需要向主管汇报 2013 年度公司差旅报销情况，现在小王需要对差旅费的报销记录进行统计和分析，财务部要求如下：

（1）在"费用报销管理"工作表"日期"列的所有单元格中，标注每个报销日期是星期几。

（2）填充"是否加班"列，在周末出差显示"是"，否则显示"否"（必须使用公式）。

（3）填充"地区"列，每个活动地点的前 3 个字代表所在的省份或直辖市。

（4）根据"费用类别"工作表填充"费用类别"列，并与"费用类别编号"一一对应。

（5）按照报告给出的不同统计指标，使用公式填写"差旅成本分析报告"。

13.2 实例制作

本章以××公司差旅报销管理为案例，统计和分析员工的报销记录。打开"D:\OFFICE\素材\第 13 章"文件夹中的"公司差旅报销管理.xlsx"完成如下操作。

13.2.1 建立差旅表

在"费用报销管理"工作表"日期"列的所有单元格中，标注每个报销日期是星期几。例如日期为"2013 年 1 月 20 日"的单元格应显示为"2013 年 1 月 20 日星期日"。

操作步骤如下：

（1）选中"日期"列，右击选择"设置单元格格式"命令。

（2）选择"数字"选项卡，在分类中选择"自定义"，在右侧"类型"列表框中选择"yyyy"年"m"月"d"日""，"类型"下方的编辑框中会显示所选的格式，在格式后输入"aaaa"，如图 13-1 所示。

图 13-1　设置日期单元格格式

(3) 单击"确定"按钮后,"日期"列的格式变为"××年××月××日星期×"。

13.2.2　WEEKDAY 函数的使用

如果"日期"列中的日期为星期六或星期日,则在"是否加班"列的单元格中显示"是",否则显示"否"(必须使用公式)。

操作步骤如下:

(1) 判断第一个日期是否为周末:选中 H3 单元格,单击"公式"→"插入函数",或者单击单元格编辑栏旁的"插入函数"按钮,在"搜索函数"文本框中输入"weekday",单击"转到"按钮,选择好后单击"确定"按钮插入,如图 13-2 所示。

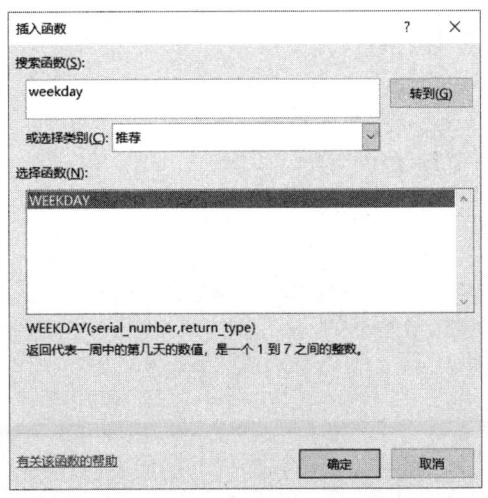

图 13-2　插入 WEEKDAY 函数

（2）确定后进入"函数参数"对话框，如图 13-3 所示。WEEKDAY 函数可返回某日期的星期数，在默认情况下，它的值为 1（星期天）～7（星期六）之间的一个整数。

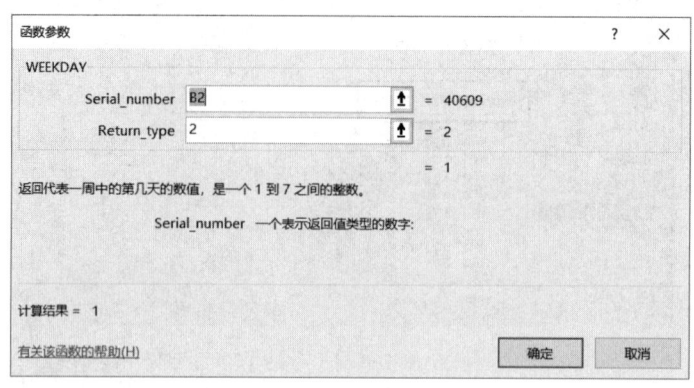

图 13-3　WEEKDAY 函数参数输入

（3）本例中在第一个参数中输入要返回数值的日期，单击或者输入 A3 单元格；在第二个参数中输入"2"，返回第二种类型的星期数（星期一为 2、星期二为 3，以此类推），如图 13-3 所示。

（4）输入完毕后单击"确认"按钮，在单元格显示"1"，与日期中的"星期一"对应，接下来就要判断所返回的数值是否大于 5，大于则为周末，输出"是"，否则就不是周末，输出"否"。

（5）将光标置于编辑栏公式中的"="与"WEEKDAY"之间，输入"IF("，插入公式，将光标置于"IF"中，单击"插入函数"图标，弹出"函数参数"对话框，第一个参数已默认填入了"WEEKDAY(A3,2)"，在其结尾输入">5"进行判断，第二个参数输入"是"，第三个参数输入"否"，如图 13-4 所示。

（6）单击"确定"之后，在"是否加班"列右下方拖拉按钮即可，如图 13-5 所示。

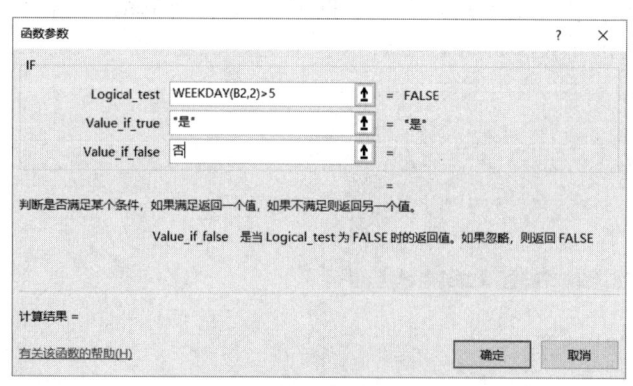

图 13-4　IF 函数参数输入

图 13-5　"是否加班"列结果

13.2.3　取位函数的使用

在"活动地点"列中，每个活动地点的前 3 个字代表所在的省份或直辖市，使用公式将其自动填充在"地区"列所对应的单元格中，例如"北京市""浙江省"。

操作步骤如下：

（1）选中 D3 单元格，单击“公式”→“插入函数”，或者单击单元格编辑栏旁的“插入函数”图标，在弹出的“插入函数”对话框“搜索函数”文本框中输入“LEFT”，单击“转到”按钮，选择好后单击“确定”按钮插入，在“函数参数”第一个参数编辑栏中选中前面的“活动地点”，第二个参数编辑栏中输入“3”，如图 13-6 所示。

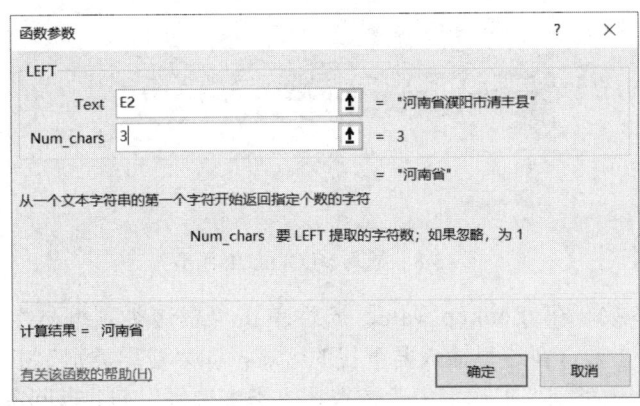

图 13-6 LEFT 函数参数输入

（2）单击“确定”按钮后，“地区”单元格显示“河南省”，然后向下填充公式，将所有单元格的省份或直辖市截取出来，如图 13-7 所示。

活动地点	地区
河南省濮阳市清丰县	河南省
吉林省白城市洮南市永康街道	吉林省
山西省朔州市怀仁市亲和乡石庄村	山西省
贵州省黔西南州兴仁市潘家庄镇政府	贵州省
山东省聊城市东阿县新城街道办事处	山东省
吉林省大安市锦华街道	吉林省
吉林省大安市长虹街三委十组	吉林省
陕西省韩城市金城街道办事处	陕西省
江苏省常州市中航锂电科技有限公司	江苏省
黑龙江省哈尔滨汽轮机厂有限责任公司	黑龙江
吉林省通化市柳河县柳河镇中岗街道团工委胜利社区	吉林省
重庆市垫江县曹回镇	重庆市
山东省临沂市兰山区金雀山街道傅家屯社区	山东省
吉林省长春市南关街道办事处	吉林省
吉林省汪清县大川街道	吉林省

图 13-7 截取活动地点的结果

13.2.4 VLOOKUP 函数的使用

“费用类别”工作表是“类型编号”与“费用类别”的一个对应关系表，依据这个工作表将“费用报销管理”工作表的“费用类别”计算出来，并与“费用类别编号”一一对应。

操作步骤如下：

（1）计算第一个费用类别，选中 H3 单元格，单击“公式”→“插入函数”，或者单击单元格编辑栏旁的“插入函数”图标，在弹出的“插入函数”对话框输入“vlookup”，单击“转到”按钮，选择好后单击“确定”按钮插入，如图 13-8 所示。

（2）确定后进入“函数参数”对话框，如图 13-9 所示。

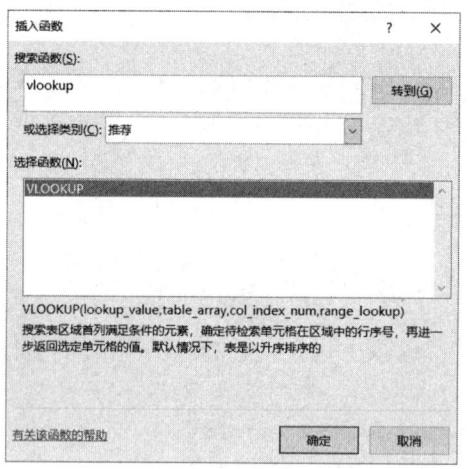

图 13-8 插入 VLOOKUP 函数

（3）第 1 个参数，在 Lookup_value 属性单击“费用类别编号”列的对应行值，即“BIC-001”。第 2 个参数，在这里输入要查找的区域，即“费用类别”工作表中的数据区域；第 3 个参数，在“费用类别”工作表中比较查找“类别编号”列并返回第 2 列“费用类别”的数据，所以这里输入“2”（注意，这里的列数不是 Excel 默认的列数，而是查找范围的列数）；第 4 个参数，精确查找返回“费用类别”列，所以输入“FALSE”或者“0”，如图 13-9 所示。

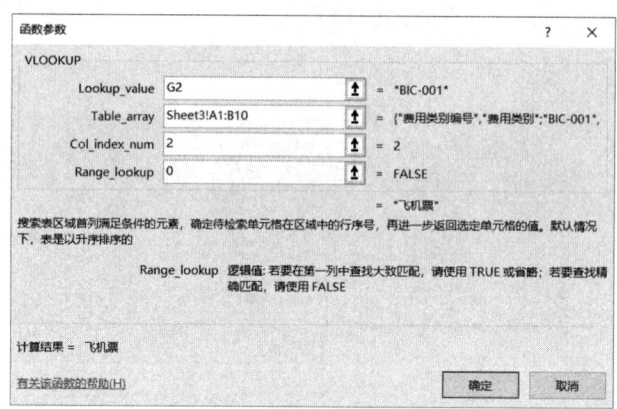

图 13-9 VLOOKUP 函数参数

（4）输入完毕后单击“确认”按钮，向下填充公式，“费用类别”列则会对应“费用类别编号”填入，如图 13-10 所示。

费用类别编号	费用类别
BIC-001	飞机票
BIC-009	通讯费
BIC-003	餐饮费
BIC-001	飞机票
BIC-005	火车票
BIC-004	出租车费
BIC-007	燃油费
BIC-008	停车费
BIC-005	火车票
BIC-009	通讯费
BIC-001	飞机票
BIC-008	停车费
BIC-006	高速道桥费
BIC-003	餐饮费
BIC-002	酒店住宿

图 13-10 费用类别结果

13.2.5 SUMIFS 函数的使用

1. 某季度差旅总价

在“差旅成本分析报告”工作表“差旅总价”单元格中，统计 2011 年第一季度发生在吉林省的差旅费用总金额。

本例中要求计算的金额不是单纯的差旅费用求和，而是给求和加上了两个条件，一个条件是“2011 年第一季度”，另一个条件是“地区为吉林省”，所以要使用多条件求和 SUMIFS 函数。

操作步骤如下：

（1）选中"差旅总价"单元格，单击"公式"→"插入函数"，或者单击单元格编辑栏旁的"插入函数"图标，在弹出的"插入函数"对话框"搜索函数"文本框中输入"sumifs"，单击"转到"按钮，选择好后单击"确定"按钮插入，如图 13-11 所示。

图 13-11　插入 SUMIFS 函数

（2）确定后进入"函数参数"对话框，如图 13-12 所示。SUMIFS 函数可根据多个指定条件对若干单元格求和。

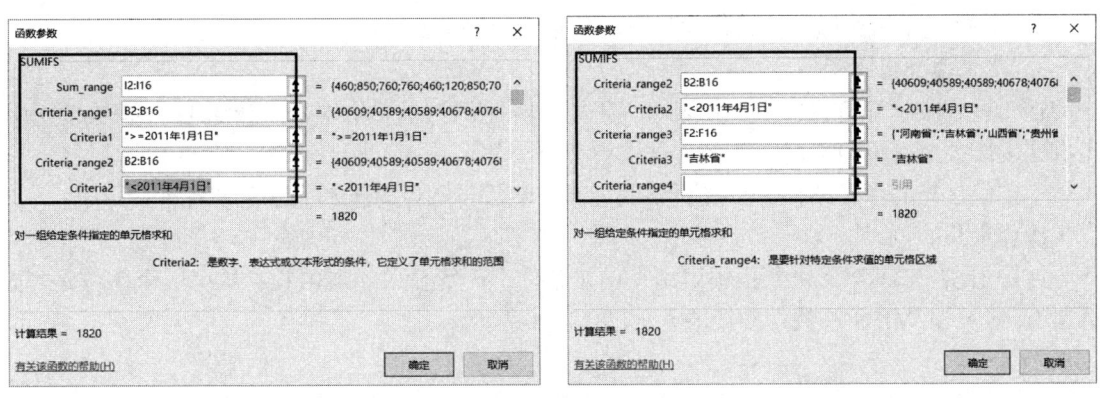

图 13-12　SUMIFS 函数参数

（3）第 1 个参数选择要计算的单元格区域，本例中是"费用报销管理"工作表的"金额"列；第 2 个参数为"费用报销管理"工作表的"日期"列；第 3 个参数为">=2011 年 1 月 1 日"；第 4 个参数为"费用报销管理"工作表的"日期"列；第 5 个参数为"<2011 年 4 月 1 日""；第 6 个参数为"费用报销管理"工作表的"地区"列；第 7 个参数为"吉林省"，如图 13-12 所示，本例最终要设置的条件共有 3 个。

（4）单击"确定"按钮后，完整公式为"=SUMIFS(I2:I16,B2:B16,">=2011 年 1 月 1 日",B2:B16,"<2011 年 4 月 1 日",F2:F16,"吉林省")"，"差旅总价"单元格中显示的结果为"1820"。

2．某人火车票总费用

在"差旅成本分析报告"工作表"张帆火车票总额"单元格中，统计 2011 年员工张帆报销的火车票费用总额。

本例中出现了 3 个条件求和,第一个是"2011 年",第二个是"员工张帆",第三个是"火车票",但是由于"费用报销管理"工作表的日期全部都是 2011 年产生的数据,所以可以减少 1 个条件设置。

操作步骤如下:

(1)插入 SUMIFS 函数,参数输入如图 13-13 所示。

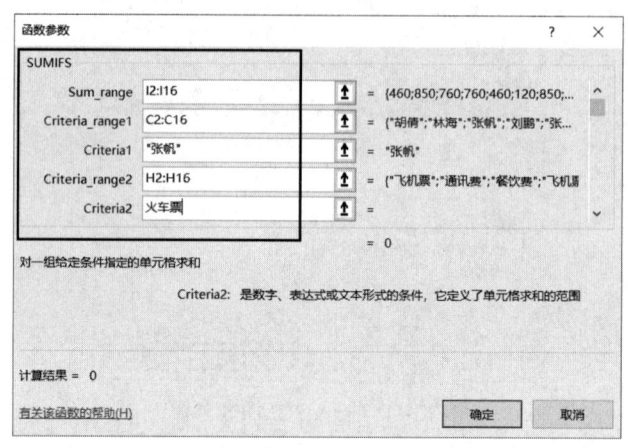

图 13-13　火车票费用总额函数参数

(2)单击"确定"按钮后,完整公式为"=SUMIFS(I2:I16,C2:C16,"张帆",H2:H16,"火车票")","张帆火车票总额"单元格中显示的结果为"460"。

3. 飞机票费用比例

在"差旅成本分析报告"工作表"飞机票总额比例"单元格中,统计 2011 年差旅费用中飞机票费用占所有报销费用的比例,并保留 2 位小数。

本例中首先利用多条件计算飞机票的金额,然后再除以总报销金额计算比例。

操作步骤如下:

(1)计算 2011 年飞机票报销费用有两个条件,一个条件是"2011 年",另一个条件是"飞机票",插入 SUMIFS 参数,参数输入如图 13-14 所示。

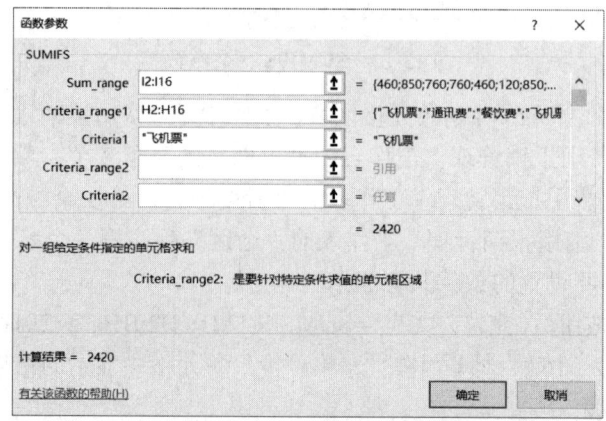

图 13-14　计算 2011 年飞机票费用总额函数参数

（2）单击"确定"按钮后，公式为"=SUMIFS(I2:I16,H2:H16,"飞机票")"，得出飞机票的金额。

（3）单击"飞机票总额比例"单元格，在公式的结尾处插入"/SUM("，然后将光标置于"SUM"中，单击"插入函数"按钮，在"函数参数"中选择"费用类别"列，计算报销总金额，如图 13-15 所示。

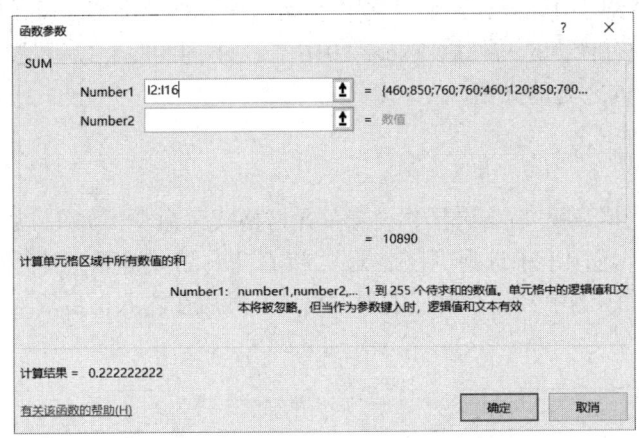

图 13-15　计算 2011 年报销总额函数参数

（4）单击"确定"按钮，完整公式为"=SUMIFS(I2:I16,H2:H16,"飞机票")/SUM(I2:I16)"，在"飞机票总额比例"得出结果为"0.2222"。

（5）最后在"开始"选项卡中的"数字"组依次单击"百分比样式""增加小数位数"调整结果，保留两位小数，最后结果为"22.22%"。

4．通信费总金额

在"差旅成本分析报告"工作表"周末通信费总额"单元格中，统计 2011 年发生在周末（星期六和星期日）的通信费总金额。

操作步骤如下：

（1）计算 2011 年发生在周末的通信费总金额有两个条件，一个条件是"2011 年发生在周末"，另一个条件是"通信费"，插入 SUMIFS 参数，参数输入如图 13-16 所示。

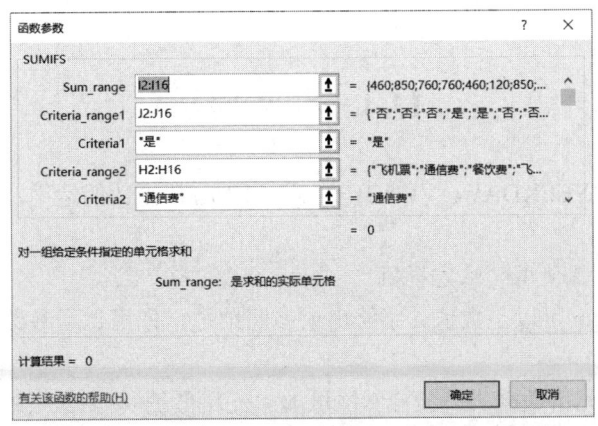

图 13-16　计算 2011 年周末通信补助函数参数

（2）单击"确定"按钮后，完整公式为"=SUMIFS(I2:I16,J2:J16,"是",H2:H16,"通信费")"，"周末通信费总额"中单元格显示的结果为"0"。

13.3　WPS 实例制作区分

13.2 中的内容介绍了在 Excel 2016 中制作公司差旅表格的详细步骤，那么在使用 WPS 制作公司差旅表格时，有什么是与使用 Excel 2016 制作不同的呢？以下是对用 WPS 制作与用 Excel 2016 制作的不同之处的介绍。

1. 设置单元格格式

具体区别如下：

（1）选中"日期"列，右击选择"设置单元格格式"命令，如图 13-17 所示。

（2）在"数字"选项卡中选择"自定义"，接着在右侧"类型"列表框中选择"yyyy"年"m"月"d"日""，上方的示例中会显示对应的日期格式，然后在输入框后输入"aaaa"，如图 13-18 所示。

图 13-17　单元格右击工具栏

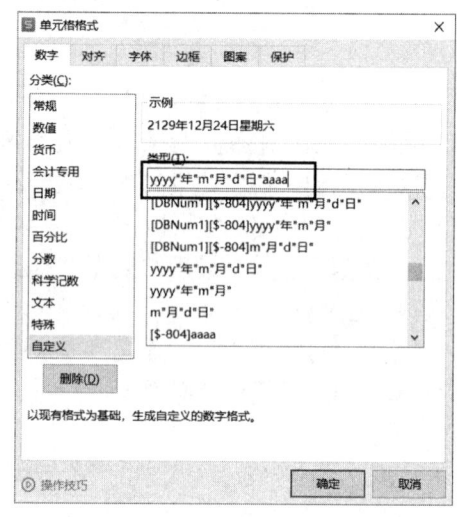

图 13-18　设置日期单元格格式

13.4　本章小结

本章主要介绍了 WEEKDAY、VLOOKUP 和 SUMIFS 函数的运用，在实际应用中，大家还应该注意下述几点：

1. VLOOKUP 函数使用的注意事项

（1）Lookup_value 可以是数值、字符串或参照地址。使用这个参数时，要特别注意以下几点：

1）参照地址的单元格数据类型与搜索区域的单元格数据类型要一致，否则即使内容一样，也有可能搜索不到。特别是参照地址的值是数字时，若搜索的单元格数据类型为文本格式，虽然内容都是 123，但却不能匹配。而且在输入数据前就要先确定好格式类别，如果数据已经输入但格式不符，也不能查找匹配，必须重新输入。

2）用"&"连接若干个单元格的内容作为查找的参数。在查找的数据类似的情况下可以达到事半功倍的效果。

（2）Table_array 是搜索的区域，Col_index_num 是区域内的列数。Col_index_num 不能小于 1，其实等于 1 也没有什么实际的作用。如果出现错误值"#REF!"，则可能是 Col_index_num 的值超过范围的总列数。在使用该函数时，Lookup_value 的值必须在 Table_array 中处于第一列，且选取 Table_array 时一定要注意，选择区域的首列必须与 Lookup_value 所选列的格式和字段一致。比如 Lookup_value 选取了"姓名"列中的某项，那么 Table_array 选取的第一列必须为"姓名"列，且格式与 Lookup_value 一致，否则便会出现错误值"#N/A"。

（3）最后一个参数 Range_Lookup 是一个逻辑值，常输入"0"或者 FALSE，也可以输入"1"或者 TRUE。两者的区别是前者表示的是完整寻找，找不到就返回错误值"#N/A"；后者先是找一样的，如果找不到再去找很接近的值，如果还找不到就返回错误值"#N/A"。

2. VLOOKUP 的错误值处理

如果找不到数据，函数总会返回错误值"#N/A"。为了避免出现错误值，可以这样处理：如果搜索到相匹配的值，就返回相应的列的值，如果搜索不到，就设定它的值等于 0，即为 VLOOKUP 函数增加一个判断函数 IFERROR。

IFERROR 函数是用来捕获和处理公式中的错误。作用是如果公式的计算结果错误，则返回指定的值；否则将返回公式的结果。

公式：=IFERROR(value,value_if_error)。

value：为必需值，检查是否存在错误的参数。

value_if_error：为必需值，公式的计算结果错误时要返回的值。计算得到的错误类型有：#N/A、#VALUE!、#REF!、#DIV/0!、#NUM!、#NAME? 或 #NULL!。

上述的 VLOOKUP 公式要避免出现错误值，公式可以写为："=IFERROR(VLOOKUP(E3,表 4[#全部],2,FALSE),0)"，意思是如果 VLOOKUP 函数返回的值是个错误值（找不到数据）就等于 0，否则，就等于 VLOOKUP 函数返回的值（即找到的相应的值）。

3. SUMIFS 函数使用的注意事项

（1）如果在 SUMIFS 函数中设置了多个条件，那么只对参数 Sum_range 中同时满足所有条件的单元格进行求和。

（2）可以在参数 Criteria 中使用通配符——问号（?）和星号（*），问号用于匹配任意单个字符，星号用于匹配任意多个字符。例如，查找单元格结尾包含"商场"二字的所有内容，可以写为""*商场""。如果需要查找问号或星号本身，则需要在问号或星号之前输入一个波形符（~）。

（3）参数 Sum_range 中的单元格如果包含 TRUE，则按 1 来计算，如果包含 FALSE，则按 0 来计算。

（4）SUMIFS 函数中的求和区域 Sum_range 与条件区域 Criteria_range 的大小和形状必须一致，否则公式会出错。

13.5　思考练习

　　小李今年毕业后，在一家计算机图书销售公司担任市场部助理，主要的工作职责是为部门经理提供销售信息的分析和汇总。请参照案例，打开"D:\OFFICE\素材\第 13 章"文件夹中的"图书销售统计表.xlsx"完成如下操作。

　　1．请对"订单明细表"工作表进行格式调整，通过套用表格格式的方法将所有的销售记录调整为一致的外观格式，并将"单价"列和"小计"列所包含的单元格调整为"会计专用"（人民币）数字格式。

　　2．根据图书编号，请在"订单明细表"工作表的"图书名称"列中使用 VLOOKUP 函数完成图书名称的自动填充。"图书名称"和"图书编号"的对应关系在"编号对照"工作表中。

　　3．根据图书编号，请在"订单明细表"工作表的"单价"列中使用 VLOOKUP 函数完成图书单价的自动填充。"单价"和"图书编号"的对应关系在"编号对照"工作表中。

　　4．在"订单明细表"工作表的"小计"列中计算每笔订单的销售额。

　　5．根据"订单明细表"工作表中的销售数据统计所有订单的总销售金额，并将其填写在"统计报告"工作表的 B3 单元格中。

　　6．根据"订单明细表"工作表中的销售数据统计《MS Office 高级应用》图书在 2012 年的总销售额，并将其填写在"统计报告"工作表的 B4 单元格中。

　　7．根据"订单明细表"工作表中的销售数据统计隆华书店在 2011 年第三季度的总销售额，并将其填写在"统计报告"工作表的 B5 单元格中。

　　8．根据"订单明细表"工作表中的销售数据统计隆华书店在 2011 年的每月平均销售额（保留 2 位小数），并将其填写在"统计报告"工作表的 B6 单元格中。

第 14 章 学生成绩统计

- 掌握条件统计函数的使用。
- 掌握数组公式运算的使用。
- 掌握 AVERAGEIFS 函数的使用。
- 掌握转置表格和表格样式的使用。

14.1 实例简介

××大学期末考试结束后,教务处需要对考试情况进行统计,了解考试分数分布情况,综合分析考试难易及得分情况。现根据要求填充报告。

要求:

(1)计算"总分"列的结果,并根据未超过 240 分界限的同学需要留级的规定填充"是否留级"列。

(2)使用 RANK 函数填充"名次"列。

(3)使用 COUNTIF、MAX、MIN、AVERAGEIFS 等函数填充"按班级汇总""按专业汇总"表格。

(4)使用恰当的数字格式,将"按班级汇总"表格改为列标题纵向表格。

14.2 实例制作

本章以××大学学生期末成绩为案例,统计和分析本次考试情况。打开"D:\OFFICE\素材\第 14 章"文件夹中的"××大学学生期末成绩情况分析.xlsx"完成如下操作。

14.2.1 IF 函数的使用

假设成绩总分没有达到 240 分的学生需按规定留级重修所学科目,在成绩单中填充对应的列单元格。

操作步骤如下:

(1)选中 I2 单元格,单击"公式"公式选项卡中的"自动求和"功能。此时 Excel 会自动找到前面的成绩分数进行计算。按下"回车"键,会自动计算出公式结果。

(2)选中 K2 单元格,单击"插入函数",在弹出的"插入函数"对话框"搜索函数"文本框中输入 if,单击"转到"按钮,选择好后单击"确定"按钮插入,如图 14-1 所示。

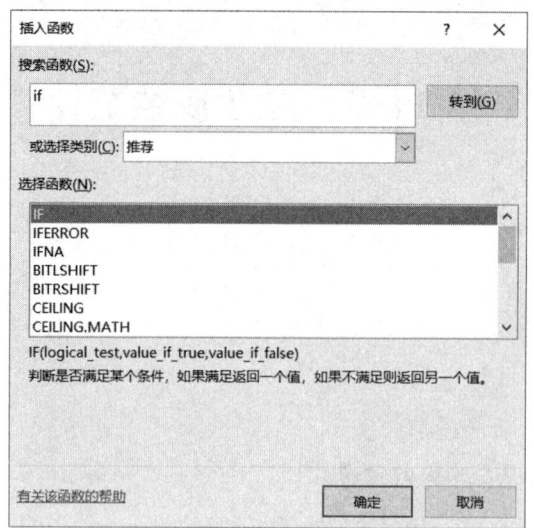

图 14-1 "插入函数"设置

（3）确定后进入"函数参数"对话框，如图 14-2 所示。在 Logical_test 参数中选中在前面计算出的"总分"列，接着在后面输入"<240"，代表实例所给的条件约束；Value_if_true 代表的是 if 条件正确时返回的值，本例中输入"是"；Value_if_false 代表的是 if 条件错误时返回的值，本例中输入"否"，最后单击"确定"按钮。

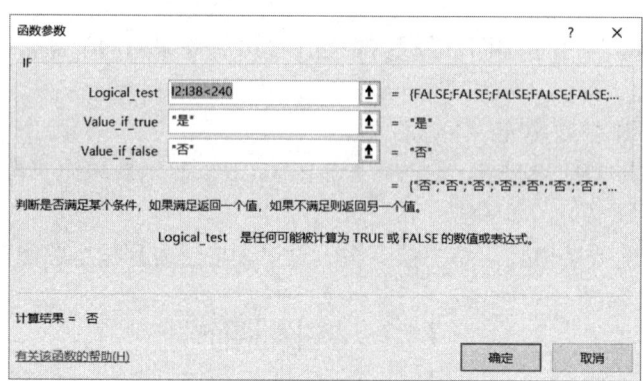

图 14-2 IF 函数参数输入

（4）得出 K2 单元格的结果之后，下拉单元格复制填充表格。

14.2.2 COUNTIFS 函数的使用

利用"成绩单"工作表中的数据，使用公式统计参加考试学生数，分别填入"按班级汇总"工作表和"按专业汇总"工作表中"人数"列所对应的单元格中。

1. 按班级统计考试学生数

操作步骤如下：

（1）在"按班级汇总"工作表中，选中 C2 单元格，单击"插入函数"，在弹出的"插入函数"对话框"搜索函数"文本框中输入 countifs，单击"转到"按钮，选择好后单击"确定"按钮插入，如图 14-3 所示。

图 14-3　插入 COUNTIFS 函数

（2）确定后进入"函数参数"对话框，在 Criteria_range1 参数中选择"成绩单"工作表中的"专业"列，并在文本框中加上绝对引用符号，因为进行公式填充时统计的数据区域是固定的，不随公式的填充而改变；在 Criteria1 参数中单击或输入"按班级汇总"工作表的 A2 单元格。在 Criteria_range2 参数中选择"成绩单"工作表中的"班级"列，并在文本框中加上绝对引用符号；在 Criteria2 参数中单击或输入"按班级汇总"工作表的 B2 单元格，如图 14-4 所示。

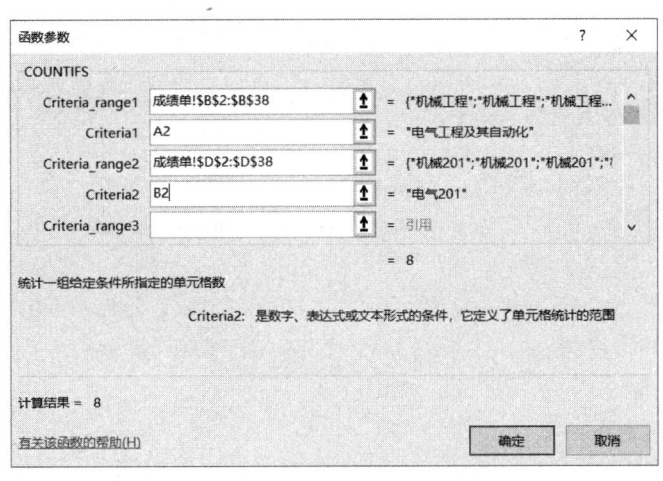

图 14-4　COUNTIFS 函数参数

（3）单击"确定"按钮，在 C2 单元格会计算出电气 201 班的考试学生数为"8"，向下填充公式，各校各班的参加考试学生数则会被对应统计出来。

2．按专业统计考试学生数

操作步骤如下：

（1）在"按专业汇总"工作表中选中 B2 单元格，单击"插入函数"，在弹出的"插入函数"对话框"搜索函数"文本框中输入 countif，单击"转到"按钮，选择好后单击"确定"按钮插入，如图 14-5 所示。

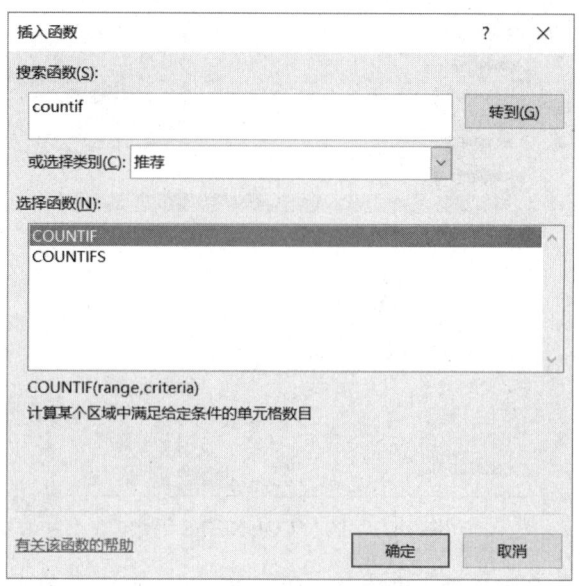

图 14-5　插入 COUNTIF 函数

（2）确定后进入"函数参数"对话框，在 Range 参数中选择"成绩单"工作表中的"专业"列，并在文本框中加上绝对引用符号，因为进行公式填充时统计的数据区域是固定的，不随公式的填充而改变；在 Criteria 参数中单击或输入"按专业汇总"工作表的 A2 单元格，如图 14-6 所示。

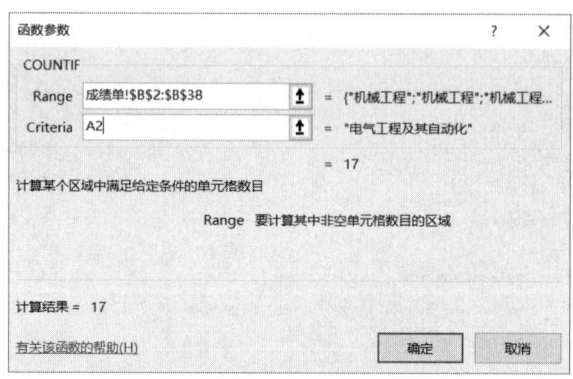

图 14-6　COUNTIF 函数参数

（3）单击"确定"按钮，在 B2 单元格会计算出机械工程的考试学生数为 17，向下填充公式，各校的参加考试学生数则会被对应统计出来。

3. 统计各班每科考试不及格学生数

操作步骤如下：

（1）在"按班级汇总"工作表中，选中 D2 单元格，单击"插入函数"，在弹出的"插入函数"对话框"搜索函数"文本框中输入 countif，单击"转到"按钮，选择好后单击"确定"按钮插入。

（2）确定后进入"函数参数"对话框，在 Range 参数中选择"成绩单"工作表中对应的"班级""线性代数"成绩；在 Criteria 参数中输入"<60"表示不及格的条件，如图 14-7 所示。

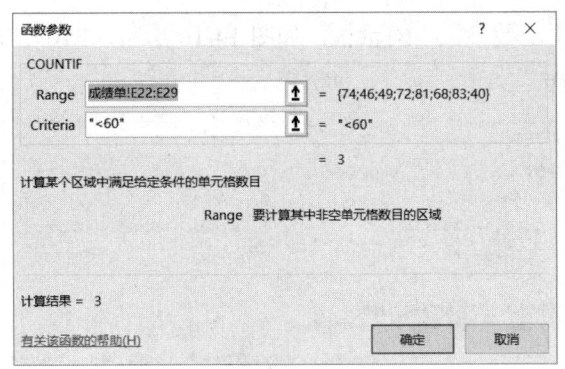

图 14-7　COUNTIF 函数参数

（3）向右拉动填充单元格，分别得出其他三个科目的不及格人数。对于其他班级可用同样方法，选中不同的班级成绩进行计算即可得出，结果如图 14-8 所示。

图 14-8　不及格人数结果

14.2.3　RANK 函数的使用

根据前面计算总分的数值，利用 RANK 函数计算成绩排名。

操作步骤如下：

（1）计算第一个学生的成绩排名，选中 J3 单元格，单击"公式"→"插入函数"，或单击单元格编辑栏旁的"插入函数"，在弹出的"插入函数"对话框"选择函数"列表框中选择"RANK"，选择好后单击"确定"按钮插入，如图 14-9 所示。

图 14-9　插入 RANK 函数

第 14 章　学生成绩统计　261

（2）确定后进入"函数参数"对话框，如图 14-10 所示。RANK 函数常用于求某一个数值在某一区域内的排名。

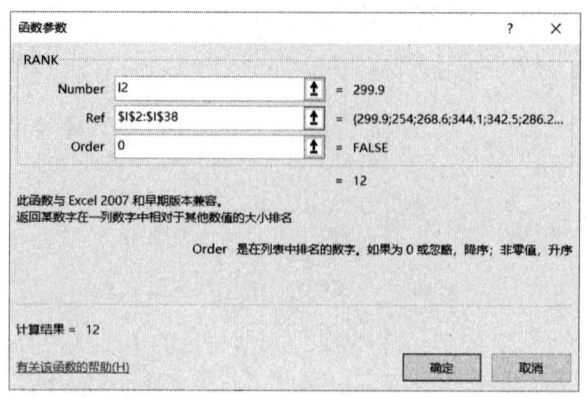

图 14-10　RANK 函数的使用

（3）本例中要进行排名的数值是"总分"，因此在 Number 编辑栏中输入 I2 代表待排序数字；在 Ref 中选择"总分"列，代表待排序范围，为了保证 Ref 区域在填充公式时不随单元格的改变而改变，要使用绝对引用。要实现学生成绩的升序排列，因此 Order 参数可以忽略或者输入 0。

（4）输入完毕后单击"确定"按钮，结果如图 14-11 所示。

总分	名次	是否留级
299.9	12	否
254	33	否
268.6	26	否
344.1	1	否
342.5	2	否
286.2	17	否
276.5	22	否
257.8	32	否
275.4	23	否
259.9	29	否
322.7	6	否
337.6	4	否
320.4	8	否
296	13	否
277.4	21	否
287.4	16	否
285.9	18	否
320.5	7	否
310.7	10	否
242.9	34	否
265.8	27	否
257.9	31	否
258.9	30	否
265.8	27	否

图 14-11　"总分排名"计算结果

14.2.4　数组公式运算的应用

利用"成绩单"工作表中的数据，使用公式统计最高分和最低分，分别填入"按班级汇总"工作表和"按学校汇总"工作表中"最高分""最低分"列所对应的单元格中。

1. 统计各班的最高分

操作步骤如下：

（1）在"按班级汇总"工作表中，将光标定位在 H2 单元格，单击编辑栏左边的"插入函数"按钮,在"插入函数"对话框中选择"MAX"函数,单击"确定"按钮,如图 14-12 所示。

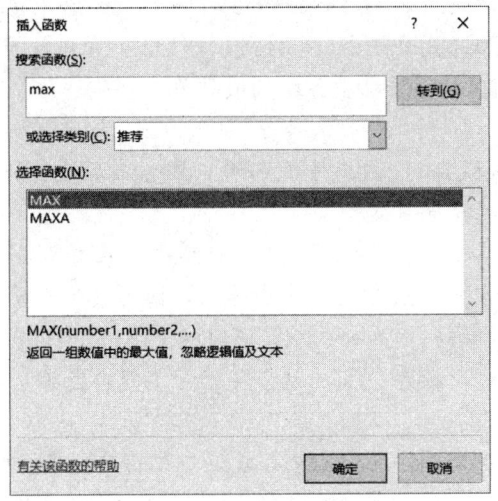

图 14-12　插入 MAX 函数

（2）确定后进入"函数参数"对话框,光标自动置于 MAX 函数的第一个参数 Number1 编辑框位置,输入表达式"(成绩单!\$B\$2:\$B\$38=按班级汇总!A2)*(成绩单!\$D\$2:\$D\$38=按班级汇总!B2)*成绩单!\$E\$2:\$E\$38",如图 14-13 所示。

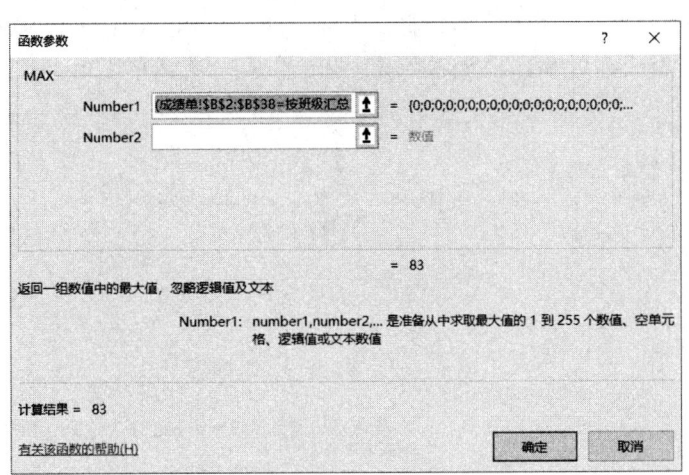

图 14-13　在参数 Number1 编辑框中输入公式

表达式中,"成绩单!\$A\$3:\$A\$953=按班级汇总!A2"的返回值是逻辑值（TRUE 或 FALSE）,判断的是"成绩单"工作表的"专业"列中与"按班级汇总"的 A2 单元格相同的值,即"电气工程及其自动化"。

表达式中,"成绩单!\$B\$3:\$B\$953=按班级汇总!B2"的返回值是逻辑值（TRUE 或 FALSE）,判断的是"成绩单"工作表的"班级"列中与"按班级汇总"的 B2 单元格相同的值,即"电气 201"班。

将"成绩单!\$A\$3:\$A\$953=按班级汇总!A2"与"成绩单!\$B\$3:\$B\$953=按班级汇总!B2"

相乘，并把它们的逻辑值 TRUE 转换为 1、逻辑值 FALSE 转换为 0 参加运算。同时满足两个条件（"电气工程及其自动化"，"电气 201"）时，MAX 中的求值区域才为非 0 数，最终形成的表达式只有是 MAX(1*1*成绩单!$D$3:$D$953)，才能统计这个区域的最大值。

（3）然后同时按下 Ctrl+Shift+Enter 组合键，在 D2 单元格计算出电气 201 班的最高分是 83 分。向下填充公式，则会对应统计出各班的最高分。

注：

（1）公式中的数据区域要加上绝对引用符号，因为之后进行公式填充时，判断的数据区域是固定的，不随公式的填充而改变。

（2）在 Number1 编辑框输入表达式后，不能单击"函数参数"对话框下方的"确定"按钮，必须同时按下 Ctrl+Shift+Enter 组合键完成输入，因为这里是使用数组公式计算。

数组公式的实现是在编辑栏输入公式后，同时按 Ctrl+Shift+Enter 组合键锁定数组公式，此时在公式两边将自动加上花括号"{}"，这个花括号不能自己键入，否则，Excel 会认为输入的是一个正文标签。

如果需要重新编辑数组公式，则单击含有数组公式的单元格，按 F2 键或将光标移到编辑栏上单击进行编辑，编辑完成后，再同时按 Ctrl+Shift+Enter 组合键使数组公式生效。

2. 统计各专业的最高分

操作步骤如下：

（1）在"按学校汇总"工作表中，将光标定位在 C2 单元格，单击编辑栏左边的"插入函数"按钮，在"插入函数"对话框中选择 MAX 函数，单击"确定"按钮。

（2）确定后进入"函数参数"对话框，光标自动置于 MAX 第一个参数 Number1 编辑框位置，输入表达式"(成绩单!$B$2:$B$38=按专业汇总!A2)*成绩单!F2:F38)"，如图 14-14 所示。

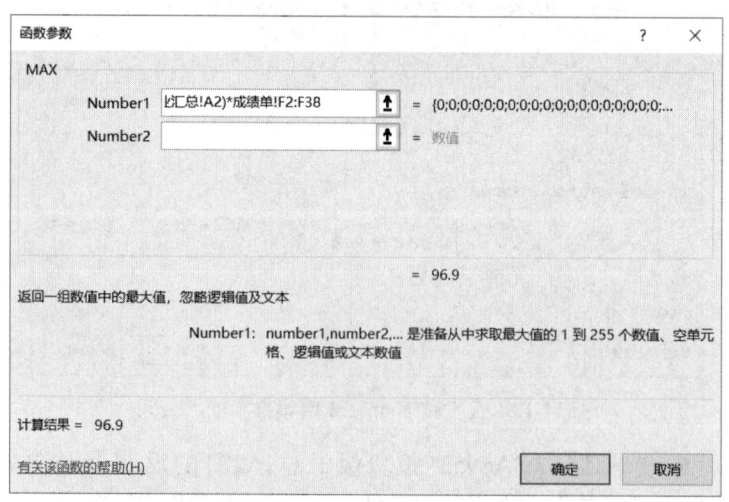

图 14-14 在参数 Number1 编辑框中输入公式

（3）然后，同时按下 Ctrl+Shift+Enter 组合键，在 C2 单元格计算出电气工程的最高分是 96.9 分。向下填充公式，各专业的最高分将会对应统计出来。

3. 统计各班的最低分

最低分使用最小值 MIN 函数计算。在统计最低分时，还要加上 IF 函数，在同时满足"专业""班级"的条件下,只有 IF 函数中的条件表达式为 TRUE,才能返回"成绩"中对应的数据区域,再使用 MIN 函数统计最小值。

操作步骤如下:

(1)在"按班级汇总"工作表中,将光标定位在 I2 单元格,单击编辑栏左边的"插入函数"按钮,在"插入函数"对话框中选择"IF"函数,单击"确定"按钮。

(2)确定后进入"函数参数"对话框,光标自动置于 IF 第一个参数 Logical_test 编辑框位置,输入表达式"(成绩单!$B$2:$B$38=按班级汇总!A2)*(成绩单!$D$2:$D$38=按班级汇总!B2)";单击第 2 个参数 Value_if_true 编辑框,选择"成绩单"工作表中的"大学英语成绩"列,并加上绝对引用符号,单击"确定"按钮,如图 14-15 所示。

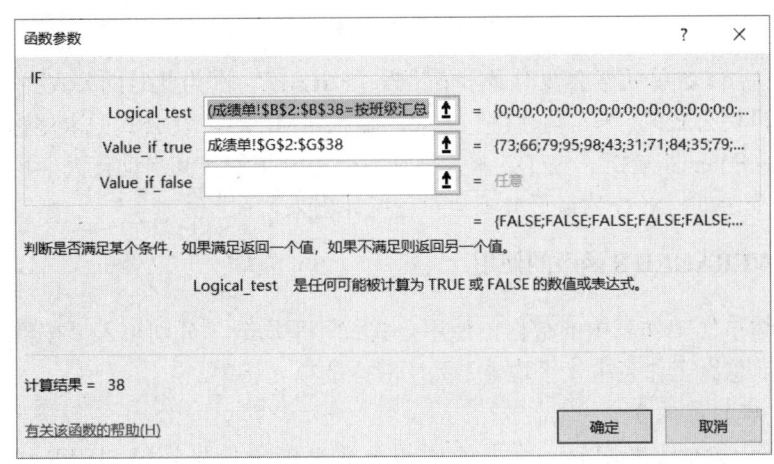

图 14-15　IF 函数参数

(3)确定后,I2 单元格会暂时显示值错误"FALSE",因为此时的公式并不完整。接着,将光标置于编辑栏公式的"="与"IF"之间,输入"MIN(",在输入的同时系统也会提示公式,如图 14-16 所示。

{=MIN(IF((成绩单!$B$2:$B$38=按班级汇总!A2)*(成绩单!$D$2:$D$38=按班级汇总!B2),成绩单!$G$2:$G$38))}

图 14-16　插入 MIN 函数

(4)在编辑栏公式的末尾,输入")",同时按下 Ctrl+Shift+Enter 组合键,在 I2 单元格计算出电气 201 班大学英语的最低分是 38 分。向下填充公式,各班的最低分则会对应统计出来。

4. 统计各专业的最低分

操作步骤如下:

(1)在"按学校汇总"工作表中,将光标定位在 D2 单元格,单击编辑栏左边的"插入函数"按钮,在"插入函数"对话框中选择"IF"函数,单击"确定"按钮。

(2)确定后进入"函数参数"对话框,光标自动置于 IF 第一个参数 Logical_test 编辑框位置,输入表达式"成绩单!$B$2:$B$38=按专业汇总!A2";单击第 2 个参数 Value_if_true 编辑框,选择"成绩单"工作表中的"大学物理成绩"列,并加上绝对引用符号,单击"确定"按钮,如图 14-17 所示。

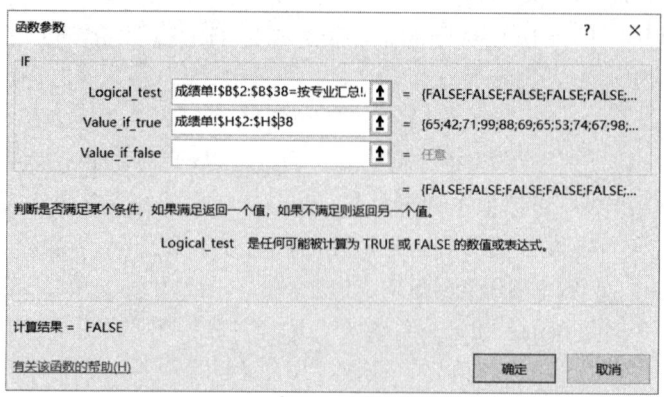

图 14-17　IF 函数参数

(3) 确定后，D2 单元格会暂时显示值错误"FALSE"，因为此时的公式并不完整。接着，将光标置于编辑栏公式的"="与"IF"之间，输入"MIN("，在公式的末尾输入")"，同时按下 Ctrl+Shift+Enter 组合键，在 D2 单元格计算出电气工程及其自动化大学物理的最低分是 35 分。向下填充公式，各校的最低分则会对应统计出来。

14.2.5　AVERAGEIFS 函数的使用

利用"成绩单"工作表中的数据，使用公式统计平均分，分别填入"按班级汇总"工作表和"按学校汇总"工作表中"平均分"列所对应的单元格中。

1. 计算各班的最低分

按学校、班级统计平均分，需要使用的函数是多条件平均值 AVERAGEIFS 函数。AVERAGEIFS 函数是对指定区域中满足多个条件的所有单元格中的数值求算数平均值。

操作步骤如下：

(1) 在"按班级汇总"工作表中，选中 F2 单元格，单击"插入函数"，在弹出的"插入函数"对话框"搜索函数"文本框中输入 averageifs，单击"转到"按钮，选择好后单击"确定"按钮插入，如图 14-18 所示。

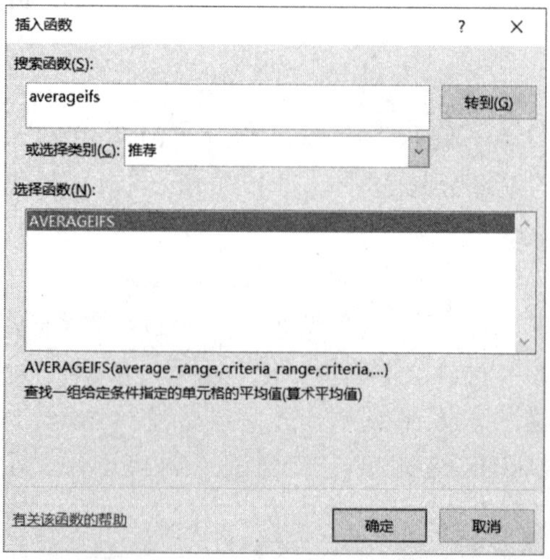

图 14-18　插入 AVERAGEIFS 函数

（2）确定后进入"函数参数"对话框，光标自动置于"AVERAGEIFS"第一个参数 Average_range 编辑框位置，选择"成绩单"工作表中的"成绩"列，并加上绝对引用符号。Criteria_range1 参数，选择"成绩单"工作表中的"专业"列，并加上绝对引用符号；Criteria1 参数，单击或输入"按班级汇总"工作表的 A2 单元格。Criteria_range2 参数，选择"成绩单"工作表中的"班级"列 B3:B953，并加上绝对引用符号；Criteria2 参数，单击或输入"按班级汇总"工作表的 B2 单元格，如图 14-19 所示。

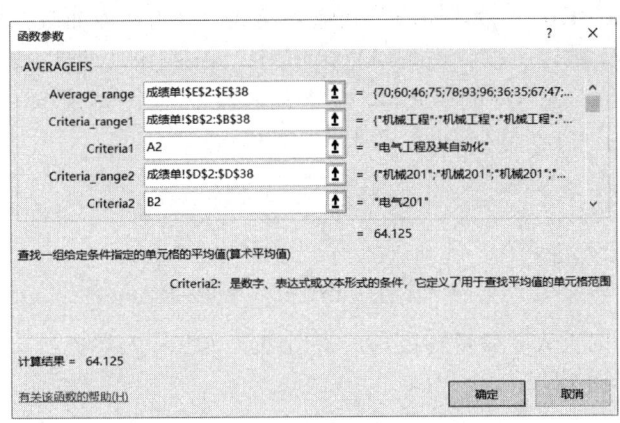

图 14-19　AVERAGEIFS 函数参数设置

（3）单击"确定"按钮，在 J2 单元格计算出电气 201 线性代数的平均分为 64.125，向下填充公式，各校各班的平均分则会对应计算出来。

2. 计算各专业的平均分

操作步骤如下：

（1）在"按专业汇总"工作表中，将光标定位在 E2 单元格，单击编辑栏左边的"插入函数"按钮，在"插入函数"对话框中选择"AVERAGEIFS"函数，单击"确定"按钮。

（2）确定后进入"函数参数"对话框，光标自动置于第一个参数 Average_range 编辑框位置，选择"成绩单"工作表中的"成绩"列，并加上绝对引用符号。Criteria_range1 参数，选择"成绩单"工作表中的"专业"列，并加上绝对引用符号；Criteria1 参数，单击或输入"按专业汇总"工作表的 A2 单元格，如图 14-20 所示。

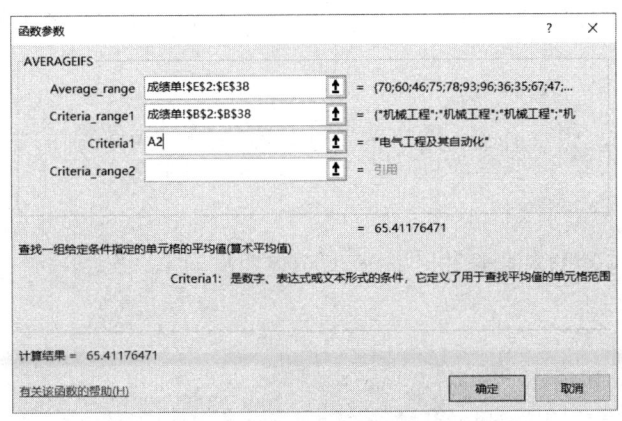

图 14-20　AVERAGEIFS 函数参数

(3)单击"确定"按钮,在 E2 单元格计算出电气工程及其自动化的平均分为 65.41,向下填充公式,各专业平均分则会对应计算出来。

3. 计算及格率

操作步骤如下:

(1)在"按班级汇总"工作表中,将光标定位在 K2 单元格。接着在编辑栏中输入等号"="。

(2)输入等号后,Excel 会切换成公式输入模式。因为在前面我们已经计算过每个班级的考试人数和不及格人数,所以我们可以直接使用单元格中的数据进行及格率的计算。单击"大学物理不及格人数"列对应的单元格,接着输入除号"/",然后单击"人数"列对应的单元格,最后再前面加上"1-"进行运算,如图 14-21 所示。

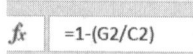

图 14-21 输入计算及格率公式

(3)按下 Enter 键公式即会自行运算,得出电气 201 班大学物理及格率为 0.75。向下拉动单元格填写下方单元格即可。

14.2.6 转置表格与条件格式应用

1. 相关数据的格式设置

在"按班级汇总"工作表中,平均分显示为数值格式,并保留 2 位小数;及格率显示为百分比数据格式,并保留 2 位小数。

操作步骤如下:

(1)按住鼠标左键拖选"平均分"区域,右击并在快捷菜单中选择"设置单元格格式"命令,在"设置单元格格式"对话框中选择"数字"选项卡,在"分类"中选择"数值",并将"小数位数"修改为"2",单击"确定"按钮。设置各类平均分显示为数值格式,并保留 2 位小数。

(2)按住鼠标左键拖选"及格率"区域,右击并在快捷菜单中选择"设置单元格格式"命令,在"设置单元格格式"对话框中选择"数字"选项卡,在"分类"中选择"百分比",并将"小数位数"修改为"2",单击"确定"按钮。设置各题得分率显示为百分比格式,并保留 2 位小数。

2. 转置表格

新建"按班级汇总 2"工作表,将"按学校汇总"工作表中所有单元格数值转置复制到新工作表中。

操作步骤如下:

(1)在工作表标签的右侧单击"插入工作表"按钮,新建一个工作表,如图 14-22 所示。

图 14-22 新建工作表

（2）在新建的工作表标签上右击，在快捷菜单中选择"重命名"命令，命名为"按班级汇总2"。

（3）在"按班级汇总"工作表中，按住鼠标左键拖选所有表格内容，右击，在快捷菜单中选择"复制"命令，在"按班级汇总2"工作表中，定位在A1单元格，右击，在快捷菜单中选择"选择性粘贴"命令。在弹出的"选择性粘贴"对话框中，选择"粘贴"组中的"值和数字格式"选项，并勾选"转置"复选框，单击"确定"按钮，如图14-23所示。

（4）最后在"开始"选项卡中选择"格式"，单击"自动调整列宽"，并删除多余内容。

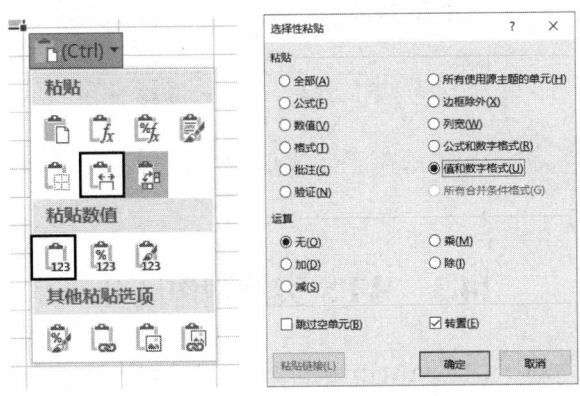

图14-23　"选择性粘贴"对话框

3. 套用表格样式

将"按班级汇总2"工作表中的内容套用表格样式为"金色，表样式中等深浅12"。

操作步骤如下：

（1）选择"按学校汇总2"工作表，将光标定位在表格数据的任意位置，单击"开始"→"样式"→"套用表格格式"，在下拉列表中选择"中等色"区域中的"金色，表样式中等深浅12"，如图14-24所示。

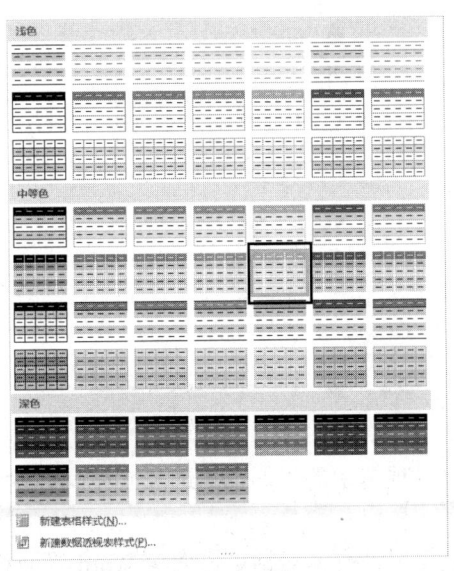

图14-24　套用表格样式

（2）选择后弹出"套用表格式"对话框，在"表数据的来源"编辑栏中会自动选择表格数据，如果不正确就重新选择，如果表格包含标题（这里的标题指表头），就勾选"表包含标题"复选框，如图 14-25 所示。单击"确定"按钮，套用指定的表格样式。

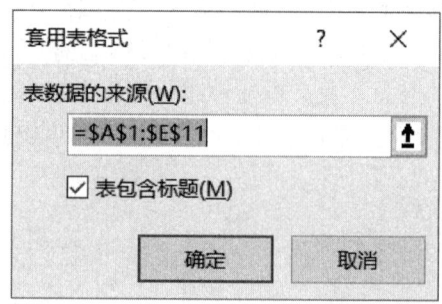

图 14-25　"套用表格式"对话框

14.3　WPS 实例制作区分

14.2 中的内容介绍了在 Excel 2016 中制作学生成绩分析表的详细步骤，那么在使用 WPS 进行学生成绩表分析制作时，有什么是与使用 Excel 2016 制作不同的呢？以下是对用 WPS 制作与用 Excel 2016 制作的不同之处的介绍。

1. 粘贴选项

具体区别如下：

（1）在选择复制粘贴之后单击右下方的"选择粘贴"按钮，选择右侧工具栏中的"值和数字格式"选项，如图 14-26 所示。

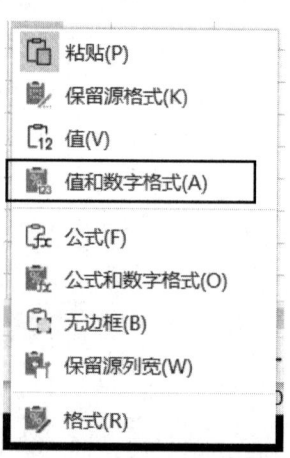

图 14-26　选择性粘贴菜单

（2）接着单击"文件"选项卡中的"编辑"选项，在其中找到"选择性粘贴"选项并单击，如图 14-27 所示。

（3）打开"选择性粘贴"对话框，对话框界面与 Word 界面相同，选择"转置"选项。

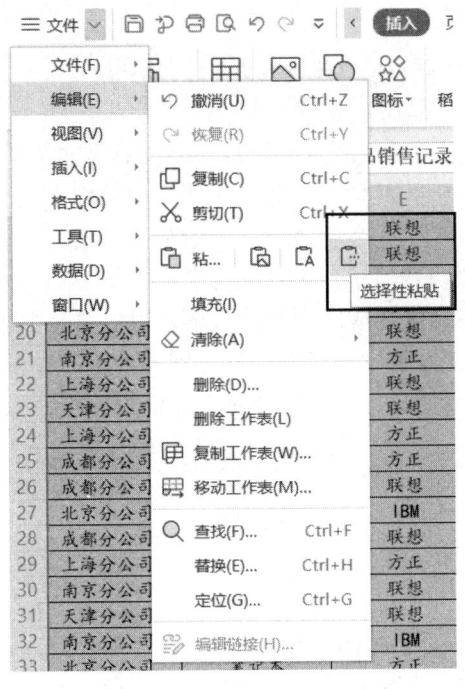

图 14-27 "选择性粘贴"选项

14.4 本章小结

本章主要介绍了条件统计函数、AVERAGEIFS 函数、数组公式和转置表格的运用,在实际应用中,大家还应该注意:

(1)条件统计函数有 COUNTIF 和 COUNTIFS,一般情况下,根据一个指定条件来统计单元格个数的,使用 COUNTIF 函数;需要统计计算多个区域中满足多个指定条件的单元格个数的,使用 COUNTIFS 函数。COUNTIFS 函数为 COUNTIF 函数的扩展,在 Excel 2007 中新增,前期版本不支持。

(2)数组公式是以数组为参数的公式,它可建立产生多值或对一组值而不是单个值进行操作。一个数组公式可以占用一个或多个单元。数组的元素可多达 6500 个。数组公式的参数是数组,即输入有多个值;输出结果可能是一个,也可能是多个——这一个或多个值是公式对多重输入进行复合运算而得到的新数组中的元素。数组公式的实现,是在编辑栏输入公式后,同时按 Ctrl+Shift+Enter 组合键,Excel 则在公式两边自动加上花括号"{}",这个花括号不能自己键入,否则,Excel 会认为输入的是一个正文标签。

(3)AVERAGEIFS 函数是多条件求平均值函数,主要是用于返回满足多重条件的所有单元格的平均值。参数选择与 COUNTIFS 类似。

(4)本章在计算得分率的时候,对数据区域条件使用了混合引用和绝对引用,是因为计算结果在向下或向右填充时,需要根据实际情况固定相应的区域,否则会导致数据计算出错。混合引用和绝对引用都是通过按 F4 键来实现。

14.5 思考练习

明川市 2018 年高三模拟考试结束后，教育局需要对语文考试情况进行统计，综合分析本次考试难易及得分情况，了解各校学生的语文水平。请你参照案例，打开"D:\OFFICE\素材\第 14 章"文件夹中的"明川市 2018 年高三语文模拟考试情况分析.xlsx"完成如下操作。

1. 利用"成绩表""小分统计表"和"分值表"工作表中的数据，利用公式完成"班级汇总"和"学校汇总"工作表中相应空白列的数值计算。具体要求如下：

（1）根据"成绩表"工作表中的数据信息，统计各班、各校的学生人数、最高分、最低分以及平均分。（提示：统计最高分、最低分时，需使用数组公式进行计算。）

（2）根据"小分统计表"工作表统计各班的客观题平均分、主观题平均分。（提示：本次考试一共有 48 道小题，其中 1~35 为客观题，36~48 为主观题。）

（3）根据"班级汇总"工作表中的相关数据，统计"学校汇总"工作表中各校的客观题平均分、主观题平均分。（提示：该项平均分是每个学校的所有班级相应平均分乘以对应班级人数，相加后再除以该校的总考生数，需要使用数组公式进行计算。）

（4）计算"学校汇总"工作表中的每题得分率，即每个学校所有学生在该题上的得分之和除以该校总考生数，再除以该题的分值。（提示：需对部分数据区域使用混合引用，并使用数组公式进行计算。）

（5）工作表中，各类平均分显示均为数值格式，保留 2 位小数；每题得分率显示为百分比数据格式，保留 2 位小数。

2. 新建"学校汇总 2"工作表，将"学校汇总"工作表中所有单元格数值转置复制到新工作表中。

3. 将"学校汇总 2"工作表中的内容套用表格样式为"冰蓝,表样式浅色 16"；将得分率介于 50%~70%之间的单元格标记为"浅红色填充"格式，将得分率高于 90%的单元格标记为"绿填充色深绿色文本"格式。

第四篇 演示文稿

第 15 章 会议演示文稿制作

- 掌握幻灯片版式和模板的使用。
- 掌握插入视频的方法。
- 掌握超链接的创建方法。
- 掌握幻灯片切换效果的设置。

15.1 实例简介

××计算机科技有限公司产品部主管李经理需要在最近的年终总结大会进行产品部今年的工作汇报,制作幻灯片的任务被李经理分配给小文,现在小文需要根据李经理所给的素材和要求制作一个关于"产品部年终总结"的演示文稿。

要求:
(1)新建幻灯片,并且按照所给素材进行版式设计和内容填充。
(2)在第 2 张幻灯片的 4 个文本框中添加超链接到相应的幻灯片。
(3)在第 3 张至第 6 张幻灯片的右下角插入后退动作按钮。
(4)在整个幻灯片中插入音乐,并且在其中一张幻灯片中插入产品部的年终总结视频。

15.2 实例制作

打开"D:\OFFICE\素材\第 15 章"文件夹中的"年终总结大会.pptx",根据文件夹下的文件"PPT-素材",按照下列要求完善此文稿并保存。

15.2.1 新增幻灯片

新建演示文稿时,文稿中默认只有一张幻灯片,往往需要自行添加幻灯片。在本案例中,需要在演示文稿中新增 7 张幻灯片,新增的方法有 3 种:
(1)在普通视图的左窗格中,选中某张幻灯片后按下 Enter 键或 Ctrl+M 组合键,可在该张幻灯片后新建一张幻灯片。

（2）在普通视图的"幻灯片/大纲"窗格中右击，在弹出的快捷菜单中选择"新建幻灯片"命令，可在当前幻灯片后面新建一张幻灯片，如图15-1所示。

（3）选择一张幻灯片，在"开始"菜单下单击"新建幻灯片"可在当前幻灯片之后新建一张幻灯片，如图15-2所示。

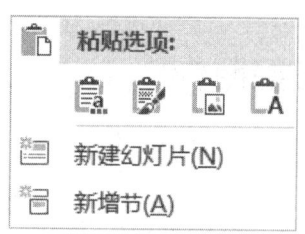

图15-1 "幻灯片/大纲"窗格右击选项卡

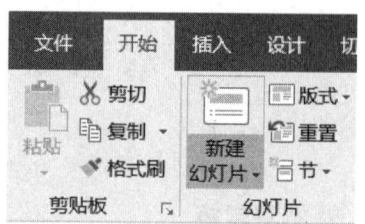

图15-2 "新建幻灯片"选项卡

15.2.2 幻灯片版式和模板的使用

设计第1张为"标题幻灯片"版式，第2张为"仅标题"版式，第3张至第6张为"两栏内容"版式，第7张至第8张为"空白"版式。

操作步骤如下：

（1）第一种方法是选中第二张幻灯片，单击"开始"选项卡，在"幻灯片"组中选择"版式"，在下拉菜单中选择"仅标题"版式，如图15-3所示。

（2）第二种方法是在选中的幻灯片上右击，在弹出的快捷菜单中选择"版式"选项，再选择"仅标题"版式，如图15-4所示。

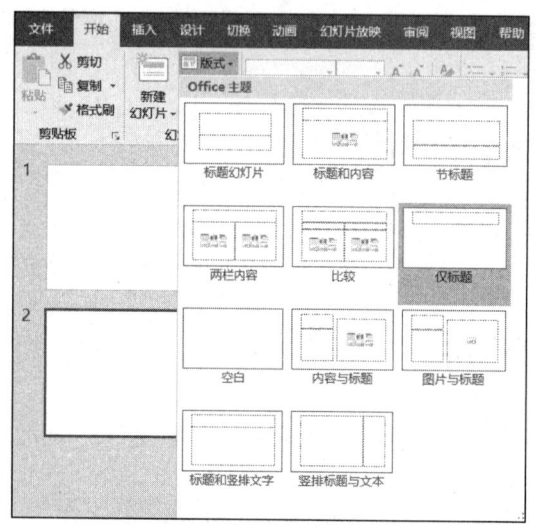

图15-3 "版式"菜单

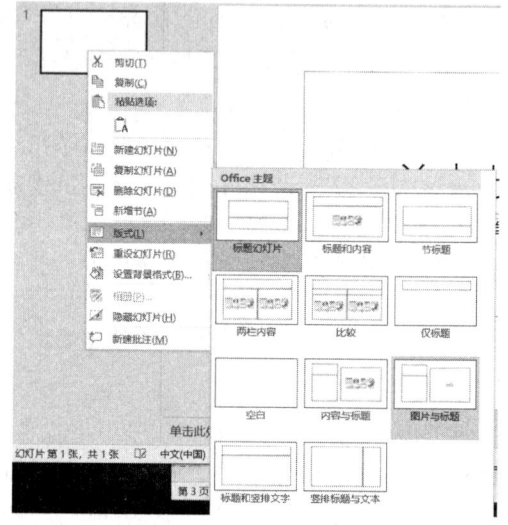

图15-4 右击弹出"版式"菜单

15.2.3 设置幻灯片的页面格式

1. 设置幻灯片的页面格式

幻灯片大小设置为"全屏显示(16:9)"，方向为"横向"。

操作步骤如下：

（1）选择"设计"选项卡，单击"幻灯片大小"，在下拉栏中选择"自定义幻灯片大小"选项，弹出"幻灯片大小"对话框，如图15-5所示。

（2）在"幻灯片大小"的下拉列表中选择"全屏显示(16:9)"，"幻灯片"选择"横向"单选按钮。单击"确定"按钮完成设置。

2．幻灯片背景设置

操作步骤如下：

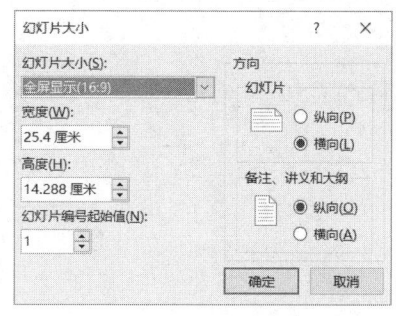

图15-5 "幻灯片大小"对话框

（1）单击"设计"→"设置背景格式"，弹出"设置背景格式"对话框，如图15-6所示。

（2）设置预设颜色要选择"渐变填充"单选按钮，在出现的"预设渐变"下拉框中单击向下的箭头，在展开的面板中选择"顶部聚光灯-个性色1"，如图15-7所示。这样样式应用于选定的幻灯片，单击"应用到全部"按钮，则样式应用于所有幻灯片。

图15-6 "设置背景格式"对话框

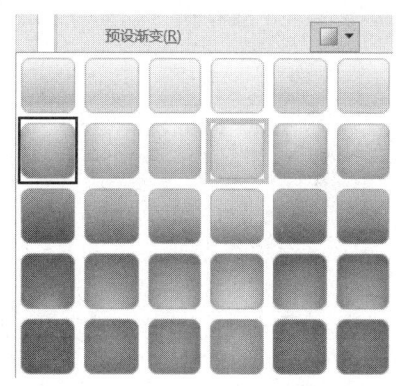

图15-7 设置预设颜色

15.2.4 编辑幻灯片的内容

第一张幻灯片标题为"产品部年终总结"，副标题为"介绍人：李经理"。第二张幻灯片标题为"产品部工作内容"，在标题下面的空白处插入SmartArt的"基本流程"图形，要求含有4个文本框，更改图形颜色，适当调整字体、字号。

操作步骤如下：

（1）选择第一张幻灯片，在主标题文本框中输入"产品部年终总结"，并将其字体更改为"华文新魏"，字号为"60"。之后选中输入的文字右击打开"设置形状格式"选项，单击"文本选项"→"文字效果"→"阴影"→"预设"，选择"外部"→"偏移：下"，如图15-8所示。同时在"发光"中进行同样的选择，最后选择"发光：5磅；橙色，主题色2"，如图15-9所示。

第15章 会议演示文稿制作

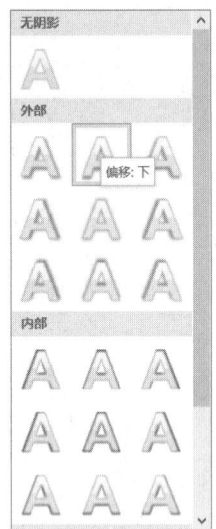 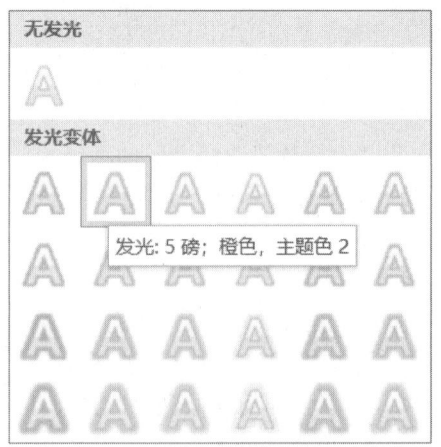

图 15-8　文字效果阴影选择栏　　　　　图 15-9　文字效果发光选择栏

（2）在副标题中输入"介绍人：李经理"并将其字体更改为"华文新魏"，字号为"32"。

（3）选择第二张幻灯片，在标题栏中输入"产品部工作内容"，并将其字体更改为"华文新魏"，字号为"32"。接着插入 SmartArt 图形，单击"插入"→"SmartArt"，在弹出的"选择 SmartArt 图形"对话框中选择"流程"→"基本流程"，如图 15-10 所示。

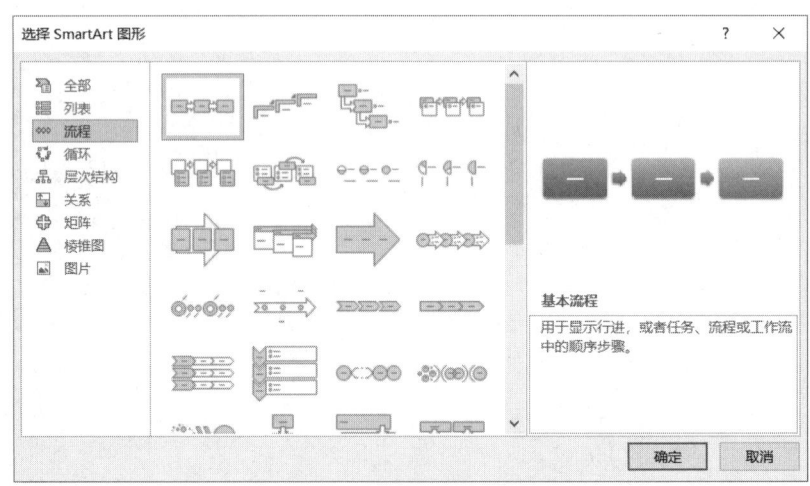

图 15-10　插入 SmartArt 图形

（4）如果实际应用中不够，可添加层数并设置颜色。选中 SmartArt 图形，单击"SmartArt 工具/设计"选项卡，可以进行创建图形、版式、SmartArt 样式等设置，如图 15-11 所示。

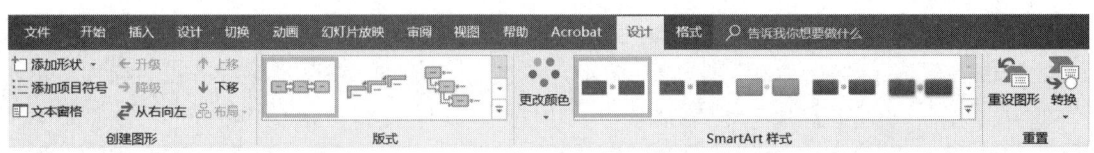

图 15-11　"SmartArt 工具/设计"选项卡

（5）选择基本流程图的最后一个文本框，单击"添加形状"→"在后面添加形状"，如图 15-12 所示，在末尾增加一个文本框。在 SmartArt 中的文本框中输入对应的文字内容，然后单击"SmartArt 样式"→"更改颜色"，选择"彩色"分组中的"彩色-个性色"样式，如图 15-13 所示。基本流程图效果如图 5-14 所示。

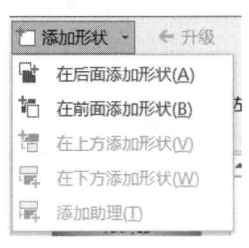

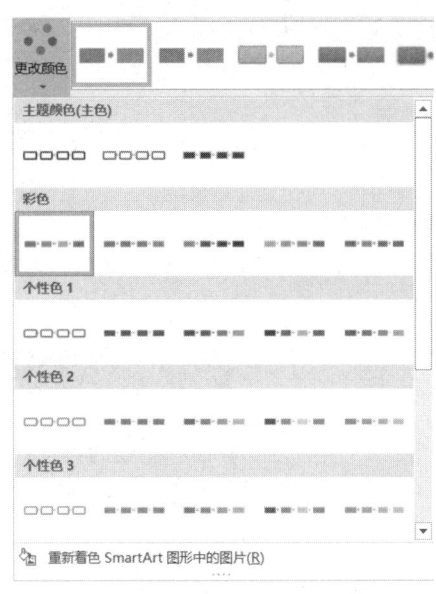

图 15-12　"添加形状"下拉菜单　　　　　　图 15-13　更改颜色选项卡

第 3 张至第 6 张幻灯片，标题内容分别为素材中各段的标题。左侧内容为各段的文字介绍加项目符号，右侧为实例素材下存放的相应的图片。第 6 张幻灯片需插入两张图片。在第 8 张幻灯片中插入艺术字，内容为"谢谢！"。

操作步骤如下：

（1）将"ppt-素材.docx"的文档内容复制并粘贴到第 3 张至第 6 张幻灯片的标题和左侧文本框中。

（2）依次选择不同幻灯片的内容文字，单击"开始"→"段落"→"项目符号"，在列表框中选择"■"。

（3）在第 3 张幻灯片右侧的"添加文本区域"中单击"插入图片"，如图 15-15 所示，选择"D:\OFFICE\素材\第 15 章"中"新产品.jpg"图片插入。

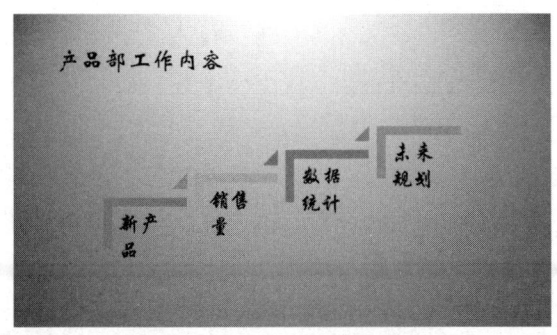

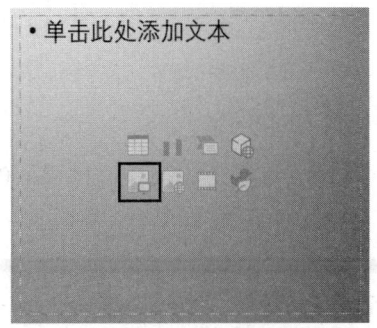

图 15-14　基本流程图效果　　　　　　　　图 15-15　插入图片

（4）重复上述操作，依次将对应的图片素材插入到第 4 张、第 5 张、第 6 张幻灯片中。

（5）切换到第 8 张幻灯片，单击"插入"→"艺术字"，选择艺术字样式后会在幻灯片中出现"请在此放置您的文字"提示框，单击提示框输入文字。本例中在插入艺术字时选择"渐变填充：金色，主题色 4；边框：金色，主题色 4"，然后输入"谢谢！"完成操作。

15.2.5　创建超链接

1．插入超链接

为了让演示文稿在演示的过程中能按讲解内容切换，在第 2 张幻灯片的 4 个文本框中添加超链接到相应的幻灯片。

操作步骤如下：

（1）选定第 2 张幻灯片的第一个文本框"新产品"，单击"插入"→"链接"，如图 15-16 所示。

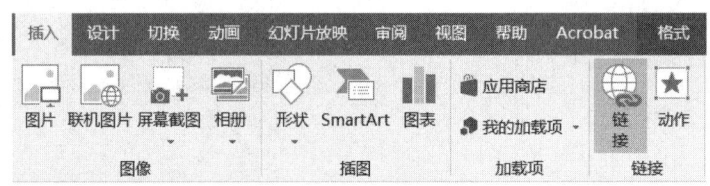

图 15-16　插入超链接

（2）打开"插入超链接"对话框，因为本例中超链接是要链接到演示文稿的其他页，故在"链接到"列表框中选择"本文档中的位置"，选定后在"请选择文档中的位置"列表框中选择"3．新产品"，单击"确定"按钮建立超链接，如图 15-17 所示。

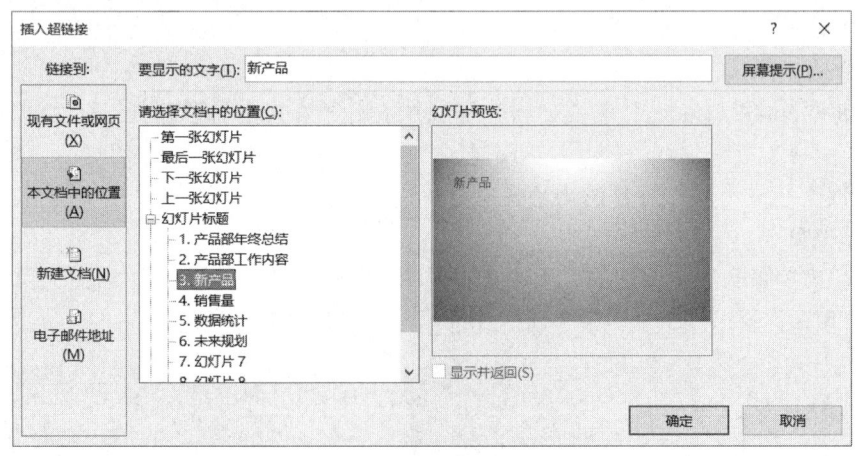

图 15-17　编辑超链接

（3）重复上述操作，设置另外 3 个文本框的超链接。

2．插入动作按钮

在第 3 张至第 6 张幻灯片的右下角插入后退动作按钮。

操作步骤如下：

（1）切换到第 3 张幻灯片，单击"插入"→"形状"，下拉列表的最下方是"动作按钮"

组,系统为这些动作按钮设定了默认的超链接,有后退、前进、开始、结束、第一张等,如图 15-18 所示。

图 15-18 动作按钮

(2) 单击 "后退" 按钮,在幻灯片的右下角单击鼠标左键拖动绘制一个矩形框,出现相应形状的动作按钮,同时会打开一个 "操作设置" 对话框,在 "单击鼠标时的动作" 分组中选择 "超链接到" 单选按钮,在 "超链接到" 下拉列表中选择 "幻灯片...",在弹出的 "超链接到幻灯片" 对话框中选择 "2. 产品部工作内容",如图 15-19 所示。设置完成后,单击 "确定" 按钮,即可在幻灯片中插入一个动作按钮,放映时单击该按钮即可切换到设定的幻灯片。

(3) 按照上述方法,设置第 4 张至第 6 张幻灯片的动作按钮。

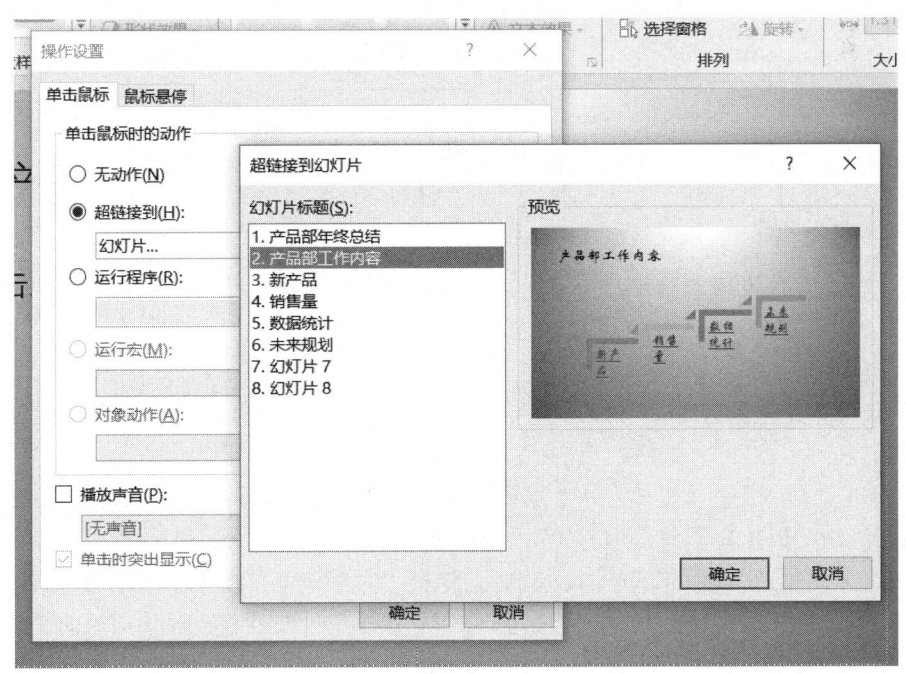

图 15-19 动作设置

15.2.6 插入并设置背景音乐

使用 "D:\OFFICE\素材\第 15 章" 文件夹中的 "背景音乐.mp3" 为 "产品部年终总结.pptx" 添加背景音乐,设置循环播放,直到幻灯片放映停止。

操作步骤如下:

(1) 选中第一张幻灯片,选择 "插入" 选项卡,单击 "媒体" 组中的 "音频",选择 "PC 上的音频",如图 15-20 所示。打开 "插入音频" 对话框,浏览找到 "背景音乐.mp3",单击 "插入" 按钮将音频插入到第一张幻灯片中,插入后在幻灯片中出现一个小喇叭标记,然后将标记移动到幻灯片边缘位置。

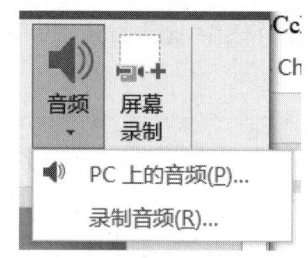

图 15-20　插入文件中的音频

（2）选中小喇叭标记，在菜单栏会出现设置音频的"格式"和"播放"选项卡。"格式"选项卡设置小喇叭的外观；"播放"选项卡设置音频的播放控制，如剪裁音频的长短、控制音频的开始时间等，如图 15-21 所示，勾选"循环播放，直到停止"复选框。

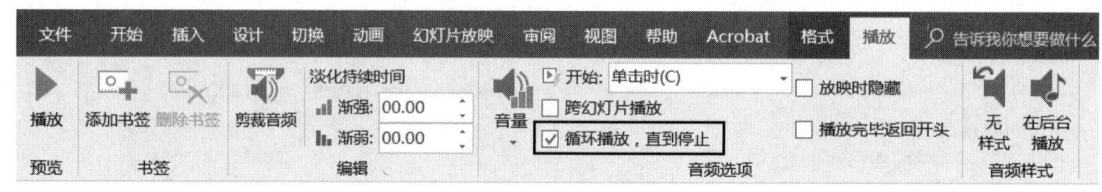

图 15-21　"播放"选项卡

15.2.7　插入视频

在第 7 张幻灯片中插入影片，为了让视频播放效果更美观，插入"显示器.png"作为视频背景。

操作步骤如下：

（1）选中第 7 张幻灯片，单击"插入"→"图片"，选择"D:\OFFICE\素材\第 15 章"插入"显示器.png"。

（2）单击"插入"→"媒体"→"视频"，在下拉列表中选择"PC 上的视频"，如图 15-22 所示，选择"D:\OFFICE\素材\第 15 章"中的"产品部年终汇报.wmv"进行插入。

（3）选中视频后单击"视频工具/格式"，选择"大小"工具组中的"裁剪"，视频出现控制柄，拖动控制柄修改视频的尺寸，根据插入的显示器界面大小调整视频播放的高度和宽度，并放置在显示器屏幕位置。

图 15-22　插入文件中的视频

（4）选中视频后单击"视频工具/播放"，在"编辑"中的"裁剪视频"可以剪辑视频的长度，在"视频选项"中可以对播放的方式进行设置，如图 15-23 所示。

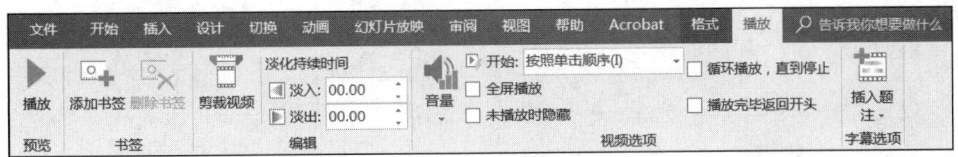

图 15-23　播放参数设置

15.3　WPS 实例制作区分

15.2 中的内容介绍了在 PowerPoint 2016 中制作会议演示文稿的详细步骤,那么在使用 WPS 制作会议演示文稿时,有什么是与使用 PowerPoint 2016 制作不同的呢?以下是对用 WPS 制作与用 PowerPoint 2016 制作的不同之处的介绍。

1. 新建演示文稿

具体区别如下:

(1)进入 WPS 后单击右侧的"新建"功能,在弹出的新建窗口中找到上方的"演示"并单击,如图 15-24 所示。

图 15-24　"新建"窗口

(2)单击下方的"新建空白文档"即可得到新的空白演示文稿。

2. 演示文稿版式

具体区别如下:

WPS 的幻灯片版式与 PowerPoint 不同。WPS 中内置了很多版式,有"推荐排版"和"母版版式"两大版块,使用者可以根据自身需要选择更加美观、方便、契合的版式设计。在内容上 WPS 中完全包含了 PowerPoint 中的版式类型,但是在"推荐排版"中有一部分内容需要付费获取,如图 15-25 所示。

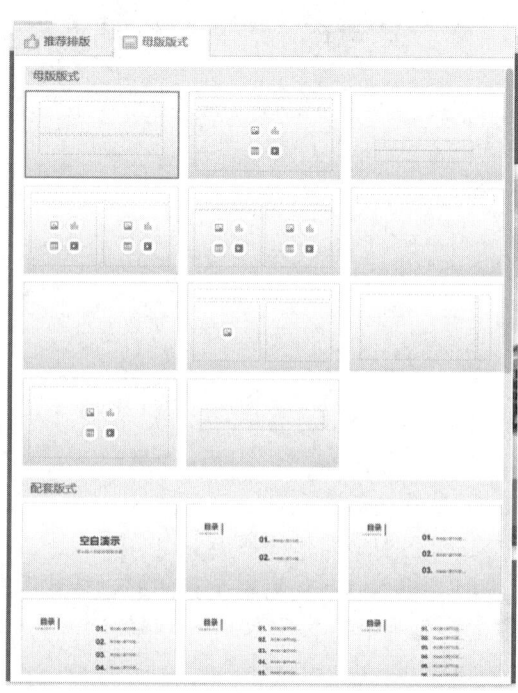

图 15-25　WPS "版式" 下拉菜单

3. 幻灯片大小设置

具体区别如下：

单击 "设计" 选项卡，找到 "幻灯片大小" 选项，如图 15-26 所示。WPS 会自动给出常用的两种大小设置，如果对所给的两种方式不满意，可以单击下方的 "自定义大小" 功能，在弹出的 "页面设置" 对话框中选择更多的大小以及方向方面的属性，如图 15-27 所示。

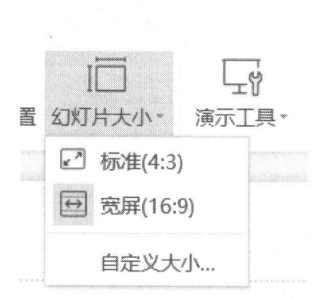
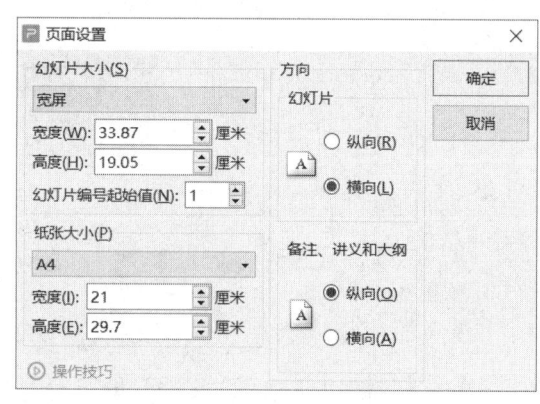

图 15-26　"幻灯片大小" 功能选项　　　　图 15-27　"页面设置" 对话框

4. 页面背景

具体区别如下：

单击 "设计"→"背景"，弹出背景的下拉菜单如图 15-28 所示，在这里直接显示了 "渐变填充" 所有选项，其他设置需单击下方的 "背景" 选项。接着会弹出与 PowerPoint 中相同的属性设置界面，如图 15-29 所示。在选择好颜色后，单击下方的 "全部应用" 按钮即可。

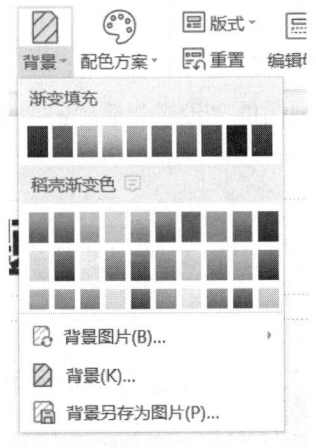

图 15-28 "背景"下拉菜单

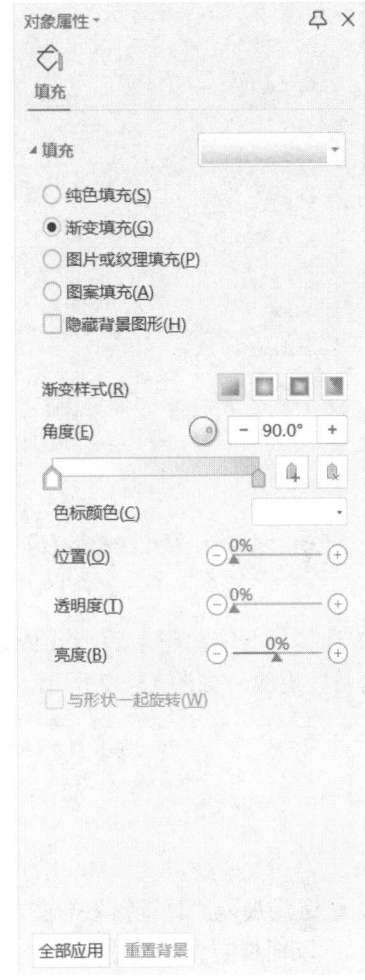

图 15-29 背景设置界面

5. 插入智能图形、超链接

具体区别如下：

（1）插入智能图形时，单击"插入"→"智能图形"，在弹出的下拉列表中选择"智能图形"，如图 15-30 所示。

图 15-30 "智能图形"功能

（2）之后在打开的"选择智能图形"对话框中进行与之前相同的操作，对话框如图 15-31 所示。另外 WPS 中还加入了一些创意图形。

第 15 章 会议演示文稿制作

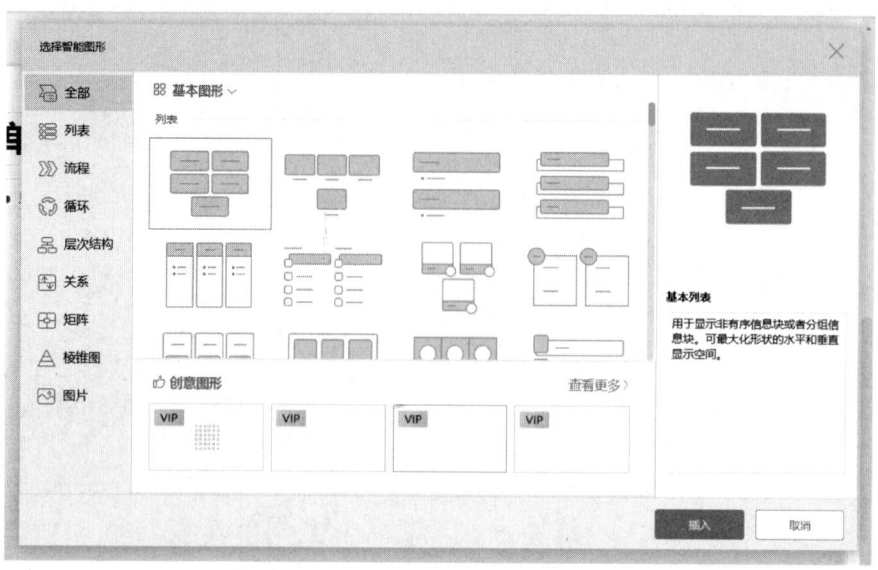

图 15-31 "选择智能图形"对话框

（3）选择好智能图形之后，与 PowerPoint 一样，在弹出的"设计"选项卡中可以进行智能图形的属性更改，如图 15-32 所示。

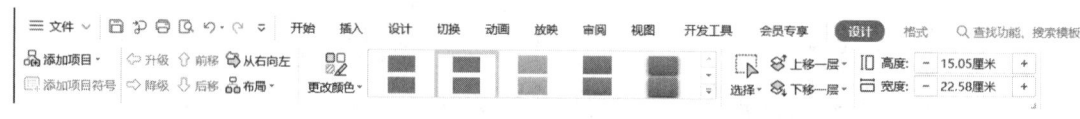

图 15-32 "设计"选项卡

（4）选定想加入"超链接"的文本或图片，单击"插入"→"超链接"，如图 15-33 所示。
（5）可以根据制作要求进行超链接功能的挑选，本例中选择"本文档幻灯片页"功能，接着会弹出"插入超链接"对话框，如图 15-34 所示。

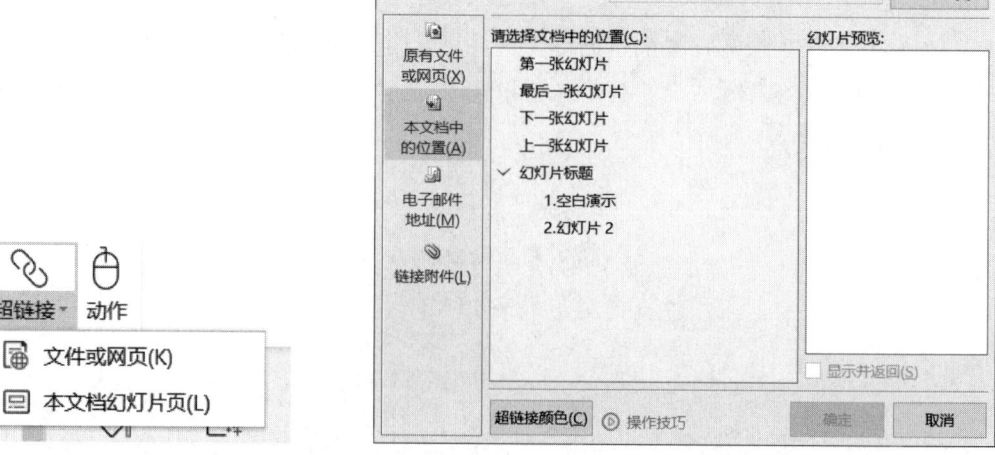

图 15-33 "超链接"功能　　　　　图 15-34 编辑超链接

6. 插入音频、视频

具体区别如下：

在 WPS 中插入音频和视频的步骤基本没有区别，但是 WPS 能够实现更多功能性插入。音频和视频插入的下拉列表如图 15-35 所示。本例中不涉及有区别的操作。

图 15-35　插入音频、视频下拉栏

15.4　本章小结

本章主要介绍了 PowerPoint 2016 中新增幻灯片、文本编辑、幻灯片版式、超链接的创建、切换效果等的操作方法，以及合理使用超链接的动作按钮增加演示文稿的交互性。在制作演示文稿的过程中要注意版式、切换效果等的操作。

15.5　思考练习

文君是新世界数码技术有限公司的人事专员，"十一"过后，公司招聘了一批新员工，需要对他们进行入职培训。人事助理已经制作了一份演示文稿的素材"新员工入职培训.pptx"，请打开"D:\OFFICE\素材\第 15 章"中的"新员工入职培训.pptx"进行美化，要求如下：

1．将演示文稿设置为 16:9 的页面格式。

2．将第 2 张幻灯片版式设置为"标题和竖排文字"，将第 4 张幻灯片的版式设置为"比较"；为整个演示文稿预设"薄雾浓云"的背景颜色。

3．在第 2 张幻灯片左侧插入图片"员工培训.png"，根据第 5 张幻灯片右侧的文字内容利用 SmartArt 图形创建一个组织结构图，其中总经理助理为助理级别，结果请参考素材文件中的"组织结构图样例.docx"样例文件。

4．为第 6 张幻灯片左侧的文字"员工守则"加入超链接，链接到 Word 素材文件"员工守则.docx"。

5．在最后新增 1 张幻灯片，插入图片"电视机.png"，然后在图片中插入"新员工入职培训.wmv"影片。

6．为演示文稿设置不少于 3 种的幻灯片切换方式。

第 16 章　美食文化演示文稿制作

- 掌握幻灯片主题的使用。
- 掌握动画效果的设置。
- 掌握幻灯片页眉、页脚和编号的设置。
- 掌握自定义放映的设置。

16.1　实例简介

某学校组织了一次同学介绍自己家乡文化的演讲比赛,小玲参加了此次比赛。比赛过程中需要 PPT 进行辅助介绍,小玲根据自己的思路写下对于 PPT 的要求,现需要你来帮助她完成这个 PPT 的制作。

要求:

(1)在新建的幻灯片中选择适当的样式主题,应用于所有的幻灯片中。

(2)将演示文稿"美食文化 2.pptx"合并到"美食文化.pptx"中,要求所有幻灯片保留原来的格式。

(3)给演示文稿中的图片添加不同的三种动画效果。

(4)为所有幻灯片设置切换效果,以"推进"为切换类型,效果选择"自右侧"为例。

(5)将第 2 张、第 3 张幻灯片之间的切换改为"变形",实现第 2 张幻灯片文字自由变化成第 3 张幻灯片文字。

16.2　实例制作

新建一个演示文稿并命名为"美食文化.pptx",并保存在"D:\OFFICE\素材\第 16 章"文件夹中,并根据素材和下列要求完善此文稿并保存。

16.2.1　幻灯片应用主题

在新建的幻灯片中选择适当的样式主题,应用于所有的幻灯片中。

操作步骤如下:

(1)新建一个演示文稿并命名为"美食文化.pptx",选中任意一张幻灯片,单击"设计"选项卡,在"主题"菜单中进行主题的设置,如图 16-1 所示。

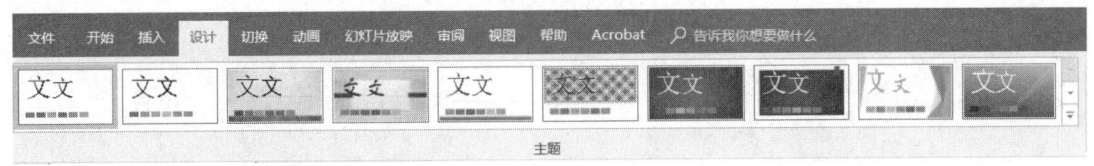

图 16-1 "主题"菜单

（2）单击"主题"右侧的下拉菜单按钮，可展开所有的系统内置主题样式，如图 16-2 所示。本例中选择"平面"主题，所有的幻灯片全部应用该主题，保存并关闭。

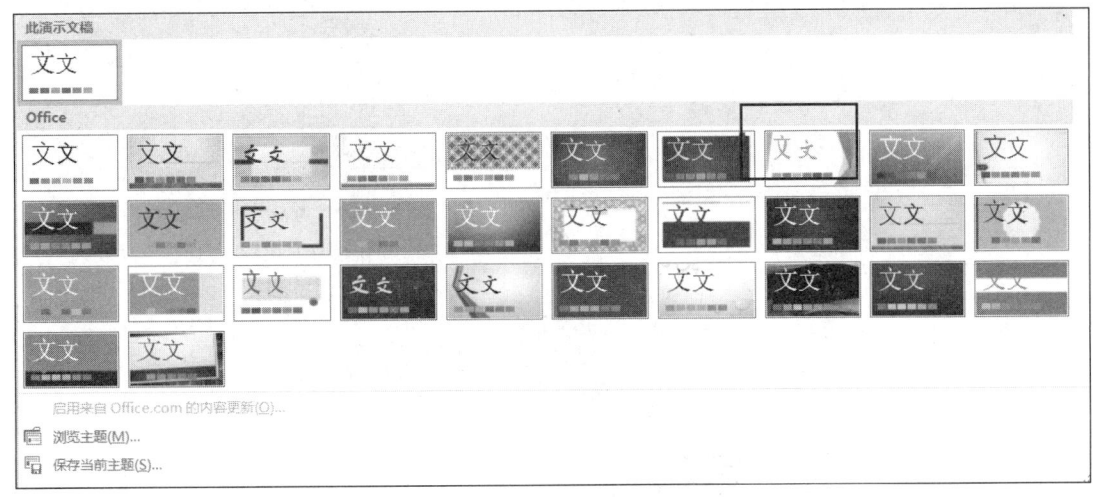

图 16-2 内置主题样式

16.2.2 合并编辑演示文稿

将演示文稿"美食文化 2.pptx"合并到"美食文化.pptx"中，要求所有幻灯片保留原来的格式。在"美食文化.pptx"的第 2 张幻灯片之后插入一张版式为"仅标题"的幻灯片，输入标题文字"四川美食分类"，在标题下方制作一张射线列表式关系图，样例参考素材文件中的"美食分类关系图.docx"。

操作步骤如下：

（1）打开"四川美食文化.pptx"，单击"开始"→"幻灯片"→"新建幻灯片"，从弹出的下拉列表中选择"重用幻灯片"，在右侧打开"重用幻灯片"任务窗格，如图 16-3 所示。

（2）单击"浏览"按钮，单击"浏览文件"，在"浏览"对话框中打开"D:\OFFICE\素材\第 16 章"文件夹中的"美食文化 2.pptx"，然后勾选任务窗格下方的"保留源格式"复选框，如图 16-4 所示。

（3）选中第 2 张幻灯片，单击"开始"→"幻灯片"→"新建幻灯片"，从弹出的下拉列表中选择"仅标题"，输入标题文字"四川美食分类"。

（4）单击"插入"→"插图"→"SmartArt"，弹出"选择 SmartArt 图形"对话框，选择"关系"中的"射线列表"，单击"确定"按钮。

（5）参考素材文件中的"美食分类关系图.docx"，在对应的位置插入图片和输入文本，删除多余的文本框，最终效果如图 16-5 所示。

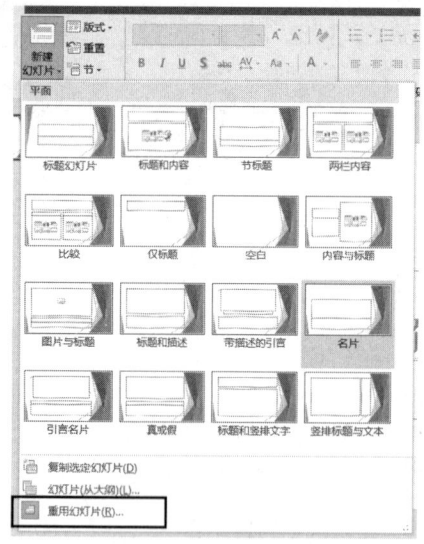

图 16-3　新建幻灯片下拉栏

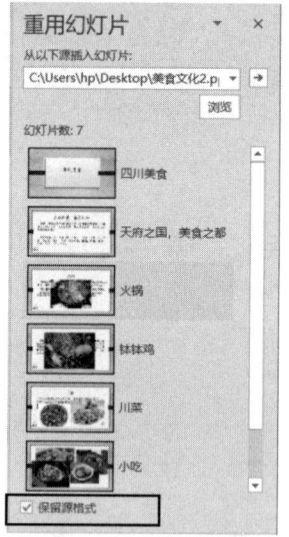

图 16-4　重用幻灯片

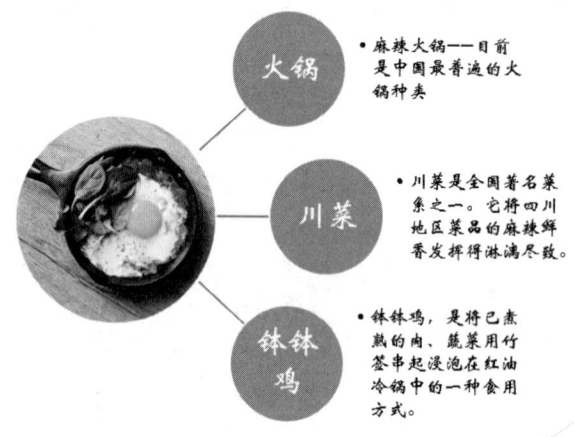

图 16-5　第 3 页幻灯片最终效果

16.2.3　页面设置

为第 3 张幻灯片的关系图添加"浮入"的进入动画效果,进入时要求动画为上浮,同一级别的内容同时出现,不同级别的内容先后出现。

操作步骤如下:

(1)选定要添加动画的对象:本例中是第 3 张幻灯片中的关系图,单击"动画"选项卡,如图 16-6 所示。

图 16-6　"动画"选项卡

（2）在"动画"组中单击"动画"下拉按钮，在展开的菜单中选择"浮入"，如图 16-7 所示。

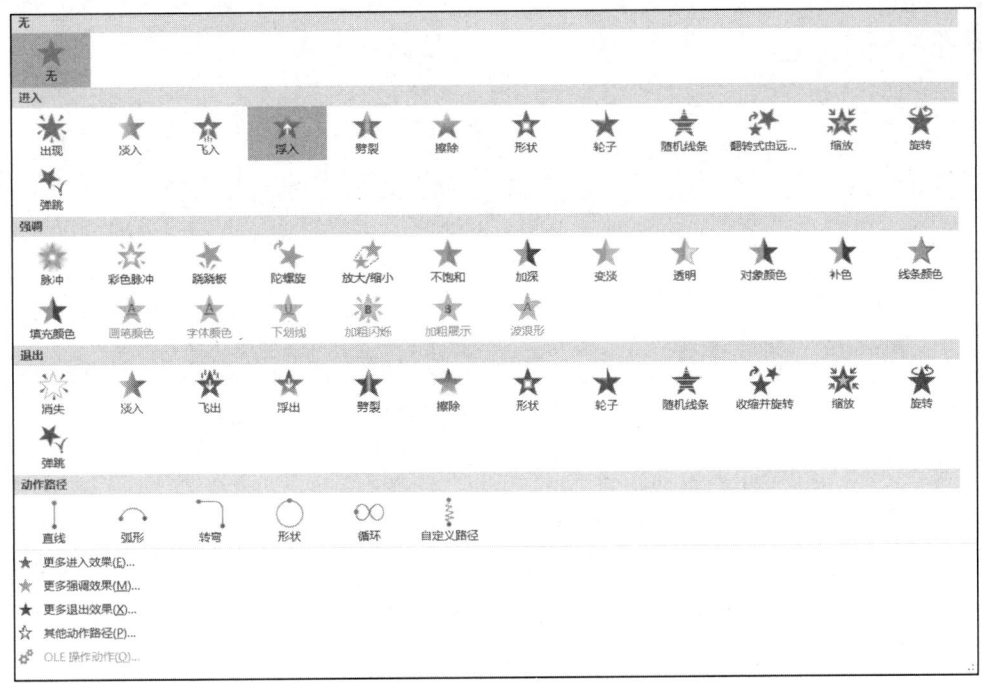

图 16-7　"动画"菜单

（3）单击动画列表右侧的"效果选项"，选择"方向"为"上浮"，"序列"为"逐个级别"，如图 16-8 所示。

（4）单击"高级动画"分组中的"动画窗格"，如图 16-9 所示。单击矩形框右侧的下箭头按钮，选择"单击开始"命令，如图 16-10 所示。

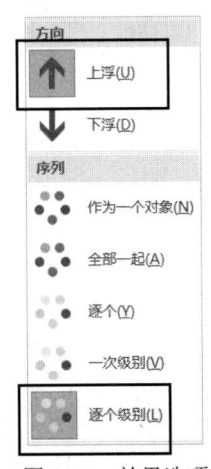

图 16-8　效果选项

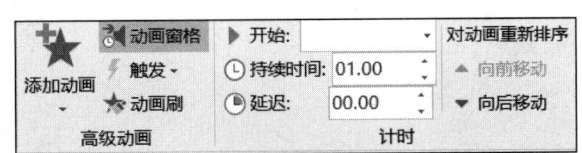

图 16-9　"高级动画"和"计时"菜单

（5）除了设置播放的开始时间外，还可以设置动画的效果：单击"效果选项"，弹出动画相应效果的对话框，如图 16-11 所示。在"效果"选项卡中可以设置增强特效。

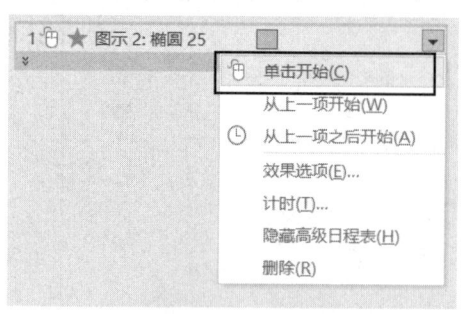
图 16-10 动画窗格

图 16-11 "上浮"动画"效果"选项卡

为第 3 张幻灯片的关系图添加"淡出"的退出动画效果,退出时要求在上一动画结束后延迟 1 秒,所有级别一起退出。

为第 4 张幻灯片的图片添加"形状"动画效果,效果选项为"放大",并添加"强调"效果。

注:在为同一个对象设置多个动画效果时,直接单击"动画窗格"中的"动画"进行添加的方法是错误的的方法不但没有添加动画,还修改了之前所设置的动画。正确的方法应该是单击"动画窗格"旁的"添加动画"按钮进行添加。

操作步骤如下:

(1)选中 SmartArt 图形,单击"添加动画"按钮,在弹出的动画菜单中选择"退出"→"淡化"。

(2)在"效果选项"中设置"序列"为"作为一个对象"。

(3)在"动画窗格"中找到"退出"动画设置动画的计时效果,在"淡化"对话框"计时"选项卡中设置"开始"为"上一动画之后","延迟"为 1 秒,其他设置默认不变,如图 16-12 所示。

(4)单击"确定"按钮后,完成并退出动画设置,"动画窗格"显示如图 16-13 所示。

图 16-12 "淡出"动画计时设置

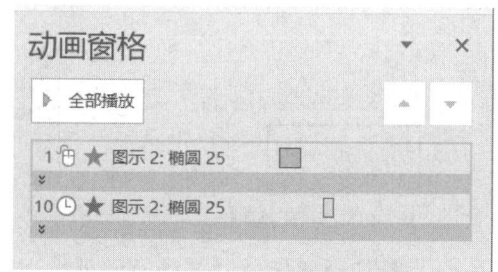
图 16-13 设置后的"动画窗格"

（5）按上述设置进入动画的方法。选中第 4 张幻灯片，选中图片，单击"动画"选项卡，在"动画"分组中单击"动画"下拉按钮，在展开的列表中选择"形状"。

（6）在"效果选项"中设置"方向"为"放大"，"形状"为"方框"，其余按默认动画设置。

（7）单击右侧的"添加动画"，在"强调"效果中选择"跷跷板"。

16.2.4 放映设置

为所有幻灯片设置切换效果，以"推进"为切换类型，效果选择"自右侧"为例。

将第 2 张、第 3 张幻灯片之间的切换改为"变形"，实现第 2 张幻灯片的图片从右上角旋转飞出，第 3 张幻灯片的图片从左上角旋转飞入，第 2 张幻灯片文字自由变化成第 3 张幻灯片文字。

操作步骤如下：

（1）选中任意一张幻灯片，单击"切换"选项卡，在"切换到此幻灯片"分组中可以进行幻灯片的切换设置，如图 16-14 所示。

图 16-14 "切换"选项卡

（2）幻灯片的切换类型很多，单击"切换到此幻灯片"的下拉列表按钮，如图 16-15 所示，选择"细微型"分组中的"推进"。

（3）选择了切换类型后，还可以设置切换效果，根据切换类型的不同，切换效果也不一样，"推进"的切换效果分为"自底部""自左侧""自右侧""自顶部"4 种，选择"自右侧"，也就是上一张幻灯片向右推进后展示当前幻灯片，如图 16-16 所示。

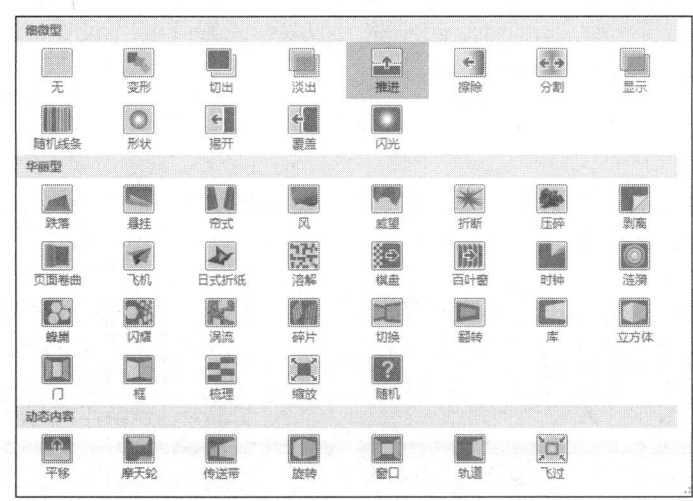

图 16-15 切换类型

图 16-16 "推进"效果选项

（4）单击"切换"选项卡，可以在"计时"分组中设置幻灯片切换方式的计时和声音效果，如图 16-17 所示。"计时"分组中设置切换的持续时间为 01.00（时间以秒为单位，01.00 代表 1 秒，02.00 代表 2 秒，以此类推），勾选"单击鼠标时"复选框。

（5）设置好后，如果所有的幻灯片都使用同一种切换效果和格式，则可以单击"全部应用"。如果要全部不同或部分不同，则另选其他幻灯片进行设置。

（6）复制第 5 张幻灯片中的图片到第 6 张幻灯片，进行一定比例缩小，接着单击"图片工具"→"格式"→"排列"→"旋转"→"垂直翻转"，然后拖动到幻灯片页右上角的区域外，以同样的方法复制第 3 张幻灯片的图片到第 2 张幻灯片，进行同样的操作。

（7）选择第 6 张幻灯片，将切换类型修改为"变形"，然后单击"效果选项"的下拉按钮并选择"字符"，如图 16-18 所示，再回到第 5 张幻灯片播放，切换到第 6 张幻灯片时就可以看到"变形"的切换效果。

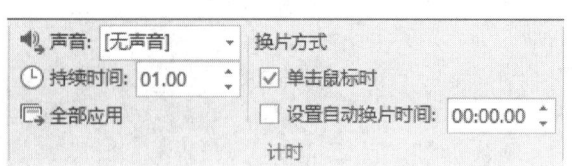

图 16-17　切换的计时效果

图 16-18　变形切换效果选项

16.3　WPS 实例制作区分

16.2 中的内容介绍了在 PowerPoint 2016 中制作美食文化演示文稿的详细步骤，那么在使用 WPS 制作美食文化演示文稿时，有什么是与使用 PowerPoint 2016 制作不同的呢？以下是对用 WPS 制作与用 PowerPoint 2016 制作的不同之处的介绍。

1. 背景主题

具体区别如下：

WPS 内置了比 PowerPoint 更多的背景主题设计，能够使演示文稿的制作更加多元丰富，WPS 主题设计如图 16-19、图 16-20 所示。

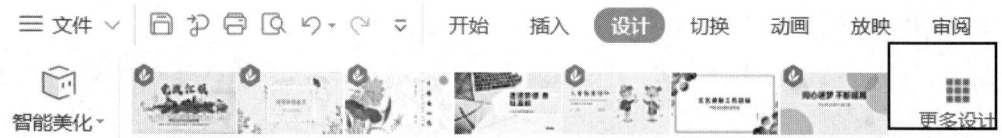

图 16-19　WPS "设计" 选项卡

图 16-20　WPS "更多设计"选项对话框

2. 合并编辑（重用幻灯片）

具体区别如下：

WPS 中目前还没有合并编辑（重用幻灯片）的功能，所以要使用该功能时只能打开合并编辑的 PPT 文件，右击幻灯片内容进行复制。

3. 编辑动画

具体区别如下：

WPS 和 PowerPoint 在控件动画设置方面没有区别，但是在动画效果设置上有所差异，用户可以根据不同的需求进行动画效果的安排，WPS 三种动画效果如图 16-21、图 16-22、图 16-23 所示。

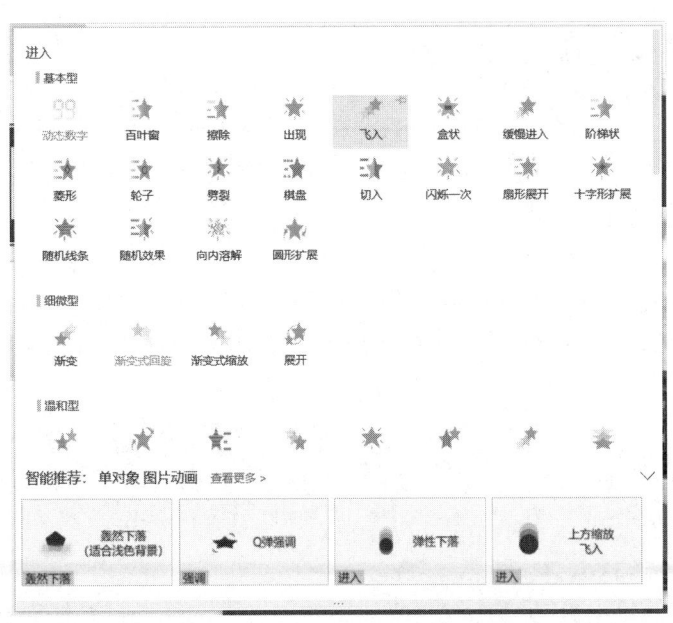

图 16-21　"进入"动画效果选择栏

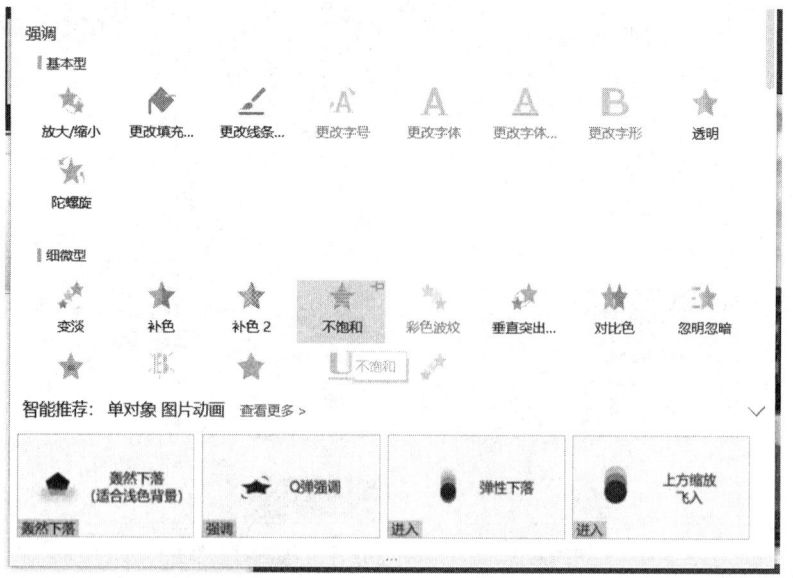

图 16-22 "强调"动画效果选择栏

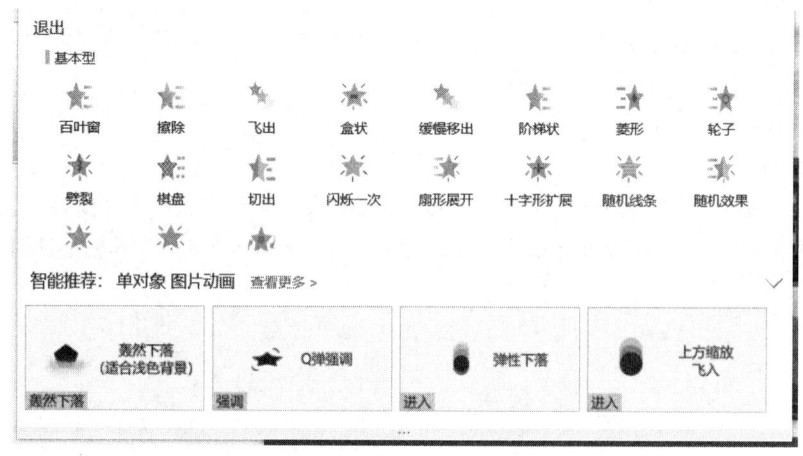

图 16-23 "退出"动画效果选择栏

4. 幻灯片切换设置

具体区别如下：

WPS 和 PowerPoint 在幻灯片切换设置方面没有区别，但是在切换效果设置上有所差异，用户可以根据不同的需求进行切换效果的安排，WPS 切换效果如图 16-24 所示。

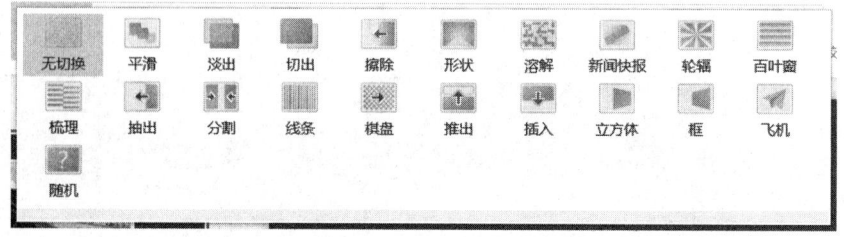

图 16-24 切换效果选择栏

16.4 本章小结

本章主要介绍了 PowerPoint 2016 中幻灯片主题的应用，动画效果的设置，幻灯片页眉、页脚和编号的设置，创建自定义放映等操作方法，其中动画设置是演示文稿的精华，可以赋予幻灯片中的对象进入、退出、强调和路径等视觉效果。动画效果可以单独使用，也可以和多种效果组合在一起使用，合理组合运用幻灯片的切换和动画，可以让演示文稿变成一部影片。

16.5 思考练习

何晓宁是新世界数码技术有限公司的技术顾问，他安排了两位同事分别制作了"云计算 1-2.pptx"和"云计算 3.pptx"两个演示文稿，现要完成演示文稿的合并，并对演示文稿中的文字、图片添加动画效果，最后以文件名"云计算.pptx"保存，具体要求如下：

1．为演示文稿"云计算 1-2.pptx"指定一个系统内置的设计主题，为演示文稿"云计算 3.pptx"指定一个互联网下载的设计主题，两个主题应不同。

2．将演示文稿"云计算 1-2.pptx"和"云计算 3.pptx"中的所有幻灯片合并到"云计算.pptx"中，要求所有幻灯片保留原来的格式。之后的操作均在文档"云计算.pptx"中进行。

3．请按"ppt 素材.docx"的组织结构图，在第 5 张幻灯片中插入 SmartArt 图形中的"组织结构图"，最上级内容为"云计算的五个主要特征"，其下级依次为具体的 5 个特征，并添加"浮入"动画效果，方向为"下浮"，进入时按级别逐个进入，添加"擦除"动画效果，方向为"自右侧"，退出时作为一个对象退出。

4．为每张幻灯片中的文本和图片添加不同的动画效果，要求文字先显示、图片后显示，动画效果统一设置为"从上一项之后开始"，并设置 3 种以上的幻灯片切换效果。

5．为演示文稿插入幻灯片编号和页脚"云计算介绍"，标题幻灯片不显示。

6．自定义幻灯片放映，名称为"云计算介绍"，顺序为 1→3→4→5→6→7→8→9。

第 17 章 相册演示文稿制作

- 掌握幻灯片母版的使用。
- 掌握相册演示文稿的创建方法。
- 掌握背景音乐的设置方法。
- 掌握演示文稿分节的设置。
- 掌握相册演示文稿转换为视频文件的方法。

17.1 实例简介

某影楼承包了某学校的毕业摄影工作,该学校要求将同学们所拍摄的照片做成一个影集。现在由你来进行影集的相册演示文稿展示,要求如下:

(1)为第 1 张幻灯片和第 2 张幻灯片选择适当的版式,并按照素材输入内容。

(2)为幻灯片选择一种设计主题,要求字体和色彩合理、美观大方。所有幻灯片中除了标题和副标题,其他文字的字体均设置为"华文新魏"。

(3)在第 2 张幻灯片插入图片,并保留图片的主体部分,将背景删除。

(4)创建相册型"图片欣赏"幻灯片,要求每页幻灯片包含 4 张图片,相框的形状为"居中矩形阴影"。

(5)将该演示文稿分为 4 节。每一节的幻灯片均为同一种切换方式,节与节的幻灯片切换方式不同。

(6)设置幻灯片为循环放映方式,如果不单击,幻灯片 10 秒后自动切换至下一张。

(7)将演示文稿转换成视频文件,命名为"××学校影集展示",每隔 5 秒自动换片。

17.2 实例制作

演示文稿共包含 8 张幻灯片,标题幻灯片 1 张,概况 2 张,老师寄语、同学荣誉榜、各 1 张,图片欣赏 3 张(其中一张为图片欣赏标题页)。演示文稿保存为"××学校影集展示.pptx"。

17.2.1 幻灯片内容编辑

第 1 张幻灯片为标题幻灯片,标题为"××学校影集展示",副标题为"2020 年级"。

第 2 张幻灯片采用"两栏内容"版式，左边一栏为文字，右边一栏为图片，图片为文件夹下的"图片 1.jpg"，第 3 张至第 8 张幻灯片的版式均为"标题和内容"。素材中的黄底文字即为相应幻灯片的标题文字。

操作步骤如下：

（1）新建演示文稿，保存为"××学校影集展示.pptx"。新增 6 张幻灯片，第 1 张幻灯片默认为标题幻灯片，标题输入"××学校影集展示"，副标题输入"2020 年级"。

（2）选中第 2 张幻灯片，单击"开始"→"幻灯片"→"版式"→"两栏内容"，选中第 3 张至第 7 张幻灯片，单击"开始"→"幻灯片"→"版式"→"标题和内容"。

（3）打开"D:\OFFICE\素材\第 17 章"文件夹中的"相册展示.docx"，将素材中黄底文字复制到各张幻灯片的标题占位符中，将黑色段落文字复制到各张幻灯片的文本占位符中。

17.2.2　插入图片并裁剪、删除背景

将第 2 张幻灯片插入图片，并保留图片的主体部分，将背景删除。

操作步骤如下：

（1）选中第 2 张幻灯片，单击"插入"→"图像"→"图片"，在第 2 张幻灯片中插入"图片 1.jpg"。

（2）单击图片，在"图片工具"→"格式"→"大小"中选中"裁剪"，拖动控制柄裁剪出图片的主体内容，双击完成裁剪，裁剪后的效果如图 17-1 所示。

图 17-1　图片裁剪后的效果

（3）单击图片，选择"图片工具"→"删除背景"，调整当前视图中 8 个控点的位置，使其恰好框住图片的主体，然后，单击"关闭"选项组中的"保留更改"按钮，删除图片背景界面后的效果如图 17-2 所示。

图 17-2　删除图片背景界面及删除后的效果

17.2.3 幻灯片母版的应用

为幻灯片选择一种设计主题，要求字体和色彩合理、美观大方。所有幻灯片中除了标题和副标题，其他文字的字体均设置为"华文新魏"。

操作步骤如下：

（1）选择"视图"选项卡，单击"母版视图"组中的"幻灯片母版"，如图 17-3 所示。

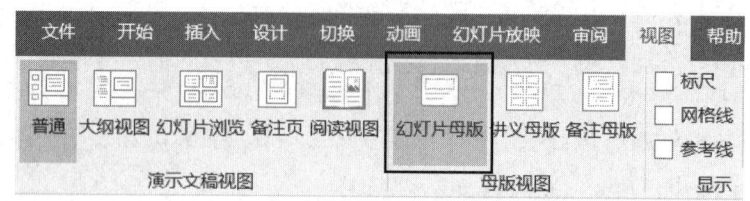

图 17-3 "幻灯片母版"菜单

（2）进入到母版视图后，在菜单栏出现"幻灯片母版"选项卡，可以对幻灯片的版式、主题、背景、页面等对象进行设置，如图 17-4 所示。

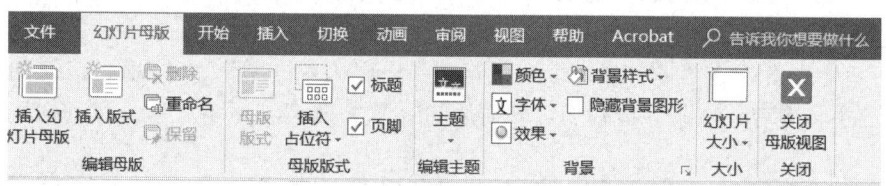

图 17-4 "幻灯片母版"选项卡

（3）主界面中显示的是各个版式的母版幻灯片，将鼠标移动到左侧预览框中的某个版式，会出现该版式由哪几张幻灯片使用的悬停提示，其中第 1 张幻灯片版式是所有幻灯片都使用的，因此修改幻灯片使用的母版能达到统一修改的效果，如图 17-5 所示。

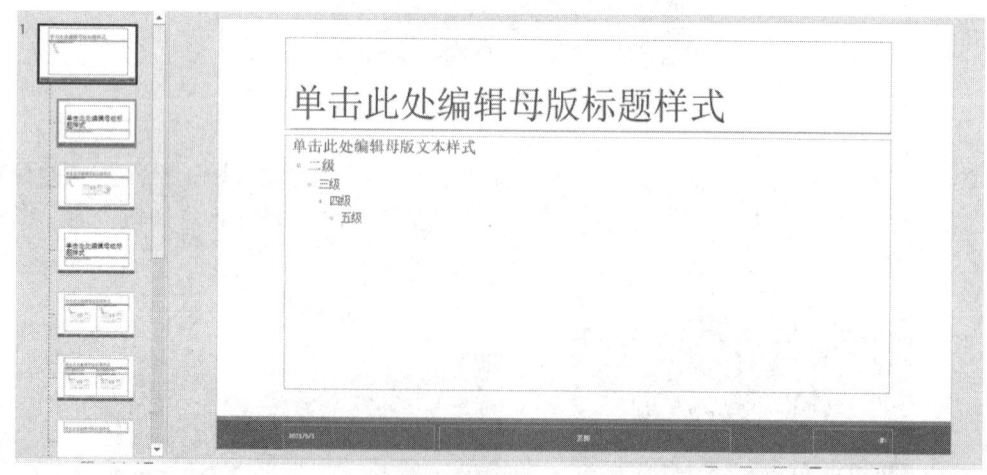

图 17-5 幻灯片母版版式

（4）为了简化字体设置，选择第 1 张幻灯片母版版式，将版式中标题和文本占位符的字体均设置为"华文新魏"。

（5）设置好后，单击"关闭母版视图"，所有幻灯片的文字均修改为"华文新魏"，然后选中标题幻灯片，修改标题字体为"华文行楷"，副标题字体为"楷体"。

17.2.4　相册演示文稿的创建

利用相册功能为素材文件夹下的"图片 2.jpg"～"图片 9.jpg" 8 张图片新建相册，要求每页幻灯片包含 4 张图片，相框的形状为"居中矩形阴影"；将标题"相册"更改为"图片欣赏"。将相册中的所有幻灯片复制到"××学校影集展示.pptx"中。

操作步骤如下：

（1）选择"插入"选项卡，单击"图像"选项组中的"相册"，单击"新建相册"命令，如图 17-6 所示。

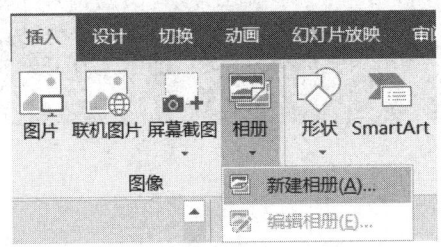

图 17-6　"相册"菜单

（2）打开"相册"对话框，单击"文件/磁盘"，浏览选择"D:\OFFICE\素材\第 17 章"文件夹中的"图片 2.jpg"～"图片 9.jpg" 8 张图片。单击"插入"按钮后在"相册中的图片"列表框中会显示插入的图片，可以通过列表框下面的上、下箭头调整顺序，对不需要的图片则单击"删除"按钮进行删除。

（3）本例中"图片版式"采用"4 张图片"，也就是一张幻灯片排 4 张图片，"相框形状"采用"居中矩形阴影"，本例中不设置主题。具体设置如图 17-7 所示。

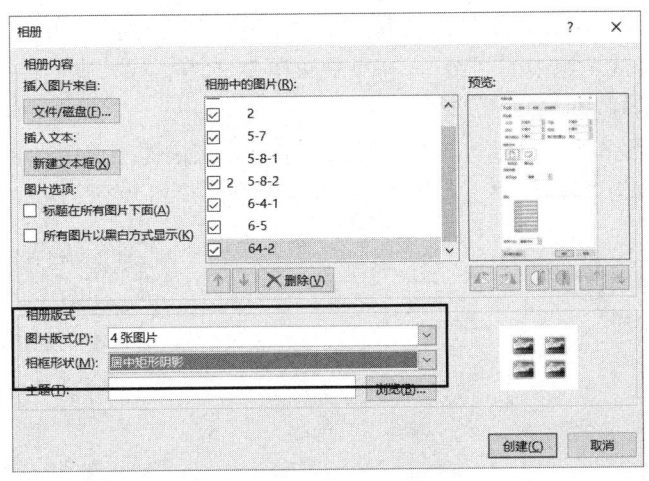

图 17-7　"相册"对话框

（4）单击"创建"按钮后，图片插入到了一个新创建的演示文稿中，并自动在第一张幻灯片中插入相册的标题和副标题，修改标题内容为"图片欣赏"，并将副标题的作者删除，如

图 17-8 所示。

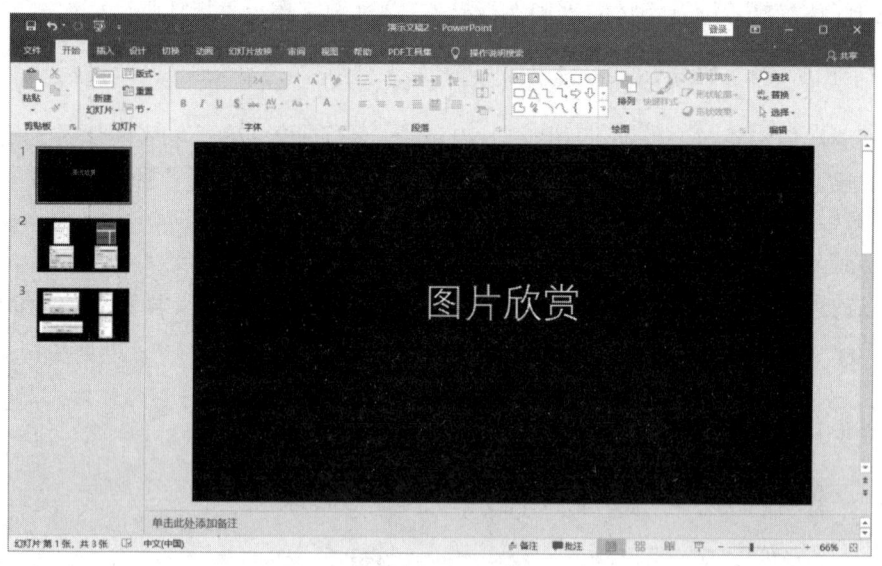

图 17-8　创建的相册

（5）复制相册的幻灯片粘贴至"××学校影集展示.pptx"幻灯片。

17.2.5　幻灯片分节

将该演示文稿分为 4 节，第一节节名为"标题"，包含 1 张标题幻灯片；第二节节名为"老师寄语"，包含 1 张幻灯片；第三节节名为"同学荣誉榜"，包含 1 张幻灯片；第四节节名为"图片欣赏"，包含 3 张幻灯片。一节内的幻灯片间切换方式相同，节与节的幻灯片切换方式不同。

操作步骤如下：

（1）单击第 1 张和第 2 张幻灯片之间的空白位置，将光标置于两节之间，选择"开始"选项卡，单击"幻灯片"组中的"节"，在下拉菜单中选择"新增节"命令，如图 17-9 所示。按同样方法在其他幻灯片间加入分节符。

（2）设置好新增节后，在每一节的标题位置右击，在快捷菜单中选择"重命名节"命令，将新增的节标题修改为"标题""老师寄语""同学荣誉榜"和"图片欣赏"，如图 17-10 所示。

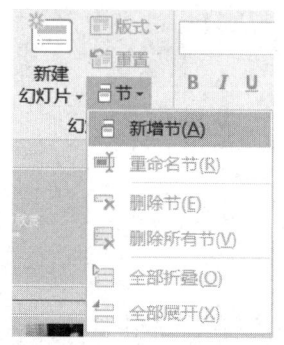

图 17-9　"新增节"选项

图 17-10　重命名节

（3）重命名后，单击节标题选中一节幻灯片，选择"切换"→"切换到此幻灯片"，在下拉列表中选择切换效果，注意不同的节选择不同的切换效果。

17.2.6 设置放映方式

设置幻灯片为循环放映方式，如果不单击，幻灯片 10 秒后自动切换至下一张。

操作步骤如下：

（1）选择"幻灯片放映"选项卡，单击"设置"组中的"设置幻灯片放映"，弹出"设置放映方式"对话框，如图 17-11 所示。本例选择"演讲者放映（全屏幕）"的方式。

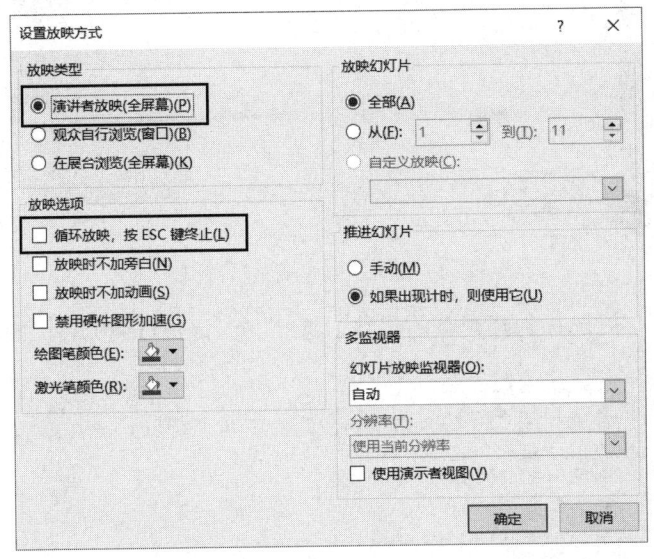

图 17-11 设置自定义放映幻灯片

（2）在"放映选项"分组中设置放映的控制，勾选"循环放映，按 ESC 键终止"复选框，其他保持默认选项。

（3）幻灯片 10 秒后自动切换下一张，需在"切换"选项卡的"计时"分组中设置，采用双重方法切换，如图 17-12 所示。

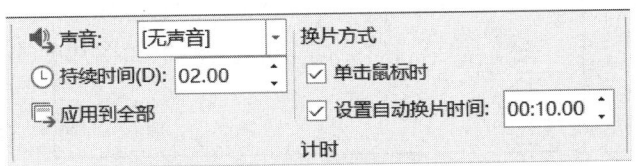

图 17-12 设置幻灯片换片方式

17.2.7 将演示文稿转换为视频文件

将演示文稿转换成视频文件，命名为"××学校影集展示"，每隔 5 秒自动换片。

操作步骤如下：

（1）选择"文件"选项卡，单击"导出"，在右侧的扩展菜单中选择"创建视频"，如图 17-13 所示。

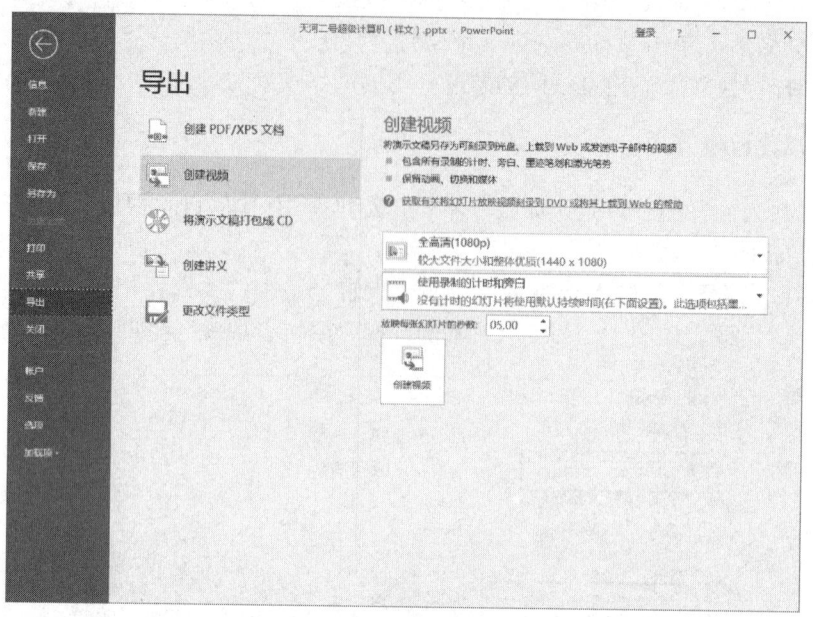

图 17-13 "创建视频"窗口

（2）在窗口的右侧选择创建视频的尺寸，选择"全高清(1080p)"，如图 17-14 所示。

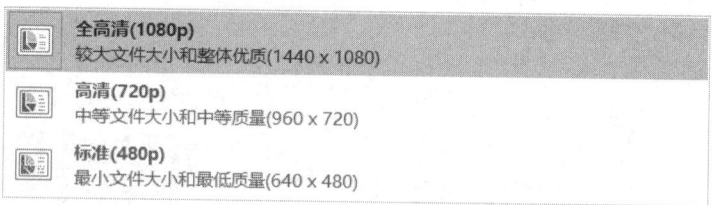

图 17-14 设置视频的尺寸

（3）设定视频尺寸后，在下方设置"放映每张幻灯片的秒数"，可以通过手动输入数值，也可以按上、下箭头调整时间，时间设置为"05.00"，如图 17-15 所示。

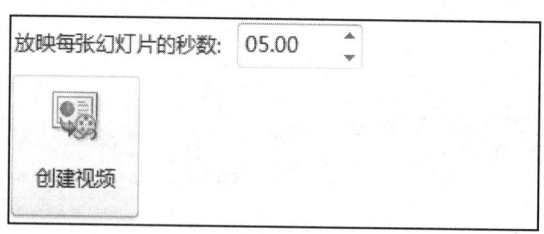

图 17-15 设置放映每张幻灯片的秒数

（4）设置完毕后单击"创建视频"，弹出"另存为"对话框，选取保存的路径，修改文件名，保存类型为 WMV。

注：演示文稿所创建的视频保存类型只能是 WMV，如需存为其他格式请用第三方软件转换。

（5）单击"保存"按钮，返回到演示文稿的主窗口，在窗口的下方会显示创建视频的进度条，进度条走完才代表视频创建完毕，如果中途关闭 PowerPoint，则视频无法成功创建。

17.3　WPS 实例制作区分

17.2 中的内容介绍了在 PowerPoint 2016 中制作相册演示文稿的详细步骤,那么在使用 WPS 制作相册演示文稿时,有什么是与使用 PowerPoint 2016 制作不同的呢?以下是对用 WPS 制作与用 PowerPoint 2016 制作的不同之处的介绍。

1. 图片背景更改

具体区别如下:

(1) 在调整好图片大小之后,选择"图片工具"→"抠除背景"→"智能抠除背景",如图 17-16 所示。接着会弹出"抠除背景"图片处理对话框,如图 17-17 所示。

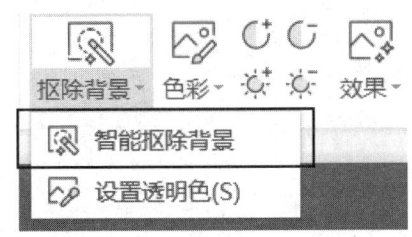

图 17-16　"抠除背景"功能

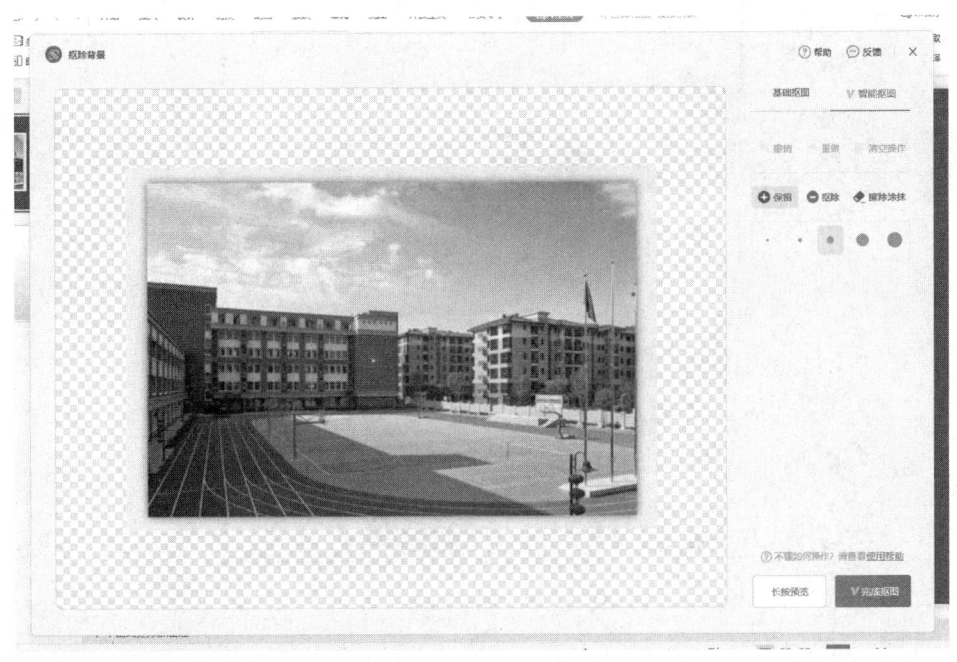

图 17-17　"抠除背景"对话框

(2) 在弹出的"抠除背景"对话框中使用"保留(蓝色)"和"抠除(红色)"两种画笔在图中进行圈涂。红色部分代表去掉,蓝色部分代表保留,如图 17-18 所示。

(3) 长按"空格"键即可对图片进行预览,如果有多余部分可以继续使用工具标记。图片完成之后单击右下方的"完成抠图",删除背景的操作即可完成。

图 17-18　删除图片背景界面及删除后的效果

2. 相册式图片插入

具体区别如下：

WPS 中目前无法实现"相册"功能的图片插入，所以只能使用单个图片的插入方式。插入之后可以单击图片移动图片的位置并添加动画，图片插入界面如图 17-19 所示。

图 17-19　图片插入界面

3. 幻灯片放映设置

具体区别如下：

选择"放映"选项卡，单击"放映设置"即会弹出"设置放映方式"对话框，如图 17-20 所示。对话框中有部分功能与 PowerPoint 中有所区别，但本例中不涉及该部分功能。和 Word 一样选择"演讲者放映（全屏幕）"的方式，在"放映选项"勾选"循环放映，按 ESC 键终止"复选框，其他选项保持默认设置。

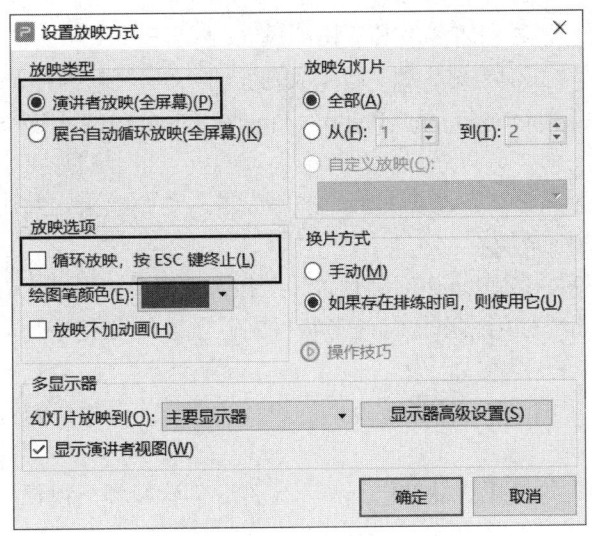

图 17-20　设置自定义放映幻灯片

17.4　本章小结

本章主要介绍了 PowerPoint 2016 中演示文稿的幻灯片母版、相册创建、幻灯片分节、放映方式和创建视频的操作方法，其中幻灯片母版的应用尤为重要，因为每一张幻灯片都会自动带上幻灯片母版。使用幻灯片母版的最大好处就是可以把每一张幻灯片上共有的元素抽取出来，集中放到母版上，方便编辑和管理。幻灯片的修改是一对一的修改，修改一张幻灯片，只对当前幻灯片有效，而幻灯片母版的修改是一对多的修改，修改了母版，对所有应用了母版的幻灯片都有效。

所以，幻灯片母版一般用来：

（1）添加幻灯片的附加信息，如版权、张数、修改日期等。

（2）幻灯片的字体、背景和界面设计。

17.5　思考练习

校摄影社团在今年的摄影比赛结束后，希望可以借助 PowerPoint 将优秀作品在社团活动中进行展示。这些优秀的摄影作品保存在考试文件夹中，并以"Photo (1).jpg"~"Photo (12).jpg"命名。

现在，请你按照如下需求，在 PowerPoint 中完成制作工作：

1．利用 PowerPoint 应用程序创建一个相册，并包含 Photo (1).jpg~Photo (12).jpg 共 12 幅摄影作品。每张幻灯片中包含 4 张图片，并将每幅图片设置为"居中矩形阴影"相框形状。

2．设置相册主题为考试文件夹中的"相册主题.pptx"样式。

3．为相册中每张幻灯片设置不同的切换效果。

4．在标题幻灯片后插入一张新的幻灯片，将该幻灯片设置为"标题和内容"版式。在该幻灯片的标题位置输入"摄影社团优秀作品赏析"，并在该幻灯片的内容文本框中输入 3 行文字，分别为"湖光春色""冰消雪融"和"田园风光"。

5．将"湖光春色""冰消雪融"和"田园风光"3 行文字转换为样式"蛇形图片重点列表"的 SmartArt 对象，并将 Photo (1).jpg、Photo (6).jpg 和 Photo (9).jpg 定义为该 SmartArt 对象的显示图片。

6．为 SmartArt 对象添加自左至右的"擦除"进入动画效果，并要求在幻灯片放映时该 SmartArt 对象元素可以逐个显示。

7．在 SmartArt 对象元素中添加幻灯片跳转链接，使得单击"湖光春色"标注形状可跳转至第 3 张幻灯片，单击"冰消雪融"标注形状可跳转至第 4 张幻灯片，单击"田园风光"标注形状可跳转至第 5 张幻灯片。

8．将考试文件夹中的"ELPHRG01.wav"声音文件作为该相册的背景音乐，并在幻灯片放映时开始播放。

9．将该相册保存为"摄影作品赏析.pptx"文件并创建视频，视频尺寸为"便携式设备"，每张幻灯片播放 3 秒。